中国室内环境与健康研究进展报告

2020—2022

RESEARCH ADVANCE REPORT OF
INDOOR ENVIRONMENT AND HEALTH IN CHINA

中国环境科学学会室内环境与健康分会　组织编写

王　怡　主　编

钱　华　杨　洋　副主编

中国建筑工业出版社

图书在版编目(CIP)数据

中国室内环境与健康研究进展报告 = RESEARCH ADVANCE REPORT OF INDOOR ENVIRONMENT AND HEALTH IN CHINA. 2020—2022 / 王怡主编；钱华，杨洋副主编；中国环境科学学会室内环境与健康分会组织编写. — 北京：中国建筑工业出版社，2022.12
ISBN 978-7-112-27987-6

Ⅰ. ①中… Ⅱ. ①王… ②钱… ③杨… ④中… Ⅲ. ①室内环境—关系—健康—研究报告—中国 Ⅳ. ①X503.1

中国版本图书馆 CIP 数据核字(2022)第 195031 号

本书共9章，涉及居住建筑、公共建筑、洁净室和高污染散发类工业建筑等类型的建筑，介绍了不同类型建筑室内环境相关基础理论、关键技术、标准规范及工程实践等方面的研究进展。内容包括：建筑室内空气质量控制的基础理论和关键技术研究，建筑室内空气质量控制的关键标准及工程实践，空气净化器现状调研与性能测试，洁净室非均匀环境营造理论与方法，高污染散发类工业建筑环境与节能技术，室内微生物污染控制技术，新型冠状病毒的室内传播规律，新型冠状病毒室内传播的案例研究，新型冠状病毒室内传播的检测与控制。本书可供从事室内环境与健康领域的研究人员、工程师等参考。

责任编辑：齐庆梅
文字编辑：武　洲
责任校对：张　颖

中国室内环境与健康研究进展报告
2020—2022
RESEARCH ADVANCE REPORT OF
INDOOR ENVIRONMENT AND HEALTH IN CHINA
中国环境科学学会室内环境与健康分会　组织编写
王　怡　主　编
钱　华　杨　洋　副主编
*
中国建筑工业出版社出版、发行（北京海淀三里河路9号）
各地新华书店、建筑书店经销
北京红光制版公司制版
北京君升印刷有限公司印刷
*
开本：787毫米×1092毫米　1/16　印张：21½　字数：431千字
2022年12月第一版　2022年12月第一次印刷
定价：**88.00**元
ISBN 978-7-112-27987-6
(39966)

顾问委员会

（按拼音排序）

编写委员会

作者介绍及编写分工

第 1 章　建筑室内空气质量控制的基础理论和关键技术研究

张寅平（博士、教授）清华大学（zhangyp@mail. tsinghua. edu. cn）

邓芙蓉（博士、教授）北京大学（lotus321321@126. com）

刘俊跃（学士、教授级高级工程师）深圳市建筑科学研究院股份有限公司（liujy@ibrcn. com）

刘　红（博士、教授）重庆大学（liuhong1865@163. com）

路　宾（博士、教授级高级工程师）中国建筑科学研究院有限公司（lubin229@vip. sina. com）

魏静雅（硕士、工程师）清华大学（weixxjulia9148@163. com）

孙之炜（学士）清华大学（szw13@foxmail. com）

第 2 章　建筑室内空气质量控制的关键标准及工程实践

李景广（博士、教授级高级工程师）上海建科集团股份有限公司（lijingguang@sribs. com）

李旻雯（硕士、高级工程师）上海建科集团股份有限公司（liminwen@sribs. com）

黄　衍（硕士、工程师）上海建科集团股份有限公司（huangyan@sribs. com）

樊　娜（硕士、高级工程师）上海建科集团股份有限公司（fanna@sribs. com）

何雪琼（硕士、助理工程师）上海建科集团股份有限公司（hexueqiong@sribs. com）

第 3 章　空气净化器现状调研与性能测试

刘俊杰（博士、教授）天津大学（jjliu@tju. edu. cn）

裴晶晶（博士、副教授）天津大学（jpei@tju. edu. cn）

赵　磊（硕士）天津大学（zhaol@tju. edu. cn）

王祖琨（硕士）天津大学（zukun _ wang@tju. edu. cn）

董传斌（硕士、中级工程师）中兴通讯股份有限公司（approture@163. com）

李寒羽（硕士）九州大学（li. hanyu@kyudai. jp）

第 4 章　洁净室非均匀环境营造理论与方法

李先庭（博士、教授）清华大学（xtingli@tsinghua. edu. cn）

邵晓亮（博士、副教授）北京科技大学（shaoxl@ustb. edu. cn）

王　欢（博士、助理研究员）清华大学（wanghuan4610@126. com）
赵家安（博士）清华大学（zhaojiaan3790@163. com）
张彦国（学士、教授级高级工程师）中国建筑科学研究院有限公司（zhyg2010@126. com）
张　群（学士、高级工程师）世源科技工程有限公司（zhangqun@ceedi. cn）
阎　冬（学士、高级工程师）世源科技工程有限公司（yandong@ceedi. cn）
姜思航（博士）清华大学（jsh0409@163. com）

第5章　高污染散发类工业建筑环境与节能技术

王　怡（博士、教授）西安建筑科技大学（wangyi@xauat. edu. cn）
杨　洋（博士、副教授）西安建筑科技大学（yangyang@xauat. edu. cn）
王　珲（博士、教授级高工）中冶建筑研究总院有限公司（wanghui@cribc. com）
高　军（博士、教授）同济大学（gaojun-hvac@tongji. edu. cn）
龙正伟（博士、教授）天津大学（longzw@tju. edu. cn）
刁永发（博士、教授）东华大学（diaoyongfa@dhu. edu. cn）
殷勇高（博士、教授）东南大学（y. yin@seu. edu. cn）

第6章　室内微生物污染控制技术

曹国庆（博士、研究员）建科环能科技有限公司（cgq2000@126. com）
刘志坚（博士、教授）华北电力大学（zhijianliu@ncepu. edu. cn）
谢　慧（博士、副教授）北京科技大学（xiehui20000@sina. com）
张铭健（硕士、工程师）建科环能科技有限公司（parryzhang1992@foxmail. com）

第7章　新型冠状病毒的室内传播规律

钱　华（博士、教授）东南大学（qianh@seu. edu. cn）
张　楠（博士、副教授）北京工业大学（zhangn@bjut. edu. cn）
解晓健（博士、副教授）南京师范大学（xxjtulip@njnu. edu. cn）
魏健健（博士、副教授）浙江大学（weijzju@zju. edu. cn）
张玉彬（硕士、高级工程师）江苏省妇幼保健院（38466670@qq. com）
罗丹婷（硕士、博士研究生）东南大学（luo _ hvac2017@163. com）

第8章　新型冠状病毒室内传播的案例研究

刘　荔（博士、副教授）清华大学（liuli _ archi@tsinghua. edu. cn）
杭　建（博士、副教授）中山大学（hangj3@mail. sysu. edu. cn）
欧翠云（博士、副研究员）中山大学（oucuiyun@mail. sysu. edu. cn）
钱　华（博士、教授）东南大学（qianh@seu. edu. cn）
解晓健（博士、副教授）南京师范大学（xxjtulip@njnu. edu. cn）

陈永强（学士、工程师）广东呼研菲兰科技有限责任公司
（chenyq@freshair. online）
赵奕华（硕士、主任护师）江苏省妇幼保健院（njyhzhao@126. com）
马　倩（学士、助理工程师）江苏省妇幼保健院（zhangyubin3200@sina. com）
第 9 章　新型冠状病毒室内传播的检测与控制
魏健健（博士、副教授）浙江大学（weijzju@zju. edu. cn）
解晓健（博士、副教授）南京师范大学（xxjtulip@njnu. edu. cn）
张　楠（博士、教授）北京工业大学（zhangn@bjut. edu. cn）
钱　华（博士、教授）东南大学（qianh@seu. edu. cn）
郑晓红（博士、副教授）东南大学（xhzheng@seu. edu. cn）
罗丹婷（硕士、博士研究生）东南大学（luo _ hvac2017@163. com）

序

我国实施健康中国战略的重大决策部署，从根本上突出了疾病预防的重要性及地位，要求社会各界从广泛的健康影响因素入手，把人民健康放在优先发展的战略地位。人们在建筑室内的生活与生产活动、建筑材料等产生的污染物释放，都会对健康产生危害。因此，改善和提高建筑室内环境质量，是实施健康中国行动中的重要一环。

随着建筑节能要求提高、大气环境排放容量减少等因素，无论是民用建筑还是工业建筑，密闭程度都不断增强，这带来了室内环境质量方面的新问题。正确认知室内环境质量的影响因素，科学控制污染形成和散发的途径，是新时期建筑环境领域的重要任务，更是严峻挑战。

在我国“十三五”建设期间，室内环境与健康方面的问题，得到了相关领域科研人员和企事业从业人员的高度重视。科技部“十三五”重点研发计划“绿色建筑及建筑工业化”重点专项中，设立了多个室内环境与健康相关领域的重点研发计划项目。专项的设立和执行，为校企合作、学科交叉融合搭建了平台，促进了共性科学问题和关键基础理论的研究。各个项目团队开展了深入而系统的工作，并在关键技术研发、标准规范建设和工程实践方面取得了系列成果。另外，在2020—2022年间，面对突如其来的新冠肺炎疫情，建筑环境与健康领域的研究人员积极围绕社会重大需求，投入了巨大的精力开展了基础性和应急性研究，并且不惧感染风险，深入疫区病区调研，探究新冠肺炎疫情防控策略。这些重要成果都特别有必要进行系统的总结和梳理，发挥现有成果的作用和影响力，并为未来进一步的工作和发展规划提供借鉴。

2010年，时任中国环境科学学会室内环境与健康分会秘书长（现任主任委员）的张寅平教授告知我，受我2007年主持编写并出版的《中国建筑节能年度发展研究报告》启发，该分会拟编写《中国室内环境与健康研究进展报告》。首本报告于2012年初出版，至今刚好10年，10年间已有四部研究进展报告出版，比较完整地介绍了我国“十五”至“十二五”期间室内空气质量与健康研究的重要进展，涵盖了污染物特征及健康效应、测试与评价方法、环境质量控制关键技术、标准规范建设、关键技术工程应用等内容，成为相关科研工作者、大专院校学生、政策制定者的参考资料，也成为关心室内环境与健康的广大读者的重要读物。10年来，一批年轻人投身于建筑室内环境与健康领域的研究，系列报告见证了他们的成长，诸多撰稿人逐步成为该领域内有影响力的中青年学者。

即将出版的第五本《中国室内环境与健康研究进展报告》，内容集中反映了我国“十三五”期间室内环境与健康领域新的问题、新的破解思路、新的研究与工程应用成果。主要体现在以下三个方面：第一，民用建筑环境与健康方面的研究进展，主要包括室内空气质量控制理论、关键技术研发、标准规范建设和工程应用推广等内容；第二，工业建筑环境与健康方面的研究进展（系列报告首次涉及该方面内容），包括洁净室非均匀环境营造和高污染散发类工业建筑环境保障两类典型的问题，使系列丛书的建筑及其环境类型得到新拓展；第三，建筑环境新冠肺炎疫情防控方面的研究进展，包括新型冠状病毒的传播规律、案例研究、检测与控制的内容，展现了相关研究者在疫情期间不辞辛劳、不畏艰险的高度责任感和事业心。

应中国环境学会室内环境与健康分会主任委员、清华大学张寅平教授和《中国室内环境与健康研究进展报告 2020—2022》主编西安建筑科技大学王怡教授之邀，特为本研究报告作序，谨表祝贺和鼓励，希望室内环境与健康领域的专家百尺竿头，更进一步，继续积极探索符合我国国情的环境质量提升和节能降碳的共赢途径，为在建筑环境领域实现我国“双碳”目标和“健康中国”目标做出应有贡献。

江亿

中国工程院院士

2022 年 9 月 10 日于清华园

前　　言

作为系列报告，《中国室内环境与健康研究进展报告 2020—2022》是中国环境科学学会室内环境与健康分会组织编写的第五部研究报告。“十三五”规划期间，国家组织了一系列室内环境与健康领域的重大科研课题，诸多工程实践以及突如其来的新冠肺炎疫情，也对相关领域的研究和技术进步提出了新要求、新挑战。在 2020—2022 年间，学会启动的各项项目及课题陆续结题，本研究报告的主要内容是相关工作重要成果总结的介绍。

本书共分为 9 章，涉及居住建筑、公共建筑、洁净室和高污染散发类工业建筑等类型的建筑，介绍了不同类型建筑室内环境相关基础理论、关键技术、标准规范及工程实践等方面的研究进展，并且针对 2020 年以来在全球暴发的新冠肺炎疫情，梳理了我国科研人员在疫情防控方面取得的重要进展。

特别感谢清华大学江亿院士在百忙之中为本书作序。感谢国家重点研发计划“建筑室内空气质量控制的基础理论和关键技术研究”“居住建筑室内通风策略与室内空气质量营造”“洁净空调厂房的节能设计与关键技术设备研究”“高污染散发类工业建筑环境保障与节能关键技术研究”“室内微生物污染源头识别监测和综合控制技术”等项目科研团队在建筑环境与健康领域的积极探索，并在本书中与读者分享所取得的成果。感谢各位作者的共同努力，以及樊佳宁、陈虎、李文杰、张亚利、张育铭、乔梦丹、马璐平、黄佳玉、黄玮玮、王勇、吴惜冰等同学在本书编辑过程中付出的辛勤工作。

由于编者水平有限，书中难免存在一些问题和不足之处，诚恳地希望读者提出宝贵的意见和建议。

目　　录

扫码可看书中部分彩图。
（见文中*标记）

第 1 章　建筑室内空气质量控制的基础理论和关键技术研究

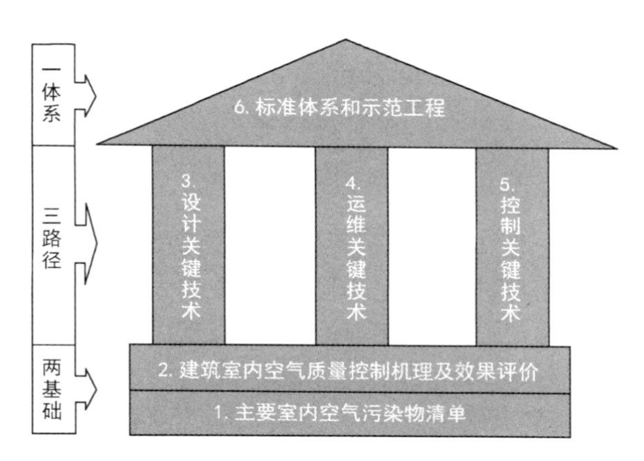

建筑室内空气质量控制关键技术研究技术体系

建筑室内空气环境与人员的健康水平、工作效率和生活质量息息相关。近年来建筑规模化建设、装饰装修材料大量应用和大气污染等引发我国多重而复杂的室内空气质量问题。基于我国绿色健康建筑的发展趋势，需要在室内空气质量的健康影响机理和控制机理，室内空气质量设计、控制和运维关键技术，标准体系和示范工程建设等方面开展系统深入的研究工作。本章就近年来相关理论、评价方法、技术和产品等方面的主要研究成果进行简要介绍。

1.1 研 究 背 景

人的一生中约70%～90%的时间在室内度过，室内空气质量的优劣关系到人体健康、工作效率、生活质量等方面[1-3]。20世纪70年代室内空气污染问题在欧美发达国家首先显现并获关注，2002年被世界卫生组织（World Health Organization，WHO）列为人类十大健康风险之一。在室内空气质量控制基础理论方面，美国和欧洲发达国家依据疾病负担指标，确定了各自的主要室内空气污染物清单。在室内空气质量控制共性关键技术方面，美国Little教授于1994年提出了挥发性有机化合物（volatile organic compounds，VOCs）释放模型，加拿大国家研究委员会开发了室内空气质量模拟软件IA-QUEST（Indoor Air Quality and Emission Simulation Tool），美国一些企业开发了多种室内空气污染物浓度检测装置。在标准和工程应用方面，部分欧美发达国家已经制定了室内空气质量标准体系并将室内空气质量纳入工程建设。

我国近年来城镇化进程和经济发展迅猛，装修污染及室外大气污染引发的室内环境问题备受关注。由于我国国情和发达国家存在较大差别，因此发达国家的相关经验只能借鉴，不能照搬，很多基础理论、关键技术以及关键标准方面的问题还需从全局着眼、从顶层规划入手，依靠自主研发，通过深入系统的跨界和跨学科合作研究解决。具体问题包括：

（1）缺乏符合我国国情的建筑室内空气污染物清单及典型空气污染物的健康影响机理研究。按健康风险或疾病负担，我国和发达国家的空气污染物排序不完全相同[4]，但由于缺乏研究支撑，我国《室内空气质量标准》GB/T 18883—2002在制定时只能照搬发达国家的相关标准。近年来，美国和欧洲研究者评估了室内空气污染物的疾病负担[5,6]，确定了美国和欧洲6国的主要室内空气污染物清单。我国尚未开展相关研究，室内空气污染的人群疾病负担数据基本空白。此外，当室内污染物平均浓度相同时，恒定浓度暴露和波动浓度暴露对人体产生的健康风险可能存在差异，但相关影响机理尚不清晰。上述问题是我国室内空气质量控制的重要基础问题，亟待深入研究。

（2）建筑室内空气质量控制机理认知不够深入。目前国内外室内空气控制研究虽然考虑了健康、舒适和节能，但对健康仍不够重视，在室内空气质量和温湿度综合控制方面基本采用对室内空气质量要求、温湿度热舒适要求和节能要求加权确定控制要求以求得优化控制策略，但该方法不能体现“以人为本”和“健康优先”的控制理念。此外，优化控制策略的确定基本采用正问题（即由因求果）和“trial-and-error”的案例分析方法[7-9]，可得“较优”方案，难获“最优”方案。近年来，我国学者[10]提出了解决上述问题的新思路——反问题变分思路：以满足人员健康和舒适需求为约束条件，以节能或节资为优化目标，通过变分方法求解最佳途径。但工作刚刚开始，亟待深入开展。此外，对达到室内空气质量要求的不同控制模式如何评价其健康影响，也需深入研究。

（3）建筑室内空气质量设计共性关键技术亟待完善。目前国内新建建筑和既有建筑改造尚无以保障室内空气质量为目的的工程设计方法，室内空气质量控制基本采用“后评估＋后处理”模式，不能从源头有效降低污染风险，且无法在营造建筑整体功能及环境时，系统协调室内空气质量控制的需求。国际标准 ISO—16814 提出新建及改建建筑室内空气质量设计标准方法，但缺少必要的设计工具支撑。近年来我国学者研发了系列建筑室内空气质量预评估软件，但存在以下不足：空气质量指标不完善，例如对健康危害很大的半挥发性有机化合物（semi-volatile organic compounds，SVOCs）、PM2.5 和臭氧考虑不足；缺乏支撑设计用的数据库，缺乏新风系统性能设计需要的大气污染物成分和浓度数据以及用于模拟预测的室内装饰装修材料污染物释放特性数据；缺少适用于工程应用的设计工具，目前，国内外室内空气质量领域的模拟预测工具基于理论模型，难以准确预测在环境复杂变化的实际建筑使用过程中的污染物长期浓度及评估暴露情况。

（4）建筑室内空气质量运维共性关键技术亟待提高。建筑室内空气质量监测数据的准确评价及监控系统的高效运行是营造健康舒适室内环境的关键。目前，现有室内空气质量传感器已大量涌现，但现有配备有传感器的建筑室内空气质量监测系统存在运行不力、监测方法及准则不完善、监测数据不能真实反映室内空气质量状况、监控系统不能及时有效维护等问题，具体表现为：一些传感器性能不够稳定、测试精度不高或不清晰，需发展科学、可靠的性能评价方法；缺乏从系统需求出发确定传感器精度和优化布置的方法；需发展依据监测数据的系统故障及问题的实时诊断方法。

（5）建筑室内空气质量控制关键技术亟待改进。性能可靠、价格适宜的室内空气质量控制关键产品亟待研发和批量生产。在我国，通过净化室内空气改善室内空气质量的空气净化设备已初步形成一个具有较大发展潜力的产业。目前，空气净化基本采用过滤、活性炭吸附或静电等方法，它们各有优缺点：介质过滤器不产生臭氧、效率高，但是阻力往往较大、容尘量低、更换费用高；静电过滤技术因装置阻力小、效率高等优点应用于多种场合，但因其工作过程中会释放臭氧一直备受诟病。如何优化组合，通过电凝并静电增强过滤技术和梯度滤料技术形成节能高效、无二次污染的净化装置并实现量产尚需深入研究。此外，现有国内外空气净化器性能评价标准中采用的“负荷尘”（如美国的 ASHRAE 粉尘及日本的关东粉质黏土）的主要成分为道路降尘，其粒径比实际空气颗粒物明显偏大，测试结果难以反映空气净化装置的实际性能。因此，适合我国的空气净化装置性能检测用“标准颗粒物”（理化特性和粒径分布接近大气和室内空气的颗粒物）亟待研发。

(6) 制定/修订建筑室内空气质量关键标准存在不足。目前，我国已制定了大量室内空气质量相关标准，相关标准体系已基本建立，但存在以下不足：目标污染物尚未很好符合我国国情；缺乏建筑设计、运维的空气质量管控标准；缺乏PM2.5及SVOCs等新型污染的测评方法标准；建材及净化装置产品测试评价指标不统一、测试方法不尽合理；产品监管标准及工程控制标准难以对接。

该研究基于我国近年来绿色健康建筑的发展趋势，面向室内空气质量的共性科学问题和关键基础理论开展了系统深入的工作。在基础理论方面：首次对中国室内空气污染物的疾病负担进行了计算与排序，确定了我国城市建筑室内空气污染物清单；基于"反问题+变分分析方法"耦合求解空气质量、热舒适、能耗问题，提出了综合、分级控制策略。在共性关键技术方面：提出了室内空气质量设计目标、流程及方法，开发了室内空气质量设计及预评估分析软件；提出了甲醛、PM2.5传感器性能提升及修正技术，建立了高精度、经济型室内空气质量监测成套技术和性能评价方法；开发了高效低阻、复合净化的空气净化设备；根据我国大气颗粒物粒径特征，开发新型的大气特征粉尘发生装置，并建立了新的空气净化装置净化效果及生命周期能效试验评价方法。在标准和工程应用方面：梳理并完善了室内空气质量标准体系，建立了室内空气质量设计、建材家具及净化产品的性能测试评价、监测传感系统性能测试评价、工程应用等关键标准；室内空气质量全过程控制技术及相关标准已在31个示范项目（逾236万m^2）中得到应用。

1.2　建筑室内主要空气污染物清单及其健康影响机理

空气污染物暴露水平高并不意味着其健康危害或疾病负担大，因此，基于人群健康危害和疾病负担编制室内空气污染物清单很有必要。目前，有关室内主要空气污染物如PM2.5和甲醛等对人体健康影响的作用机制主要集中于氧化应激和炎症损伤[11-13]。既往研究多采用污染物平均或峰值水平的恒定浓度对动物或细胞进行染毒。但是，这些研究可能无法代表现实中的暴露条件，例如，住宅室内空气污染物浓度可能会由于门窗开关引起的通风差异而表现出周期性变化。室内主要空气污染物在不同浓度波动暴露下的健康影响机理亟待进一步的深入研究。另一方面，多种污染物联合暴露更接近于人群的真实生活环境。然而，流行病学研究和毒理实验多关注某种空气污染物的单独暴露效应，多种污染物的联合暴露效应迄今为止鲜有报道，联合暴露引起毒性效应的特征和潜在分子机制仍不清楚。

在阐明室内空气污染物的污染特征、健康危害及其影响机理的基础上，还需据此采取有效措施对污染物进行干预，才能达到降低室内空气污染物暴露、改善人群健康的目的。人们采取多种手段对室内空气污染进行干预，其中使用人工空气净化装置是公认有效的干预方式之一。然而，目前我国空气净化装置的普及程度较低，国内外针对室内空气净化装置干预的相关研究存在一定局限性，如大多数有关不同粒径颗粒物去除效率的空气净化装置的相关研究仅考虑有限数量的滤材，并且只有少数研究表明了滤材的过滤等级[14]；探讨空气净化装置净化效率的研究较多，关注其健康影响的研究相对而言比较有限且结论并不一致。部分流行病学研究结果显示，空气净化器干预与心肺功能改善相关[15,16]；另有研究提示，空气净化器干预不能改善人群的心肺功能，甚至可能增加患心血管疾病的风险[17-19]。

综合考虑上述存在的问题，研究首先通过文献综述对我国典型建筑室内空气污染情况进行了解，确立室内空气污染物种类明细及其暴露水平，初步形成了我国室内空气污染物清单；进而完成室内环境污染物健康风险的定量评估，由此提出基于人群健康风险的室内主要空气污染物清单；结合用于确定清单的现有文献实测调研我国京津冀、长三角等空气污染严重地区的室内空气污染物种类、浓度范围及其健康效应，为室内空气污染导致的疾病负担评估及上述室内空气污染物清单进一步提供补充说明的基础数据，为修订室内空气质量标准提供依据。根据上述研究结果选出室内主要的空气污染物，通过毒理学实验研究其毒性效应，阐明室内主要空气污染物在常规恒定浓度暴露和波动浓度暴露下的健康影响机理差异及联合暴露的特征和机制。

1.2.1 基于人群暴露水平的室内主要空气污染物清单

研究首先根据国标《室内空气质量标准》GB/T 18883—2002、WHO 于 2010 年出版的 Guideline for Indoor Air Quality、已发表的室内空气污染物癌症风险以及相关专家建议，确定了室内空气污染物候选名单（表 1-1），其中包括颗粒物（particulate matter，PM）、无机气态污染物、VOCs、SVOCs 和微生物污染物。

室内空气污染物候选名单　　表 1-1

类型	污染物名称
颗粒物	细颗粒物 PM2.5
无机气态污染物	二氧化硫、二氧化氮、一氧化碳、臭氧、氡气、氨气
VOCs	甲醛、苯、甲苯、二甲苯、乙醛、对二氯苯、1，3-丁二烯、三氯乙烯、四氯乙烯
SVOCs	邻苯二甲酸酯（phthalate esters，PAEs）、多环芳烃（polycyclic aromatic hydrocarbons，PAHs）
微生物污染物	可培养细菌、可培养真菌

研究进一步对室内空气污染物浓度进行系统综述。其中筛选的文章发表时间在 2000 年 1 月到 2018 年 4 月之间，但实地测试时间需要在 2000 年 1 月到 2017 年 12

月之间，最终经过标题与摘要的初筛、全文阅读筛选的流程，从52351篇文章中筛选得到1864篇文章。筛选得到的文章按照住宅、办公、学校三类建筑进行分类整理，每篇研究需要收集浓度统计量（均值、标准差、中位数、最小值、最大值或者其他百分位数）、样本量数据（住宅按户、办公楼按栋、学校按所统计），并同时记录测试时间、测试所在省份等信息。

通过系统综述获取文献中各个空气污染物在我国三类建筑内的浓度水平后，研究将各篇文献的浓度水平整合为全国暴露水平，最终得到的我国建筑室内各污染物的成人与儿童暴露水平，如图1-1～图1-5所示，其中，大部分污染物数据为气相浓度，PAEs与PAHs两类SVOCs采用尘相浓度统计，微生物污染采用单位体积菌落数统计。

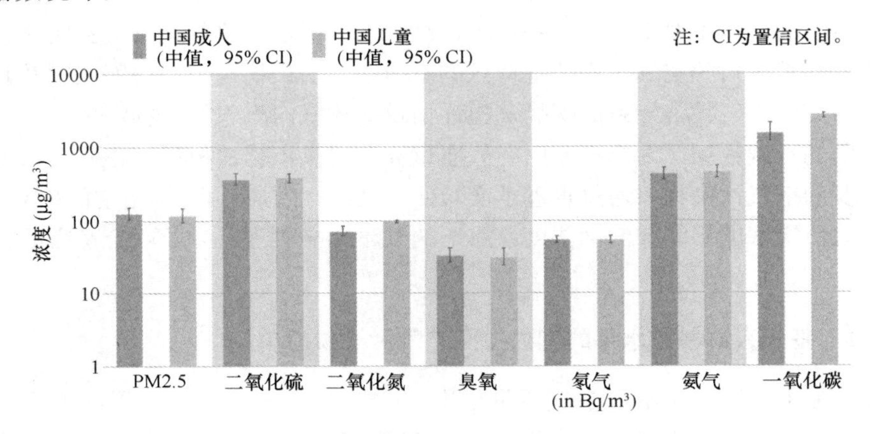

图1-1 颗粒物及无机气态污染物的全国暴露水平

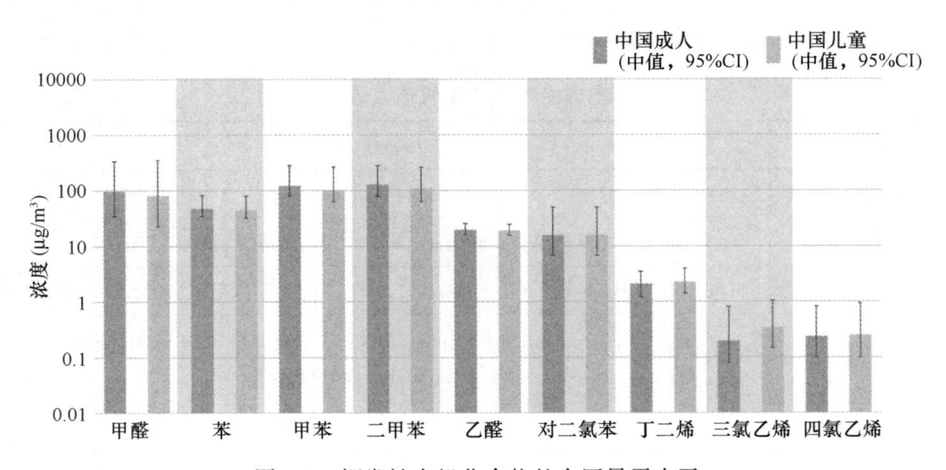

图1-2 挥发性有机化合物的全国暴露水平

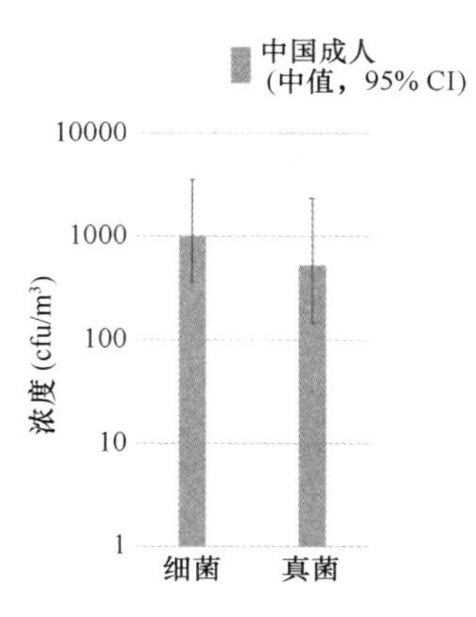

图 1-3 微生物污染物的全国暴露水平

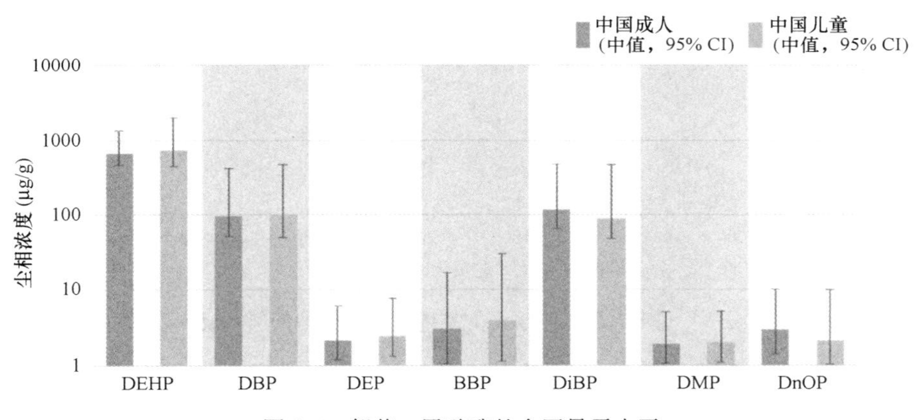

图 1-4 邻苯二甲酸酯的全国暴露水平

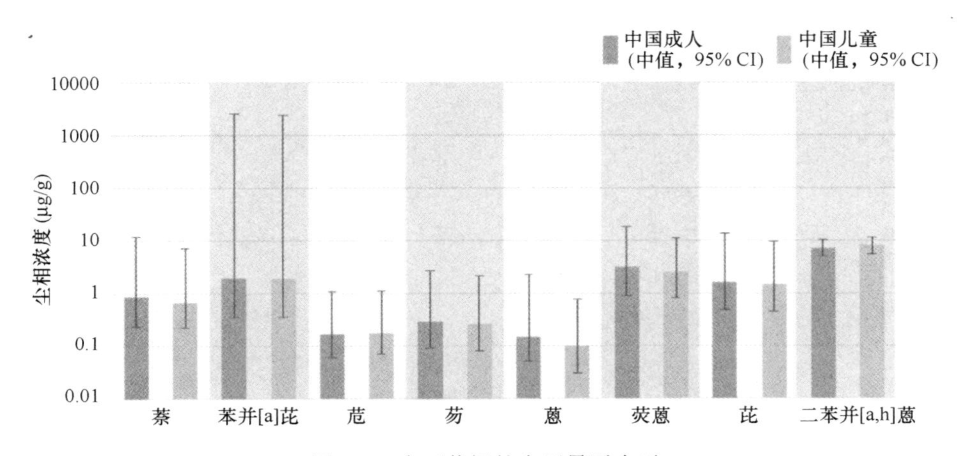

图 1-5 多环芳烃的全国暴露水平

将PAE和PAH的尘相浓度（μg/g）换算为气相浓度（$\mu g/m^3$），然后对上述室内化学性空气污染物的成人、儿童全国暴露水平进行排序，得到如图1-6和图1-7所示的室内空气污染物清单。需要指出的是，由于氡气、细菌和真菌等空气污染物由于单位不统一，未纳入本次清单排序中，但这些污染物的室内暴露水平也是不容忽视的。

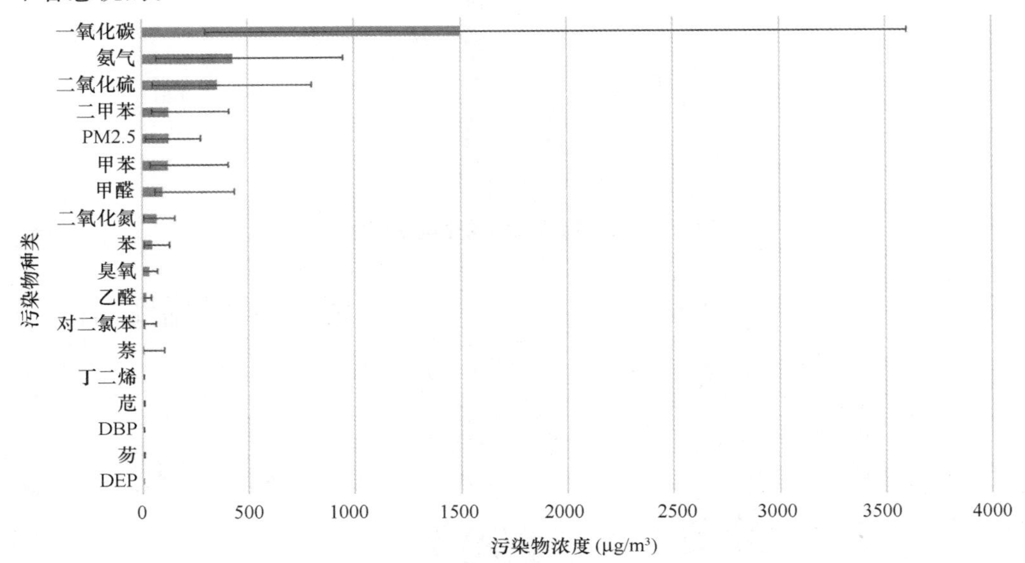

图1-6 基于人群暴露水平的室内空气污染物清单（成人）

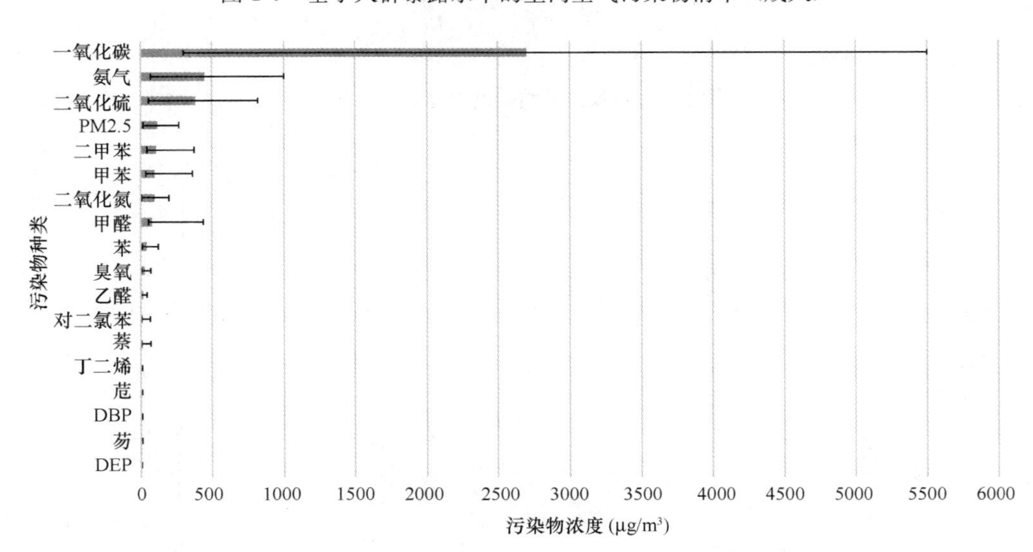

图1-7 基于人群暴露水平的室内空气污染物清单（儿童）

从图中结果可以看出，一氧化碳、氨气、二氧化硫、二甲苯和 PM2.5 是成人和儿童暴露排名前五位的室内空气污染物。在上述清单中，成人和儿童的室内空气污染物暴露种类一致，但污染物的暴露水平及排序略有不同，这可能是由于成人和儿童的生理、室内活动及所处室内场所差异导致的。

1.2.2　基于人群健康风险的室内主要空气污染物清单

研究需要建立的我国建筑室内空气污染物清单，是根据各个室内空气污染物的慢病疾病负担定量估计结果确定的。疾病负担的计算流程参考全球疾病负担研究（Global Burden of Disease，GBD）和欧洲环境疾病负担研究（Environmental Burden of Disease in Europe，EBoDE）中权威研究的相关方法，可分为三大步骤：①总结出候选的我国建筑室内空气污染物列表，然后采用系统综述方法对我国室内各污染物的浓度进行综述整理，得到各室内污染物的全国暴露水平；②对上述各个室内污染物与相关慢性疾病的剂量-反应关系（本项目采用浓度-反应关系，下面简称为 C-R 关系）进行系统综述，并通过 Meta 分析方法合并多篇文献的研究结果；③利用系统综述与 Meta 分析得到的全国暴露水平与各类 C-R 关系，计算人口归因系数（Population attributable fraction，PAF）即各种疾病的疾病负担有百分之多少归因于该种污染物的暴露，并进一步计算出各室内污染物的归因疾病负担，从而通过排序形成中国建筑室内空气污染物清单。

首先，研究根据 International Programme on Chemical Safety（IPCS）、WHO、Public Medical Library 等多个数据库进行上述污染物的相关疾病搜索，然后结合专家建议，确定了关注的 122 项主要健康结局（即可能导致的疾病）。进而通过系统综述的方法，对涉及的污染物的 C-R 关系相关文献进行筛选，经过标题与摘要的初筛、全文阅读筛选的流程，从 37231 篇文章中筛选得到 117 篇文章。

筛选得到的文章需要进行数据收集，包括暴露浓度、效应值水平（相对危险度（relative risk，RR）、比值比（odds ratio，OR）、风险比（hazard ratio，HR）及其 95%置信区间（confidence interval，CI））、研究类型（队列、病例对照、横断面等）、样本量、研究地区及年份等数据。由于 PM2.5 的 C-R 关系较为成熟，所以 PM2.5 的 C-R 关系直接采用国际上较为公认的 Integrated exposure-response（IER）model[20]，而未进行系统综述。其他涉及的室内空气污染物均进行了系统综述工作。

在具备了各污染物的全国暴露浓度水平和与相关疾病的 C-R 关系数据之后，确定了 PAF。研究根据 PAF 并结合各类疾病的疾病负担（用伤残调整寿命年（disability adjusted life year，DALY）表示），由此进一步得到了各污染物基于目前文献系统综述的总归因疾病负担水平（总 DALY）。

图 1-8 给出了我国污染物导致的每百万人 DALY 值的构成情况。从构成角度

上看，除了目前关注较多的PM2.5之外，其他无机气态污染物、VOCs、SVOCs造成的疾病负担总值与PM2.5大约是相等的，各占50%左右。无机气态污染物、VOCs、SVOCs有关的C-R关系研究还较少，其中队列研究非常有限，目前的疾病负担估计为保守估计，其疾病负担真实值可能更高，该结果进一步提示，对于颗粒物以外的室内空气污染物造成的健康影响不可小觑，亟待深入研究。

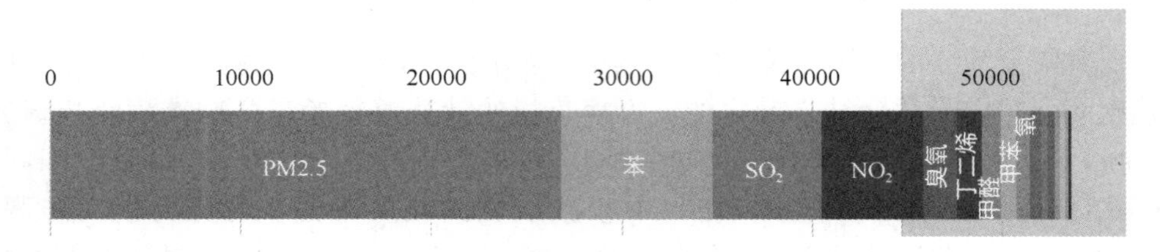

图1-8　污染物导致的每百万人DALY值的构成情况

根据计算得到的各污染物的总归因疾病负担值，最终可以初步确定基于人群健康风险的中国建筑室内主要污染物清单，如图1-9所示。其中，PM2.5、苯、二氧化硫、二氧化氮以及臭氧排在清单前五位，需要重点关注。此外，结合表1-1室内空气污染物的来源相关结果表明，疾病负担较大的室内空气污染物来源与暴露水平较高的污染物来源一致，主要包括室外污染渗透、室内燃料燃烧及装饰装修材料。

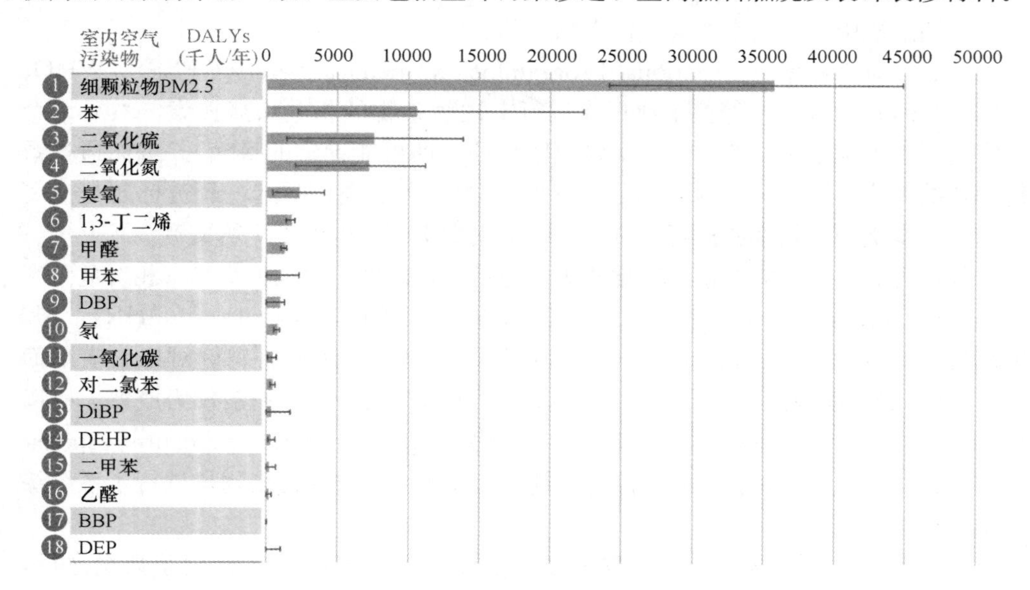

图1-9　中国建筑室内主要空气污染物清单（疾病负担排序）

需要说明的是，本研究主要基于我国的现有相关文献估算室内空气污染物的疾病负担。但由于有些污染物的文献十分有限，可能为疾病负担的估算带来偏倚。然而，室内空气污染物清单的建立和更新本身是一个长期、动态的工作，在建立起最初的结构框架后，不断地纳入新发表的相关文献数据是必需的。因此，尽管目前还有一些污染物，例如国家癌症研究机构（International Agency for Research on Cancer，IARC）中的Ⅰ类致癌物，由于相关文献有限而暂时未被纳入，但初步形成的基于健康风险的我国室内主要空气污染物清单还是十分必要的，未来该清单将不断更新并纳入更加全面的室内污染物进行疾病负担排序。

1.2.3 室内空气污染物对健康影响的机制研究

根据前期形成的基于人群健康风险的室内主要空气污染物清单，研究选择其中疾病负担较大的空气污染物开展毒理学实验，探讨室内空气污染物浓度及其波动形式对健康影响的机理。本章节选择其中疾病负担最大的 PM2.5 和室内源污染物甲醛进行说明，探讨室内恒定浓度和波动浓度对健康影响造成差异的机理。

对于 PM2.5 不同浓度波动形式对健康的影响，研究利用 PM2.5 实时在线浓缩全身暴露系统对 60 只 SPF 级 4 周龄雄性 wistar 大鼠进行 PM2.5 呼吸暴露。实验动物分为对照组（饲养于洁净空气的 SPF 级动物房，不做任何干预）、4 倍浓缩恒定染毒组（即 PM2.5 暴露浓度为环境大气中 PM2.5 浓度的 4 倍）及 8 倍浓缩波动染毒组（即 PM2.5 暴露浓度为环境大气中 PM2.5 浓度的 8 倍），每组 20 只。4 倍浓缩恒定染毒组大鼠每天连续暴露 8h；8 倍浓缩波动染毒组大鼠每隔 1h 暴露 1 次，共 8h，这两种暴露模式具有相同的 PM2.5 暴露总质量，暴露时间为 12w（84 天）。

为了进一步研究其中机制，研究利用 ELISA 方法（酶联免疫吸附测定法）检测了大鼠肺组织匀浆上清液中氧化应激及其通路相关因子及线粒体功能损伤生物标志物表达水平。利用流式细胞仪分析了 M1 型和 M2 型巨噬细胞在 AM 细胞中的激活比例，结合 ELISA 和 Western blot 方法（免疫印迹法）分别检测了 IL-10 在分选出的 M1 型和 M2 型细胞中的表达，肺组织中 M1 细胞表面标志物 CD86 及 M2 细胞表面标志物 CD206 的蛋白表达。研究发现 PM2.5 暴露组大鼠肺组织丙二醛（malondialdehyde，MDA）、过氧化氢（hydrogen peroxide，H_2O_2）浓度显著上调，谷胱甘肽过氧化物酶（glutathione peroxidase，GSH-PX）和超氧化物歧化酶（superoxide dismutase，SOD）活性显著下降，同时核因子 E2 相关性因子 Nrf2 及其基因产物 HO-1、NQO1 表达均显著上调；炎性因子肿瘤坏死因子-α（Tumor necrosis factor-α，TNF-α）、IL-1、IL-1β、IL-4、IL-8、IL-10 浓度均显著升高；同时发现线粒体复合物Ⅰ、Ⅳ及 ATP 水平显著下降。该结果表明，PM2.5 暴露可致大鼠肺组织通过 Nrf2-ARE 通路发生氧化应激损伤，并引发线粒体功能损伤和炎性反应，且 8 倍波动暴露组较 4 倍恒定暴露组损伤严重。

对于甲醛不同浓度波动形式对健康的影响，研究按照“OVA 致小鼠哮喘”动物模型最佳染毒周期，开展“4w+1w”（四周染毒；一周激发）实验，分别利用两台甲醛发生仪完成了波动浓度与恒定浓度甲醛的暴露。恒定组小鼠每天 12:00 至 20:00 分别暴露于 0.5mg/m³（低剂量组）和 1mg/m³（高剂量组）甲醛，每天连续 8h；波动组小鼠每天 12:00 至 16:00 分别暴露于 1.0mg/m³（低剂量组）和 2.0mg/m³（高剂量组）甲醛 4h，之后暴露于纯净空气 4h。

实验结果表明（图 1-10），波动浓度与恒定浓度的甲醛暴露后，导致了小鼠 ROS 的含量显著性上升，抗氧化的 GSH 含量显著性降低，但是波动浓度甲醛暴露导致的氧化损伤程度比恒定甲醛暴露更为严重。该结果表明在实际甲醛控制中，在平均浓度相同时，恒定浓度造成的健康危害更小，因此应注意避免出现甲醛峰值波动情况[13]。

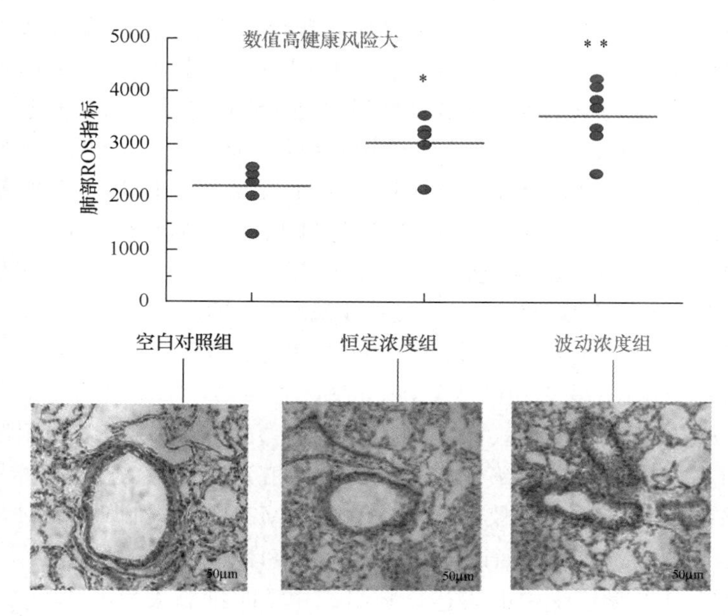

图 1-10 恒定浓度和波动浓度的甲醛对小白鼠肺部 ROS 指标的影响 *

1.3 建筑室内空气质量控制机理及控制效果评价方法

目前国内外在室内空气质量和温湿度综合控制方面基本采用对室内空气质量要求、温湿度热舒适要求和节能要求加权确定控制要求，以求得优化控制策略，该方法不能体现“以人为本”和“健康优先”的控制理念。为此，研究旨在将室内空气温湿度和污染物浓度控制参数综合考虑，优先满足人的健康和热舒适要求（可以是局部时间和局部空间的需求），再尽量考虑控制手段的节能或节资，揭示室内空气温湿度和污染物浓度综合、分级控制机理，识别在给定条件下确定优化控制策略的方法，同时发展基于生物标志物的室内空气质量控制效果健康效应评价方法。

1.3.1 室内空气污染物浓度预测与测试方法

随着我国近年来城镇化进程的推进和经济的迅猛发展，部分城市和地区室外空气 PM2.5 污染严重。与此同时，大量人工合成材料由于价格低廉、性能优越，被广泛应用于建筑构件、保温材料和装饰装修材料中，其中一些会释放对人体有害的物质，如 VOCs 和 SVOCs，不仅污染室内空气，还危害人体健康。依据项目研究所得的建筑室内空气目标污染物清单，项目组通过文献调研与环境舱试验相结合的手段对已确定目标污染物的来源及浓度影响因素（如室外穿透或渗透系数、吸附或释放传质特性参数等）进行了研究分析，依据建筑环境传热传质学原理，探索室内空气污染物浓度和温湿度以及影响因素间的关系。

对于以 PM2.5 为代表的室外源空气污染物，其对室内污染物浓度的影响主要由其通过门窗进入或通过围护结构缝隙渗透量决定。目前，基于渗透系数 F_{inf} 的稳态方法常用于估算室外源的室内污染物浓度（式 1-1），但误差及适用条件尚不清晰。

$$\overline{C_{in,F}} = F_{inf} \cdot \overline{C_{out}} \tag{1-1}$$

式中 $\overline{C_{in,F}}$——室内污染物平均浓度，μg/m³；

F_{inf}——渗透系数，无量纲；

$\overline{C_{out}}$——室外污染物平均浓度，μg/m³。

研究比较了稳态和瞬态方法下室外源的室内 PM2.5 平均浓度，并考虑了人员的开关窗行为，得到渗透系数稳态方法的误差（图 1-11）。结果表明：当时间尺度超过一周时，稳态方法的误差可接受[21]。

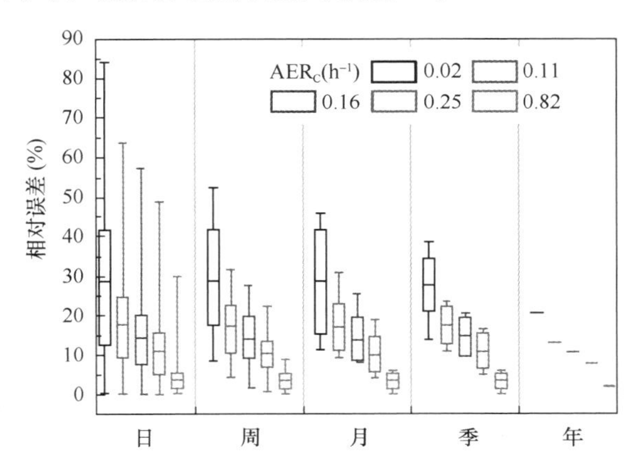

注：扫描目录页二维码可看彩图。

图 1-11 不同时间尺度及渗风换气次数下渗透系数稳态方法的误差 *

根据这一渗透系数方法，研究进一步建立了污染物浓度控制阈值对死亡人数降低的计算方法。通过我国室外 PM2.5 浓度监测数据和渗透系数，研究估算了 2015

年我国339座城市25岁以上城市人口因室外源PM2.5污染而过早死亡的人数，以及满足不同室内标准后估计可以减少的相应过早死亡人数（图1-12），为我国建筑室内PM2.5相关标准的制订提供了方法和参考数据[22]。同样，采用渗透系数方法，可以确定室内O_3浓度限值与过早死亡人数的关系（图1-13）[23]。

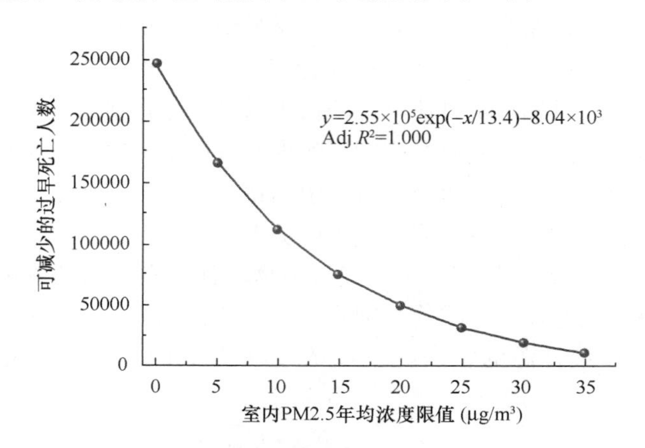

图1-12 室内PM2.5浓度限值与减少的过早死亡人数关系

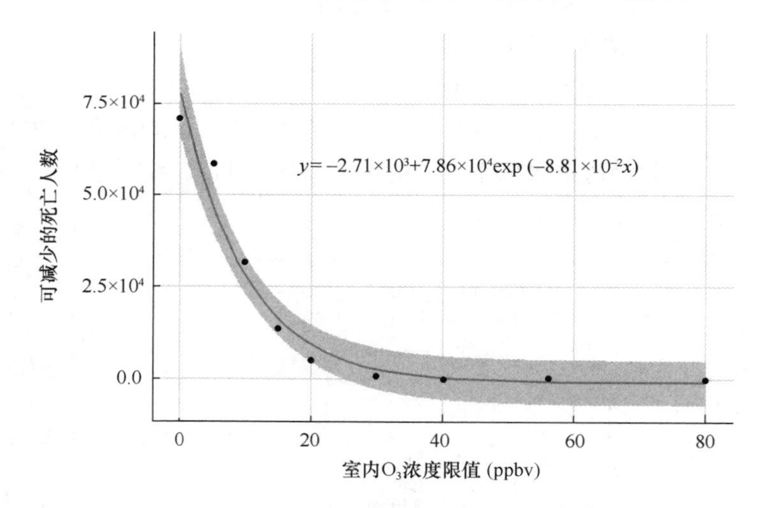

图1-13 室内O_3浓度限值与减少的过早死亡人数关系

对于近年来逐渐引起重视的SVOCs，文献调研发现室内SVOCs主要来自助剂（如增塑剂、阻燃剂等）、室内日化用品、室内或室外的燃烧和高温加热过程（如吸烟、烹饪和煤炭、石油等的不完全燃烧）。目前文献中大量使用室内颗粒相和气相SVOCs浓度平衡态模型和平均停留时间动态模型来估算室内颗粒相SVOCs浓度，由于颗粒SVOCs的吸附量和进入时间呈非线性关系，现有模型对部分SVOCs误差较大。研究提出了室内颗粒物龄的概念，即室内所有悬浮颗粒物的平均进入时间，并根据颗粒物密度、粒径分布、房间新风量等导出了室内颗粒物龄的空间分布函数。基于此，建立了新的室内颗粒物与气相 SVOC 动态分配模型并给出修正因子 η，可使达到平衡前误差降低 30%以上（图 1-14），显著提高了公共卫生领域 SVOCs 暴露评估的精细化水平[24]。

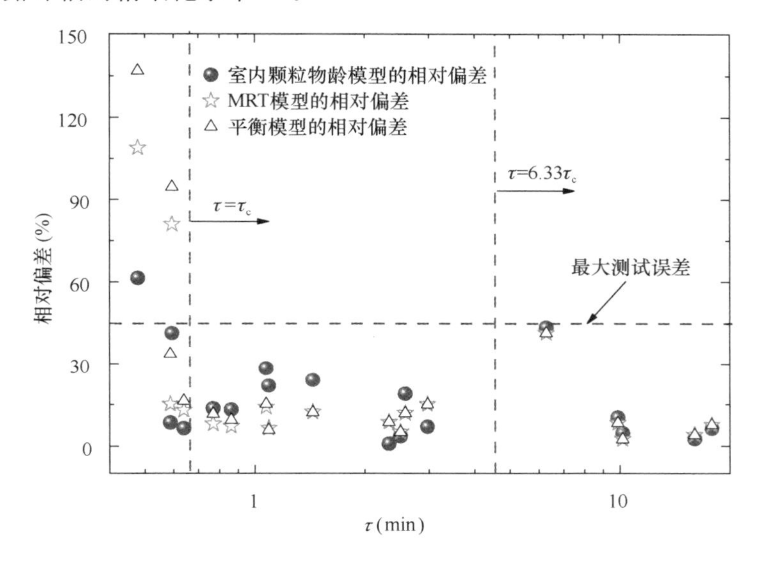

图 1-14　采用瞬态平衡法估算颗粒相 SVOC 浓度与实验测量结果的偏差

研究提出了室内建材、家具 VOC 释放特性测试的新方法。其中，建材 VOC 释放的特性参数主要包括初始可释放浓度 C_0、扩散系数 D 和分配系数 K。为测定这些参数，现有的测定方法主要有双室法、粉末释放微天平法、逐时浓度法（C-history 法）等，但这些方法也有一些局限：双室法的测定时间长，误差较大；粉末释放微天平法的测定方法偏离使用条件，误差较大；C-history 法测试时间要求 $Fom=D_t/L_2>0.2$，有时误差较大。研究建立了克服上述问题的改进 C-history 法，采用先密闭后通风的测试流程，即：首先将人造板材料置入环境舱中并密闭环境舱，舱内污染物浓度达到平衡后，测试舱内平衡浓度，而后向气候舱内通入固定换气次数的洁净空气（进入直流舱阶段），并测试舱内 VOCs 浓度与时间的衰减曲线，以用于参数拟合[25]，如图 1-15 所示。该改进 C-history 法具有快速和精确的优势，被应用于国家和行业标准。

国内外对木家具中 VOCs 的释放速率制定了限值和测定方法标准，但基本采用环境舱通风方法，测试时间长。研究提出了家具 VOCs 释放速率密闭舱测定法，测定原理为：木家具通风预处理一段时间后，VOCs 释放速率逐渐趋于稳定，此时将木家具转入密闭舱中，由于开始时目标污染物背景浓度极低，不会抑制释放过程，此时释放速率可认为基本不变，密闭舱中的目标污染物浓度近似随时间呈线性

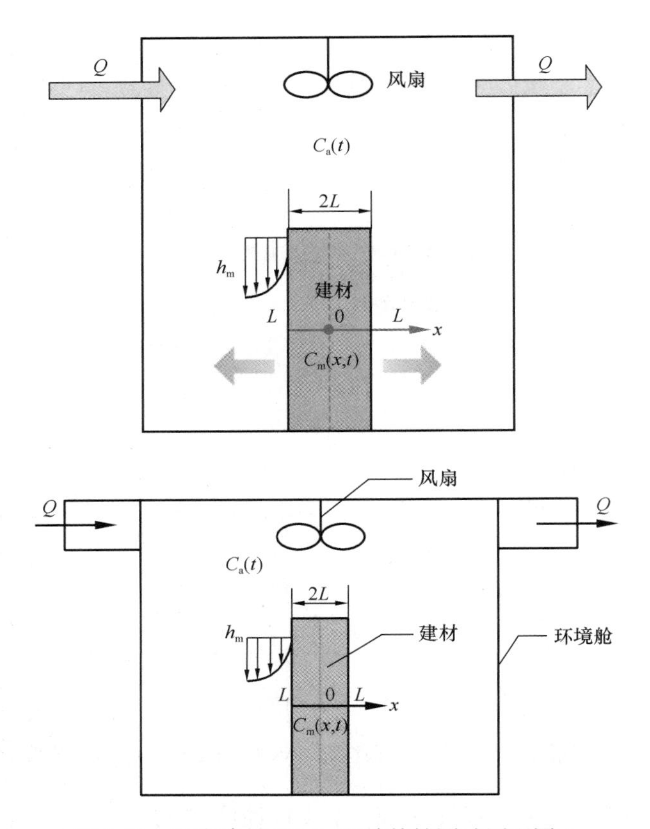

图 1-15 室内建材 VOCs 释放特性测试原理图 *

增长。因此木家具预处理结束后，将木家具转入洁净、密闭气候舱内，通过检测木家具放入后初期污染物浓度变化，经线性拟合求得浓度增长斜率，即可求出木家具的污染物释放速率。本密闭舱测定法和已采用环境舱通风的国内标准方法相比，具有系统简单、测试快速的优点，测试时间从 20h 缩短为 2h，测试结果偏差小于 30%，为木家具 VOCs 释放速率测定及相关标准制定提供了参考方法[26]。

1.3.2 室内空气温湿度和多种污染物浓度的全空间优化控制策略

在 PM2.5、VOCs 等空气污染问题“内忧外患”的形势下，如何确定给定地区和建筑类型最适宜的室内空气质量控制方式是室内空气质量控制领域具有重大社会需求但尚未解决的难题。为此，研究提出了“反问题-变分分析法”，即：在满足室内空气质量标准和热舒适需求的约束条件下，如何运行空气净化设备可使得代价最小（最节能或最节资）。课题组根据这一反问题思路，构建了反问题优化控制策略框架（图 1-16）。

在各污染物浓度达到标准要求、温湿度满足热舒适或预期要求下，优化目标

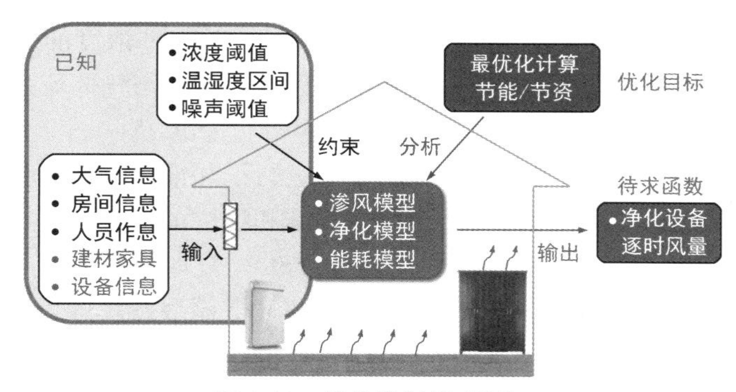

图 1-16 优化控制模型框架

（能耗/费用最低）可采用泛函表示（式 1-2）。

$$\text{Min}\Pi=\int_{t_1}^{t_2}[\text{Cost}(G,T,d,\cdots)+\sum\lambda_i(C_{\text{in},i}-C_{i,\text{st}})]\text{d}t \tag{1-2}$$

式中 Cost（G，T，d，…）——净化风量 G 下，满足热舒适要求所需的能耗或费用，kgce 或 RMB；

G——净化风量，m^3/h；

T——温度，℃；

d——相对湿度，%；

λ_i——污染物 i 浓度限值约束的 Lagrange 乘子，kgce/（$\mu\text{g}/\text{m}^3$）或 RMB/（$\mu\text{g}/\text{m}^3$）；

$C_{\text{in},i}$——室内污染物 i 浓度；

$C_{i,\text{st}}$——室内污染物 i 阈值，$\mu\text{g}/\text{m}^3$。

通过求解上述泛函对应的 Euler-Lagrange 函数，可以得到的优化控制策略为：将室内污染物浓度恒定在平均浓度阈值上，此时代价（能耗/运行费用）最小。当有多种目标污染物时，保障室内多种空气目标污染物浓度中在不同时间段最不易达标的污染物浓度刚好达标，即空气净化风量满足 max［$C_{\text{in},i}/C_{i,\text{st}}$］=1 时空气处理代价最小[27]。

1.3.3 室内空气质量和温湿度的局部时间和空间优化控制研究

基于污染物释放影响因素研究，研究以 SVOCs 为例建立了考虑房间内温度分布不一致性的非等温 SVOCs 释放及传质过程预测模型，为局部空间的污染物优化控制建立了基础。研究将颗粒物简化为欧拉流体，建立了可用于房间 SVOCs 分布规律预测的一种全面的三维非等温 SVOCs 释放特性预测模型。湍流求解采用 Realizable k-ε 模型，考虑湍流流场对温度、气相 SVOCs 与粒相 SVOCs 传输的影响。温度场的求解综合考虑固体内的热传导、气流中的对流传热及墙壁间的辐射传热，温度和湿度对释放特性的影响体现在其对扩散系数和表面分配系数的影响上；空气中的悬浮颗粒（PM2.5）、气相SVOCs浓度和粒相SVOCs浓度的分布规律通过数值求解对流扩散方程来仿真，采用滑移速度假设考虑颗粒与气体流速的不同，采用非平衡吸附假设计算气相与粒相SVOCs之间的相互转换。

此外，研究对近人区域的局部污染物暴露进行了探索，建立了基于体外系统的污染物吸入暴露测量、评估方法，用于评估眼睛和嘴唇上微米级颗粒的剂量，其中根据来自健康志愿者的CT图像，通过三维（3D）打印获得了包括面部、口咽、气管、支气管的前五代和肺部容积的真实面部和气道模型，并将其连接到泵模拟稳态吸入。面部和气道的模型暴露于从射流中释放的单分散荧光颗粒。通过标准擦拭方案确定通过荧光强度定量的沉积在眼睛和嘴唇上的颗粒的给药剂量。结果表明，对于0.6μm、1.0μm、2.0μm、3.0vμm和5.0μm颗粒，按来源归一化的剂量分别为2.15%、1.02%、0.88%、2.13%和1.55%，如图1-17所示[28]。此外，嘴唇比眼睛承受更大的暴露风险，占面部黏膜沉积总量的80%以上。这项研究提供了一种快速而经济的方法，可以根据个人情况评估面部黏膜的给药剂量。

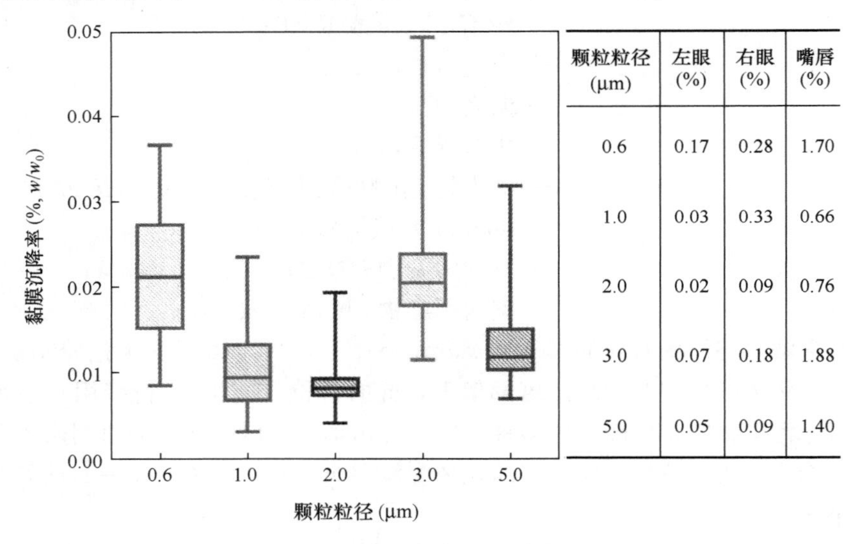

颗粒粒径 (μm)	左眼 (%)	右眼 (%)	嘴唇 (%)
0.6	0.17	0.28	1.70
1.0	0.03	0.33	0.66
2.0	0.02	0.09	0.76
3.0	0.07	0.18	1.88
5.0	0.05	0.09	1.40

图1-17 基于不同粒径的黏膜沉积率

呼吸暖体假人可以用来代替实际室内人员，有效测量人体的热感知和污染物吸入至呼吸道局部产生的有效剂量，并以此对建筑室内空气温湿度、风速、污染物浓度等舒适、健康相关环境控制指标进行更准确的评价，能够为实现室内局部空间、局部时间的环境控制方法提供科学依据[29]。

1.3.4 基于人体生物标志物评价室内空气质量控制效果

大量流行病学研究表明，室内可吸入颗粒物暴露可对人体造成严重的健康危害。在室内安装空气净化装置是当前解决室内可吸入颗粒物污染的主要手段。由于能耗小和无噪声等优点，负离子室内空气净化器在居住建筑、办公建筑和学校等得到普遍应用，但其降低室内可吸入颗粒物污染的有效性及其对使用者的健康效应影响机理仍不明确。基于人体指标的控制效果评价，未来可用于制订新的污染物浓度阈值，或对控制手段的健康影响进行测试和评价。

研究开展了随机双盲对照干预试验，招募健康大学生作为研究对象，利用常见的负离子空气净化器在其宿舍进行两次为期1周的干预，干预前后各进行1次体检（共4次）。研究期间测定宿舍内的可吸入颗粒物浓度和成分以及室内其他常见空气污染物浓度；同时由专业的医务人员对研究对象进行体检，监测研究对象肺功能、呼出气一氧化氮（FeNO）、动脉功能、血压、血常规、尿常规，并采集尿液和血清样本分析其中炎症和氧化应激等生物标志物水平。通过比较不同干预状态下学生的污染物暴露水平及健康指标的差异，评价负离子净化器对室内可吸入颗粒物的净化效果及其对学生健康效应的潜在生物机理[30]。结果显示：负离子空气净化器可明显降低室内PM2.5浓度，并降低用户（健康大学生）的气道炎症和血栓风险，但可能会降低用户（健康大学生）的肺功能和增加机体氧化应激水平。因此，负离子和其与室内空气成分的反应产物会对人员健康产生不利影响，不建议采用负离子净化设备来降低室内PM2.5的暴露，尤其是在室内PM2.5浓度不高的地区和建筑中。

1.4 建筑室内空气质量设计及评价技术

目前室内空气质量管理常采用“后检测+后处理”的方式，国内新建建筑和既有建筑改造尚无以保障室内空气质量为目的的工程设计方法，不能从源头有效降低污染风险，且无法在营造建筑整体功能及环境时，系统协调室内空气质量控制的需求。此外，对于建筑室内空气质量设计，尚存在空气质量指标不完善、理论模型不完善、缺少适用于工程应用的设计工具以及支撑设计用的数据库等问题，难以准确地模拟预测出在环境复杂变化的实际建筑中的污染物浓度及评估暴露情况，更无法分析出在实际建筑使用过程中长期的室内污染源贡献情况，也就无法指导前期的室内设计和工程应用。

针对上述问题，研究建立了建筑室内空气质量设计方法、模型、设计工具、数据库，以实现室内空气污染预防性设计及方案优化。建立了可同时模拟多种室内污染物散发、吸附、传播、去除规律的预评价模型，以实现基于短期测试数据精准预测建筑室内长期空气质量动态趋势；建立基于预评价的建筑工程污染控制设计方法，在设计阶段定量评估建成后室内空气质量并优化材料选择和设计方案，将室内空气污染控制从“后评估+后处理”前置为“预评价+预处理”，以极低成本实现技术方案优选和室内空气质量的提升。设计软件工具 IndoorPACT 和支撑数据库，实现污染源精准靶向控制，实现室内污染物动态浓度趋势、负荷预测、污染源头解析、报表输出等多种功能。研究建立了基于大数据自成长的材料释放率控制要求自动配置算法，为设计师提供便捷云计算工具和工程选材、设备选型的数据支撑。

1.4.1　建筑室内空气质量设计方法与设计流程

建筑室内空气质量设计方法与设计流程分别针对化学污染物、颗粒物污染物和 CO_2 进行识别污染影响要素、提炼设计基本参数、构建设计信息交互、制定污染设计方法、开发调整优化方法五个步骤的研究，如图 1-18 所示。

图 1-18　建筑室内空气质量设计指标体系的研究技术路线

（1）识别污染影响因素，包括综合定性分析和敏感性分析，识别确定空气质量设计需要考虑的影响因素，包括房间信息、污染源、通风、净化、温湿度、时间等各种因素。

（2）提炼设计基本参数，即根据各影响因素从建筑、暖通、装修等各专业提取空气质量设计信息，并给出各设计参数的取值方法和建议。

（3）构建设计信息交互，即结合建筑、暖通空调、装饰装修等相关专业既有设计流程，梳理与室内空气质量相关的设计信息及反馈处理方法，建立从指标确定、边界确定、模拟计算、方案校核、调整优化的设计流程。

（4）制定污染控制设计方法，分别针对工程概念、方案阶段和施工图设计阶段的深度要求，梳理两个阶段空气质量设计的要点；重点针对施工图设计阶段，基于计算模型成果，开发基于稳态或动态的两种污染控制设计方法，并对应到设计工具的实施操作，明确设计结果输出内容等。

（5）开发调整优化方法，即当污染物预测浓度超过控制目标，或远低于控制目标时，对方案进行调整优化。针对不同阶段需求和信息，提供双向优化设计方法，开发反向自动配置方案设计模式，建立基于目标导向和材料大数据自成长的控制模型。

1.4.2　建筑室内空气质量预测模型

建立和完善空气污染物（包括 VOCs、颗粒物、SVOCs、CO_2）的浓度预测模型，建立通风净化设备的实际性能预测模型，建立污染物浓度调控手段的能耗模型，如图 1-19 所示。

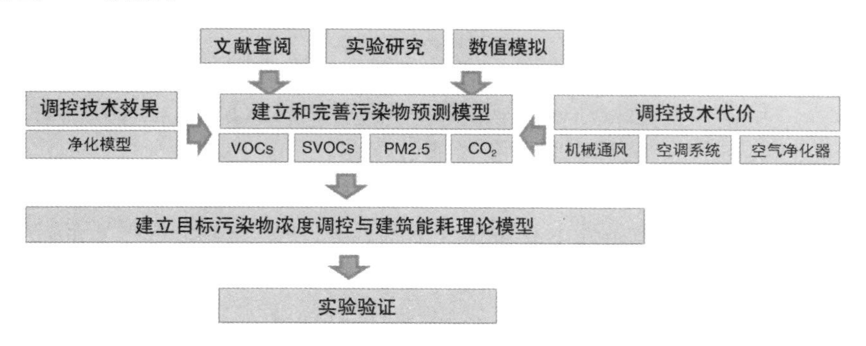

图 1-19 建筑室内空气质量预测模型完善及与建筑能耗的耦合关系的研究技术路线

(1) VOCs 模型。在室内 VOCs 污染物浓度质量守恒原理方程基础上，重点研究温度、湿度等因素对 VOCs 浓度的影响，完善 VOCs 计算模型，以便模型满足实际工程设计应用的需求。

(2) 颗粒物模型。以室内污染物混合均匀为前提，根据颗粒物污染物浓度质量守恒原理方程，发展稳态模型和动态模型。其中稳态模型根据不同通风净化设备形式简化为不同物理模型，用于空气净化器的洁净空气量、过滤器的过滤效率等设备选型；动态模型基于逐日计算，用于预测室内全年颗粒物浓度。

(3) SVOCs 模型。SVOCs 空气相浓度的计算较为成熟，综合误差与可行性，采用气粒瞬态平衡模型，结合文献数据，对模型进行了初步验证；在降尘相浓度方面，研究了实际环境中颗粒物沉降特性参数与自然通风量之间的关系；通过小舱实验，分析了源材料表面降尘的直接固-固传质与气-固传质的贡献率。

(4) CO_2模型。CO_2是大气的基本成分，CO_2室内的主要来源为人员的呼吸、燃烧等活动，并通过自然或机械通风空气交换排出室外。基于质量守恒原理方程，建立了室内 CO_2 浓度预测模型。

(5) 净化模型。重点针对通风净化设备的长期性能进行研究。在实验室分别对净化器和新风系统开展标准 CADR 实验和标准 CCM 实验，漏风量、尘源等因素净化效率和过滤器单通效率的影响；通过对净化器实地使用情况进行在线长期监测，分析净化器长期性能影响因素和规律，建立净化器寿命预测模型。

(6) 空气质量与建筑能耗的耦合模型。通过文献综述和理论分析明确室内空气质量的目标控制对象，获得室内空气质量的主动和被动技术方法的实现手段和营造方法，对比分析不同调控手段的能耗水平及改善效果；通过理论分析建立单一污染物与能耗之间的关系模型；综合多目标污染物的关联，以室内空气质量多目标污染物为控制对象，分析多目标污染物与能耗之间的关系，最后结合实际工程应用，通过实验对模型进行修正；用于指导室内空气品质节能设计方案的优化。

1.4.3 建筑室内空气质量控制的污染物散发源和净化设备性能数据库

研究采用市场调研、文献调研、实验测试、官方数据统计等多种方式采集数据，建立了VOCs源污染特性参数数据库、CO_2源强度数据库、室内外颗粒物数据库、SVOCs源数据库、通风净化设备性能数据库。

（1）VOCs源特性参数数据库。采用气候舱检测装饰装修材料中有害气体的方法，测试材料在特定环境条件下有害物（甲醛、TVOC、VOC单体）的释放规律，确定污染特性表征参数，以及特定时刻散发速率。综合本课题测试数据和既有积累的数据样本，进行各类型材料、家具的污染特性规律统计分析。

（2）CO_2源数据库。CO_2室内的主要来源为人员的呼吸、燃烧等，通过文献调研获得这一类污染源的释放强度；室外的CO_2数据主要通过查阅年鉴或其他文献的方法给出参考值或采用环境监测站实时有效数据。

（3）颗粒物数据库。通过文献调研方式为主收集人员活动、烹饪、打印复印设备等室内污染源释放强度；基于我国大气环境质量监测平台发布的官方数据，建立了近年来全国主要城市的室外颗粒物日平均浓度统计规则和数据集，对比分析不同不保证天数下的室内环境污染水平及能耗水平，最终确定室外计算日浓度。

（4）SVOCs源数据库。SVOCs源数据库的建立分为两部分：一是物性参数的汇总，即饱和蒸气压p^*，此部分可通过综述文献调研和相关专业网站查询等获得；二是材料中SVOCs的含量Φ，此部分需要通过检测获得相关数据。

（5）通风净化设备数据库。调研了市场主流214种空气净化器及147种新风系统产品，建立了空气净化产品标称性能数据库；对已有文献进行调研，为进一步认清空气净化产品市场现状、完成既有空气净化设备分类与特点综述提供基础数据；对部分产品进行实验室测试和实地测试，获得产品应用性能数据，如图1-20所示。

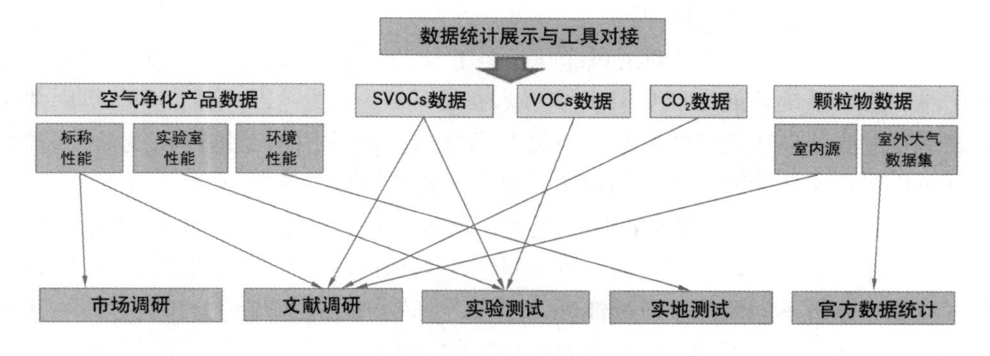

图1-20 建筑室内空气质量控制数据库技术路线图

1.4.4 建筑室内空气质量预评价软件工具

研发出一种建筑室内空气质量预测与控制工具——IndoorPACT。该预评价软件以控制室内空气质量为目标，通过科学模拟预测建筑建造过程及长期使用运营过程中的室内污染物水平及健康影响，实现用户对建筑室内环境的预控。用户在设计阶段或其他工程阶段，利用软件进行设计方案的评估，以预评价输出结果作为参考依据，指导方案的优化和决策。

设计工具功能框架如图 1-21 所示，包括材料数据库、计算工具、计算委托和学院培训四大模块。其中计算工具根据污染物类型分为化学污染预测与控制工具、颗粒物预测与控制工具、CO_2预测与控制工具，可提供甲醛、TVOC、苯、甲苯、二甲苯、PM2.5、PM10 等多种污染物耦合模拟分析，对项目设计方案进行综合评估，预测建筑室内空气质量动态变化趋势，计算实时污染负荷，解析分级污染源头，输出分项控制要求，精确优化设计方案，并生成污染物浓度预评估分析报告，为营造健康舒适的室内环境提供技术保障。

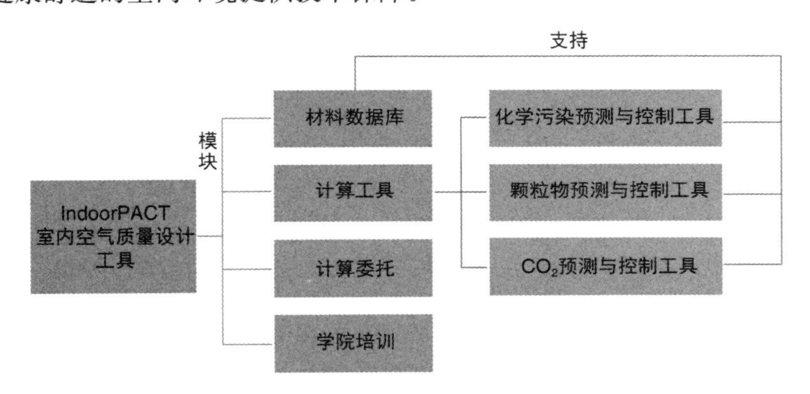

图 1-21 室内空气质量设计工具平台功能框架

1.5 建筑室内空气质量监测及评价指标

建筑室内空气质量监测数据的准确评价及监控系统的高效运行是营造健康舒适室内环境的关键。但现有建筑室内空气质量监测存在系统运行不力、监测方法及准则不完善、监测数据不能真实反映室内空气质量状况、监控系统不能及时有效维护等问题。

针对空气质量监测数据的准确性问题，研究从传感器性能提升、监测布局优化的角度，研发了传感器性能提升技术，研制了室内空气质量监测装置，科学提出了室内空气质量监测准则，形成了一整套建筑室内空气质量监测系统应用技术，为建筑室内空气质量的评价与协调控制提供了支撑。在室内空气质量多参数综合评价方法方面，研究基于室内空气质量指数等途径，建立了室内空气质量多参数综合评价方法。

1.5.1 空气质量监测性能提升方法

室内污染物的实时监测是评价并控制室内空气质量的基础。现有室内空气质量的监测装置精度有待提升，且受各类干扰影响大，使得运营中监测数据飘移较大；加之对于室内空气质量的监测没有相应的科学方法及准则，实践中污染物传感器的布置多依据个人经验，使得监测数据不能真实反映室内空气质量的特性，用这些监测数据进行评价与控制，往往达不到理想的控制效果。

空气质量监测性能提升主要包括传感器精度修正和监测布点优化两方面。针对工程应用较为广泛的激光散射法颗粒物传感器进行了精度修正研究：在恒温恒湿实验舱营造不同环境工况，通过经重量法校正的科学测量仪器对传感器进行修正研究，分析了PM2.5浓度变化对激光散射法颗粒物传感器准确性的影响并提出了修正方法，如图1-22所示。结果表明，激光散射法颗粒物传感器的比值响应随PM2.5浓度变化模型为线性关系，虽然在不同温湿度工况下修正系数不同，但该线性关系均成立。

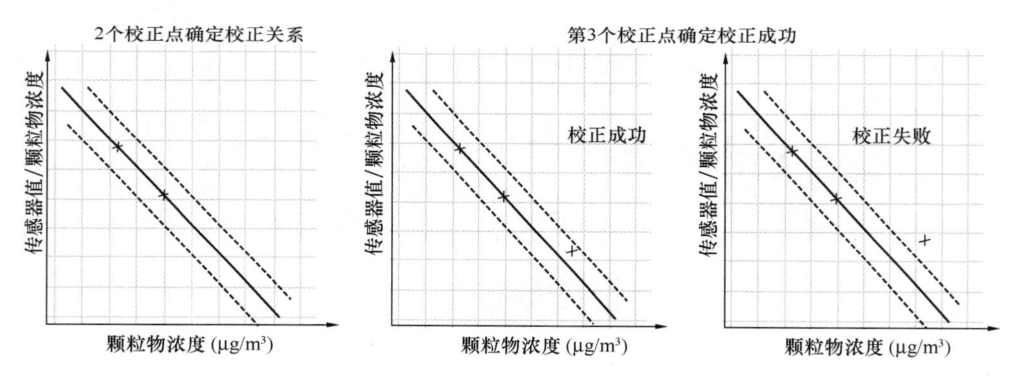

图1-22 激光散射法颗粒物传感器的快速校正

同时，为了应对室内环境监测的规模化应用中经济型传感器准确性不足，且定期送至检定机构的人力以及经济成本较高的问题，研究提出了一种使用高精度实验室级别的便携式颗粒物检测仪对经济型激光散射法颗粒物传感器进行快速校正的方法，可定期将高精度仪器送至标定机构，通过国家标准的称重法进行标定，再通过高精度仪器在经济型传感器的布置环境内对其进行快速校准，不需要将经济型传感器送检。在尽可能降低维护成本的基础上保证经济型颗粒物传感器的准确性。由于正交实验得出在5～33℃范围内，温度对传感器准确性没有造成显著性影响。实验在50％～60％的湿度范围内进行，且经过验证结果为修正有效。因此快速校正方法的适用范围设置为5～33℃、50％～60％。

对于相对湿度的影响，研究将环境温度控制在（25±2)℃，PM2.5 浓度控制在（309.57±12.73)μg/m^3，分别在50%、60%、70%、80%、90%五个相对湿度工况下通过称重法对激光散射法传感器进行实验，探索相对湿度对传感器准确性的影响规律。结果表明，相对湿度对这种类型传感器的影响为二次曲线模型。当相对湿度低于80%时，经济型传感器测值与参考值的比值缓慢随着相对湿度的升高而升高。将相对湿度修正模型与前述的快速校正方法结合，进一步提升运行过程中经济型激光散射法颗粒物传感器的准确性。

在传感器监测布点优化方面，传统的现场采样检测方法由于设备和人力资源成本过高，无法全面表征室内空气质量的情况。而随着传感器技术的兴起，利用传感器网络监测室内空气质量正在成为一种趋势。通过布置在室内的传感器可以实时、连续地监测室内的污染物水平。但这种方式也存在问题，一方面，受制于成本的考虑，只能在室内布置一定数量的传感器，很难在室内大密度的布置传感器；另一方面，室内污染物受到不同污染源形式、不同暖通空调系统形式的影响，其浓度分布并不均匀，并且室内传感器的布置主要依靠工程经验。这两种因素共同导致传感器的监测结果可能并不能有效地反映室内的监测结果。研究结合室内空气目标污染物的来源及形成过程，引入室内人员的典型行为模式，以PM2.5和甲醛为典型污染物，通过现场实验和数值模拟相结合的方式分析了监测目标与测点布局、气流组织等因素间的关系，得到了不同因素对监测结果的影响，结合不同种类污染物的时空分布特点给出了建筑室内空气质量在线监测用传感器的优化布置方法，结合性能目标遗传算法提出了最优传感器布置位置和数量，平均误差减少50%以上，以更少的设备数量获得更好的监测效果，如图1-23所示。

通过传感器性能提升和优化布置方法，建筑室内污染物浓度实时监测在实际应用中的准确性得到显著提高，监测结果能更有效的反映室内空气质量。这使得建筑室内空气质量监测控制系统的评价与控制更为可靠，有效保证室内人员的舒适与健康。

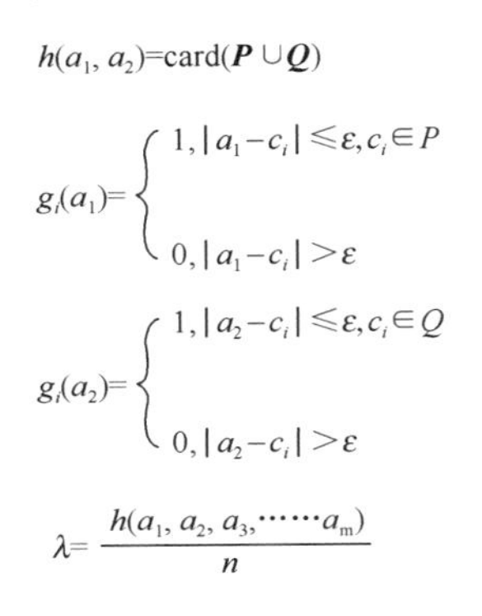

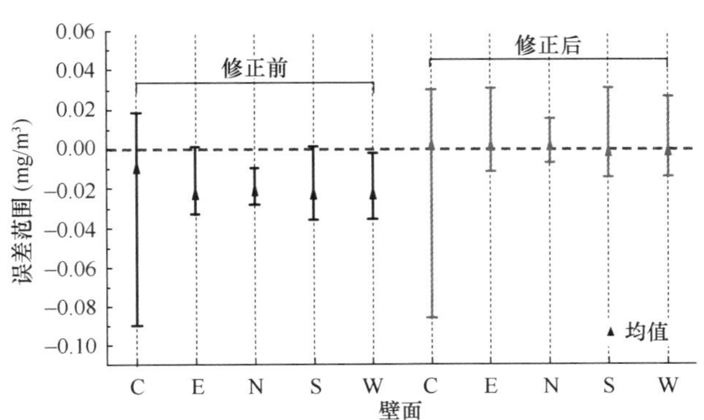

图1-23　甲醛传感器误差修正算法

1.5.2 室内空气质量指数评价

室内单一空气污染物及其综合作用均会对人体健康产生危害，同时室内污染物短期及长期暴露也会对人体产生不同的危害。而现有的空气评价方法存在一定的不足，如评价方法单一、评价污染物种类较少等。

研究针对室内多种污染物，提出了室内空气质量指数（indoor air quality index，IAQI)，评价污染物涵盖室内主要的 11 种空气污染物：CO_2、CO、臭氧、氨、氡、甲醛、苯、二甲苯、TVOC、PM2.5 和 PM10，由此对室内空气质量进行综合评价。室内空气质量指数根据各室内污染物的空气质量单项指数最低值确定，如式（1-3）所示。

$$IAQI = \min\{IIAQI_1, IIAQI_2, IIAQI_3, \cdots\cdots, IIAQI_n\} \tag{1-3}$$

式中 $IIAQI_P$——室内污染物 P 的空气质量单项指数，根据式（1-4）确定。

$$IIAQI_P = \frac{IIAQI_{Lo} - IIAQI_{Hi}}{BP_{Lo} - BP_{Hi}}(C_P - BP_{Hi}) + IIAQI_{Hi} \tag{1-4}$$

式中 C_P——污染物 P 的质量浓度值；

BP_{Hi}——表 1-2 中与 CP 相近的污染物浓度限值的高位值；

BP_{Lo}——表 1-2 中与 CP 相近的污染物浓度限值的低位值；

$IIAQI_{Hi}$——表 1-2 中与 BP_{Hi}对应的空气质量单项指数；

$IIAQI_{Lo}$——表 1-2 中与 BP_{Lo}对应的空气质量单项指数。

室内空气质量分指数及对应的污染物项目浓度限值表 表 1-2

单项指数（*IIAQI*）	CO_2	CO	臭氧	TVOC	甲醛	氨	氡
	日均值（%）	时均值（mg/m^3）	时均值（mg/m^3）	8h 均值（mg/m^3）	时均值（mg/m^3）	时均值（mg/m^3）	年均值（Bq/m^3）
100	0	0	0	0	0	0	0
90	0.09	5	0.112	0.42	0.07	0.14	200
80	0.0934	6.67	0.128	0.50	0.08	0.16	280
70	0.0967	8.33	0.144	0.54	0.09	0.18	340
60	0.1	10	0.160	0.6	0.10	0.20	400

单项指数（*IIAQI*）	苯	二甲苯	PM2.5	PM2.5	PM10	PM10
	时均值（mg/m^3）	时均值（mg/m^3）	日均值（$\mu g/m^3$）	年均值（$\mu g/m^3$）	日均值（$\mu g/m^3$）	年均值（$\mu g/m^3$）
100	0	0	0	0	0	0
90	0.077	0.14	25	10	50	25
80	0.09	0.16	37.5	15	75	30
70	0.099	0.18	50	25	100	50
60	0.1	0.2	75	35	150	70

指数评价法首先评出每种污染物的单项指数，然后将多种污染物中最小的单项指数定为此时室内空气质量指数。指数评价分为4个等级：特优（90～100分）、优秀（80～90分）、良好（70～80分）、合格（60～70分）。该综合指标可为室内空气品质优化以及室内空气质量综合判定提供参考和依据。

1.6　建筑室内空气质量控制关键产品及性能评价方法

在我国，改善室内空气质量的室内空气净化设备已初步形成一个具有较大发展潜力的产业。空气净化设备包括空气过滤器、空气净化器、新风净化机等，空气净化设备可以与通风空调系统结合或者单独使用，对送入室内的空气进行净化处理或者对室内空气进行净化处理，以达到控制室内污染物浓度的目的。

空气净化装置使用时，由于增加了其阻力而造成空气净化系统的运行能耗，不利于建筑节能，而空气净化装置会由于本身制作材料、净化技术以及运行维护等原因造成空气二次污染，违背空气净化装置为室内空气保驾护航的初衷。应用中，空气净化设备存在因材料、结构等设计与优化不足，导致净化效率低、能耗高、噪声大等问题，极大地制约了其在工程上的应用，也束缚了产业的发展壮大。

面对我国当前室内空气质量问题突出的困境，研究针对空气净化行业对高性能空气净化装置及净化装置科学评价体系的重大需求，研发了新型低阻高效空气净化装置并应用于新风净化产品，建立了科学评价空气净化产品的评价指标和评价方法，促进产业发展，创造健康舒适的室内空气环境，为人民群众身体健康和国民经济生态可持续发展提供基础技术保障。

1.6.1　电凝并静电增强空气净化装置

电凝并技术作为一种新型的静电增强技术，是在传统静电净化装置中增加电凝并区，使颗粒经过相同或相反极性的电场荷电，增加微细颗粒的荷电能力，促进微细颗粒物以电泳的方式到达飞灰颗粒物表面，从而增强颗粒物间的凝并效应，使粒子团聚变大而更容易在静电场中被清除[31]。电凝并理论与实践研究的核心是提高电凝并速率，在静电净化装置体积不变的情况下使粉尘粒子在较短的时间内尽可能地凝并增粗，从而提高净化效果。

研究双极性电凝并静电空气净化装置，增强微细颗粒物凝并增粗效果，在逐步优化中，考虑了钨丝、针尖、错位针尖三种形式，最终得到性能指标优于项目要求的电凝并静电空气净化装置。其中，设计的错位针尖电凝并静电净化装置如图1-24所示，性能指标测试结果见表1-3。

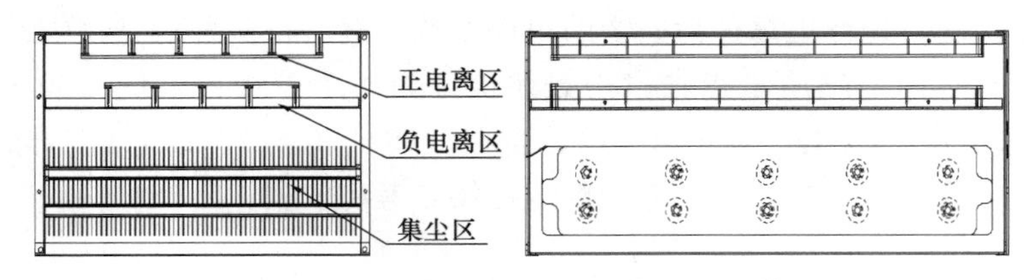

图 1-24 错位针尖电凝并静电空气净化装置

电凝并静电净化装置 7 号测试数据表 **表 1-3**

测试参数	测试条件	测试结果
初阻力（Pa）	电离电压 7300V，集尘电压 3700V，凝并电压－7200V	1.5
PM2.5 净化效率（%）		96.1
臭氧浓度增加量（mg/m^3）		0.003
功率（W）		9.5

相较于传统电凝并空气净化技术，该装置有以下特点：

（1）电离区结构不同。传统电凝并技术采用的是芒刺结构使粉尘带上异性电荷，进风气流垂直针尖方向，针尖根部电场强度较弱，粉尘荷电不充分，针尖顶部上方荷电受场强衰减距离受限。该电凝并静电增强过滤装置采用的是进风气流平行于针尖方向，且针尖前段采用方形网格作为负极，均匀电场强度，无场强薄弱区域，荷电更加均匀。

（2）凝并实现方式不同。传统凝并技术的实现是使异极性粉尘在交变电场（或直流电场）中不断凝并，凝并后无再次荷电，凝并后的粉尘容易正负电荷中和，影响集尘区的吸附效果。该电凝并静电增强过滤装置先让粉尘粒子经过正电晕区，使其带上正电荷，再经过负电晕区，使粉尘在凝并后再次荷电，既实现了电凝并，又使粉尘凝并后荷电充分，提高了静电增强过滤装置整体过滤效果。

（3）凝并区路程短。提高电凝并速率是研究的重点与难题，传统电凝并净化是通过增大凝并区长度及凝并时间来提升电凝并效果，导致净化装置尺寸较大。此外通过降低粉尘风速来提高凝并效果，导致净化装置工作效率较低。该电凝并静电增强过滤装置摒弃传统凝并区，使粉尘直接在荷电过程中凝并，因此体积更小，工作效率更高。

为进一步了解所研制装置的实际运行性能，对该电凝并静电净化装置进行连续性能测试，探究其净化效率是否随时间变化而改变。实际运行效果测试时间为2019年12月17日至2020年2月28日，运行时保持风速为1.28m/s。所研发的电凝并静电净化装置长期运行500h时的净化效果无明显衰减，电凝并静电净化装置的净化效率测试结果见表1-4。

电凝并静电净化装置7号长期运行试验测试结果表　　表1-4

日期	温度（℃）	≥0.3μm净化效率（%）
2019/12/17	25.0	89.50
2019/12/30	7.0	88.00
2020/01/02	12.0	84.60
2020/01/06	14.0	71.20
2020/01/09	14.0	90.20
2020/01/11	14.4	90.50
2020/01/14	20.4	89.50
2020/01/15	17.8	89.40
2020/01/18	16.6	87.80
2020/02/16	18.2	86.12
2020/02/25	20.0	86.23
2020/02/28	22.0	89.20

1.6.2 梯度滤料空气净化装置

梯度过滤器为空气污染物过滤等级在过滤器内部呈梯度变化的复合过滤器。梯度滤器可以由梯度滤料直接制备而成，也可以由不同规格、不同过滤效率等级的过滤器复合而成。由梯度滤料直接制备成梯度过滤器，构成梯度过滤器的每层滤料面积一致，过滤风速均匀一致，适用于空气过滤用口罩等大批量快速成型的产品。以三层梯度过滤器为例，其中每层滤料可以是单层滤料或是梯度滤料，每层滤料的面积不同、迎面风速不同，通过一定的设计方法，可满足每层滤料同时发挥最大功能，保证梯度过滤器的综合性能达到最优。建筑室内的化学性污染（包括颗粒物、甲醛、挥发性有机化合物等），单一过滤技术或过滤材料都不能很好消除，对多种污染物并存的室内空气，开展基于多种过滤材料的梯度滤料的研究和设计，是解决室内多污染源的有效手段。

目前，对于梯度滤料的研究，国内外学者主要集中在梯度滤料的设计计算、筛选、过滤性能的试验分析等方面，且普遍采用正问题研究方法，即选取一些现有成熟滤料，通过计算或者试验从中选取最优滤料进行复合，从而满足设计需求。这种研究方法具有一定的不确定性，设计出的最优梯度滤料不一定满足预期要求，并且只能通过有限次数的设计和试验，得出在已有方案中较优的滤料，无法得到满足设计需求的最优梯度滤料。

因此，研究以梯度滤料过滤器为研究对象，提出一种基于反问题求解的新型梯度过滤器设计方法：通过确定过滤对象特征（气溶胶粒径分布）及设计目标（对过滤效率、阻力性能参数的要求），并通过反问题方法建模，选取合适的数值方法进行求解，得到最佳的梯度过滤器结构参数（滤料的纤维直径、填充率及厚度；梯度过滤器的褶深、褶间距），设计流程如图1-25所示。

通过该反问题设计方法求解，研制了新型梯度滤料过滤器（图1-26）。设计以

《空气净化器》GB/T 18801—2015 中所用香烟烟雾作为经过梯度滤料过滤器的污染物输入来源，将梯度滤料过滤器阻力 ΔP 最小设为目标函数，约束梯度滤料过滤器过滤效率大于 99.994%，结构参数约束各层滤料的厚度、纤维直径、填充率。通过建立数学模型，采用遗传算法进行优化求解，得到了满足设计目标和约束条件的梯度滤器结构参数（表 1-5）。随后，通过过滤器性能测试对结果进行了验证，过滤性能测试结果如表 1-6 所示。

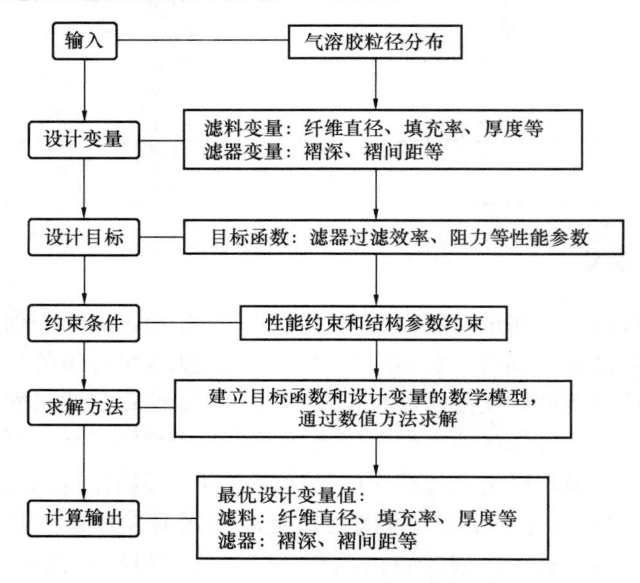

图 1-25 基于反问题求解梯度滤料过滤器的设计流程

图 1-26 新型梯度滤料过滤器

反问题方法求解的梯度滤料过滤器结构参数 **表 1-5**

序号	结构参数	数值	序号	结构参数	数值
1	第一层滤料纤维直径	3.8μm	5	第二层滤料填充率	0.08
2	第一层滤料填充率	0.01	6	第二层滤料厚度	0.1mm
3	第一层滤料厚度	0.34mm	7	第一层滤料褶间距	2.5mm
4	第二层滤料纤维直径	1.75μm	8	第一层滤料褶间距	3.9mm

过滤性能测试结果表 **表 1-6**

序号	风量（m^3/h）	阻力（Pa）	过滤效率（%）
1	150	24.5	99.994
2	250	41.3	99.994
3	350	59.9	99.995
4	450	79.3	99.996
5	550	99.4	99.995
6	650	120.8	99.996

1.6.3 高效低阻新风净化产品研发

将研发的电凝并静电空气净化装置和梯度滤料空气净化装置应用于新风净化机，通过计算流体力学的方法，优化新风净化机的整体结构布局，选择适宜的动力系统，研发新型的电凝并和梯度滤料新风净化机，并建立新风净化机生产线以进行规模化生产应用。

以电凝并为例，研发的电凝并新风净化机如图 1-27 所示。

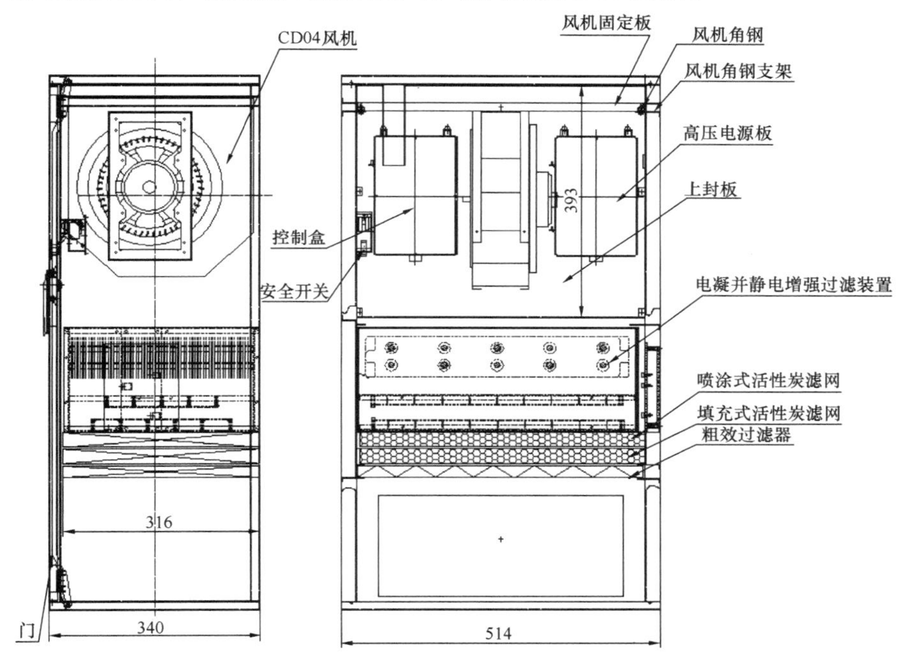

图 1-27 电凝并新风净化机

主要的设备材料选型如下：

壳体与门板：静电增强新风机采用 100 目钢丝网结构搭配不锈钢金属边框，具有强度高、风阻小、不易变形、并且可以清洗重复利用的特点，防止大颗粒物进入电凝并静电增强过滤装置导致电极之间短路。

粗效过滤器：有板式、折叠式、袋式三种样式，主要用于过滤 5μm 以上尘埃粒子，过滤材料有无纺布、尼龙网、活性炭滤材、金属孔网等。

活性炭：依靠自身独特的孔隙结构及分子之间的相互吸附的作用力主要用于过滤空气中气态污染物。按其结构可分为金属型基材、填充式。根据截面风速及过滤效果要求确定孔隙密度及填充量。静电增强新风机采用填充式活性炭滤网为主过滤网，金属型材滤网作为第二级辅助过滤，填充优质椰壳活性炭颗粒，活性炭颗粒大小在 20～40 目，比表面积极大，内部孔隙发达，密度小，同样重量下对甲醛及

TVOC吸附效果更好。

新风电机：采用离心式直流变频风机，运行平稳、噪声低、能效高。此外根据新风机整机风阻及新风量调节直流变频新风机出口静压及最高转速，使其与新风机匹配，进一步降低功率。

安全开关：由于电凝并静电增强过滤装置电压较高，为保证用电安全，在开关门之间加装一个安全断电开关，当新风机门被打开，整机断电。

以电凝并静电增强过滤装置前端为密封面采用密封材料进行密封减少内部漏风，另外在门与壳体之间添加密封材料，当关闭门板时压缩密封材料降低外部漏风率。

经前述优化设计，确定电凝并新风净化机型式TE200，对样机进行性能测试，结果如表1-7所示，满足项目性能指标要求（PM2.5空气净化能效＞$8m^3/(W \cdot h)$，甲醛净化效率＞50％，TVOC净化效率＞50％，无二次污染）。

TE200电凝并新风净化机测试数据表 **表1-7**

机型	风量 (m^3/h)	风机频率 (Hz)	功率 (W)	PM2.5 净化效率 (％)	TVOC 净化效率 (％)	甲醛净化效率 (％)	PM2.5净化能效 [$m^3/(W \cdot h)$]
TE200	217	20	19.8	96.2	84.8	85.1	10.5

1.6.4 新型标准试验尘及试验方法研究

对于各类的空气净化设备，其对于颗粒污染物的净化功能是基于惯性、扩散、静电吸附等多种净化机理的综合与叠加，因此其对于不同粒径粒子会呈现出不同的净化效率。此外，在对空气净化元件以及材料进行生命周期模拟与性能评价时，试验粉尘的分布特征将会对于粉尘在净化材料内部的堆积情况具有极大影响。因此，试验粉尘的粒径分布特征，对于科学评价空气净化设备净化性能以及生命周期综合能效性能具有关键影响。但是，现有的国内外标准试验方法体系中，所采纳各种试验粉尘粒径分布特征均与大气尘实际分布特征存在较大差异。在国际标准化技术体系中，用于评价空气过滤元件计重过滤效率的试验尘以及评价其使用寿命指标（容尘量）的负荷尘主要采用道路荒漠土为代表的大气沉降尘，如ISO 15957与ISO 12103所规定试验负荷尘等，这种试验粉尘源自20世纪80年代前后对于汽车用过滤器的试验负荷尘，因此采用美国Arizona地区的荒漠土为主，以表征对于道路扬尘的模拟，而后美国ASHRAE在此基础上按比例添加炭黑（代表大气中的燃烧产物）以及纤维，形成目前世界范围内广泛使用过滤器容尘试验负荷尘。

2016年国际标准化组织ISO第142技术委员会颁布了新版系列国际标准ISO 16890：1-4，ISO 16890标准所规定的过滤器容尘量试验方法与传统标准方法没有明显区别，只是在试验负荷尘方面采用所规定的 L2 粉尘（即的 A2 细灰）替代传统使用的 ASHRAE 粉尘，这主要是因为超过 30 年的全球使用经验表明 ASHRAE 粉尘作为过滤器负荷尘存在以下主要问题：第一，负荷尘吸湿性较强，易结块，使用前需严格烘干，否则试验结果误差较大；第二，负荷尘的几个全球主要供应商产品存在差异，使用不同供应商产品所做过滤器容尘量试验结果不可比。

研究根据我国大气颗粒物粒径特征，研发了 2 种试验粉尘（1 号试验粉尘及 2 号试验粉尘）用于空气净化装置的性能评价（图 1-28），开发新型的大气特征粉尘发生装置，并建立了新的空气净化装置净化效果及生命周期能效试验评价方法，使

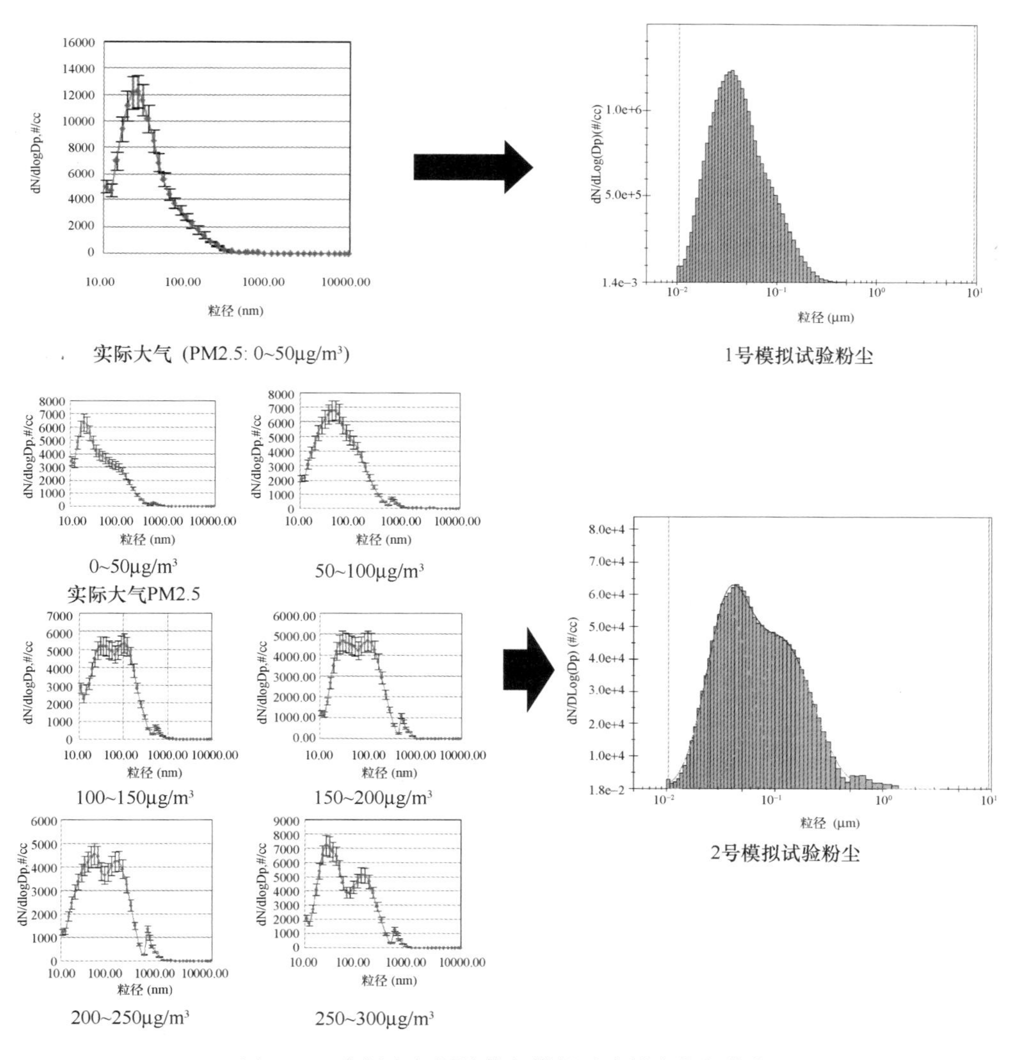

图 1-28 实际大气颗粒物与模拟试验粉尘粒径分布

实验室测试结果更接近实际使用性能。其中，1号试验粉尘设计为单峰分布，峰值粒径位于艾根核模态，以模拟大气二次颗粒物生成事件中的大气尘特征分布；2号试验粉尘为双峰分布，峰值粒径分别位于艾根核模态和聚集模态，以模拟其余大多数条件下的大气颗粒物典型分布。通过调整发生制备参数，1号试验粉尘及2号试验粉尘均可呈现两种浓度水平，其中，低浓度水平用于进行空气净化装置的PM过滤效率测试评价，而高浓度水平作为负荷尘，用于进行空气净化装置的生命周期综合能效（life cycle energy consumption，LCEC）评价。

1.7 小 结

本章对建筑室内空气质量控制的基础理论和关键技术领域在理论及技术方面取得的研究成果进行了介绍。相关研究提出了室内空气质量控制机理和评价方法，通过对建筑设计评价、材料设备产品测试评价、运行监控评价等关键技术进行系统性研发，弥补了以往仅有建筑验收评价的不足，形成了“设计—测评—验收—监控”建筑全生命周期的室内空气质量保障技术，相关成果均已开展转化批量生产和规模化工程应用推广，为改善室内空气质量和保障民众健康提供了有力的科学和技术支撑。

本章参考文献

[1] 张寅平，李景广，刘炜，等. 多学科和多行业协同破解建筑室内空气质量难题[J]. 科学通报，2020，65(4)：231-238.

[2] 张寅平，莫金汉，程瑞. 营造可持续室内空气环境：问题、思考和建议[J]. 科学通报，2015，60(18)：1651-1660.

[3] GBD 2019 Universal Health Coverage Collaborators. Measuring universal health coverage based on an index of effective coverage of health services in 204 countries and territories, 1990-2019: A systematic analysis for the Global Burden of Disease Study 2019. Lancet, 2020, 396(10258): 1250-1284.

[4] Du Z J, Mo J H, Zhang Y P. Risk assessment of population inhalation exposure to volatile organic compounds and carbonyls in urban China[J]. Environmental International, 2014, 73: 33-45.

[5] Logue J M, Price P N, Sherman M H, et al. A Method to Estimate the Chronic Health Impact of Air Pollutants in U. S. Residences[J]. Environmental Health Perspectives, 2012, 120 (2): 216-222.

[6] Hanninen O, Knol A B, Jantunen M, et al. Environmental burden of disease in Europe: assessing nine risk factors in six countries[J]. Environmental Health Perspectives, 2014, 122 (5): 439-446.

[7] Chenari B, Carrilho J D, Silva M G. Towards sustainable, energy-efficient and healthy ventilation strategies in buildings: A review[J]. Renewable and Sustainable Energy Reviews, 2016, 59: 1426-1447.

[8] Luengas A, Barona A, Hort C, et al. A review of indoor air treatment technologies[J]. Reviews in Environmental Science and Biotechnology, 2015, 14: 499-522.

[9] Zaatari M, Novoselac A, Siegel J. The relationship between filter pressure drop, indoor air quality, and energy consumption in rooftop HVAC units[J]. Building and Environment, 2014, 73: 151-161.

[10] Zhang Y P, Zhang Y, Shi W X, et al. A new approach, based on the inverse problem and variation method, for solving building energy and environment problems: Preliminary study and illustrative examples[J]. Building and Environment, 2015, 91: 204-218.

[11] Rajagopalan S, Al-Kindi S G, Brook R D. Air Pollution and Cardiovascular Disease: JACC State-of-the-Art Review[J]. Journal of the American College of Cardiology, 2018, 72(17): 2054-2070.

[12] Murta G L, Campos K K D, Bandeira A C B, et al. Oxidative effects on lung inflammatory response in rats exposed to different concentrations of formaldehyde[J]. Environmental Pollution, 2016, 211: 206-213.

[13] Zhang X, Zhao Y, Song J, et al. Differential Health Effects of Constant versus Intermittent Exposure to Formaldehyde in Mice: Implications for Building Ventilation Strategies[J]. Environmental Science & Technology, 2018, 52(3): 1551-1560.

[14] Chen C, Ji W, Zhao B. Size-dependent efficiencies of ultrafine particle removal of various filter media[J]. Building and Environment, 2019, 160: 106171.

[15] Li HC, Cai J, Chen RJ, et al. Particulate Matter Exposure and Stress Hormone Levels: A Randomized, Double-Blind, Crossover Trial of Air Purification[J]. Circulation, 2017, 136 (7): 618-627.

[16] Luo J Y, Chen Z, Guo J J, et al. Efficacy of air purifier therapy in allergic rhiniti[J]. Asian Pacific Journal of Allergy and Immunology, 2018, 36(4): 217-221.

[17] Cui X X, Li F, Xiang J B, et al. Cardiopulmonary effects of overnight indoor air filtration in healthy non-smoking adults: A double-blind randomized crossover study[J]. Environmental International, 2018, 114: 27-36.

[18] Day D B, Xiang J B, Mo J H, et al. Combined use of an electrostatic precipitator and a high-efficiency particulate air filter in building ventilation systems: Effects on cardiorespiratory health indicators in healthy adults[J]. Indoor Air, 2018, 28(3): 360-372.

[19] Dong W, Liu S, Chu M T, et al. Different cardiorespiratory effects of indoor air pollution intervention with ionization air purifier: Findings from a randomized, double-blind crossover study among school children in Beijing[J]. Environmental Pollution, 2019, 254(Pt B): 113054.

[20] Burnett R T, Pope C A, Ezzati M, et al. An integrated risk function for estimating the global burden of disease attributable to ambient fine particulate matter exposure[J]. Envi-

ronmental Health Perspectives, 2014, 122(4): 397-403.

[21] Sun Z W, Liu C, Zhang Y P. Evaluation of a steady-state method to estimate indoor $PM_{2.5}$ concentration of outdoor origin[J]. Building and Environment, 2019, 161: 106243.

[22] Xiang J B, Weschler C J, Wang Q Q, et al. Reducing Indoor Levels of "Outdoor $PM_{2.5}$" in Urban China: Impact on Mortalities[J]. Environmental Science & Technology, 2019, 53(6): 3119-3127.

[23] Xiang J B, Weschler C J, Zhang J, et al. Ozone in urban China: Impact on mortalities and approaches for establishing indoor guideline concentrations[J]. Indoor Air, 2019, 29(4): 604-615.

[24] Cao J P, Mo J H, Sun Z W, et al. Indoor particle age, a new concept for improving the accuracy of estimating indoor airborne SVOC concentrations, and applications[J]. Building and Environment, 2018, 136: 88-97.

[25] Zhang X, Cao J P, Wei J Y, et al. Improved C-history method for rapidly and accurately measuring the characteristic parameters of formaldehyde/VOCs emitted from building materials[J]. Building and Environment, 2018, 143: 570-578.

[26] 张旭，魏静雅，王璐阳，等. 木家具 VOC 散发速率快速测定方法——密闭舱测定法[J]. 暖通空调，2019，49(7)：5.

[27] Sun Z W, Wang Q Q, Meng C, et al. New approach to determine the optimal control of fresh air systems in urban China residences[J]. Building and Environment, 108538. (to be published).

[28] Duan M J, Liu L, Da G, et al. Measuring the administered dose of particles on the facial mucosa of a realistic human model[J]. Indoor Air, 2020, 30(1): 108-116.

[29] 刘硕，刘雅琳，王怡，等. 呼吸暖体假人的技术发展及其在健康建筑领域的应用与展望[J]. 科学通报. 2019，65(4)：274-287.

[30] Liu W, Huang J, Lin Y, et al. Negative ions offset cardiorespiratory benefits of PM(2.5) reduction from residential use of negative ion air purifiers[J]. Indoor Air, 2021, 31(1): 220-228.

[31] Tan B H, Wang L Z, Zhang X R. The effect of an external DC electric field on bipolar charged aerosol agglomeration[J]. Journal of Electrostatics, 2007, 65(2): 82-86.

第 2 章 建筑室内空气质量控制的关键标准及工程实践

建筑室内空气质量控制关键技术的代表型工程实践

针对建筑室内空气质量控制标准体系中关键标准的缺失，相关学者制修订了国家标准、行业标准、团体标准、地方标准共 11 项，涵盖工程标准与产品标准，完善了相关术语统一、评价指标、设计方法、测评技术和管控流程等，建设了一批室内空气质量综合保障技术示范工程。建筑地域分布京津冀、长三角、珠三角和西部等不同地区。示范工程建设展示了相关关键技术和产品的优良性能，弥补了以往建筑工程室内空气质量测、评、控技术体系在设计评价和运行评价环节方面的严重缺失，为把建筑室内空气质量控制的前设计、后保障纳入建设工程控制流程提供了技术和标准基础。

2.1　空气质量标准体系及体系表

2.1.1　空气质量技术标准体系框架

本章节系统地梳理了我国现有建筑室内空气质量相关标准，研究了我国标准体系现状和建设需求，提出了建筑室内空气质量标准体系框架，并整理收集了建筑室内空气质量相关的工程标准、产品标准、检测监测标准、环境质量标准共计90项，按“基础规范-基础标准-专业标准”的框架进行了标准体系搭建。

图2-1为我国建筑室内空气质量标准体系框架，该体系遵循全文强制国家标准《建筑环境通用规范》GB 55016—2021、以实现满足人员健康要求的空气质量（如制定强制性国家标准《建筑室内空气质量标准》或GB/T 18883—2002《室内空气质量标准》升级强制标准）为目标，由工程标准、产品标准、检测监测标准、环境质量标准组成。其中环境质量标准建立于健康风险或人员暴露基础上，为室内空气质量提供控制目标，由工程标准（设计、施工、验收、运维、评估、改造等）与产品标准（建筑室内装饰装修产品、建筑室内通风净化产品等）的有机结合进行实施，由检测监测标准（标准样品、检测监测设备、检测监测方法等）进行支撑。

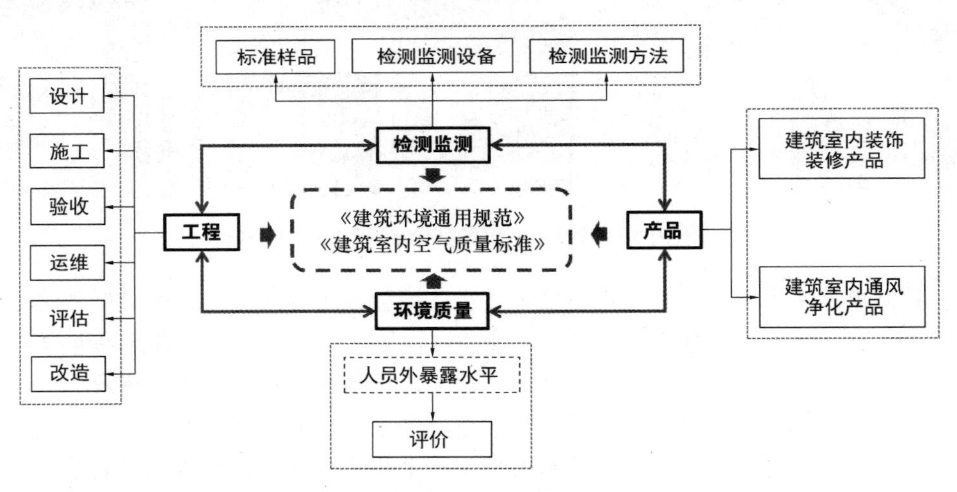

图2-1　我国建筑室内空气质量标准体系框架构想

基于以上标准体系表，编制组建议进一步完善我国室内空气质量标准体系和关键指标：①室内空气质量标准体系科学化。重点解决由于体系建设中体系本身的问题（如行业、领域交叉等）造成标准不协调问题，以及标准之间不协调问题（如空气质量运营与施工验收、与设备材料等标准之间不协调等问题）。②合理修订关键标准指标及限值要求。基于环境健康风险评估，一方面制定更严格的指标限值，如各种装饰装修材料、部品散发的甲醛及 VOC 限值；另一方面基于健康相关指标制定限制，如在单一 VOCs 的细化、SVOC（如 PCBs、PAEs 等）的控制。③进一步加强人员室内空气污染暴露水平及健康风险的研究，建立基于暴露浓度的相关标准。

2.1.2 标准体系表

根据上述建筑室内空气质量标准体系框架，按“基础规范-基础标准-专用标准”的框架，本研究将建筑室内空气质量相关的工程标准、产品标准、检测监测标准、环境质量标准进行了标准体系表搭建。

（1）基础规范

相关基础规范如表 2-1 所示。

基础规范表 **表 2-1**

序号	标准名称	标准编号	标准类别	编制状态	编制英文版	技术支撑	备注
1	《建筑环境通用规范》	GB 55016—2021	国家标准	制订			
2	《建筑室内空气质量标准》	—	—	待编			强制性
3	《建筑室内空气质量通用术语标准》	GB/T 18883—2002	协会标准	制订			

（2）工程标准

相关基础规范如表 2-2 所示。

工程标准 **表 2-2**

序号	标准名称	标准编号	标准类别	编制状态	编制英文版	技术支撑	备注
基础技术标准——室内空气质量设计技术							
1	《公共建筑室内空气质量控制设计标准》	JGJ/T 461—2019	行业标准	现行		室内空气质量设计软件	
2	《住宅建筑室内装修污染控制技术标准》	JGJ/T 436—2018	行业标准	现行			
基础技术标准——室内空气质量施工技术							
3	《公共建筑装饰装修工程施工标准》	—	—	待编			
4	《住宅装饰装修工程施工规范》	GB 50327—2001	国家标准	现行			

续表

序号	标准名称	标准编号	标准类别	编制状态	编制英文版	技术支撑	备注
基础技术标准——室内空气质量验收技术							
5	《民用建筑工程室内环境污染控制标准》	GB 50325—2020	国家标准	修订			
基础技术标准——室内空气质量运维技术							
6	《建筑室内空气质量运行维护技术标准》			待编			
基础技术标准——室内空气质量评估技术							
7	《健康建筑评价标准》	T/ASC 02—2016	协会标准	现行			
基础技术标准——室内空气质量改造技术							
8	《既有建筑室内空气质量改造技术标准》			待编			
专用技术标准——室内空气质量设计技术							
9	《建筑室外环境空气污染分区标准》		协会标准	制定			
10	《建筑室外环境空气参数标准》		协会标准	制定			
11	《建筑室内污染分级标准》			待编			
12	《建筑室内空气净化系统设计标准》			待编			
13	《民用建筑空气净化系统制图标准》			待编			
14	《办公建筑空气质量设计标准》			待编			
专用技术标准——室内空气质量施工技术							
15	《公共建筑室内空气净化系统施工技术标准》			待编			
16	《住宅新风系统施工技术标准》			待编			
专用技术标准——室内空气质量运维技术							
17	《空调通风系统运行管理规范》	GB 50365—2019	国家标准	现行			

续表

序号	标准名称	标准编号	标准类别	编制状态	编制英文版	技术支撑	备注
18	《空调通风系统清洗规范》	GB 19210—2003	国家标准	现行			
19	《建筑室内细颗粒物（PM2.5）污染控制技术规程》	T/CECS 698—2020	协会标准	现行			
20	《室内空气微生物污染控制技术规程》		协会标准	制定			
专用技术标准——室内空气质量评估技术							
21	《健康办公建筑评价标准》			待编			
22	《健康医院建筑评价标准》			待编			
23	《健康饭店建筑评价标准》			待编			
24	《健康校园建筑评价标准》			待编			
25	《健康养老建筑评价标准》			待编			
26	《健康博览建筑评价标准》			待编			
专用技术标准——室内空气质量改造技术							
27	《公共建筑室内空气净化系统改造技术标准》			待编			
28	《住宅新风系统改造技术标准》			待编			

（3）产品标准

相关基础规范如表 2-3 所示。

产品标准 **表 2-3**

序号	标准名称	标准编号	标准类别	编制状态	编制英文版	技术支撑	备注
基础产品标准——建筑室内装饰装修产品							
1	《室内装饰装修材料挥发性有机污染物散发率测试及评价方法》	DB31/T 1061—2017	地方标准	现行			
2	《木制品甲醛和挥发性有机物释放率测试方法—大型测试舱法准》	JG/T 527—2017	行业标准	现行			
3	《建筑装饰装修材料挥发性有机物释放率测试方法—测试舱法》	JG/T 528—2017	行业标准	现行			

续表

序号	标准名称	标准编号	标准类别	编制状态	编制英文版	技术支撑	备注
4	《木质复合板材污染物释放特性参数检测方法》		行业标准	制定			
5	《木家具中挥发性有机化合物释放速率检测逐时浓度法》	GB/T 38723—2020	国家标准	现行			
基础产品标准—建筑室内通风净化产品							
6	《高效空气过滤器性能试验方法　效率和阻力》	GB/T 6165—2021	国家标准	现行			
7	《空气净化器污染物净化性能测定》	JG/T 294—2010	行业标准	现行			
8	《室内空气净化功能涂覆材料净化性能》	JC/T 1074—2021	行业标准	现行			
9	《室内空气净化产品净化效果测定方法》	QB/T 2761—2006	行业标准	现行			
专用产品标准—建筑室内装饰装修产品							
10	《室内装饰装修材料 人造板及其制品中甲醛释放限量》	GB 18580—2017	国家标准	现行			
11	《木器涂料中有害物质限量》	GB 18581—2020	国家标准	现行			
12	《建筑用墙面涂料中有害物质限量》	GB 18582—2020	国家标准	现行			
13	《室内装饰装修材料 胶粘剂中有害物质限量》	GB 18583—2008	国家标准	现行			
14	《室内装饰装修材料 木家具中有害物质限量》	GB 18584—2001	国家标准	现行			
15	《室内装饰装修材料 壁纸中有害物质限量》	GB 18585—2001	国家标准	现行			
16	《室内装饰装修材料 聚氯乙烯卷材地板中有害物质限量》	GB 18586—2001	国家标准	现行			
17	《室内装饰装修材料 地毯、地毯衬垫及地毯胶粘剂有害物质释放限量》	GB 18587—2001	国家标准	现行			
18	《混凝土外加剂中释放氨的限量》	GB 18588—2001	国家标准	现行			

续表

序号	标准名称	标准编号	标准类别	编制状态	编制英文版	技术支撑	备注
19	《低挥发性有机化合物人造板及其制品》			待编			
20	《低挥发性有机化合物溶剂型木器涂料》			待编			
21	《低挥发性有机化合物（VOC）水性内墙涂覆材料》	JG/T 481—2015	行业标准	现行			
专用产品标准—建筑室内通风净化产品							
22	《空气净化器》	GB/T 18801—2015	国家标准	现行			
23	《空气过滤器》	GB/T 14295—2019	国家标准	现行			
24	《高效空气过滤器》	GB/T 13554—2020	国家标准	现行			
25	《通风系统用空气净化装置》	GB/T 34012—2017	国家标准	现行			
26	《大风量空气净化器》			待编			
27	《医院建筑用空气净化器》			待编			
28	《学校建筑用空气净化器》			待编			
29	《养老建筑用空气净化器》			待编			

（4）检测监测标准

相关基础规范如表 2-4 所示。

检测监测标准 **表 2-4**

序号	标准名称	标准编号	标准类别	编制状态	编制英文版	技术支撑	备注
基础技术标准——标准样品							
1	《标准 VOC 释放设备技术要求》			待编			
2	《标准尘技术要求》			待编			
基础技术标准——检测监测设备							
3	《建筑工程室内环境测试舱》	JG/T 344—2011	行业标准	现行			

续表

序号	标准名称	标准编号	标准类别	编制状态	编制英文版	技术支撑	备注
4	《建筑室内空气污染简便取样仪器检测方法》	JG/T 498—2016	行业标准	现行			
5	《室内空气质量传感器性能检测与评价标准》			待编			
基础技术标准——检测监测方法							
6	《室内空气质量检测技术标准》			待编			
7	《建筑室内空气质量监测与评价标准》	T/CECS 615—2019	协会标准	现行			
专用技术标准——检测监测设备							
8	《室内装饰装修材料挥发性有机化合物散发率测试系统技术要求》	DB31/T 1027—2017	地方标准	现行			
9	《建筑室内空气通风净化设备测试系统技术要求》			待编			
10	《室内 PM2.5 检测设备性能检验标准》	T/CECS 698—2020	协会标准	现行			
专用技术标准——检测监测方法							
11	《公共场所卫生检验方法 第 1 部分：物理因素》	GB/T 18204.1—2013	国家标准	现行			
12	《公共场所卫生检验方法 第 2 部分：化学污染物》	GB/T 18204.2—2013	国家标准	现行			
13	《建筑室内空气中 SVOC 测试标准》			待编			
14	《居室空气中甲醛的卫生标准》	GB/T 16127—1995	国家标准	现行			
15	《空气质量 一氧化碳的测定 非分散红外法》	GB 9801—1988	国家标准	现行			
16	《环境空气 氨的测定 次氯酸钠—水杨酸分光光度法》	HJ 534—2009	国家标准	现行			
17	《环境空气中氡的标准测量方法》	GB/T 14582—1993	国家标准	现行			

续表

序号	标准名称	标准编号	标准类别	编制状态	编制英文版	技术支撑	备注
18	《环境空气 二氧化硫的测定 甲醛吸收-副玫瑰苯胺分光光度法》	HJ 482—2009	行业标准	现行			
19	《环境空气 二氧化氮的测定 Saltzman 法》	GB/T 15435—1995	国家标准	现行			
20	《环境空气 臭氧的测定 靛蓝二磺酸钠分光光度法》	HJ 504—2009	国家标准	现行			
21	《环境空气 苯系物的测定固体吸附/热脱附-气相色谱法》	HJ 583—2010	国家标准	现行			
22	《环境空气 苯并［a］芘的测定 高效液相色谱法》	HJ 956—2018	国家标准	现行			
23	《环境空气 总烃甲烷和非甲烷总烃的测定直接进样-气相色谱法》	HJ 604—2017	行业标准	现行			
24	《环境空气 总悬浮颗粒物的测定 重量法》	HJ 1263—2022	国家标准	现行			

（5）环境质量标准

相关基础规范如表 2-5 所示。

环境质量标准 **表 2-5**

序号	标准名称	标准编号	标准类别	编制状态	编制英文版	技术支撑	备注
基础技术标准——评价							
1	《室内空气质量标准》	GB/T 18883—2022	国家标准	现行			
专用技术标准——评价							
2	《公共场所卫生规范》	GB 37487—2019	国家标准	现行			
3	《室内氡及其子体控制要求》	GB/T 16146—2015	国家标准	现行			
4	《室内氡及其子体控制要求》	GB/T 16146—2015	国家标准	现行			
5	《室内空气中可吸入颗粒物卫生标准》	GB/T 17095—1997	国家标准	现行			

2.2　建筑室内空气质量关键标准编制

2.2.1　标准总体情况

本章节整理汇总了近年编制的建筑室内空气质量相关标准，涵盖基础、工程（设计、施工、验收和运维）、产品方面的关键标准。相关标准的编制完善了建筑室内空气质量标准体系，借此指导我国建筑室内空气质量相关技术和产品设备的研发及标准化。

基础标准方面：针对目前我国建筑室内空气质量标准因术语不统一、定义不准确造成市场产品名称、检测方法、评价指标、控制技术等内涵和外延混淆问题，编制了《建筑室内空气质量通用术语标准》（送审稿），实现了建筑环境术语的标准化。

工程标准方面：①针对我国在设计阶段缺少对空气质量进行规划设计这一关键流程，造成的“事前无规划、事后难补救”问题，编制了《公共建筑室内空气质量控制设计标准》JGJ/T 461—2019；②针对中小学这一特殊功能建筑的环境质量与青少年的身心健康保障，立足教室日常运行、装饰装修工程、冬季户内燃烧供暖的工况，编制了《中小学教室空气质量和控制规范》（送审稿）；③针对市场上大量出现的住宅新风产品，为规范其设计、施工、验收和运行维护，编制了《住宅新风系统技术标准》JGJ/T 440—2018；④针对学校建筑的装修特点，编制了《政府投资学校建筑室内装修材料空气污染控制标准》SJG 82—2020，明确了学校绿色装修选材、设计、检测等要求。

产品标准方面：①针对目前家具与板材标准中污染物释放率检测时间长的问题，编制了《木家具挥发性有机化合物释放速率检测　逐时浓度法》GB/T 38723—2020、《木质复合板材污染物释放特性参数检测方法》JC/T 2626—2021，提出了快速、有效检测方法，增强了检测结果与实际应用情况的联系；②针对市场室内PM2.5检测产品和设备缺乏有效的性能要求规范，产品性能参差不齐，影响室内空气质量的监测与控制，编制了《室内PM2.5测试设备检测标准》T/CECS 698—2020；③针对过滤器、新风净化系统设备的性能指标及质量控制需求，修订了《高效空气过滤器性能试验方法 效率和阻力》GB/T 6165—2021，编制了《绿色建材评价标准—新风净化系统》T/CECS 10061—2019。编制的空气质量关键标准信息见表2-6。

编制空气质量关键标准信息表 表 2-6

序号	标准名称	标准类型	标准号
1	《高效空气过滤器性能试验方法 效率和阻力》	国标	GB/T 6165—2021
2	《木家具中挥发性有机化合物释放速率检测　逐时浓度法》	国标	GB/T 38723—2020
3	《住宅新风系统技术标准》	行标	JGJ/T 440—2018
4	《公共建筑室内空气质量控制设计标准》	行标	JGJ/T 461—2019
5	《中小学教室空气质量和控制规范》	行标	送审
6	《木质复合板材污染物释放特性参数检测方法》	行标	JC/T 2626—2021
7	《建筑室内空气质量监测与评价标准》	团标	T/CECS 615—2019
8	《绿色建材评价 新风净化系统》	团标	T/CECS 10061—2019
9	《室内 PM2.5 检测设备性能检验标准》	团标	T/CECS 698—2020
10	《建筑室内空气质量通用术语标准》	团标	送审
11	《政府投资学校建筑室内装修材料空气污染控制标准》	地标	SJG 82—2020

2.2.2 关键标准介绍

(1)《高效空气过滤器性能试验方法 效率和阻力》GB/T 6165—2021

意义：针对原国标中缺乏对于不同试验方法试验台之间明确统一的性能指标及质量控制要求，钠焰法粒径分布不合理等问题进行了修订。为产品制造和工程应用提供了依据，对提高产品质量，提升产品应用行业风险控制水平具有指导意义。

章节内容：范围；规范性引用文件；术语、定义、缩略语；试验方法的选择；高效及超高效空气过滤器性能装置及试验方法；高效及超高效滤料性能试验方法；附录。

创新点：①国内外首次提出高效空气过滤元件的生命周期综合能效测试方法，满足新兴低阻过滤材料与传统玻纤过滤材料性能比对需求以及洁净室绿色评价需求；②改进钠焰法测试颗粒物粒径分布，使之更为接近过滤器最易穿透粒径范围，也更为接近高效过滤器实际使用环境处理粉尘特征；③完善过滤器检漏试验方法体系，解决现行标准体系中不同试验方法试验结果不一致的问题，实现了实验室试验结果与工程现场试验结果的一致性；④将国际通行的计数法试验方法调整为过滤效率检测的基准方法，在分级体系上引入 ISO 29463 的体系，与国际标准充分接轨。

(2)《木家具中挥发性有机化合物释放速率检测　逐时浓度法》GB/T 38723—2020

意义：提出了一种快速、有效的木家具挥发性有机化合物释放情况检测方法，有利于增强检测结果与实际应用情况的联系，降低检测成本，推广检测方法的应用。

章节内容：范围；规范性引用文件；术语和定义；原理；试验方法；结果表示；附录。

创新点：采用逐时浓度法，通过检测木家具放入密闭气候舱后前2小时内的挥发性有机化合物浓度，得到浓度变化曲线，通过线性拟合求得斜率，即样品的污染物释放速率。

（3）《住宅新风系统技术标准》JGJ/T 440—2018

意义：首次由国家部委层面推进新风系统走进普通住宅，对于新风系统在普通住宅中的普及具有重大意义。

章节内容：总则；术语；基本规定；设计；设备材料；施工安装；检验、调试及验收；运行维护；附录；本标准用词说明；引用标准名录。

创新点：①规定了住宅新风系统室外新风口、排风口的位置要求；②规定住宅新风系统的新风量设计计算方法。标准不但规定了最小新风量的计算方法，还给出了目前设计中卧室和起居室的新风量设计计算方法；③规定过滤设备的净化效率和容尘量设计方法，为过滤设备选型计算提供依据；④提出了基于通风效果的住宅新风系统的竣工验收方法。

（4）《公共建筑室内空气质量控制设计标准》JGJ/T 461—2019

意义：在本标准立项之前，在设计阶段没有相关标准预估及控制建筑建成后的室内空气质量。虽然有约束产品性能的相关产品标准（如建材家具十项国标），然而产品使用在建筑后的室内整体环境污染情况无法从产品标准中计算和评判。虽然在建筑工程验收和运营阶段有相关标准（如《民用建筑工程室内环境污染控制标准》GB 50325—2020、《室内空气质量标准》GB/T 18883—2002等）对污染物提出限值要求，然而由于缺乏“规划设计”这一关键流程，往往导致“事前无规划、事后难补救”的问题。因此，需要制定建筑室内空气质量控制设计标准，把“结果控制，亡羊补牢”转变为“事前控制，预先设计”。一方面可以提高室内空气质量，另一方面还能避免或降低室内空气污染治理的技术和成本约束。实现建筑室内空气质量全过程控制，对于建筑工程品质提升、室内环境质量改善具有重要意义。

章节内容：总则；术语；室内空气质量设计计算；装饰装修污染控制设计；监测与控制系统设计。

创新点：①提出了室内颗粒物防控设计方法。提出了PM2.5室外计算日浓度，综合考虑环境保障与节能节资，取全年不保证5d为计算日浓度。提出了PM2.5室内设计日浓度，综合考虑不同建筑特性、使用特性、人员特性等划分为25μg/m^3、35μg/m^3、50μg/m^3、75μg/m^3四级。提出了依据不同建筑使用特点PM2.5的稳态及非稳态设备选型计算，以及基于不同通风系统（新风，回风，总送风，净化器）的设备选型公式。②提出了室内化学污染物防控设计方法。首次根据实际测试结果对装饰装修材料污染物散发率进行了分级，提出建筑污染状况定量分级方法，基于系统考虑散发率及温湿度对散发率的影响情况下，建立了典型化学污染设计计算方法。规定指标法：根据污染物释放率等级规定建材使用量比例；性能评价法：根据释放率及使用量基于质量守恒模型计算。

（5）中小学教室空气质量和控制规范（送审）

意义：我国中小学标准长期缺乏针对室内空气质量的标准，本标准的提出将“空气质量”融入教室设计、施工、验收、日常运营及检测中，做到有据可依。

章节内容：范围；规范性引用文件；术语与定义；教室空气质量要求；装饰装修控制；日常运行控制；冬季户内燃烧供暖控制；管理、运行与维护要求；附录。

创新点：针对不同教室工况（装饰装修，日常运行，冬季户内燃烧供暖），制定污染参数限值要求及设计方法、施工要求、验收检测方法。此外，本标准考虑非稳态工况，提出了颗粒物计算方法。

（6）《木质复合板材污染物释放特性参数检测方法》JC/T 2626—2021

意义：提出了一种快速、有效的木质复合板材污染物释放特性参数检测方法挥发性有机化合物释放情况检测方法，结果可用于建筑室内空气质量预评估，有利于增强检测结果与实际应用情况的联系，降低检测成本，推广检测方法的应用。

章节内容：范围；规范性引用文件；术语和定义；试验原理；试验方法；结果计算；测量结果不确定度；试验报告；附录。

创新点：采用逐时浓度法，通过检测木家具放入密闭气候舱后前 2h 内的挥发性有机化合物浓度，得到浓度变化曲线，通过线性拟合求得斜率，即样品的污染物释放速率。

（7）《建筑室内空气质量术语标准》（送审）

意义：科学地统一和规范建筑室内空气质量基本术语及其定义，实现建筑环境术语的标准化，利于国内及国内外技术交流，促进建筑室内空气质量的发展，对建筑室内空气质量标准制定和实施以及保障广大人民健康具有重大意义。

章节内容：总则；建筑室内空气环境质量术语；建筑室内空气质量产品术语；建筑室内空气质量控制工程术语；建筑室内空气质量测试术语；人员暴露术语；中文索引；英文索引；本规程用词说明；引用标准名录。

创新点：解决建筑室内空气质量标准因术语不统一、定义不准确造成市场产品名称、检测方法、评价指标、控制技术等内涵和外延混淆问题，将人员暴露相关术语纳入建筑室内环境术语体系。

（8）《绿色建材评价标准 新风净化系统》T/CECS 10061—2019

意义：编制绿色建材评价标准，推动绿色建材生产应用，是建材工业稳增长、调结构、增效益的现实需要，对于推动绿色建筑和建材工业转型升级、推进新型城镇化具有重要意义。

章节内容：范围；规范性引用文件；术语和定义；评价要求；评价方法；附录。

创新点：①将新风净化系统纳入绿色建材体系，与绿色建筑相衔接，有利于新风净化系统的科学、规范、绿色推广；②全寿命周期进行综合评价：从资源属性、能源属性、环境属性和品质属性四个层面对新风系统进行评价。

(9)《室内PM2.5检测设备性能检验标准》T/CECS 698—2020

意义：本标准对PM2.5检测参照仪器的量值溯源以及室内PM2.5检测设备的示值性能要求、检测方法进行了规定。

章节内容：总则；术语；基本规定；检测方法；判定；附录；本标准用词说明；引用标准名录；条文说明。

创新点：①提出PM2.5检测用光散射传感设备的性能要求及示值误差检测方法，为该方法在《室内空气质量标准》GB/T 18883—2002等标准的应用提供了支撑；②基于大量测试，提出PM2.5传感设备的性能参数。

(10)《建筑室内空气质量监测与评价标准》T/CECS 615—2019

意义：本标准是国内首部对建筑空气质量的实时监测提出技术要求及评价分级体系的标准，可为实现建筑物室内空气质量进行实时快速监测提供有效的指导，针对我国当前建筑物室内空气质量现状特点，建立有利于促进室内空气质量持续改进提升的指标评价与分级体系，在可视化数据基础之上判断空气质量的水平，为后续空气环境的治理改善提供数据支持。

章节内容：总则；术语；基本规定；仪器仪表；评价与分级；监测；附录；本标准用词说明；引用标准目录；条文说明。

创新点：①提出微生物监测方法：微生物实时监测方法/撞击法；②提出监测仪表性能要求：分辨率、响应时间、示值误差、响应时间和校准方法等指标，综合考虑测试要求、现有仪器技术水平、经济性等；③室内空气质量评价和分级：从物理、化学、颗粒物和微生物4方面进行。

(11)《政府投资学校建筑室内装修材料空气污染控制标准》SJG 82—2020

意义：建立深圳市学校建筑工程装修污染控制设计和绿色装修选材，规范学校工程空气质量管控要求，提升学校建筑工程室内空气品质，打造健康校园，保障在校学生、教员的环境健康。

章节内容：总则；术语和符号；基本规定；技术要求；检测与验收；附录；标准用词说明；引用标准名录；条文说明。

创新点：以结果为导向，通过空气质量设计提升材料环保要求，全面提升工程硬装后的室内空气质量要求，为交付后配置家具引起污染预留空间。

2.3 建筑室内空气质量控制示范工程建设

2.3.1 污染物防控示范工程总体情况

建设了室内空气质量控制示范工程 209.44 万 m^2。建筑地域分布京津冀、长三角、珠三角和西部等不同地区。建筑类型涵盖住宅、办公建筑、幼儿园、校舍、酒店公寓等。示范工程将最新研发的建筑室内空气质量全过程控制技术，低阻高效室内空气净化装置，空气污染物浓度和温湿度综合控制机理等成果在工程中集成应用，保障室内 PM2.5 浓度水平达到优级，室内典型化学污染物降低到现有验收标准的 50%。部分示范工程信息如表 2-7 所示。

示范工程信息表 表 2-7

编号	工程名称	工程类型	所在地	示范面积（万 m^2）	起止时间	示范内容
1	CBD 核心区 Z13 地块商业金融项目	办公	北京	12	2014.8—2018.8	开展室内典型化学污染、PM2.5 污染全过程控制技术示范
2	北建院 C 座装修改造工程	办公	北京	0.86	2018.8—2019.9	
3	中国葛洲坝地产上海紫郡公馆	住宅	上海	6.2	2016.5—2018.12	
4	中国葛洲坝地产广州紫郡府	住宅	广州	20.7	2016.1—2020.6	
5	旭辉北京 26 街区	公寓	北京	27.84	2015.4—2019.12	
6	廊坊艾思坦幼儿园	幼儿园	廊坊	0.7	2018.3—2019.9	
7	旭辉适老实验用房	养老公寓	上海	0.01	2017.10—2019.9	
8	西安莲湖庆安民航幼儿园	幼儿园	西安	0.3	2019.3—2019.10	
9	潍坊高新区东华学校	学校	潍坊	0.17	2019.7—2019.9	
10	深圳蛇口工业区招待升级改造	酒店	深圳	0.56	2018.7—2020.4	
11	深圳国际会展中心	会议办公	深圳	7.6	2016.2—2019.12	
12	深圳市建筑工程质量监督和检测实验业务楼	办公	深圳	0.84	2018.8—2019.4	
13	山东青岛国科绿地健康科技小镇	住宅	青岛	3	2019.2—2020.3	
14	上海绿地嘉定菊园新区 43-07 地块	住宅	上海	4.6	2018.10—2019.9	
15	武汉绿地中心	办公	武汉	18.2	2019.3—2020.3	

续表

编号	工程名称	工程类型	所在地	示范面积（万 m^2）	起止时间	示范内容
16	沈阳雍禾府一期	住宅	沈阳	2.49	2016.8—2019.9	开展室内PM2.5污染全过程控制技术示范
17	佛山旭辉城一期	住宅	佛山	16.51	2016.10—2019.6	
18	佛山旭辉江山一期	住宅	佛山	11.3	2017.4—2019.9	
19	杭州珺悦府	住宅	杭州	8.29	2016.7—2019.4	
20	合肥旭辉·玖著	住宅	合肥	5.4	2017.3—2019.12	
21	苏州吴门府	住宅	苏州	1	2016.5—2019.6	
22	苏州铂悦犀湖二期	住宅	苏州	1.54	2016.3—2019.11	
23	重庆印江州	住宅	重庆	11.5	2017.10—2019.12	
24	杭州萧山曾家桥地块项目	住宅	杭州	25.14	2018.8—2019.1	开展室内典型化学污染、PM2.5污染设计技术示范
25	美的旭辉城	住宅	南宁	6.54	2018.8—2019.4	
26	中国葛洲坝地产北京中国府	住宅	北京	11.7	2016.10—2020.6	
27	北京力迈中美国际学校	学校	北京	0.14	2019.7—2019.9	
28	深圳罗湖半岛壹棠服务式公寓	公寓	深圳	0.91	2018.7—2020.1	

研究组编制了《示范工程技术要求》，并对工程的各个阶段进行质量管控。在设计阶段，组织进行室内空气质量专篇设计及实施方案编制，并开展了实施方案专家论证及设计方案专家指导。在建设阶段，实地考察各示范工程的开展情况，及时解决问题，推进工程进展。在验收阶段，现场检测工程室内空气质量水平，保障室内空气质量水平满足要求。

经验收检测及运行监测，示范工程室内甲醛、TVOC、PM2.5浓度水平如图2-2所示，甲醛浓度不高于0.04mg/m^3，TVOC浓度不高于0.30mg/m^3，PM2.5浓度不高于35μg/m^3。具体检测值见图2-2。

2.3.2 典型示范工程案例

1. 居住建筑

(1) 葛洲坝上海紫郡公馆

葛洲坝上海紫郡公馆地处上海虹桥商务区板块，总建筑面积6.2万m^2，如图2-3所示。

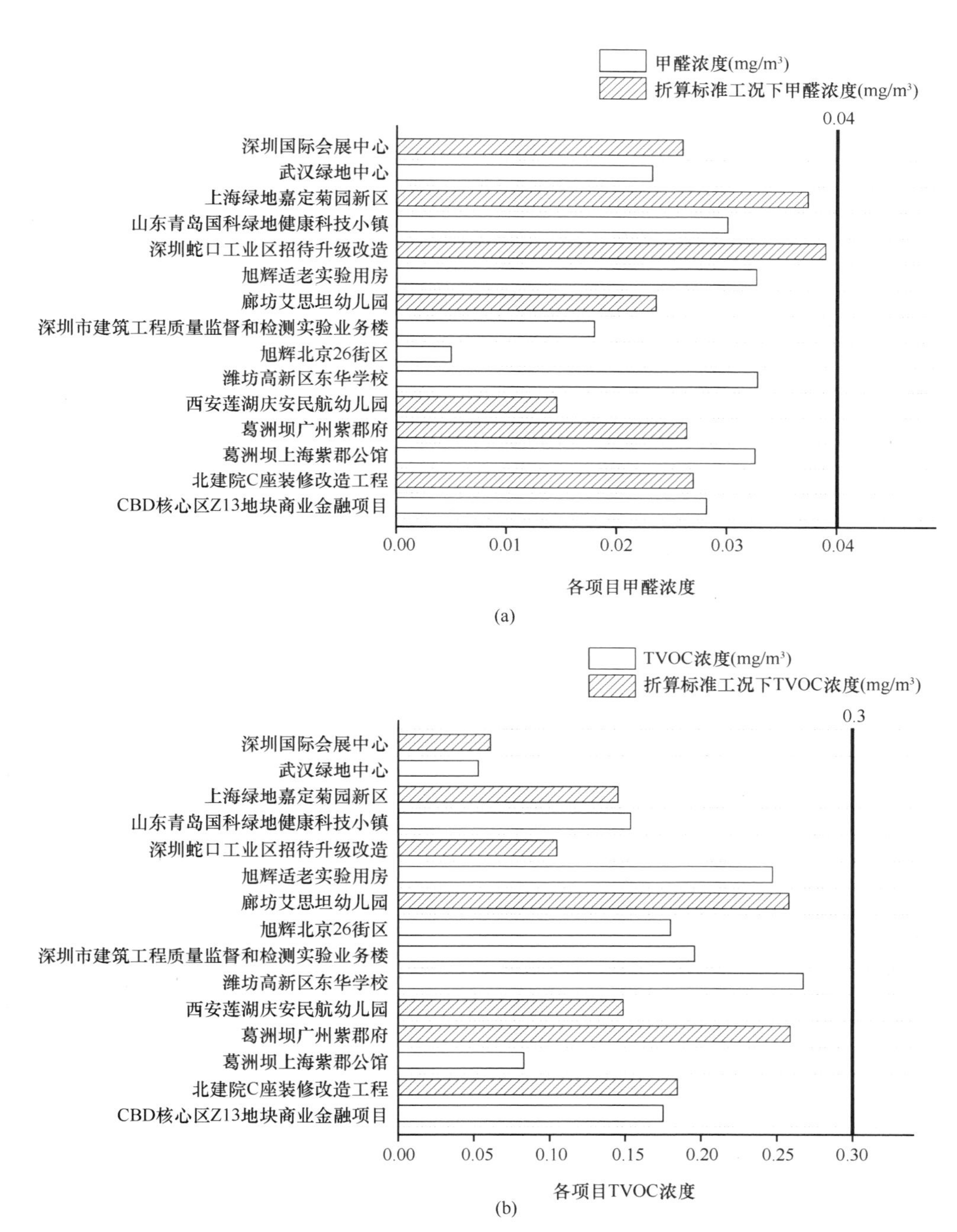

图 2-2 示范工程典型污染物实测浓度（一）

（a）甲醛浓度；（b）TVOC 浓度

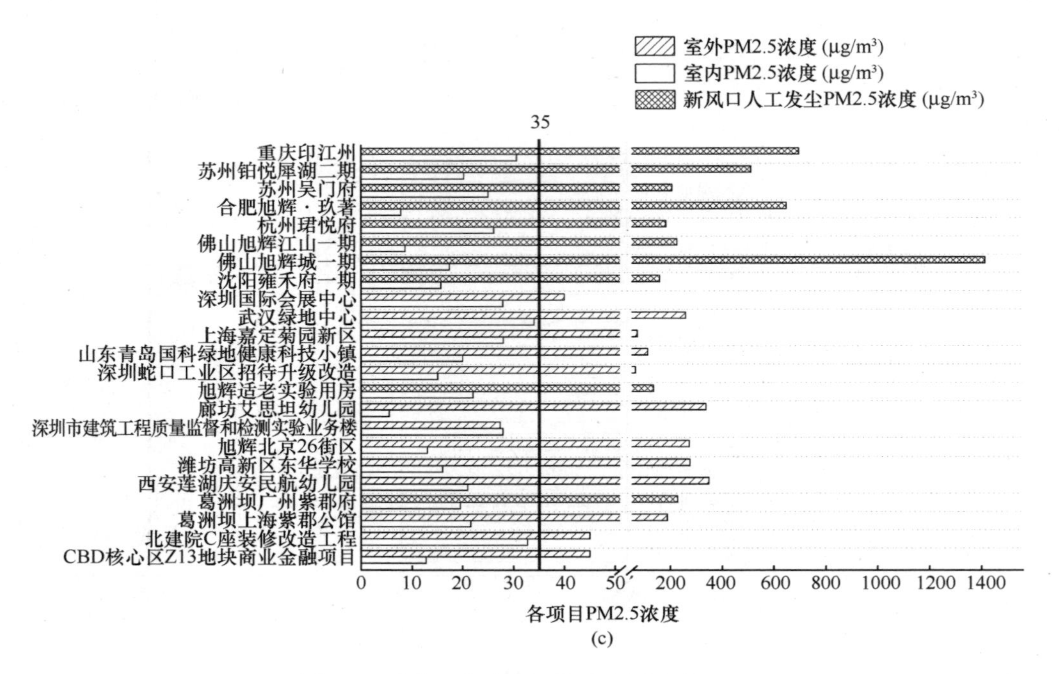

(c)

图 2-2　示范工程典型污染物实测浓度（二）

(c) PM2.5 浓度

注：1. 嘉定菊园、廊坊艾斯坦幼儿园、西安莲湖幼儿园、广州紫郡府、北建院 c 座项目由于甲醛、TVOC 验收检测时未开启通风设备，因此折算成开启通风设备后的浓度值。深圳国际会展中心、深圳蛇口招待所项目由于验收时活动家具已入场，因此按污染物贡献比例（60%为建材，40%为活动家具）折算成仅包含建材时的浓度值。

2. 部分示范工程 PM2.5 验收检测日室外浓度低于计算日浓度，因此采用在新风口人工发尘的方法使浓度高于计算日浓度。

绿色健康方面，通风净化形式采用置换新风系统，新风过滤采用 G4 初效＋静电除尘＋F9 亚高效，PM2.5 过滤效率达 95%以上。施工过程中，对穿墙管道与墙体缝隙等孔洞缝隙进行填实。智慧互联方面，建立能源管理综合平台、智慧居家物联平台、社区服务信息交流平台。工业集成方面，采用 PC 工业化建造及 BIM 技术应用。PC 预制率达 30%。地下室综合布线采用 BIM 技术进行建模、管线优化及施工管理。

空气质量防控方面，开展装修污染及颗粒物污染设计预评估分析、建材设备性能测试与评价、施工重要节点及关键工艺质量管控。空气质量预评估设计分析如图 2-4 所示。

经验收检测，室内甲醛浓度低于 0.04mg/m³，TVOC 浓度低于 0.09mg/m³。

图 2-3 葛洲坝上海紫郡公馆

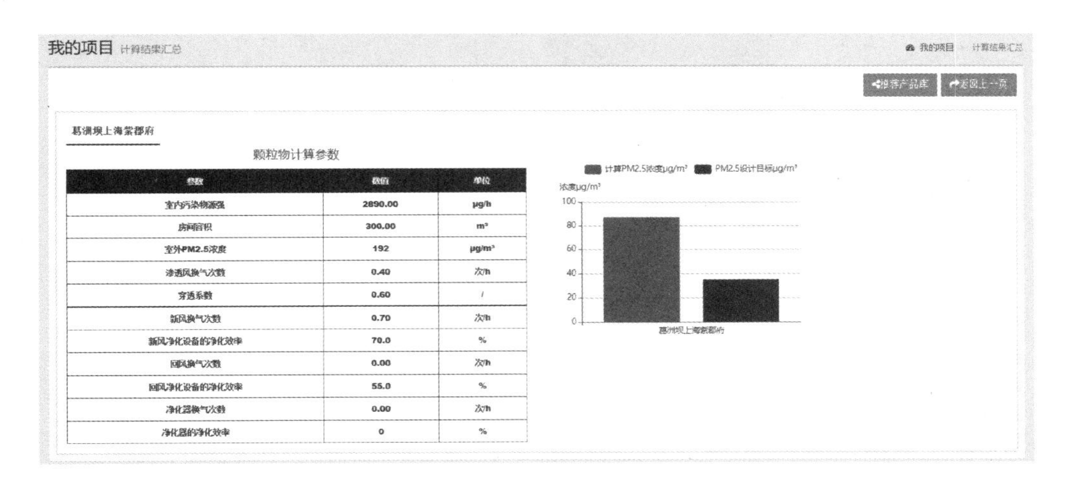

参数	数值	单位
室内污染物源强	2890.00	μg/h
房间容积	300.00	m³
室外PM2.5浓度	192	μg/m³
渗透风换气次数	0.40	次/h
穿透系数	0.60	/
新风换气次数	0.70	次/h
新风净化设备的净化效率	70.0	%
回风换气次数	0.00	次/h
回风净化设备的净化效率	55.0	%
净化器换气次数	0.00	次/h
净化器的净化效率	0	%

图 2-4 空气质量预评估设计分析

当室外 PM2.5 浓度达 189μg/m³，室内 PM2.5 浓度低于 29μg/m³。项目投入运营后，采用自主研发的室内空气质量监控设备进行实时监测。监测期间，室外 PM2.5 浓度范围在 13～82μg/m³之间，室内 PM2.5 浓度范围在 1～18μg/m³之间，检测结果如图 2-5 所示。

此外，项目组还采用自主研发的室内空气质量监控设备进行实时监测，如图 2-6 所示。运行监测期间，室外 PM2.5 浓度范围在 2～82μg/m³之间，室内

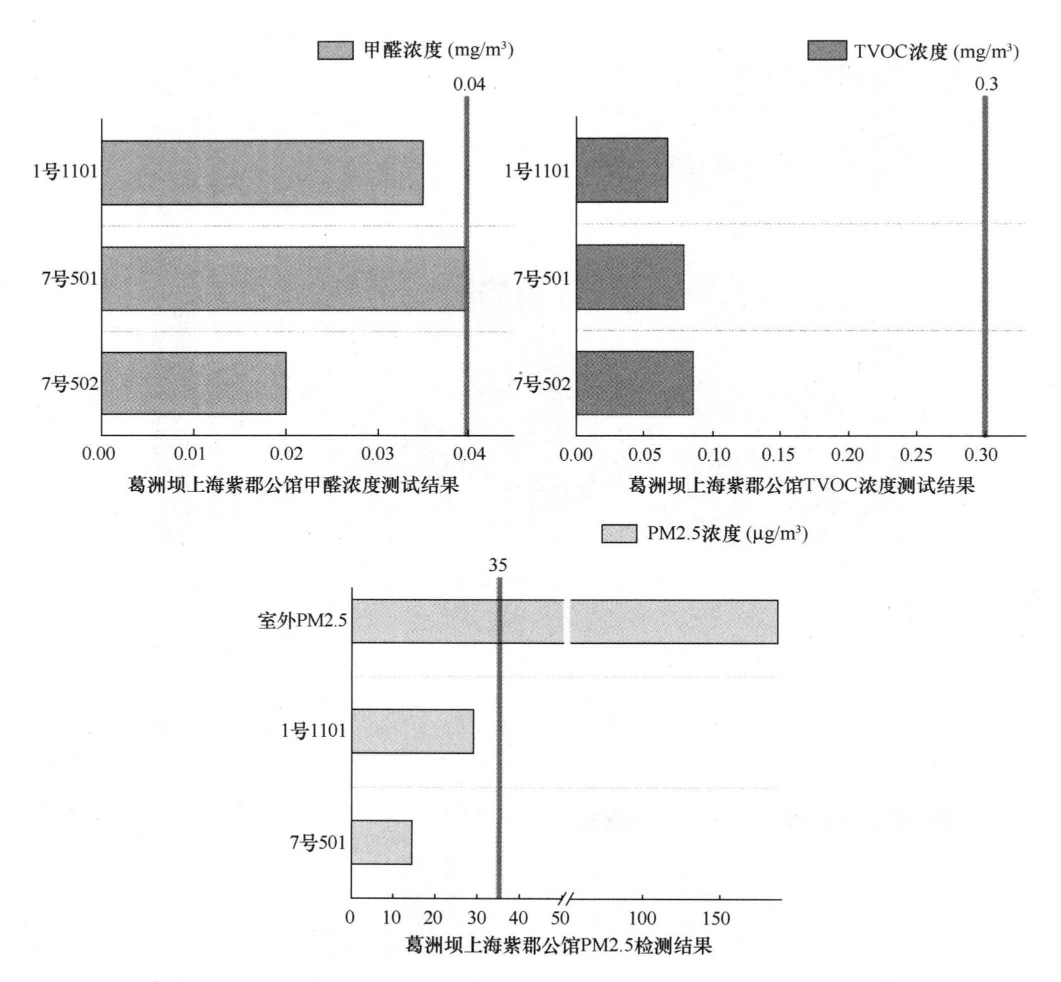

图 2-5 上海紫郡公馆甲醛浓度、TVOC 浓度和 PM2.5 浓度检测结果

PM2.5 浓度范围在 2～18μg/m³之间。

（2）旭辉北京 26 街区

本项目位于北京市顺义区，总建筑面积 27.84 万 m²。建筑类型为小户型 loft 公寓，如图 2-7 所示。

空气质量防控方面，根据本项目“技术要求”“实施方案”开展设计预评估分析及建材、家具、设备性能测试与评价。项目采用环保型装饰装修材料，甲醛释放率显著低于国家标准《室内装饰装修材料 人造板及其制品中甲醛释放限量》GB 18580—2017 限值，本项目建材释放率与国家标准比对如图 2-8 所示。

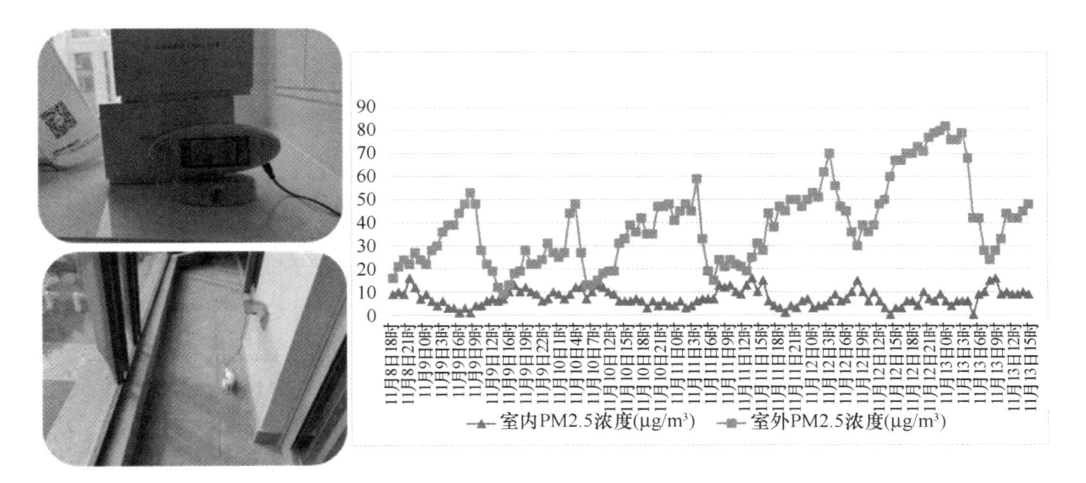

图 2-6　上海紫郡公馆 PM2.5 浓度实时监测结果

图 2-7　旭辉北京 26 街区

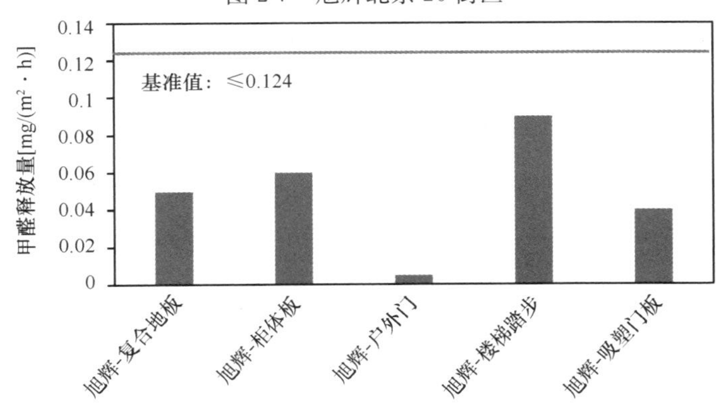

图 2-8　本项目建材释放率与国家标准比对

新风系统的控制采用自主研发的建筑室内空气优化综合控制策略，如图 2-9 和图2-10所示。基于反问题＋变分分析方法，耦合求解空气质量、热舒适、能耗

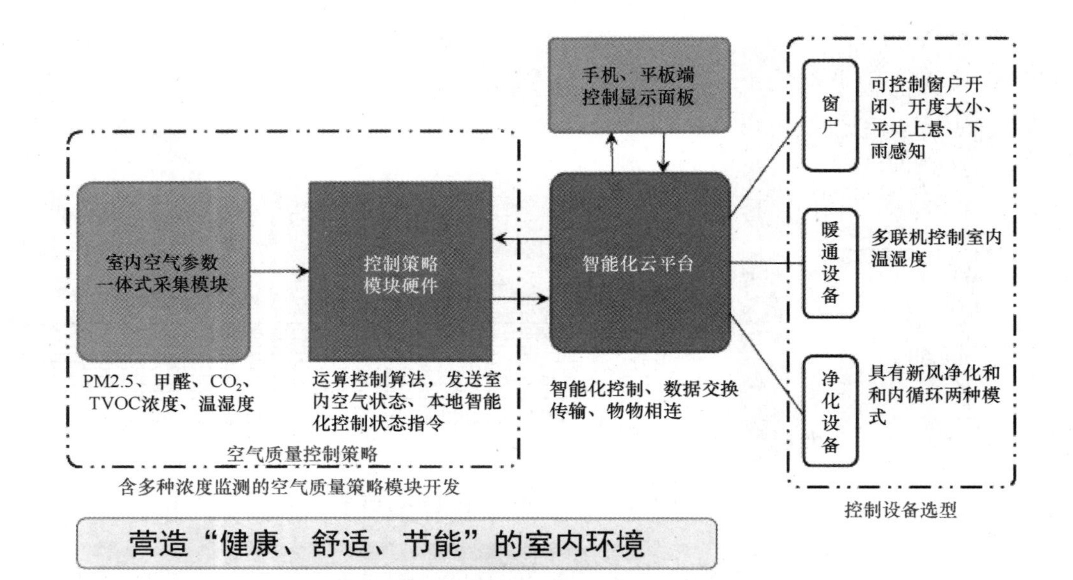

图 2-9　室内空气优化综合控制策略

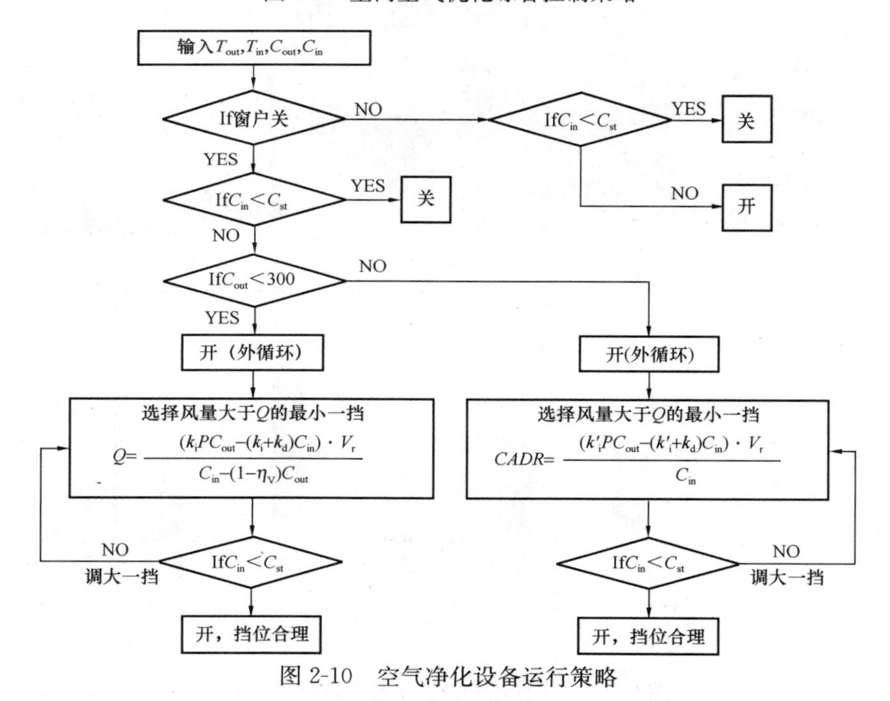

图 2-10　空气净化设备运行策略

问题，对室内温度、PM2.5、二氧化碳、甲醛浓度、风量等多参数进行优化控制，克服了传统控制方法在有限方案下的有限解问题。

经检测，室内甲醛浓度未检出，TVOC 浓度低于 0.26mg/m³。当室外 PM2.5 浓度达 274μg/m³时，室内 PM2.5 浓度低于 13μg/m³。检测结果如图 2-11 所示。

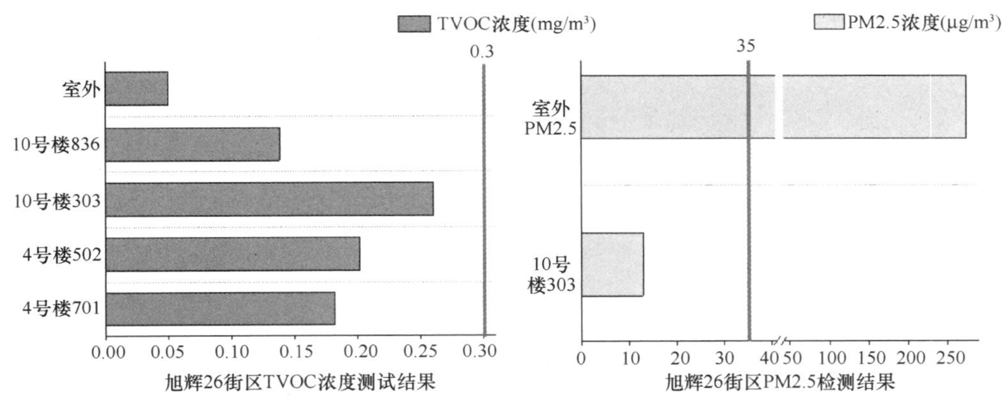

图 2-11　旭辉北京 26 街区甲醛浓度、TVOC 浓度和 PM2.5 浓度检测结果

2. 公共建筑

(1) 北京市 CBD 核心区 Z13 地块项目

本项目总建筑面积 16 万 m²，地上 39 层，地下 5 层，建筑高度 180m。示范区域为地上区域 12 万 m²，如图 2-12 所示。主要功能为办公、商业。本项目荣获“北京市绿色建筑一星级”“美国绿色建筑 LEED 金奖”　“健康建筑 WELL 金级”　“中国建设工程鲁班奖（国家优质工程）”。

空气质量防控方面，采用提出的空气质量设计方法及设计软件，进行颗粒物及化学污染物防控设计分析，设计过程如图 2-13 所示。

本项目空调机组均配置空气净化段。采用蜂巢式电子净化装置，在空调系统正常运行风速下，PM2.5 净化效率＞95%，阻力＜40Pa，臭氧产生量＜0.1mg/m³。

图 2-12　北京市 CBD 核心区 Z13 地块项目

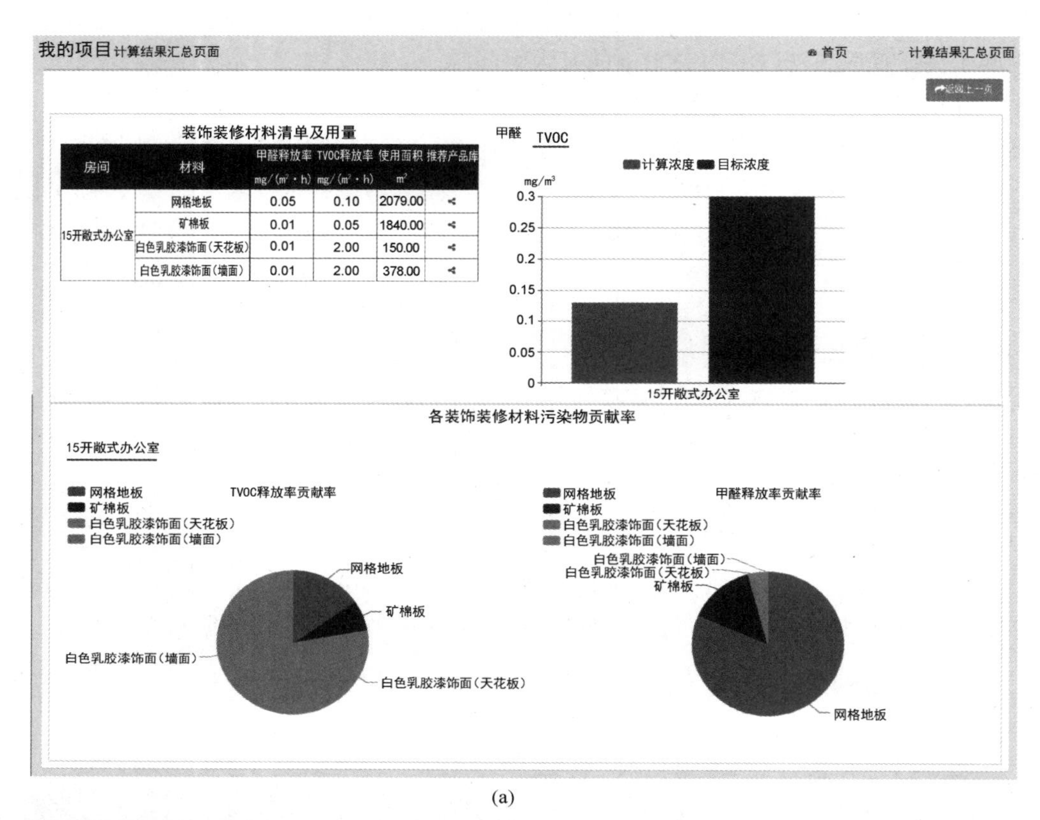

房间	材料	甲醛释放率 mg/(m²·h)	TVOC释放率 mg/(m²·h)	使用面积 m²	推荐产品库
15开敞式办公室	网格地板	0.05	0.10	2079.00	
	矿棉板	0.01	0.05	1840.00	
	白色乳胶漆饰面（天花板）	0.01	2.00	150.00	
	白色乳胶漆饰面（墙面）	0.01	2.00	378.00	

(a)

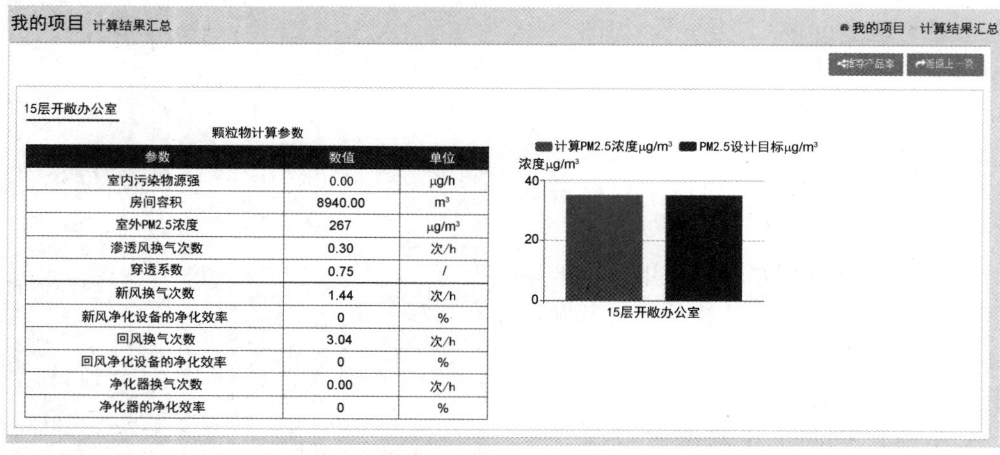

参数	数值	单位
室内污染物源强	0.00	μg/h
房间容积	8940.00	m³
室外PM2.5浓度	267	μg/m³
渗透风换气次数	0.30	次/h
穿透系数	0.75	/
新风换气次数	1.44	次/h
新风净化设备的净化效率	0	%
回风换气次数	3.04	次/h
回风净化设备的净化效率	0	%
净化器换气次数	0.00	次/h
净化器的净化效率	0	%

(b)

图 2-13 室内空气质量分析设计

(a) 化学污染物防控设计；(b) 颗粒物防控设计

在采购阶段，根据编制的测试及评价方法，对拟采购的建材、家具的污染物释放参数进行测试评价，对通风净化设备的风量、净化效率、阻力、容尘量等性能参数进行测试评价。项目集中应用了室内空气质量预评估分析及优化、材料产品环保性能测试评估等技术。项目采用环保型装饰装修材料，污染物释放率显著低于现行国家标准《室内装饰装修材料 地毯、地毯衬垫及地毯胶粘剂有害物质释放限量》GB 18587—2001、《绿色产品评价 涂料》GB/T 35602—2017，本项目建材释放率与国家标准比对情况如图 2-14 所示。

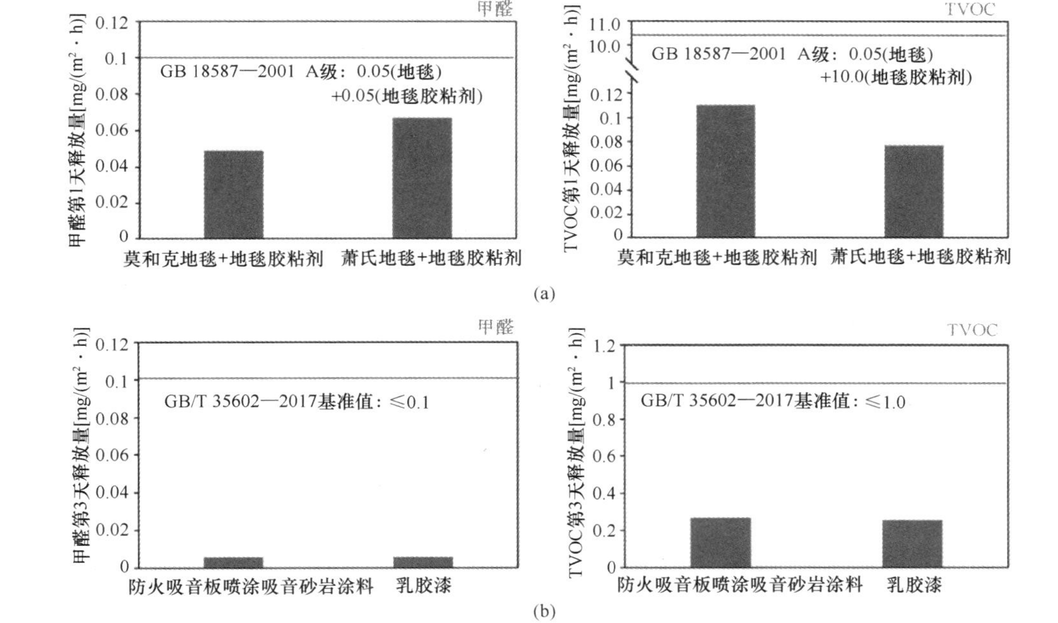

图 2-14 本项目建材释放率与国家标准比对

(a) 地毯＋胶粘剂释放率；(b) 乳胶漆释放率

在施工阶段，采用编制的“室内空气质量保障工程施工管理方案”，明确施工各方责任和施工过程中污染风险及预防措施，严格核验进场的建材家具设备性能，对施工重要节点及关键工艺进行质量管控。

在验收阶段，根据提出的验收方法，对室内 PM2.5、甲醛、TVOC 浓度水平进行了检测。经检测，室内甲醛浓度低于 0.03mg/m^3，TVOC 浓度除夹层外，均低于 0.3mg/m^3。PM2.5 浓度低于 18μg/m^3。检测结果如图 2-15 所示。

在运营阶段，各楼层共设置了 12 个 PM2.5 监测点，空气质量监测平台如图 2-16所示。根据 PM2.5 监测值控制净化设备启停。监测期间，室外 PM2.5 浓度范围在 3～207μg/m^{3}之间，室内 PM2.5 浓度可达 25μg/m^{3}以下，实时监测结果如图 2-17 所示。

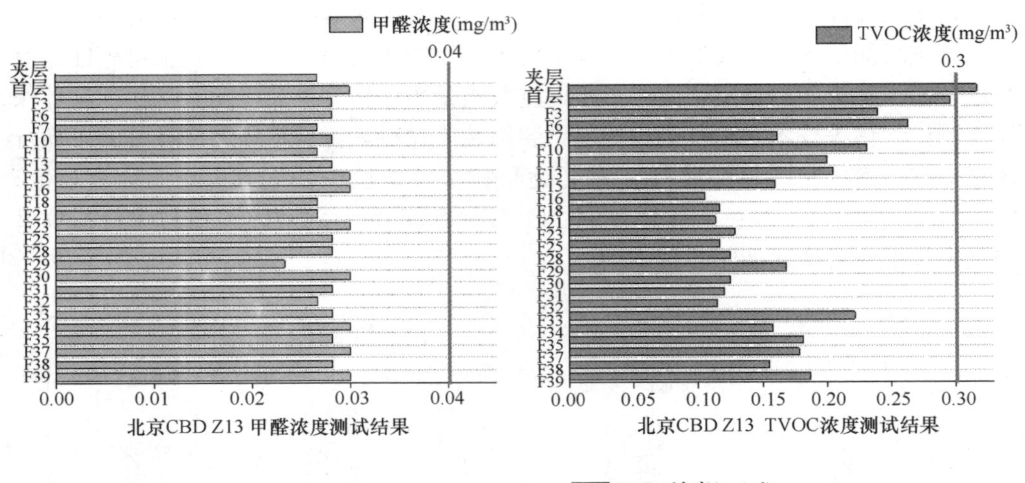

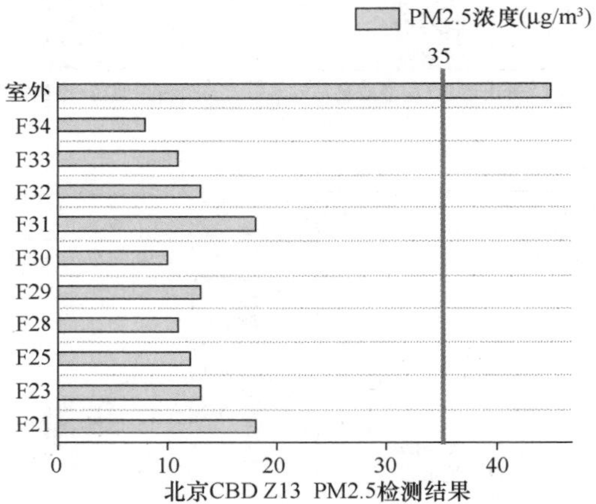

图 2-15 北京 CBD 核心区 Z13 甲醛、TVOC、PM2.5 浓度检测结果

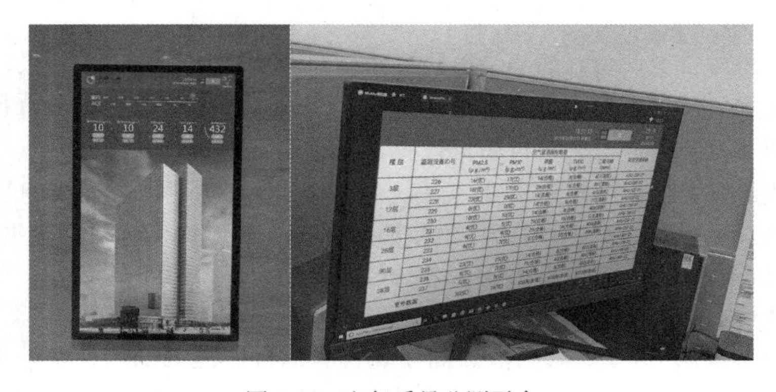

图 2-16 空气质量监测平台

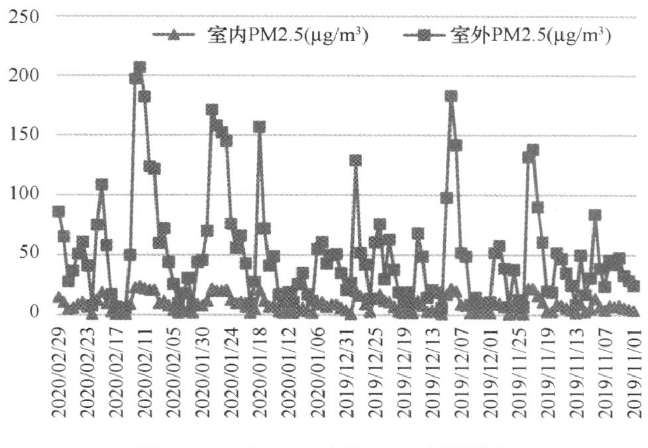

图 2-17　PM2.5 浓度实时监测结果

（2）潍坊高新区东华学校

该项目位于山东省潍坊市高新区。总示范面积 1667m²，建筑类型为学校教研室、综合实践室等，如图 2-18 所示。

图 2-18　潍坊高新区东华学校

化学污染物防控方面，通过严格控制校舍建筑和装修材料、教学用具设备、体育设施器材等污染物释放率及工程施工辅料环保性能，保障室内化学污染物满足要求。

颗粒物污染防控方面，采用自主研发的新型梯度复合材料过滤器，其原理如图 2-19 所示。即每一层过滤材料的纤维细度不同，形成的孔隙结构、孔径大小及分布、体积密度不同，从而对不同粗细粒径颗粒物进行阶梯过滤。

项目以梯度滤料的过滤阻力及效率为目标，通过反问题求解方法，求得满足目标值的最佳结构参数，实现滤料的高效低阻性能。

经检测，室内甲醛浓度低于 0.039mg/m³，TVOC 浓度低于 0.286mg/m³。当

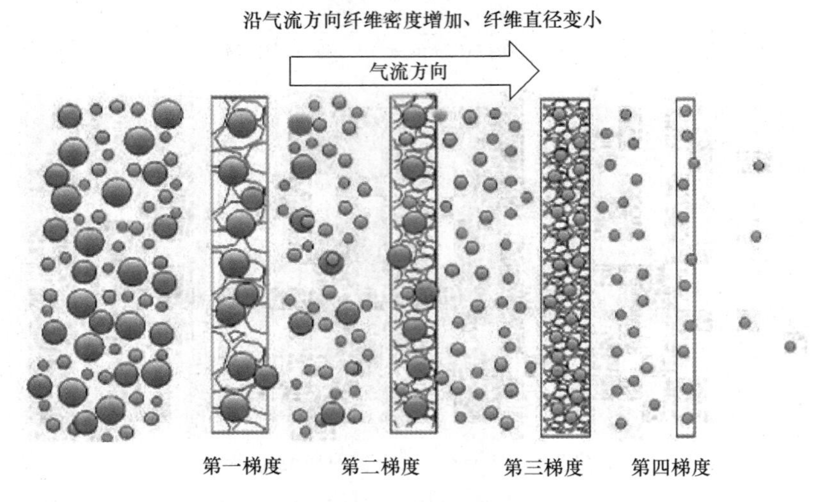

图 2-19 新型梯度复合材料过滤器原理示意图

室外 PM2.5 浓度达 276μg/m³ 时，室内 PM2.5 浓度低于 18μg/m³。检测结果如图 2-20 所示。

（3）深圳国际会展中心

该项目位于深圳宝安区宝安机场以北，空港新城南部。项目整体建成后，将成为全球第一大会展中心，如图 2-21 所示。本示范工程基于深圳国际会展中心（一期）项目，示范面积 7.6 万 m²。使用功能包括展厅、会议中心等。

项目通过设计方案预评价、材料/家具/设备采购与抽检、施工管理、验收检测、室内空气环境监测等关键环节控制做到空气污染的定量化预防管控。经验收检测，室内甲醛浓度低于 0.03mg/m³，TVOC 浓度低于 0.08mg/m³。检测结果如图 2-22 所示。

（4）绿地国科健康科技小镇

该项目位于青岛市城阳区，占地面积约 127hm²，总建筑面积 209 万 m²，包括住宅、学校、医院、商业、办公会议等，如图 2-23 所示。项目致力于打造集教育培训、科技研发、医疗健康、创新创业于一体的健康科技新城，树立“政、校、企”三方合作的范例。本课题示范区域主要为一期住宅片区及国科大（青岛）附属学校。

项目主要示范技术包括空气质量预评估分析及优化，高效低阻新风系统、建材环保性能测试评估等。经验收检测，室内甲醛浓度低于 0.037mg/m³，TVOC 浓度低于 0.237mg/m³。当室外 PM2.5 浓度达 114μg/m³，室内 PM2.5 浓度低于 20μg/m³，如图 2-24 所示。

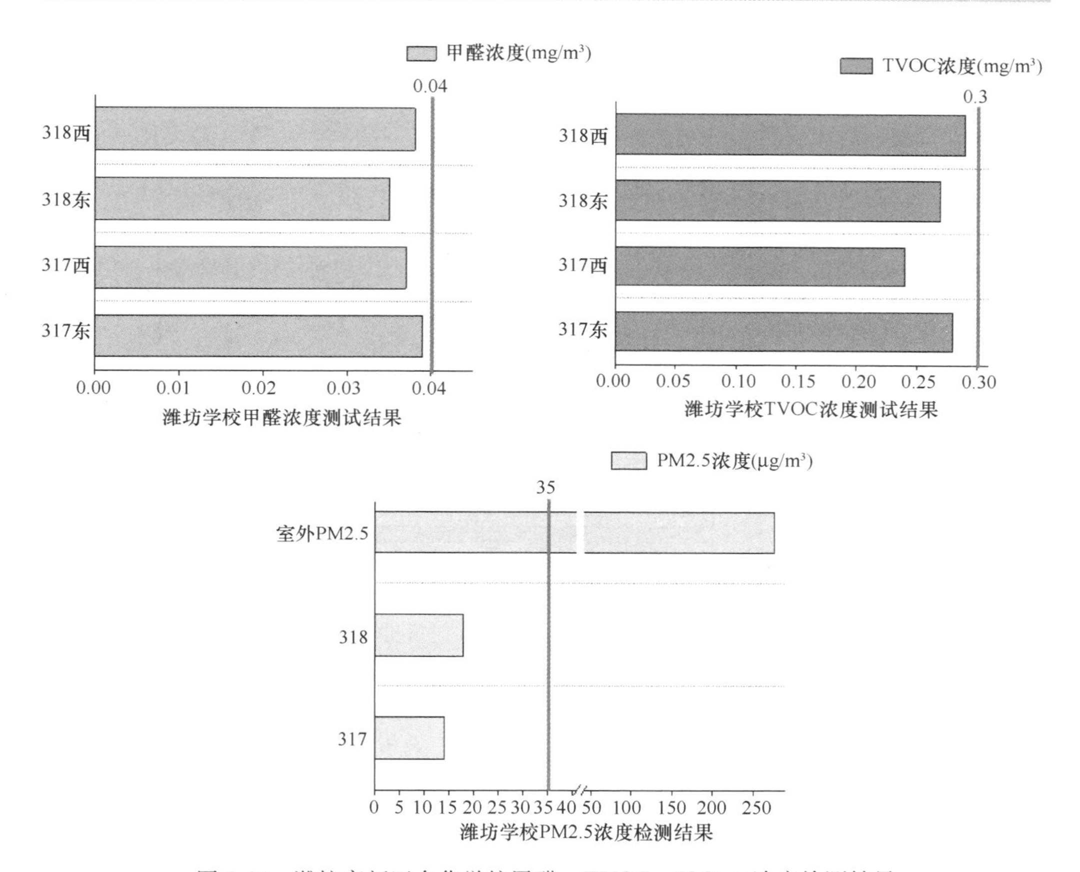

图 2-20 潍坊高新区东华学校甲醛、TVOC、PM2.5 浓度检测结果

图 2-21 深圳国际会展中心

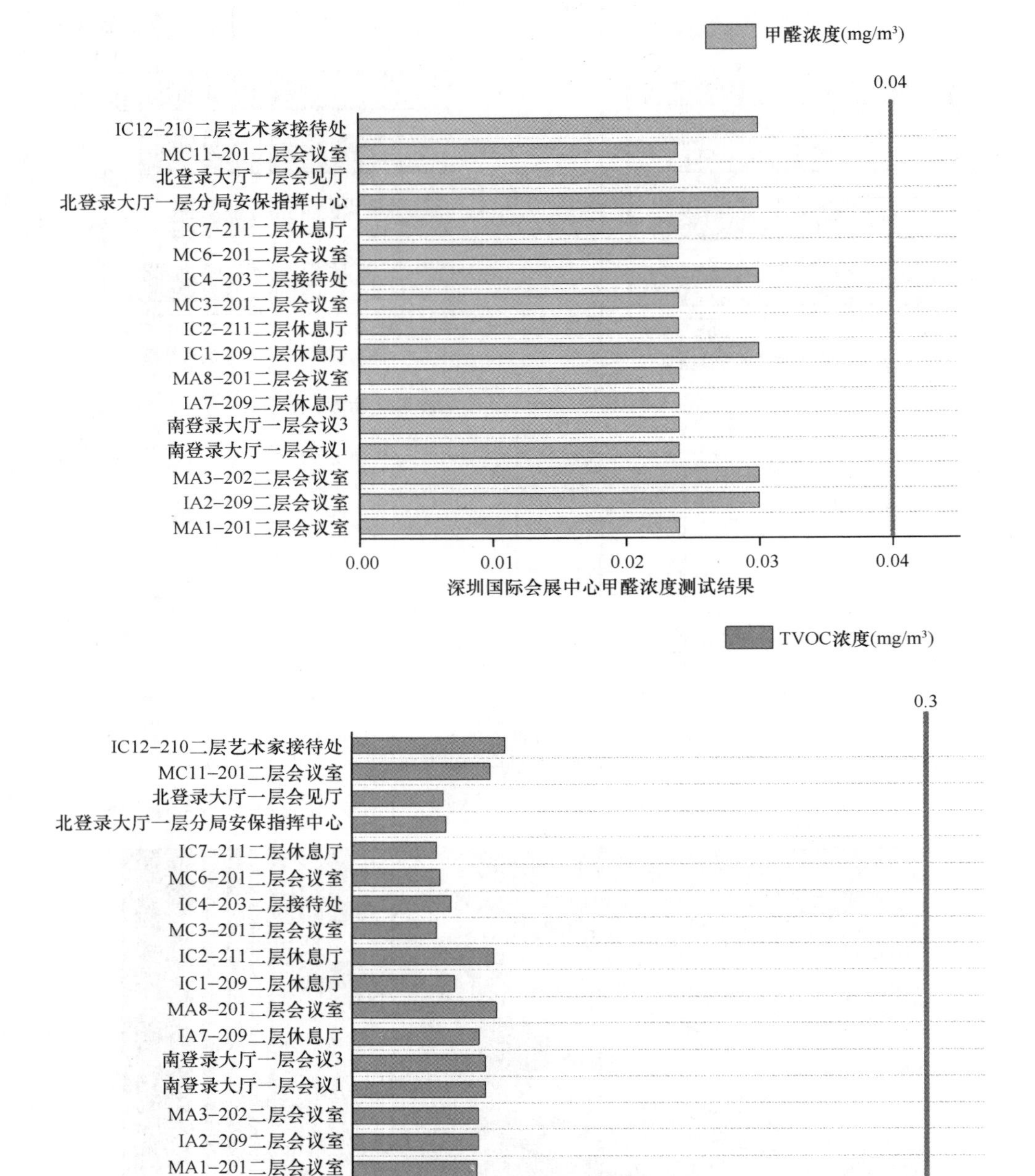

图2-22 深圳国际会展中心甲醛、TVOC浓度检测结果

图 2-23 绿地国科健康科技小镇

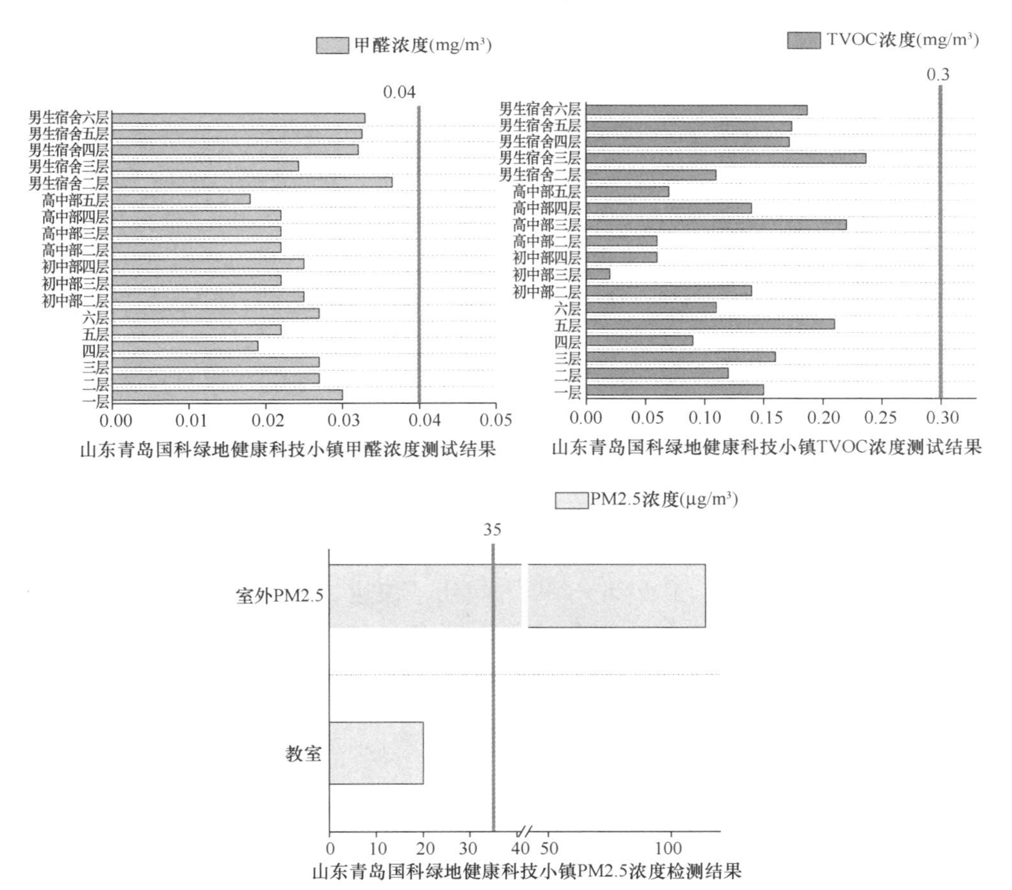

图 2-24 绿地国科健康科技小镇甲醛、TVOC、PM2.5 浓度检测结果

2.4 小结

针对我国建筑室内空气质量标准体系内部不协调，部分关键标准、关键技术缺失，导致建筑全周期室内空气质量管控脱节、室内空气污染超标等问题，本章收集汇总了近年来相关学者在空气质量标准体系建设、关键标准编著及工程技术应用等方面的研究成果：

（1）建立了建筑室内空气质量标准体系表，为未来标准的制修订提供了标准规划的基础。针对我国建筑室内空气质量亟待改善的现状，相关学者通过研究国内外建筑室内空气质量标准体系发展历程、空气质量相关产业标准现状等，分析比较国内外建筑室内空气质量标准体系发展的差异及其原因，系统梳理我国现有建筑室内空气质量相关标准，研究我国标准体系现状和建设需求，提出建筑室内空气质量标准体系框架，并整理收集了建筑室内空气质量相关的工程标准、产品标准、检测监测标准、环境质量标准共计90项，按“基础规范—基础标准—专业标准”的框架进行了标准体系搭建。

（2）编制了建筑室内空气质量关键标准，完善了标准体系。近年来共制定/修订标准11项，其中，国家标准2项，行业标准4项，地方标准1项，团体标准4项。在基础标准方面，编制了《建筑室内空气质量通用术语标准》（送审稿），实现了建筑环境术语的标准化；在工程标准方面，编制了《公共建筑室内空气质量控制设计标准》JGJ/T 461—2019，建立了空气质量规划设计的概念与方法；编制了《中小学教室空气质量和控制规范》（送审稿），建立了教室日常运行、装饰装修工程、冬季户内燃烧供暖的空气质量管控方法；编制了《政府投资学校建筑室内装修材料空气污染控制标准》SJG 82—2020，明确了学校绿色装修选材、设计、检测等要求；编制了《住宅新风系统技术标准》JGJ/T 440—2018，规范了住宅新风产品的设计、施工、验收和运行维护。在产品标准方面，编制了《木家具挥发性有机化合物释放速率检测 逐时浓度法》GB/T 38723—2020与《木质复合板材污染物释放特性参数检测方法》JC/T 2626—2021，提出了快速、有效的木家具与板材污染特性检测方法；编制了《室内PM2.5测试设备性能检测标准》T/CECS 698—2020，规范了PM2.5检测产品和设备性能；修订了《高效空气过滤器性能试验方法 效率和阻力》GB/T 6165—2021，编制了《绿色建材评价标准—新风净化系统》T/CECS 10061—2019，对过滤器、新风净化系统设备的性能指标及质量控制提出了更科学合理的性能要求及测评方法。

（3）建立了建筑室内空气质量控制示范工程，验证了相关关键技术和产品，建立了完整的技术体系，为建筑室内空气质量控制纳入建设流程奠定了基础。示范工程将近年来研发的室内空气质量全过程控制技术、低阻高效室内空气净化装置、空气污染物浓度和温湿度综合控制技术等成果集成应用，保障室内 PM2.5 浓度水平达到优级、室内典型化学污染物降低到现有验收标准的 50%。在京津冀、长三角、珠三角和西部等不同地区，建设住宅、办公建筑、幼儿园、校舍、酒店公寓等不同功能的示范项目 29 项，累计示范面积 209.44 万 m^2。

未来，室内空气质量研究领域将进一步以健康建筑、社区、城市建设为载体，以环境健康干预为关键技术突破，构建健康为目标的建筑、环境和卫生等多领域融合的技术体系、标准体系和管理体系，为建设健康中国提供技术支撑。

第3章　空气净化器现状调研与性能测试

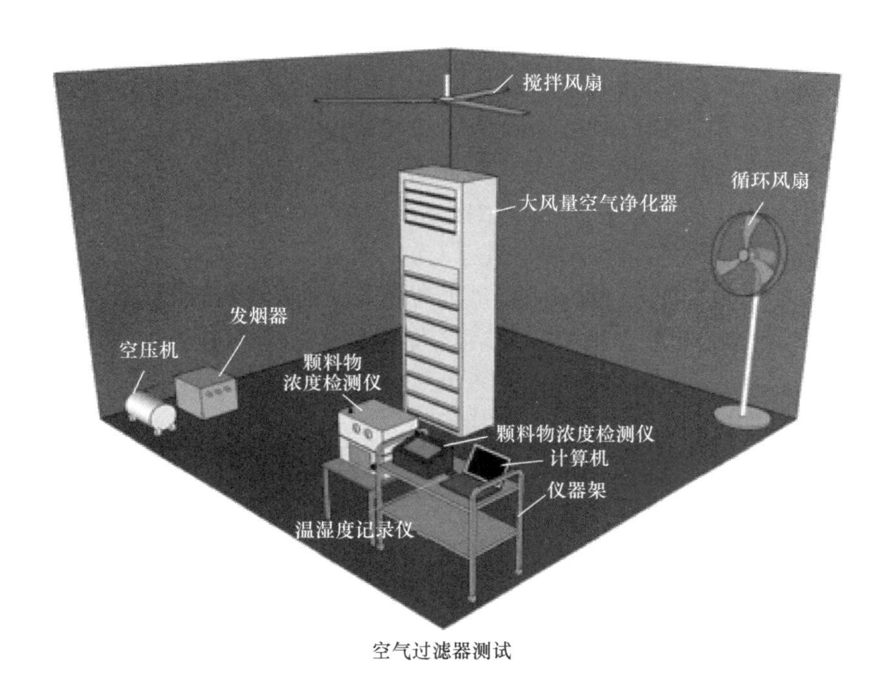

空气过滤器测试

建筑最初建造的目的是营造一个安全、健康、舒适的活动场所。尽管建筑用掉40%的能源，其仍不能维持一个健康的室内空气环境[1]。PM2.5颗粒物是室内主要污染物之一，同时空气传播传染性疾病的频繁发生也对人类健康产生了严重威胁。对于传染病流行时期的商业和公共场所，主要的通风方式为新风系统。然而，这种通风净化系统效率低、能耗大，长期运行十分不经济。使用空气净化器，利用室内空气循环净化模式对节能降耗和污染物控制具有重要意义。因此，对空气净化器性能进行评测以及其使用行为进行调研是十分必要的。

3.1　空气净化器市场调研及发展趋势

世界卫生组织统计数据显示，2012年世界上由于室内空气污染死亡人数为430万人[2]。其中一个主要原因是PM2.5颗粒物污染物。大量的病理学研究表明PM2.5不仅具有呼吸、心血管和血液系统毒性，它还具有生殖系统毒性等。这也就导致了在中国致死率最高的10类疾病中，有5～6类与颗粒物污染物密切相关[3]。

中国住宅室内PM2.5污染物除了国外发达国家少有的“外患”，也有“内忧”。“外患”指的是：由于城市燃煤、机动车排放、扬尘、生物质燃烧、工业排放[4]，中国已经成为世界上室外PM2.5污染最为严重的国家之一。由于PM2.5污染导致的雾霾天气频繁侵袭中国中东部大部分地区，而这些地区也是中国人口密度最大、经济最发达的地区[5]。中国年均室外PM2.5浓度是韩国的3～4倍之多。这些PM2.5颗粒物会随渗透作用、自然通风和机械通风进入室内。在中国，室内PM2.5颗粒物中有60%～80%是来自室外的[6]，这一比例远远高于发达国家。有文献证明，来源于室外的PM2.5颗粒物比来源于室内的颗粒物对人体的危害更大[7]。而“内忧”指的是：由于吸烟[8]、烹饪[9]、家用设备工作、人员活动[10]和焚香[11]等行为产生的PM2.5颗粒物，如果不及时处理，也会对人体健康产生危害。

为了减少这种危害，空气净化器便进入了人们的视野，空气净化器也叫空气清洁器、空气净化机或者叫做空气清新机。国家《空气净化器》GB/T 18801—2015相关标准中把空气净化器定义为“从空气中分离和去除一种或多种污染物的设备”，是净化室内环境中的可吸入颗粒物污染物、气态污染物的重要手段之一。现代人已经开始意识到室内空气污染的危害性，越来越关注自己居住的室内环境是否健康，空气净化器已经成为小家电消费市场的主力产品。

发达国家的空气净化器市场目前已经相当成熟，如图3-1所示，通过对不同国

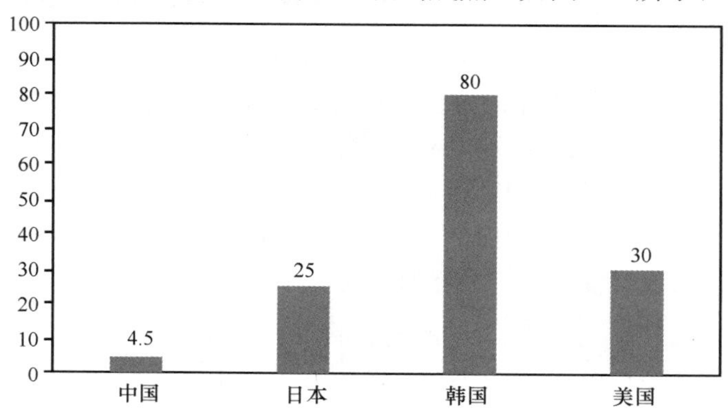

图3-1　不同国家空气净化器每百户保有量对比分析

家室内空气产品保有量分析可见，我国空气净化器普及程度与发达国家相比仍有较大差距。韩国和美国是世界上两大空气净化器生产国和消费国，其年需求量总和在1000万台以上，而我国居住建筑中空气净化器的使用仍处在发展阶段，具有着巨大的市场潜力。

如图3-2所示，超过50%的制造商将空气净化器售价定位于1000～5000元，其中大多空气净化器产品售价位于3000～4000元的价格之间。对于高价空气净化器，5000～7000元是主流。几乎没有制造商会将空气净化器定位在20000元以上。通过统计分析，空气净化器的洁净空气量（CADR）和价格呈指数变化。当颗粒物洁净空气量其值在200～600m^3/h之间时，洁净空气量和价格之间的关系是线性的。当甲醛污染物洁净空气量其值在20～300m^3/h之间时，洁净空气量和价格之间的关系是线性的。

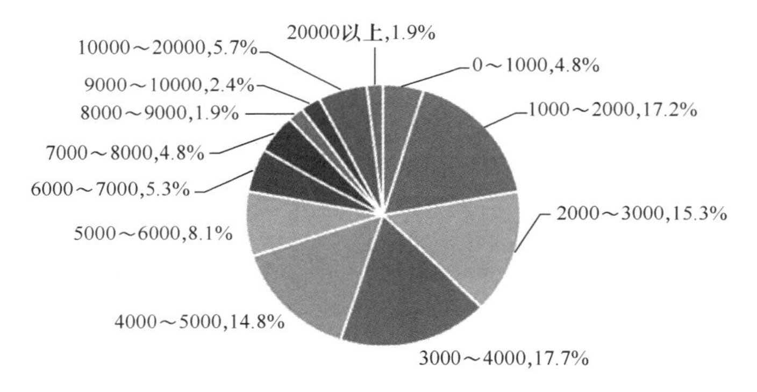

图3-2　空气净化器市场价格分布统计分析（单位：元）*

在空气净化器中一般使用高效过滤器来处理室内颗粒物，其对于PM2.5过滤效果超过99%，对于PM2.5污染物的净化，空气净化器使用者可以获得近似于设备风量的洁净空气量净化能力。而对于甲醛净化，目前空气净化器中通常选择活性炭滤芯对其进行吸附净化。以目前技术而言，活性炭滤芯对于甲醛的单通净化效率仅为20%～40%。如图3-3所示，中国市场主流空气净化器对于PM2.5的洁净空气量主要分布在200～500m^3/h之间，而对于甲醛的洁净空气量主要分布在20～200m^3/h之间。

如图3-4所示，通过对中国市场空气净化器净化能力、功率参数的统计对比分析，发现空气净化器的CADR值与其设备功率呈二次幂函数的关系。对于颗粒物净化来说，在功率为36.4W，空气净化器风量为276.6m^3/h，空气净化器的最大能效为7.6$m^3/(W·h)$。对于气体污染物净化来说，在功率为56.7W，空气净化器风量为158.5m^3/h，空气净化器的最大能效为2.8$m^3/(W·h)$。

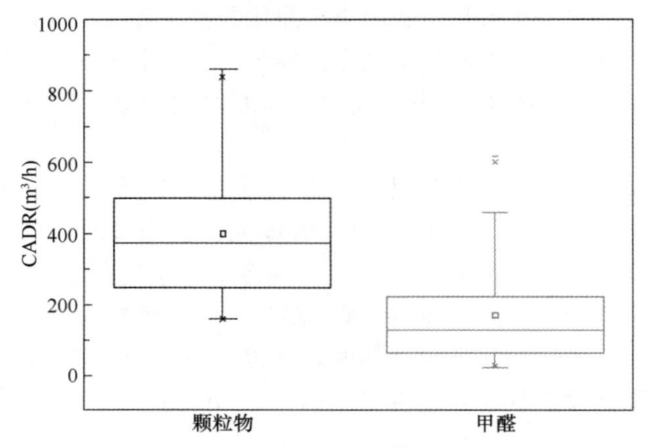

图 3-3 中国市场主流空气净化器净化能力参数对比

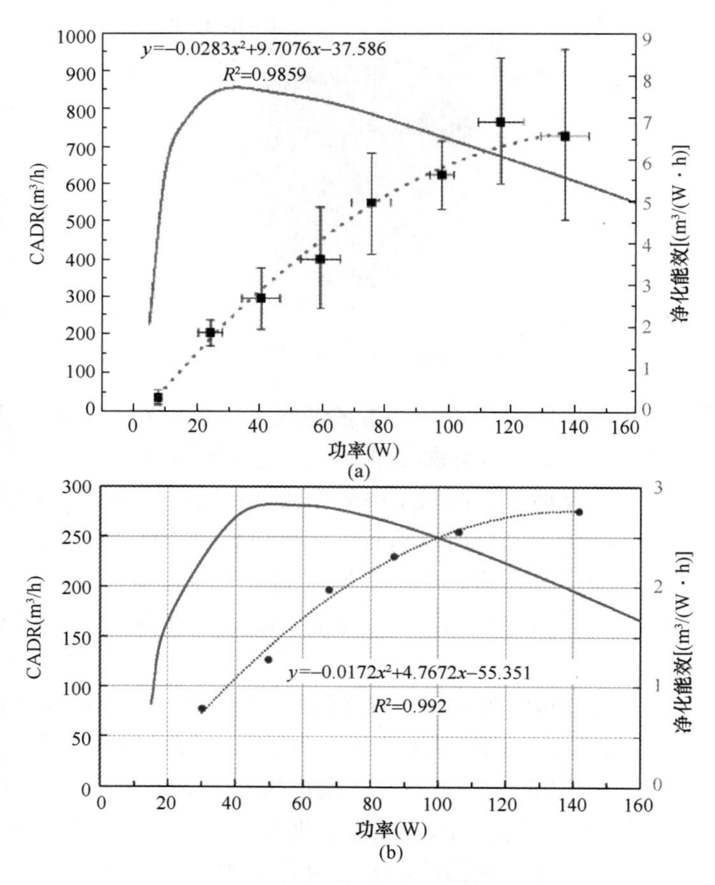

图 3-4 空气净化器污染物净化与能耗利用效率分析

(a) 空气净化器颗粒物污染物净化与能耗利用效率分析；(b) 空气净化器气态污染物净化与能耗利用效率分析

如图 3-5 所示，通过对 2018 年国内市场主流品牌售卖空气净化器的洁净空气量（CADR）的分析发现，可以提供 400～800m^3/h 洁净空气量（CADR）的空气净化器成为市场的主力产品。在 2015 年，一台可以提供 400m^3/h 洁净空气量的空气净化器在当时的主流市场内就可以成为大风量空气净化器，但随着对大风量产品的追捧和新冠肺炎疫情造成的冲击，近年来大风量空气净化器的标准被逐年提升，超过 800m^3/h 洁净空气量的空气净化器更是屡见不鲜，更多的适用于不同场合的商业空气净化器也出现于市场。这意味着随着人们重视室内空气质量意识的增强，消费者趋向于购买大风量大洁净能力的空气净化器。

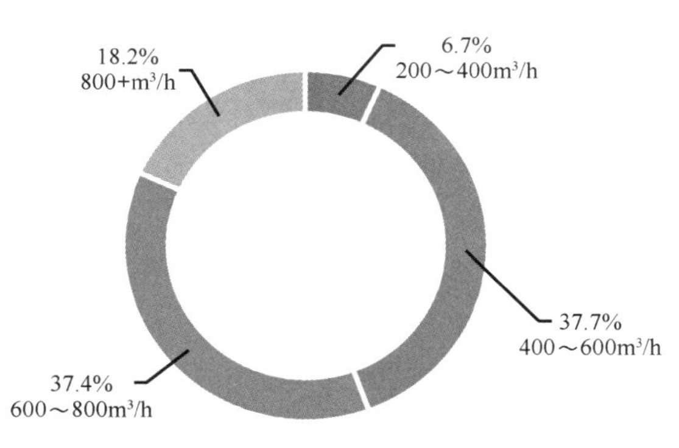

图 3-5 空气净化器主流品牌 CADR 值分布统计

3.2 空气净化器居民使用习惯调研

3.2.1 空气净化器运行频率及时长

图 3-6 展示了不同地区的空气净化器开启频率的问卷调研结果。调查发现中国至少 50%的家庭从来不使用空气净化器或者家中未配置空气净化器。不同地区之间空气净化器的使用行为模式也并不相同，这与各个地区的室外空气质量和家庭收入水平以及人们对空气质量的关注程度有关。在北京、上海、天津地区，使用空气净化器的比例要高于其他地区，有超过 50%的人表示他们使用空气净化器的频率在“有时”以上。然而，在西安、乌鲁木齐地区，只有 30%左右的人表示他们使用过空气净化器，且频繁使用（经常和每天）的比例更低，小于 10%。在京津地区，由于室外空气污染严重，收入水平和受教育水平较高，越来越多的人认识到空气污染状况及其有害的健康影响，因此愿意在家中使用空气净化器。在西安、沈阳地区，尽管室外空气污染也很严重，但是人们对环境污染的意识较差，使用空气净化器的比例很低。在中国的华南地区（深圳和南宁），由于室外空气质量相对较好，空气净化器的使用比例也很低[1]。

经过实地监测，结果发现长期监测的 43 户家庭中只有 8 户在使用空气净化器，而其他 35 户家庭则从来没有开启过空气净化器。图 3-7 展示了 8 户开启过空气净化器的家庭使用空气净化器的日常运行时长。此 8 户家庭并非连续运行，而是使用

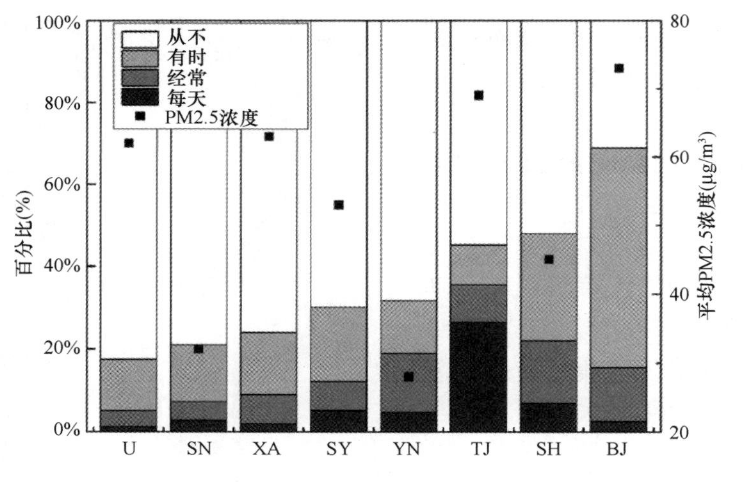

图 3-6 受访者空气净化器开启频率

间歇式运行的模式，每天的开启时长约为1～4h。在这8户之间，开启时长也有明显的个性化差异。日常运行时长的平均值±标准差的值分别为(273±261)min/d、(286±266)min/d、(47±69)min/d、(142±124)min/d、(134±122)min/d、(210±288)min/d、(127±106)min/d、(52±34)min/d。并且对于监测的大多数家庭，日常运行时长的变化范围很大，表明用户使用的时长没有规律性。BJ-1、TJ-2、U-6三户家庭日常运行时长变化范围相对较大，分别为：11～1420min/d、3～1345min/d、6～845min/d。XA-3、SN-4、SN-5、U-7和U-8五户家庭的运行日常时长范围相对较小，分别为3～242min/d、20～339min/d、81～341min/d、16～373min/d、5～173min/d。

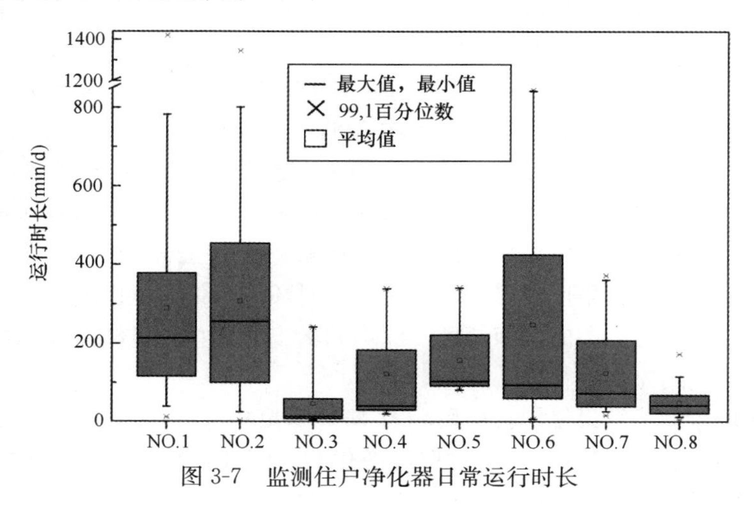

图 3-7 监测住户净化器日常运行时长

3.2.2　空气净化器运行挡位

图 3-8 为空气净化器开启时运行挡位的问卷调研结果。只有 5%的受试者表示他们通常开启“高挡”运行模式，此时空气净化器可以提供最大的洁净空气量。有超过 45%的受试者表示，他们通常会开启“自动挡”模式，此时空气净化器可根据室内空气质量状况自动确定运行风量。还有超过 35%的受试者表示通常会开启“中挡”运行模式，原因是他们担心低挡运行时不能够很好地去除室内污染物，而高挡运行时又会产生较大的噪声。

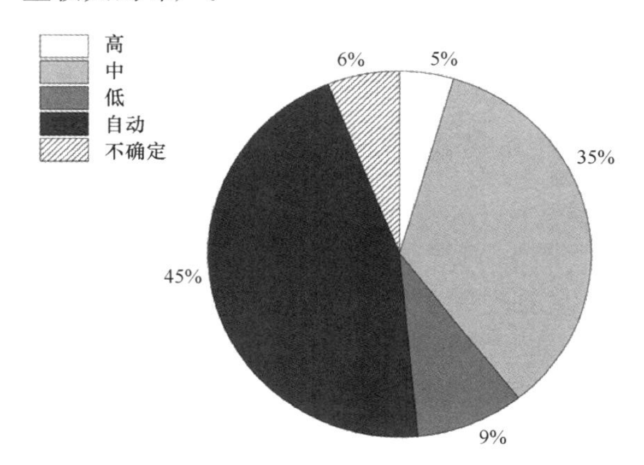

图 3-8　受访者开启空气净化器的挡位

图 3-9 为功率传感器所监测的功率数据统计结果，该结果可以间接反映出空气

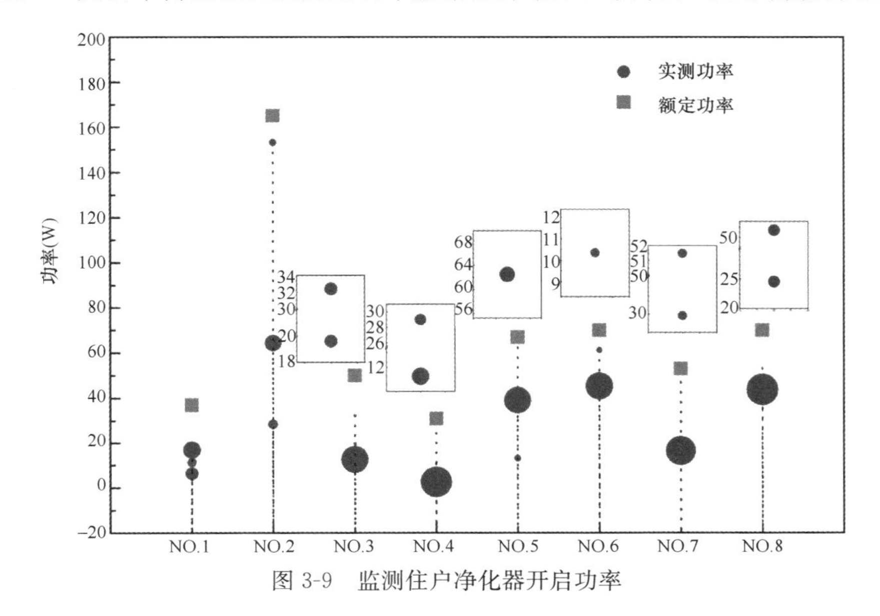

图 3-9　监测住户净化器开启功率

净化器挡位运行情况。当功率数值较大时，表明空气净化器在高挡运行；当功率数值较小时，表明空气净化器在低挡运行；当功率数值在两者之间时，表明空气净化器在中挡运行。图中方块为生产厂家所标称的功率值，圆点表示由功率传感器所监测到的功率值。圆点的大小表示该功率下运行时长所占总时长的比例大小。图中可以看出，住户通常在低挡和中挡模式下运行空气净化器，高挡模式下运行的比例极低。这与问卷主观调研结果相同。如前分析，能耗和噪声问题是造成这种运行模式的主要原因。

人们在选择空气净化器时是根据空气净化器的最大洁净空气量来确定适用面积。低中挡位下运行空气净化器，可能导致不能向空间输送足够的洁净空气以满足室内空气质量的要求，因此这种运行模式下，空气净化器的有效性可能受到很大影响。

3.2.3　空气净化器使用驱动力

图3-10展示了受访者使用空气净化器驱动力的问卷调研结果。空气净化器开启驱动力可以分为四种类型：环境刺激、事件刺激、时间刺激和其他因素。大多数受访者只有在主观上感觉到空气质量不好时才会开启空气净化器，约22%的受访者只有在他们进入房间时才会开启净化器。可见环境刺激是住户开启净化器的主要驱动力。不使用空气净化器的主要原因是用户认为空气净化器风机的运行噪声较大或能耗较大，另一个原因是住户并没有感受到使用空气净化器的效果。

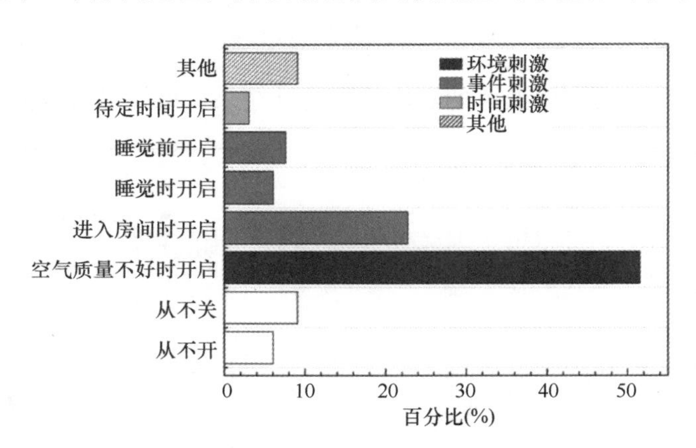

图3-10　受访者使用空气净化器驱动力

3.3　空气净化器性能测试新思路

空气污染与公众认知能力下降存在关系[12]，尤其在老人和儿童中体现明显[13]。可惜的是，流行病学调研难以提供准确而翔实的空气污染记录[14]，或明确地量化污染物相关性，缺乏机理性的研究[15]。

以甲苯为例：甲苯是一种典型的住宅室内空气污染物，在全球多个住宅室内空气品质调研中均有体现：美国住宅室内甲苯浓度平均浓度约 39.17ppb（1999—2000），加拿大为 19.17ppb（2009—2011），中国哈尔滨住宅室内甲苯平均浓度约为 24.5ppb（2013—2018）。与此同时，甲苯是具有神经毒性的 VOC[16]。研究表明甲苯主要攻击神经系统中的海马体[17-19]，因此对人员的记忆和认知功能存在潜在威胁。各国（组织）对住宅室内甲苯浓度的要求有所不一，美国毒物及疾病登记署（The Agency for Toxic Substances and Disease Registry，ATSDR）建议室内甲苯浓度应低于 1 ppm，美国加利福尼亚州环境健康危害评估办公室（Office of Environmental Health Hazard Assessment，OEHHA）推荐值为 110 ppb，世界卫生组织（World Health Organization，WHO）推荐值为 68ppb，中国新修订的《民用建筑工程室内环境污染控制标准》GB 50325—2020 中对甲苯浓度限值规定为 0.15 mg/m^3（约 39.27ppb）。大多数毒理学实验研究仅针对高浓度甲苯暴露的情况（1ppm 以上），然而低浓度室内污染物对人员的影响多反映在认知功能的影响上。人们对空气质量可能带来的心理影响早有研究，包括工作效率降低[20-22]、抑郁[23-24]、认知表现下降[25]及其他非毒理性质的影响[26]。目前的研究无法帮助我们从认知功能角度判断室内甲苯浓度标准是否合理。为此，我们通过实验的方法，在保证受试者健康不受损的前提下，从认知功能角度判断室内甲苯浓度是否合理。研究工作提供了准确的空气污染物暴露参数，填补了甲苯污染物对人员神经系统及认知功能影响的空白。

在通过天津医科大学伦理委员会审查后，招募 28 名健康且无不良生活习惯（如吸烟、酗酒等）的大学生作为受试者，经实验整体流程及目的说明并征得所有受试者同意后，展开双盲实验。实验在天津大学环境学院客机七排模拟座舱进行，该座舱采用全新风空气调节系统，可满足全舱浓度均匀混合及浓度控制的要求（图 3-11）。以 WHO 设定的甲苯推荐浓度限值 70ppb 与室外空气（理论甲苯浓度 0ppb）进行对比。结合认知测试结果、EEG（脑电图）频谱分析与空气质量评价问卷调查结果，判断不同甲苯暴露浓度下人员认知表现是否存在区别。

实验结果表明，低浓度的甲苯暴露虽然不会对受试者对室内空气质量的评价结果、测试反应时间及正确率造成明显的统计学差异（$P>0.05$），但 DMST（延迟样本匹配测试）测试编码期与维持期的 α 频段及 θ 频段 EEG 能量密度在不同甲苯暴露浓度下产生了统计学差异（图 3-12）。

近些年，利用 EEG 与认知测试探究室内空气质量（IAQ）及热舒适[27-32]等环境因素对人员认知的影响及其机理的研究层出不穷。相较于主观评价与认知表现的最终结果（如反应时间、正确率），EEG 似乎对环境变化更加敏感。这种现象不仅出现在本实验中，在多个采用 EEG 探究 IAQ 对人员认知影响的研究中均有报道[28,30-32]。通过低浓度下的人员暴露实验，可以在保护受试者健康的前提条件下获得空气污染物对人员认知功能影响的最直接证据，帮助我们为判断和控制室内空气质量提供依据，并为住宅空气净化器测试提供新思路。

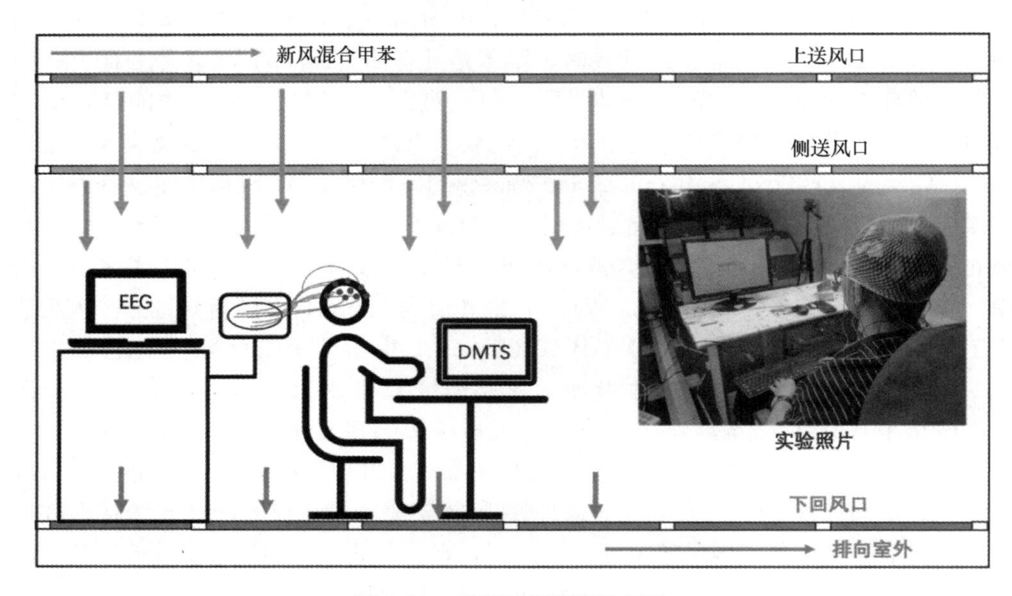

图 3-11 甲苯暴露环境舱设计

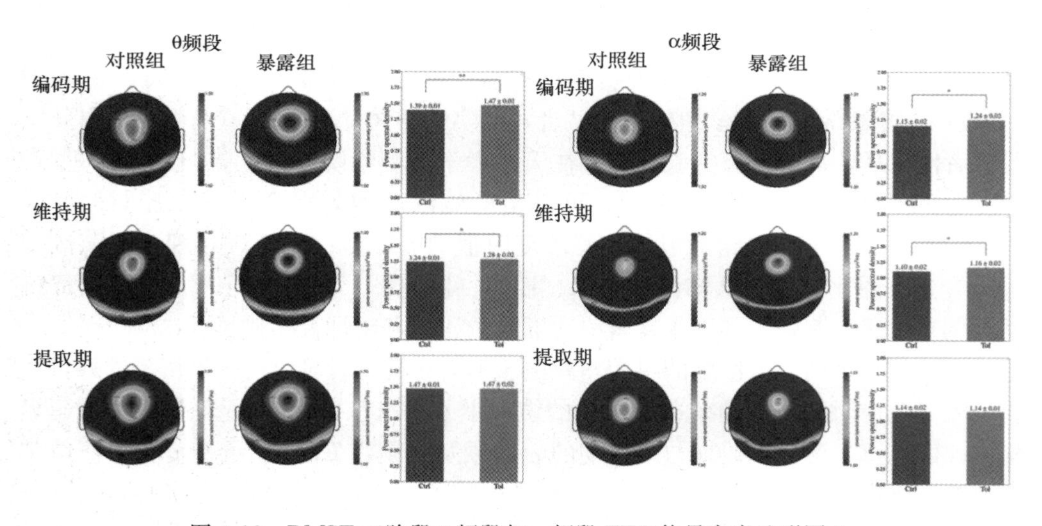

图 3-12 DMST 三阶段 θ 频段与 α 频段 EEG 能量密度地形图 *

3.4 大风量空气净化器颗粒净化效果评测及尘源选择

3.4.1 效果评测

根据空气净化器测试标准《空气净化器》GB/T 18801—2015，其净化效果的测定应在 30m^3 环境舱中完成，以焦油含量为 8mg 的香烟作为测试粉尘源，如图 3-13 所示。测试所用滤芯具体型号参数如表 3-1 所示。

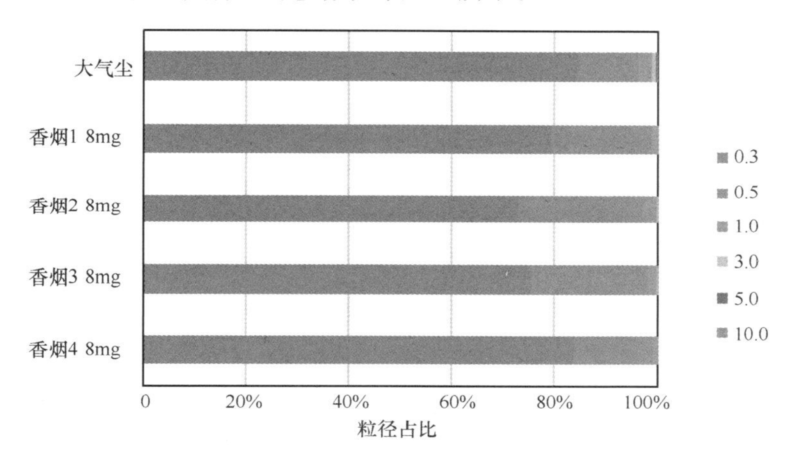

图 3-13 不同香烟尘源粒径对比分析 *

测试用不同滤芯对比 **表 3-1**

测试用大风量净化器（590mm×320mm×1840mm）	Hepa 波纹组合滤芯	A 型板式滤芯	优化 A 型板式滤芯	B 型板式滤芯
尺寸（mm）	510×337×44	512×337×55	512×337×55	508×335×55
滤芯折数	130	91	93	115

续表

测试用大风量净化器（590mm×320mm×1840mm）	Hepa 波纹组合滤芯	A型板式滤芯	优化A型板式滤芯	B型板式滤芯
折高（mm）	41	53	53	52
折宽（mm）	41.5	53.5	53.5	52
过滤面积（m^2）	3.6	3.25	3.32	3.95
过滤风量（m^3/h）	688	621	634	753
折间距（mm）	4	6	6	4

按照空气净化器测试标准，对内载不同型号滤芯的大风量空气净化器进行了净化效果评测，其过滤颗粒物和气态污染物的洁净空气量和容污量测试结果如表3-2所示。测试的大风量空气净化器的颗粒物CADR值均超过了800m^3/h，意味着目前针对于室内空气净化的测试标准对市场中的大风量空气净化器已不适用。随着疫情时代的到来，消费者在购买净化器时，更加注重其净化能力与效果，更大风量的空气净化器成为市场的新趋势，而净化器的测试标准也需相应地进行调整与匹配。

大风量空气净化器净化效果 **表3-2**

滤芯	a	b	c	d
颗粒物CADR（m^3/h）	1101	905	1017	1029
颗粒物CCM（M颗粒物/mg）	53414	68980	67817	53839
对应吸附香烟根数	1833	2585	2310	1835
甲醛CADR（m^3/h）	62	688	524	391
甲醛CCM（M甲醛/mg）	—	3000	2565	1375

3.4.2 尘源选择

在现行的测试标准中，推荐的尘源中包括香烟尘。其测试本质上还原的场景是在密闭的居住建筑中处理室内人员吸烟造成的空气污染。而这一测试设定场景与目前中国消费者购买净化器的使用场景和目的存在差异。在中国住宅内，面临着室外雾霾天气通过围护结构进入建筑室内，从而影响室内空气质量的问题。京津冀地区大部分大气污染气溶胶由水溶性离子和碳气溶胶组成。细颗粒中的水溶性离子容易吸收水分，从而降低污染区域的能见度。因此在这一背景下，利用香烟尘这种油性颗粒是否能够反映大风量空气净化器对于PM2.5污染的净化性能有待探究。

对于大风量空气净化器，其容污量测试往往耗费时间较长，滤芯可容纳的香烟尘质量更大。如表3-3所示在容污量测试的过程中，滤芯的效率会出现下降的现象，这与传统的纤维过滤理论相违背。在滤芯过滤颗粒过程中，其将颗粒物附着在纤维表层，形成树状结构，过滤器的阻力和效率会逐渐升高。对于大风量空气净化器的测试中发现，随着滤芯积累的香烟尘质量增多，其单通效率会缓慢下降，但其阻力并未发生变化。因此可以推断，在空气净化 CCM（污染物累计净化量）测试中，净化器净化能力的下降不是由于滤芯阻力上升导致的风量下降，而是由于香烟尘的累积使得滤芯单通效率下降导致的。香烟烟雾中含有数千种有机化学物质，包括丙酮、乙醇、甲醛等，可以减弱或消除驻极体静电。在中国住宅内，居民希望利用空气净化器去除室外雾霾导致的室内空气质量问题，而不是净化香烟烟雾，因此使用香烟烟雾作为测试尘源可能会误判使用内置驻极体过滤器的空气净化器的寿命。

滤芯容污量测试前后表面电位对比 **表 3-3**

	初始	CCM 容尘
平均表面电位（mV）	－27.6	－13.1
变化率（%）	—	47.5%

除香烟尘外，在空气过滤器测试标准中，EHS 尘、A2 道路尘以及氯化钾盐颗粒同样为常用测试尘源。雾霾污染的空气中含碳气溶胶主要由燃料燃烧产生，使用 DEHS 油性颗粒作为粉尘源是不合适的。而 A2 道路尘与雾霾污染源的粒径分布相差较大，也不适用于作为尘源进行空气净化器性能测试。氯化钾盐颗粒不仅满足水溶性离子的要求，而且易于保证颗粒形状规则实验的可重复性、安全性和无毒性。如图 3-14 所示，氯化钾盐颗粒粒径分布更接近大气粉尘的粒径分布，因此建议使用氯化钾盐颗粒作为尘源来测量过滤器的过滤效率。

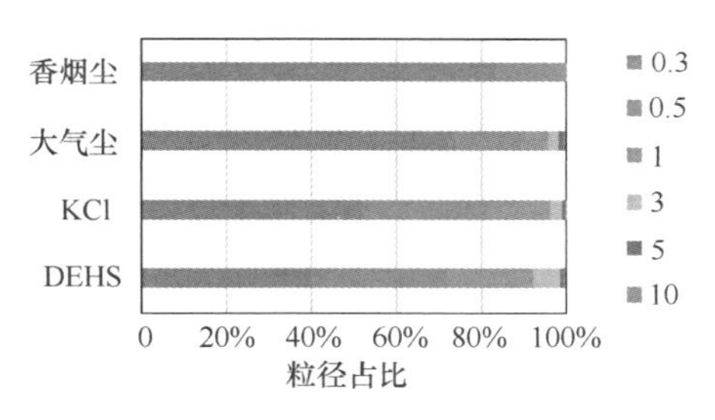

图 3-14 不同尘源粒径对比分析 *

3.5 小 结

发达国家的空气净化器市场目前已经相当成熟，我国居住建筑中空气净化器的使用仍处在发展阶段，具有着巨大的市场潜力。空气净化器净化颗粒物污染物测试还原的测试场景是在密闭的居住建筑中如何处理室内人员吸烟产生的空气质量环境问题，与目前中国消费者购买净化器的使用场景和目的存在差异，这导致了所使用的测试尘源不能很好地对使用的真实环境进行性能预测。至少 50% 的中国家庭从来不使用空气净化器或者家中未配置空气净化器。问卷调研结果显示，不使用空气净化器的主要原因是用户认为空气净化器风机运行噪声较大、能耗消耗大或并没有感受到使用空气净化器的效果。EEG实验结果表明，室内空气污染对人体的危害机制不在于人体主观感受与表现而是脑网络变化，这一结果为空气净化器性能测试提供新思路。随着室外污染的严重和COVID-19的蔓延，应发展具备高效性和广谱性的净化消毒技术以满足住宅及一些特殊封闭场景的通风净化需求。但市场上家用空气净化器所能提供的CADR量一般小于400m^3/h，不能满足此类场所的需求。因此，有必要为此类场所开发大风量净化器，以满足通风净化的需求。

本章参考文献

[1] Environment programme. Statistics of the United Nations Environment Programme [EB/OL].

[2] World health organization. Air pollution [EB/OL].

[3] Zhang Y, Mo J, Weschler C J. Reducing health risks from indoor exposures in rapidly developing urban China [J]. Environmental health perspectives, 2013, 121(7): 751-755.

[4] 朱先磊，张远航，曾立民，等. 北京市大气细颗粒物PM2.5的来源研究 [J]. 环境科学研究，2015，(5)：1-5.

[5] 熊志明，张国强，彭建国，等. 室内可吸入颗粒物污染研究现状[J]. 暖通空调，2014，34(4)：32-36.

[6] Aaron V D, Martin R V, Micheal B. Global estimates of ambient fine particulate matter concentrations from satellite-based aerosol optical depth: development and application[J]. Environmental health perspectives, 2018, 118(6): 847-855.

[7] Ebelt S T, Wilson W E, Brauer M. Exposure to ambient and nonambient components of particulate matter: A comparison of health effects [J]. Epidemiology, 2015, 16 (3): 396-405.

[8] Wallace L. Indoor particles: A review[J]. Journal of the Air & Waste Management Association, 1996, 46(2): 98-126.

[9] Wallace L A, Emmerich S J, Howard-Reed C. Source strengths of ultrafine and fine particles due to cooking with a gas stove[J]. Environmental Science & Technology, 2004, 38(8): 2304-2311.

[10] He C, Morawska L, Taplin L. Particle emission characteristics of office printers[J]. Environmental science & technology, 2007, 41(17): 6039-6045.

[11] Afshari A, Matson U, Ekberg L E. Characterization of indoor sources of fine and ultrafine particles: A study conducted in a full-scale chamber [J]. Indoor air, 2015, 15 (2): 141-150.

[12] Xu X, Ha S U, Basnet R. A Review of Epidemiological Research on Adverse Neurological Effects of Exposure to Ambient Air Pollution [J]. (in English), Frontiers in Public

Health, 2016, 4(157).

[13] Sram RJ, Veleminsky M, Veleminsky M, et al. The impact of air pollution to central nervous system in children and adults[J]. Neuroendocrinology Letters, 2016, 38(6): 389-396.

[14] Delgado-Saborit J M, Guercio V, Gowers A M, et al. A critical review of the epidemiological evidence of effects of air pollution on dementia, cognitive function and cognitive decline in adult population[J]. Science of The Total Environment, 2021, 757: 143734.

[15] Power M C, Adar S D, Yanosky J D, et al. Exposure to air pollution as a potential contributor to cognitive function, cognitive decline, brain imaging, and dementia: A systematic review of epidemiologic research[J]. NeuroToxicology, 2016, 56: 235-253.

[16] Benignus V A. Health effects of toluene: a review[J/OL]. (in eng), Neurotoxicology, 1981, 2(3): 567-588.

[17] Mattia C J, Ali S F, Bondy S C. Toluene-induced oxidative stress in several brain regions and other organs[J]. Molecular and Chemical Neuropathology, 1993, 18(3): 313-328.

[18] Demır M, Cicek M, Eser N, et al. Effects of Acute Toluene Toxicity on Different Regions of Rabbit Brain[J]. Analytical Cellular Pathology, 2017, vol. 2017: 2805370.

[19] Huerta-Rivas A, López-Rubalcava C, Sánchez-Serrano S L, et al. Toluene impairs learning and memory, has antinociceptive effects, and modifies histone acetylation in the dentate gyrus of adolescent and adult rats[J]. Pharmacology Biochemistry and Behavior, 2012, 102(1): 48-57.

[20] Wyon D P. The effects of indoor air quality on performance and productivity[J]. Indoor air, 2014, 92-101.

[21] Wargocki P, Wyon D P, Fanger P O. Productivity is affected by the air quality in offices [J]. 2000, 1: 635-640.

[22] Singh J. Impact of indoor air pollution on health, comfort and productivity of the occupants [J]. Aerobiologia, 1996, 12(1): 121-127.

[23] Buoli M, Grassi S, Caldiroli A. Is there a link between air pollution and mental disorders [J]. Environment International, 2018, 118: 154-168.

[24] Li H, Zhang S Y, Qian Z M. Short-term effects of air pollution on cause-specific mental disorders in three subtropical Chinese cities [J]. Environmental Research, 2020, 191: 110214.

[25] Zhang X, Chen X, Zhang X B. The impact of exposure to air pollution on cognitive performance[J]. Proceedings of the National Academy of Sciences, 2018, 115(37).

[26] Nordin S. Mechanisms underlying nontoxic indoor air health problems: A review[J]. International Journal of Hygiene and Environmental Health, 2020, 226: 113489.

[27] Shan X, Yang En-Hua, Zhou J, et al. Neural-signal electroencephalogram (EEG) methods to improve human-building interaction under different indoor air quality[J]. Energy and Buildings, 2019, 197: 188-195.

[28] Snow S, Boyson A S, Gough H. Exploring the physiological, neurophysiological and cognitive performance effects of elevated carbon dioxide concentrations indoors[J]. Building and Environment, 2019, 156: 243-252.

[29] Zhang N, Cao B, Zhu Y. Effects of pre-sleep thermal environment on human thermal state and sleep quality[J]. Building and Environment, 2019, 148: 600-608.

[30] Anyanwu EC, Campbell A W, Vojdani A. Neurophysiological effects of chronic indoor environmental toxic mold exposure on children[J]. The Scientific World Journal, 2003, 3: 723838.

[31] Li J, Wu W, Jin Y, Zhao R, et al. Research on environmental comfort and cognitive performance based on EEG+VR+LEC evaluation method in underground space[J]. Building and Environment, 2021, 198: 107886.

[32] Zhu M, Liu W, Wargocki P. Changes in EEG signals during the cognitive activity at varying air temperature and relative humidity[J]. Journal of Exposure Science & Environmental Epidemiology, 2020, 30(2): 285-298.

第4章　洁净室非均匀环境营造理论与方法

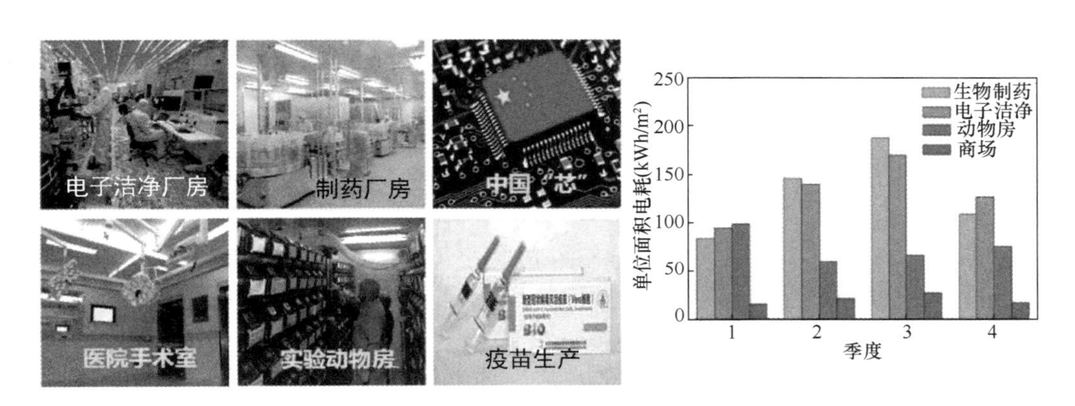

不同种类洁净厂房及环境控制系统能耗 *

微电子、医疗、制药、实验动物设施等洁净行业对国民经济有着重要的影响。保障洁净室环境的洁净技术在20世纪50年代诞生于美国，并迅速应用于一系列工业和工艺过程，随后在日本、德国等发达国家推广开来。我国洁净技术自主研发始于20世纪70年代，进入21世纪后，得益于精密制造和洁净生产需求的快速发展，洁净厂房无论从数量还是规模上都处于井喷式发展的状态。随着行业发展，洁净室建设面积不断增加，洁净室高能耗的问题日益显著，其中洁净空调通风系统的能耗是总能耗中的最大环节。在保障洁净环境的同时，探求有效降低空调能耗的措施，对于提升芯片等关键洁净工艺产品的竞争力和践行国家低碳战略具有重要意义。现有洁净厂房出于高洁净度保障需求，设计风量往往过大，且出于安全生产考虑，实际过程中较少调节，由此造成风量冗余过高。上述问题普遍存在于各类洁净空间。在保障合理冗余度的情况下，显著降低洁净室风量，将有助于降低洁净室风机能耗。

4.1 现有洁净室营造理论及不足

洁净送风量的设计是洁净室环境保障的关键环节。传统计算洁净室风量通常采用均匀混合理论，将房间平均颗粒浓度视为设计或运行控制的目标[1]。尽管均匀混合理论简单易用，但实际洁净室环境具有显著的非均匀特征，不同位置的颗粒浓度差异显著[2]，不考虑非均匀特征将可能引起设计风量偏大，或部分子区域颗粒设计并未得到保障的风险。许钟麟[3]提出的三区不均匀理论，将洁净室划分为主流区、回风区、涡流区，由于考虑了主流区与涡流区的颗粒浓度差异性，该理论能更好地反映洁净室环境参数的真实特征，在国内多项实际工程设计中得到应用。但每个区域内部颗粒源具体位置和不同位置的颗粒浓度差异难以考虑。随着CFD技术的广泛应用，对洁净室更加精细的三维颗粒分布的探索更加容易，借助模拟可对均匀方法获得风量进行校验或调整[4-8]。但是，仅通过CFD技术难以直接求解需要的洁净风量值，且每个洁净室环境因素对所需洁净风量的影响程度难以厘清。

针对洁净室环境营造，国内外围绕单向流、非单向流形式开展了大量研究[9-19]，但出于生产过程安全性考虑，洁净室往往保持大洁净风量运行，对应气流组织研究也多针对大风量情况开展。随着工艺进步，自动化水平的提高，洁净室内颗粒散发量呈现降低趋势，存在显著降低风量并节能的潜力，如何考虑洁净室环境的非均匀特征，实现更大程度的风量降低以及针对实时颗粒源进行有效的送风调节，都是需要研究的重要问题。

4.2 洁净室环境现场调研与实测

为揭示现有各类洁净空间的环境参数保障水平，对洁净室开展了现场测试。共实测电子洁净厂房6个，制药洁净厂房6个，医院24个，重点测试了各洁净等级区域的洁净度水平，结合测试结果分析了风量冗余程度，以及洁净室参数的非均匀分布特征。

4.2.1 洁净室风量冗余程度高

1. 电子洁净厂房

调研了电子洁净厂房的工艺、气流组织、生产环境保障情况。洁净厂房一般采用高效风机过滤单元（FFU）进行送风，上夹层中颗粒物浓度很高的空气经过风机过滤单元过滤后，颗粒物浓度降至极低。不同等级洁净区的FFU布置率不同。对电子洁净厂房颗粒物浓度保障效果进行测试，结果见表4-1和表4-2。

洁净厂房 1 颗粒物浓度测试情况（单位：pc/m³） 表 4-1

位置	测点	≥0.3μm	≥0.5μm	≥1μm	≥5μm
工艺区域 A	1	接近 0	接近 0	接近 0	接近 0
	2	接近 0	接近 0	接近 0	接近 0
	3	接近 0	接近 0	接近 0	接近 0
工艺区域 B	1	70	35	35	接近 0
	2	194	88	35	接近 0
	3	195	142	89	18
5 级标准	标准限值	10200	3520	832	29
工艺区域 C	1	36	36	18	接近 0
	2	89	36	18	接近 0
工艺区域 D	1	388	264	176	35
	2	3252	619	195	18
6 级标准	标准限值	102000	35200	8320	293
工艺区域 E	1	636	406	247	53
	2	568	268	127	18
7 级标准	标准限值	—	352000	83200	2930

洁净厂房 2 颗粒物浓度测试情况（单位：pc/m³） 表 4-2

位置	测点	≥0.3μm	≥0.5μm	≥1μm	≥5μm
工艺区域 A	1	71	接近 0	接近 0	接近 0
	2	接近 0	接近 0	接近 0	接近 0
工艺区域 B	1	159	88	35	接近 0
	2	159	71	接近 0	接近 0
工艺区域 C	1	接近 0	接近 0	接近 0	接近 0
	2	18	18	18	接近 0
5 级标准	标准限值	10200	3520	832	29
工艺区域 D	1	258	195	124	接近 0
	2	212	88	53	18
工艺区域 E	1	1387	822	274	18
	2	3286	1502	795	124
工艺区域 F	1	636	459	229	35
工艺区域 G	1	9011	124	53	接近 0
	2	53340	71	53	接近 0
6 级标准	标准限值	102000	35200	8320	293

在不同洁净厂房、不同洁净工艺段和不同洁净等级要求的洁净环境中，不同粒径的颗粒物浓度均显著低于标准限值，表明实际洁净厂房普遍存在洁净过保障现象，冗余程度较大。为直观体现风量冗余程度，计算风量可降低百分比例来量化风

量冗余度，估算方法为：考虑维持标准中要求的颗粒物浓度限值的 2/3 水平所对应的洁净需风量（文献[3]指出室内正常浓度最多运行在同级别浓度上限的 2/3 水平），作为既能消除风量冗余又可保持洁净度的风量，求解该风量相对于洁净室实际运行风量的相对偏差，即为风量可降低百分比，也即风量冗余度。由于现场可获得的参数信息有限，为简化问题，采用集总参数方法进行每个洁净区域的风量冗余程度估算（考虑到洁净室环境的非均匀特征，实际风量冗余程度可能与估算结果有一定程度的差异，此外，针对所测试时间段的实时浓度进行估算，不排除在未测试时间段内，有因人员数量增加而引起浓度升高的情况，此时风量冗余程度会有所降低）。估算中，同一洁净区域多点浓度测试值取平均值，作为区域浓度值。计算得到不同洁净区域的风量冗余度结果见表 4-3 和表 4-4。

洁净厂房 1 风量冗余度　　表 4-3

洁净度要求	位置	≥0.3μm	≥0.5μm	≥1μm	≥5μm
ISO 5	工艺区域 A	接近100%	接近100%	接近100%	接近100%
	工艺区域 B	98%	96%	90%	69%
ISO 6	工艺区域 C	接近100%	接近100%	接近100%	接近100%
	工艺区域 D	97%	98%	97%	86%
ISO 7	工艺区域 E	接近100%	接近100%	接近100%	98%

洁净厂房 2 风量冗余度　　表 4-4

洁净度要求	位置	≥0.3μm	≥0.5μm	≥1μm	≥5μm
ISO 5	工艺区域 A	99%	接近100%	接近100%	接近100%
	工艺区域 B	98%	97%	97%	接近100%
	工艺区域 C	接近100%	接近100%	98%	接近100%
ISO 6	工艺区域 D	接近100%	99%	98%	95%
	工艺区域 E	97%	95%	90%	64%
	工艺区域 F	99%	98%	96%	82%
	工艺区域 G	54%	接近100%	99%	接近100%

对于两个洁净厂房而言，多数 ISO 5 级各洁净室对四种不同粒径的颗粒物，风量冗余度均可达 95%以上；多数 ISO 6 级各洁净室针对四种不同粒径颗粒物，风量冗余度也可达 95%以上，少数房间颗粒物浓度≥0.3μm 的风量冗余度不低于 54%，颗粒物浓度≥5μm 的风量冗余度不低于 64%；ISO 7 级要求的洁净室，风量冗余度不低于 98%。上述调研是在洁净室正常工作状态下进行测试的，结果表明，在测试期间的人员工作场景下，不同洁净等级要求各类洁净室房间的风量冗余度均特别高，虽然不排除在调研时间段以外的时间存在颗粒物散发强度更高而风量冗余度略低的场景，但测试已表明，在实际典型洁净室工作场景下，存在大幅度降低风量的潜力。各洁净度房间的颗粒浓度水平和估算的风量冗余程度表明，现有电子洁净厂房的颗粒源强度已大幅降低，风量冗余程度高，可通过设计阶段进一步降低 FFU 布置率和在实际运行阶段降低 FFU 送风量来降低风量冗余。电子洁净厂房要保证足够的产能，普遍是连续不间断地生产，生产状态相对稳定，所有 FFU 都以恒定状态运行，导致洁净厂房长期运行在大冗余风量下，风机能耗大，降低风量冗余将显著降低能耗。

2. 制药洁净厂房

针对 5 家制药厂，11 条生产线（其中正压生产线 8 个，负压生产线 3 个），总计 516 间净化房间（其中 ISO 7 级净化房间 177 间，ISO 8 级净化房间 339 间）进行测试。测试表明，ISO 7 级（静态 C 级）净化车间的平均换气次数为 33.5 次/h，ISO 8 级（静态 D 级）净化车间的平均换气次数为 25.4 次/h。对主要关注粒径≥0.5μm 的颗粒浓度进行测试，结果见图 4-1 和图 4-2。

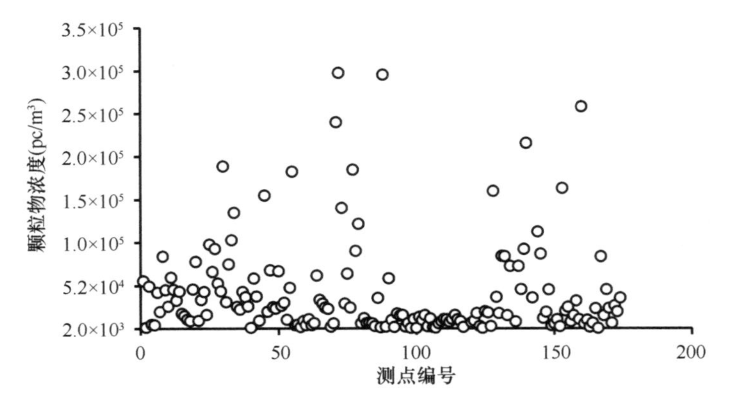

图4-1　药厂 ISO 7 级洁净室≥0.5μm 颗粒物浓度（限值 352000pc/m³）

ISO 7 级洁净室中有 91%的房间颗粒物浓度低于 100000pc/m³，按最大浓度限值 352000pc/m³的 2/3 浓度对应风量作为可降低风量水平（同第 1 节），各房间风量冗余度大于 57%。177 间洁净室平均颗粒物浓度为 41241pc/m³，对应平均风量冗余度为 82%。ISO 8 级洁净室中有 98%的房间颗粒物浓度低于 500000pc/m³，按

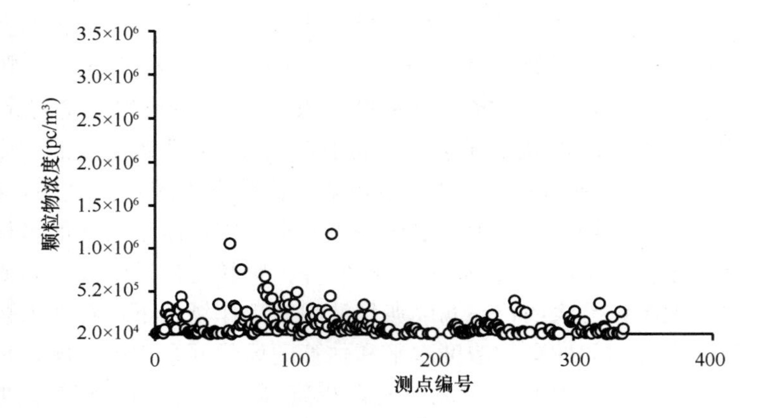

图 4-2　药厂 ISO 8 级洁净室≥0.5μm 颗粒物浓度（限值 3520000pc/m³）

最大浓度限值 3520000pc/m³ 的 2/3 浓度对应风量作为可降低风量水平，各房间风量冗余度大于 79%。339 间洁净室平均颗粒物浓度为 112479pc/m³，对应平均风量冗余度为 95%。可见，制药洁净厂房风量冗余程度很高，存在大幅度降低运行风量的潜力。

此外，对北京某制药厂房动态情况下进行测试，该制药厂是由多企业共同发起设立的、现代化的、拥有先进工艺和装备的大型综合性制药企业，制剂厂占地面积约 30000m²，针对厂房内的洁净度进行测试，结果见图 4-3。

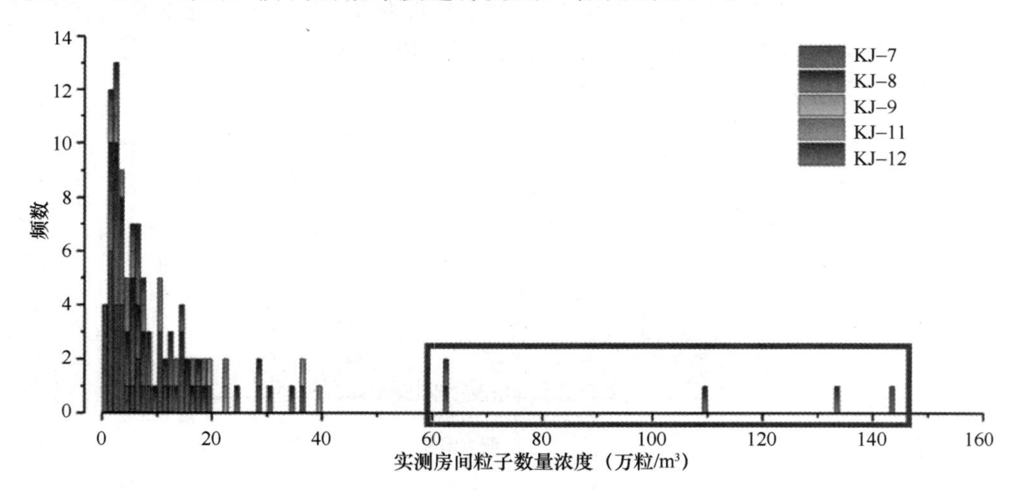

图 4-3　北京某制药厂房≥0.5μm 颗粒物浓度（限值 3520000pc/m³）*

洁净区设计等级基本均为 D 级洁净区。95%的房间颗粒浓度低于 400000pc/m³，风量冗余度高于 83%；86%的房间颗粒物浓度低于 200000pc/m³，风量冗余度高于 91%。部分房间颗粒物浓度相对较高，分别是调浆间（1440000pc/m³）、压片前室

(1330000pc/m³)、压片间(624000pc/m³)、模具间(1090000pc/m³)、清洗间(623000pc/m³),对应风量冗余度分别为39%、43%、73%、54%、73%,因此,即使高颗粒物散发房间,风量冗余程度也依然在40%及以上水平。且测试工况为动态工况,而对标的标准限值为静态限值,即估算冗余度偏保守,实际风量冗余度更高。

3. 医院手术室

手术室的环境保障对于生命安全至关重要,为了保障手术室环境需求,手术室的风量设计较为保守。通过对大量手术室的调研,获得了手术室的环境保障情况。对24家医院,共268间手术室(其中Ⅰ级手术室62间,Ⅱ级手术室22间,Ⅲ级手术室184间)静态情况下的洁净度水平进行测试,洁净等级要求Ⅰ级手术室5级(手术区)、6级(周边区),Ⅱ级手术室6级(手术区)、7级(周边区),Ⅲ级手术室7级(手术区)、8级(周边区),≥0.5μm粒径颗粒物浓度见图4-4。

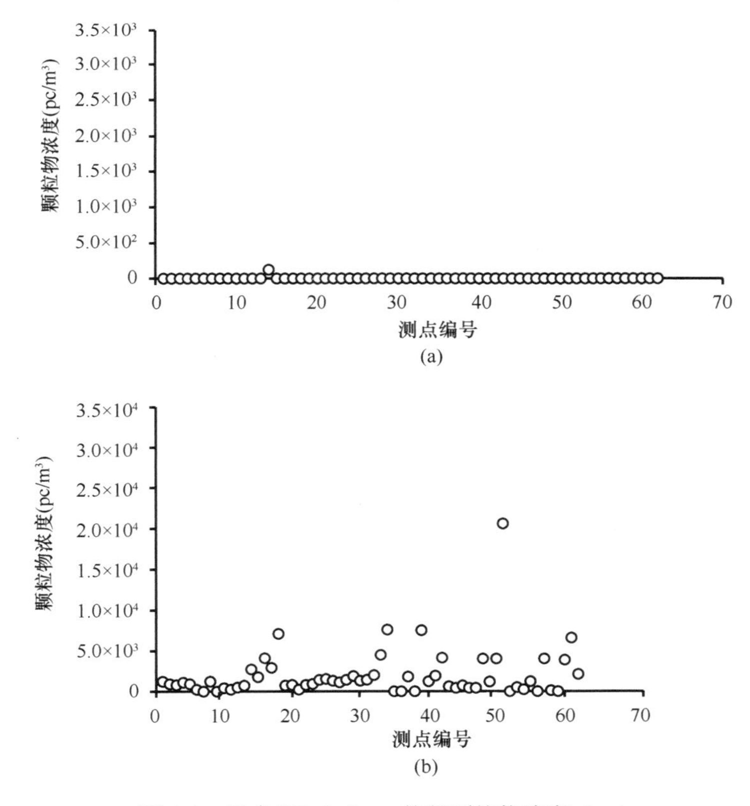

图4-4 手术室≥0.5μm粒径颗粒物浓度(一)

(a) Ⅰ级手术室(5级)(限值3520pc/m³);(b) Ⅰ级手术室(6级)(限值35200pc/m³)

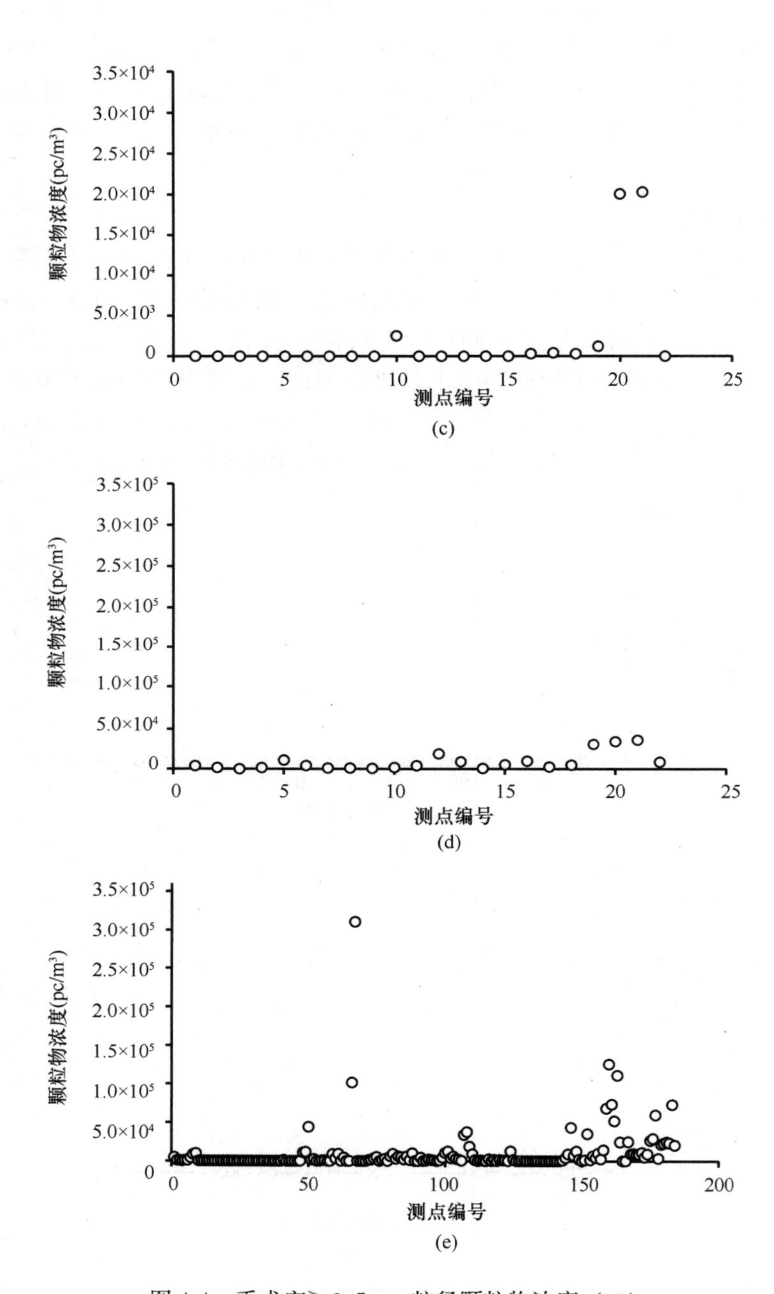

图 4-4 手术室≥0.5μm 粒径颗粒物浓度（二）

（c）Ⅱ级手术室（6 级）（限值 35200pc/m³）；（d）Ⅱ级手术室（7 级）（限值 352000pc/m³）

（e）Ⅲ级手术室（7 级）（限值 352000pc/m³）；

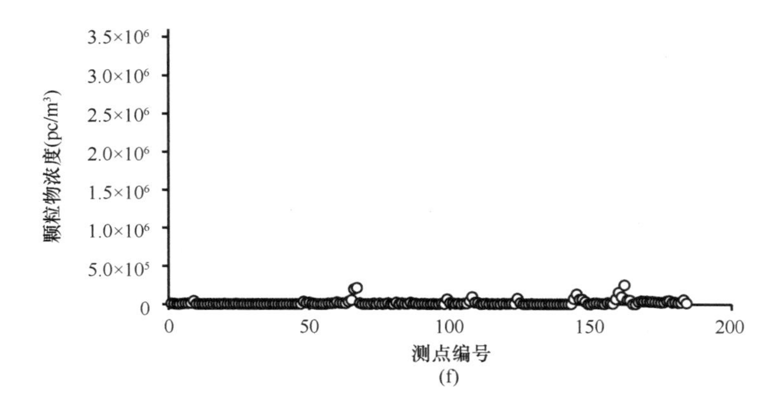

图 4-4 手术室≥0.5μm 粒径颗粒物浓度（三）
（f）Ⅲ级手术室（8 级）（限值 3520000pc/m³）

Ⅰ级手术室 5 级洁净区，仅 1 个房间颗粒浓度为 120pc/m³，风量冗余度 95%，其余 61 个洁净区测试结果为 0pc/m³，风量冗余度接近 100%，平均值为 2pc/m³，平均风量冗余度接近 100%。Ⅰ级手术室 6 级洁净区，仅 1 个房间颗粒浓度为 20600pc/m³，风量冗余度 12%，其余 61 个洁净区颗粒物浓度均低于 8000pc/m³，风量冗余度高于 66%，颗粒物浓度平均值为 1981pc/m³，平均风量冗余度 92%。Ⅱ级手术室 6 级洁净区，仅 2 个房间颗粒物浓度为 20024pc/m³ 和 20259pc/m³，风量冗余度 15%和 14%，其余 20 个洁净区颗粒物浓度均不高于 2500pc/m³，风量冗余度不低于 89%，颗粒物浓度平均值为 2045pc/m³，平均风量冗余度约为 91%。Ⅱ级手术室 7 级洁净区，颗粒物浓度均低于 36300pc/m³，风量冗余度高于 85%，颗粒物浓度平均值为 8549pc/m³，平均风量冗余度 96%。Ⅲ级手术室 7 级洁净区，96%的房间颗粒物浓度低于 50000pc/m³，风量冗余度高于 79%，颗粒物浓度平均值为 9734pc/m³，平均风量冗余度约为 96%。Ⅲ级手术室 8 级洁净区，97%的房间颗粒物浓度低于 100000pc/m³，风量冗余度高于 96%，颗粒物浓度平均值为 17138pc/m³，平均风量冗余度 99%。测试结果表明，目前各种级别手术室的手术区和周边区普遍存在风量冗余现象，多数手术室比设计洁净度等级高出一个级别，设计风量冗余大，节能潜力显著。

4.2.2 洁净室环境存在显著的非均匀特征

电子洁净厂房面积大，顶棚有众多 FFU 送风口，厂房内部设备众多，气流组织特征复杂，颗粒物浓度分布往往不均匀。对测试的两个洁净厂房室内不同测点位置的颗粒物浓度差异进行对比，结果见图 4-5。可以发现，各洁净室内不同位置的颗粒物浓度差异显著，非均匀特征明显。不同粒径的颗粒物浓度非均匀特征也各不相同。因此，对于洁净室颗粒物分布和洁净度进行研究时，需充分考虑颗粒物的非均匀特征，对颗粒物的场分布信息进行全面分析。

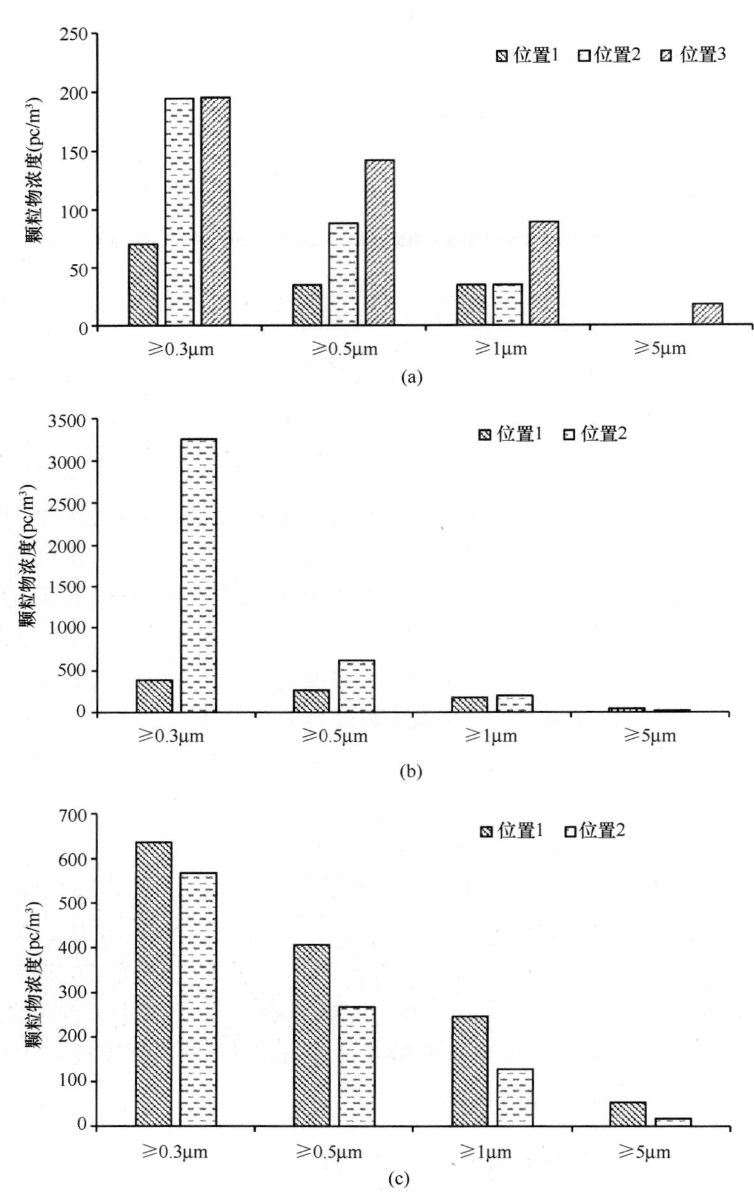

图 4-5 电子洁净厂房不同位置颗粒物浓度差异（一）
（a）洁净厂房1工艺区域B（ISO 5）；（b）洁净厂房1工艺区域D（ISO 6）；
（c）洁净厂房1工艺区域E（ISO 7）；

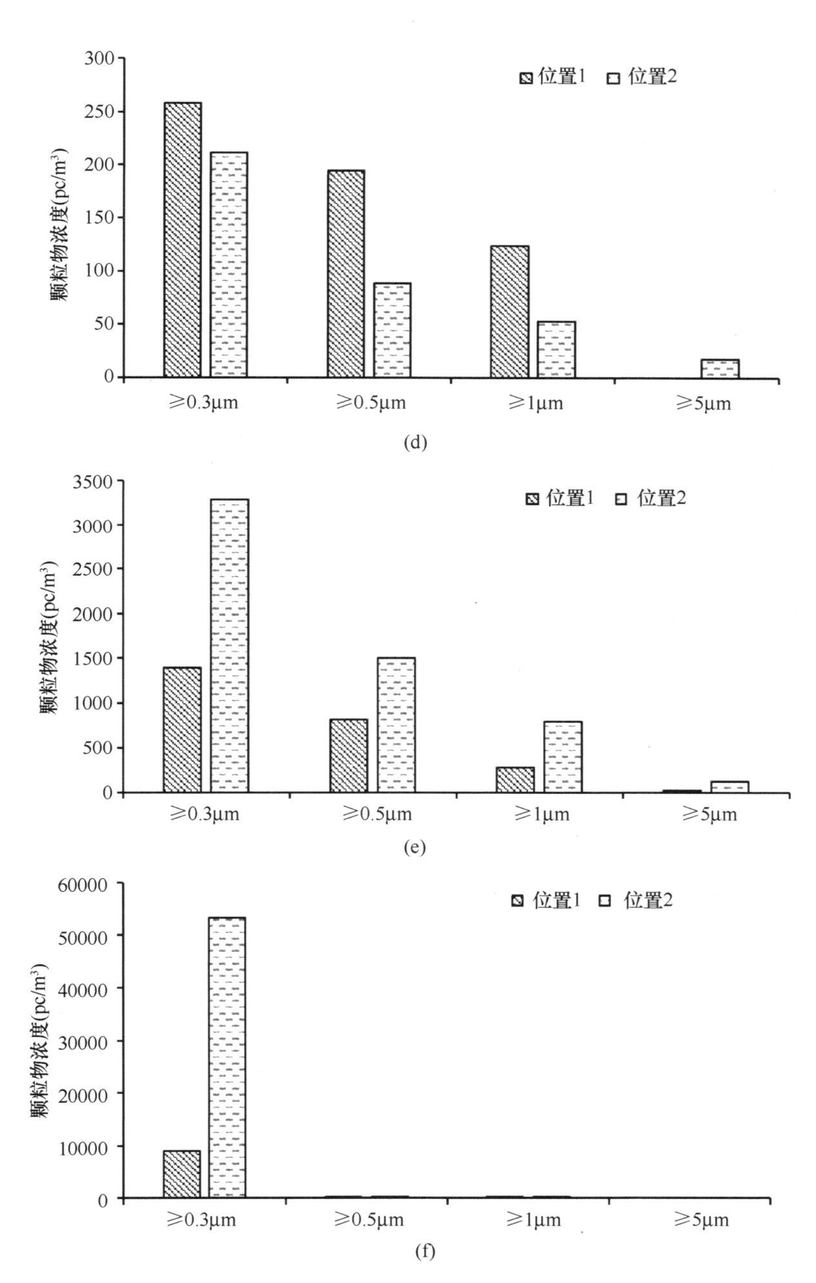

图 4-5 电子洁净厂房不同位置颗粒物浓度差异（二）

（d）洁净厂房 2 工艺区域 D（ISO 6）；（e）洁净厂房 2 工艺区域 E（ISO 6）；（f）洁净厂房 2 工艺区域 G（ISO 6）

在某电子洁净车间（图 4-6）内主动释放颗粒物，以考察颗粒物非均匀分布情况，结果见图 4-7 和图 4-8。

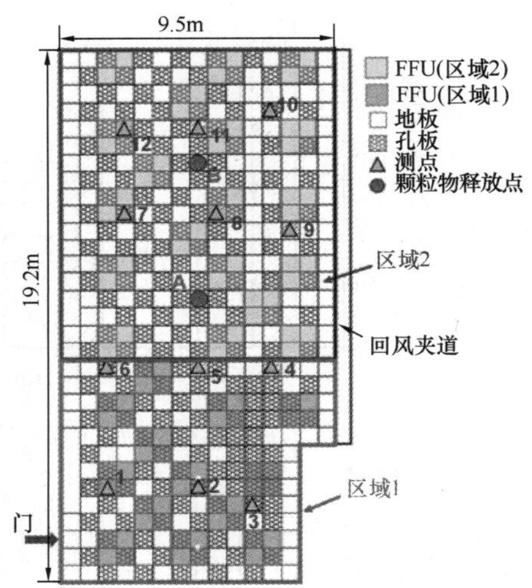

图 4-6　洁净车间布局和测点分布 *

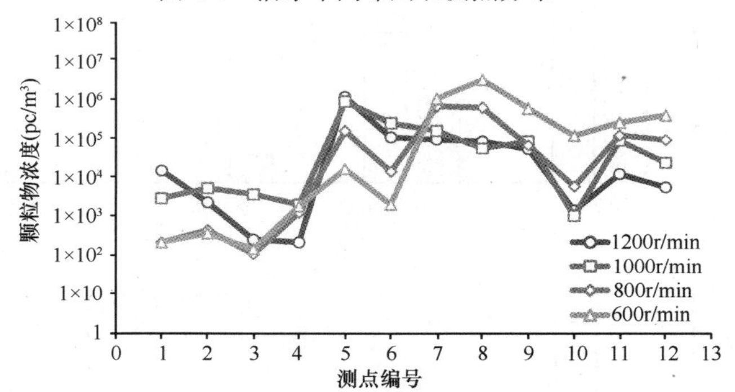

图 4-7　颗粒物在区域 2（位置 A）释放时不同 FFU 转速下的颗粒分布 *

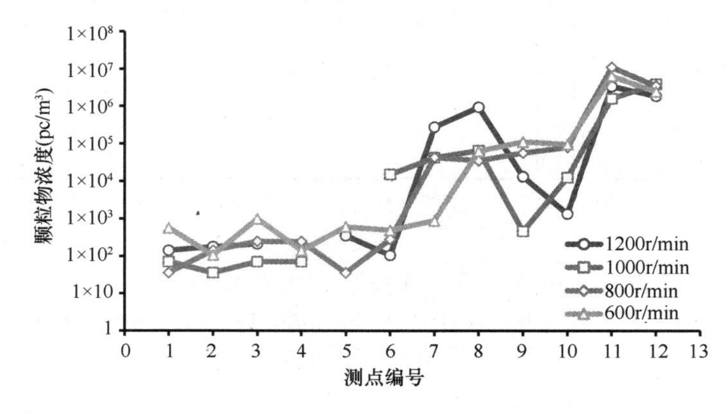

图 4-8　颗粒物在区域 2（位置 B）释放时不同 FFU 转速下的颗粒分布 *

当颗粒物在位置A处释放时，在设计风量下（FFU转速1200r/min），颗粒物散发源附近多个位置的颗粒物浓度显著高于远处位置的颗粒物浓度，不同位置间的颗粒物浓度差异显著，颗粒物不均匀分布特征明显。随着FFU转速降低至1000r/min、800r/min、600r/min时，各转速下颗粒物不均匀分布特征仍十分明显，且不同转速下不均匀特征各不相同。当颗粒物在位置B处释放时，在设计风量下，高颗粒物浓度区域对应转移至新源附近，区域1各位置浓度降低至极低水平，此时仍呈现非均匀分布，特征与源在位置A时显著不同。当FFU转速降低至1000r/min、800r/min、600r/min时，各转速下的颗粒物不均匀分布特征也仍十分显著。

4.3 非均匀环境下洁净室送风量理论

洁净室环境参数要求比民用建筑更严格，洁净室空间较大，环境参数非均匀特征显著。厘清洁净环境参数分布规律，指导使用最少的能源消耗同时保障多种参数需求，对于洁净室具有重要意义。传统集总参数方法不能反映环境非均匀特征，三区不均匀理论可反映三类区域彼此之间的不均匀性，但无法反映每个区域内部的不均匀分布，CFD方法虽能得到参数分布，但难以直观揭示送风、源、初始条件等影响因素对环境参数分布形成的独立贡献。在充分认识非均匀规律的基础上，推导出非均匀洁净需风量表达式，为考虑真实非均匀特征的洁净室风量设计提供方法支撑。

4.3.1 洁净室非均匀颗粒浓度分布表达式

一般情况下，机械通风房间中流场达到稳定的速度远大于污染物浓度达到稳定的速度，相对污染物的传播而言，流场可以认为是瞬间达到稳定；而对于室内机械通风的气流组织在较长时间内不会有太大的变化。洁净室环境为受控环境，其中大多数颗粒粒径较小（$\leqslant 1\mu m$）[20]，多项研究表明，小颗粒的输运特征与被动气体相似[21,22]，因此，可假设小颗粒满足被动输运特性。此时，洁净室内颗粒输运符合线性叠加原理。

被动气体污染物的输运方程为：

$$\frac{\partial \rho C(\tau)}{\partial \tau}+\frac{\partial \rho C(\tau) U_j}{\partial x_j}=\frac{\partial}{\partial x_j}\left(\Gamma_{\mathrm{Ceff}} \frac{\partial C(\tau)}{\partial x_j}\right)+S(\tau) \tag{4-1}$$

当流场确定并保持稳定时，方程（4-1）为线性方程。由叠加原理，室内任意点p的污染物浓度值可以由送风、污染源、初始污染物分布各自引起的浓度增量叠加获得。送风、污染源、初始污染物分布各自的定量影响定义为送风可及度、污染源可及度、初始条件可及度三个无量纲指标。

（1）送风可及度

对于一固定流场，无室内污染物散发源且边壁绝质，初始浓度为0，当某一送风口 n_S 从第0时刻开始恒定释放某一浓度 $C_S^{n_S}$ ，而其他送风口不输送污染物时，空间任意点 p 在任意时刻 τ 的送风可及度 $a_S^{n_S,p}(\tau)$ 定义为：

$$a_S^{n_S,p}(\tau)=\frac{C^p(\tau)}{C_S^{n_S}} \tag{4-2}$$

式中　$C^p(\tau)$——空间任意点 p 在时刻 τ 的污染物浓度。

送风可及度是一个无量纲数，反映了每个送风口对房间内任意点的瞬时浓度的独立影响程度，某送风口的送风可及度越大，表明该风口的影响程度越高。送风可及度是一个与时间相关的指标，其大小仅由流场决定，与送风浓度本身的大小无关。

（2）污染源可及度

对于一固定流场，各个边壁为绝质条件，各个送风口的浓度以及房间初始浓度均为0，当室内某一污染源 n_C 从第0时刻开始，以恒定散发强度 J^{n_C} 单独散发时，空间任意点 p 在此后任意时刻 τ 的污染源瞬时可及度 $a_C^{n_C,p}(\tau)$ 定义为：

$$a_C^{n_C,p}(\tau)=\frac{C^p(\tau)}{C_E^{n_C}},\ C_E^{n_C}=\frac{J^{n_C}}{Q} \tag{4-3}$$

式中　$C_E^{n_C}$——稳态时排风口的平均浓度；

　　Q——房间通风量。

与送风可及度相同，污染源可及度也是一个无量纲数，反映了各个污染源对房间内任意点的瞬时浓度的影响程度。污染源可及度是一个与时间相关的指标，当房间内的污染源位置确定后，其大小仅由流场决定，而与污染源本身浓度无关。

（3）初始条件可及度

对于一固定流场，房间各送风口的污染物浓度为0，无室内污染物散发源且边壁绝质，在0时刻，房间内存在污染物的初始分布，则空间任意点 p 在此后任意时刻 τ 的初始条件可及度 $a_I^p(\tau)$ 定义为：

$$a_I^p(\tau)=\frac{C^p(\tau)}{\overline{C}_0},\ \overline{C}_0=\frac{\oint C^p(0)\mathrm{d}V}{V} \tag{4-4}$$

式中　$\overline{C}_0$——初始时刻房间内污染物的平均浓度。

与送风可及度和污染源可及度相同，初始条件可及度也是一个无量纲数，反映了初始污染物分布对房间内任意点的瞬时浓度的影响程度。初始条件可及度是一个与时间相关的指标，其大小由初始污染物分布特征和流场特征决定，与初始浓度的数值大小无关。在达到稳态时，初始污染物不再影响室内浓度，初始条件可及度为0。

送风可及度、污染源可及度、初始条件可及度反映了流场的固有属性，其数值既可通过示踪气体测量获得，也可通过数值模拟获得。

当洁净室内同时存在 N_S 个送风口、N_C 个颗粒源以及某初始颗粒分布时，在恒定边界条件同时作用下，空间任意点 p 在时刻 τ 的瞬时颗粒浓度表达式为：

$$C^p(\tau) = \sum_{n_S=1}^{N_S}[C_S^{n_S} a_S^{n_S,p}(\tau)] + \sum_{n_C=1}^{N_C}\left[\frac{J^{n_C}}{Q} a_C^{n_C,p}(\tau)\right] + \overline{C}_0 a_I^p(\tau) \quad (4\text{-}5)$$

等号右边的三项分别定量描述了送风、污染源（包括内部源和边壁源）以及初始条件对室内颗粒物浓度的影响。当达到稳态时，即 $\tau \rightarrow \infty$ 时，房间各点的初始分布可及度均为 0，则变为：

$$C^p(\infty) = \sum_{n_S=1}^{N_S}[C_S^{n_S} a_S^{n_S,p}(\infty)] + \sum_{n_C=1}^{N_C}\left[\frac{J^{n_C}}{Q} a_C^{n_C,p}(\infty)\right] \quad (4\text{-}6)$$

4.3.2 洁净室送风量理论公式

洁净室为保障稳定运行，一旦调节到可靠的送风量水平后，通风情况将不再改变，可认为洁净室流场固定。洁净室内任意位置的颗粒物浓度可用式（4-5）表达。将洁净区划分为 P_{zone} 个控制单元，每个控制单元体积用 V_P 表示。洁净区平均浓度等于 P_{zone} 个控制单元浓度的体积加权平均值。颗粒源对洁净区的平均可及度（$\overline{A}_{zone}^{m}$）等于颗粒源对每个控制单元 P_{zone} 的可及度（A_P^m）的体积加权平均值：

$$\overline{C}_{zone} = \frac{1}{V}\sum_{P=1}^{P_{zone}}(C_P V_P); \overline{A}_{zone}^m = \frac{1}{V}\sum_{P=1}^{P_{zone}}(A_P^m V_P) \quad (4\text{-}7)$$

根据式（4-6），忽略送风的颗粒物浓度，稳定状态下，洁净区平均浓度可以表示为：

$$\overline{C}_{zone} = \sum_{m=1}^{M}\left[\frac{S^m}{Q}\overline{A}_{zone}^m\right] \quad (4\text{-}8)$$

在非均匀洁净室环境下，当洁净区浓度标准设置为 C_{set} 时，保证洁净区洁净度的送风量计算公式为：

$$Q = \frac{\sum_{m=1}^{M}[S^m \overline{A}_{zone}^m]}{C_{set}} \quad (4\text{-}9)$$

当把颗粒源视为一个整体，则洁净需风量表达式可简化为：

$$Q = \frac{S\overline{A}_{zone}}{C_{set}} \quad (4\text{-}10)$$

传统的洁净室均匀混合公式为：

$$Q = \frac{S}{G_{set}} \quad (4\text{-}11)$$

由上述理论表达式可知，传统均匀混合计算公式与非均匀计算公式类似，洁净风量与源强度（S）成正比，与浓度标准（C_{set}）成反比，但不同之处在于，洁净室环境的非均匀特征由颗粒源可及度表达，如果颗粒源可及度小于1，则颗粒源对洁净区影响小于充分混合时的影响，则需要的洁净送风量将小于均匀混合假设下计算的送风量。

非均匀环境下的洁净需风量公式相比传统的计算方法更为合理，对于洁净室的运行及设计有着重要的指导意义。以实际的电子洁净厂房为例，对提出的考虑非均匀特征的洁净送风量结果与基于传统均匀混合假设计算的洁净送风量进行对比，揭示二者的差异。建立半导体工厂洁净室的数值模型，见图4-9。洁净室尺寸9.6m×9.6m×4.5m（长×宽×高）。颗粒物散发源为2个工作人员，每个工作人员释放

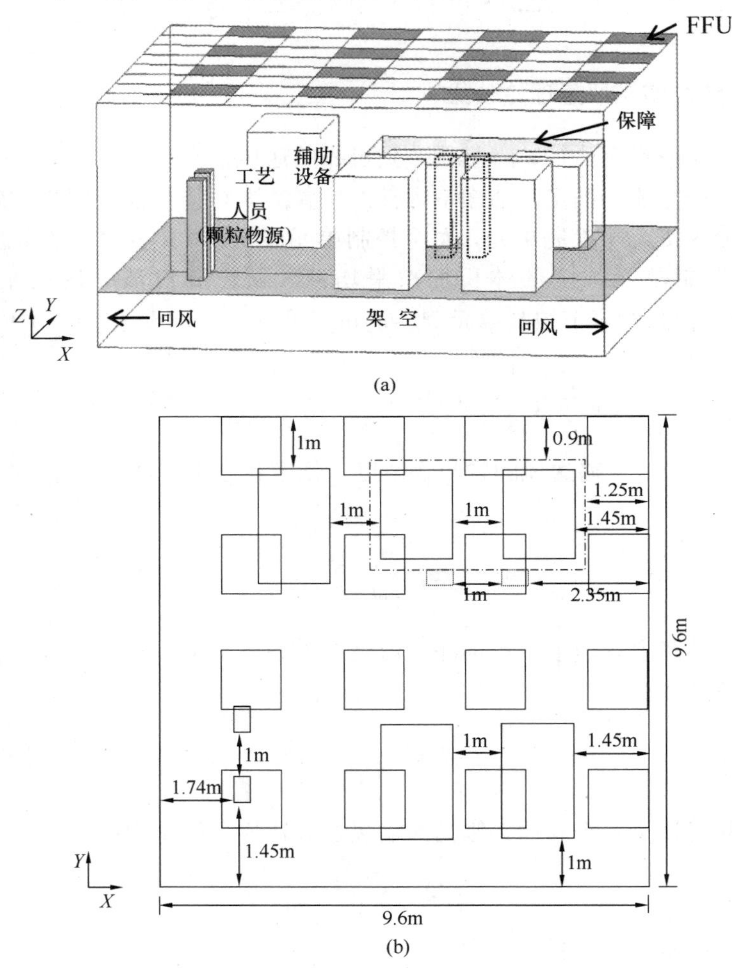

图4-9　半导体洁净室模型

（a）半导体工厂布局；（b）人员及设备的位置

颗粒物速率为 106pc/min，产热量为 100W/人。在洁净区放置尺寸为 2.3m×1.4m×2.1m（长×宽×高）的 3 台辅助工艺设备和尺寸为 1.8m×1.4m×1.5m（长×宽×高）的 2 台关键工艺设备，热量产生简化为 0。需要保障的洁净区尺寸为 4.2m×2.2m×1.7m（长×宽×高）。FFU（风机过滤单元）的尺寸 1.2m×1.2m，安装在洁净室上方的吊顶上作为送风口，布置率为 25%。送风温度设置为 20℃。一共有 16 个 FFU，命名为 FFU1 至 FFU16。架空地板离地面 1m。

洁净室需风量与颗粒源位置和气流组织有着密切关系。考虑了两个颗粒物源场景，即人员远离洁净区（场景 1）和靠近洁净区（场景 2）两种情况。考虑了三种气流组织策略，即所有 FFU 送风相同、增加颗粒源上方 FFU 送风量和增加洁净区上方 FFU 送风量。

对所有工况下保障区的颗粒物浓度进行严格控制，通过调节不同组 FFU 的送风量使得所有工况的保障区颗粒物浓度均保持在 3520pc/m^3。颗粒源（工作人员）上方作为一组 FFU（FFU1 和 FFU2），保障区上方作为另一组 FFU（FFU7、FFU8、FFU11、FFU12、FFU15、FFU16），如图 4-10 所示。

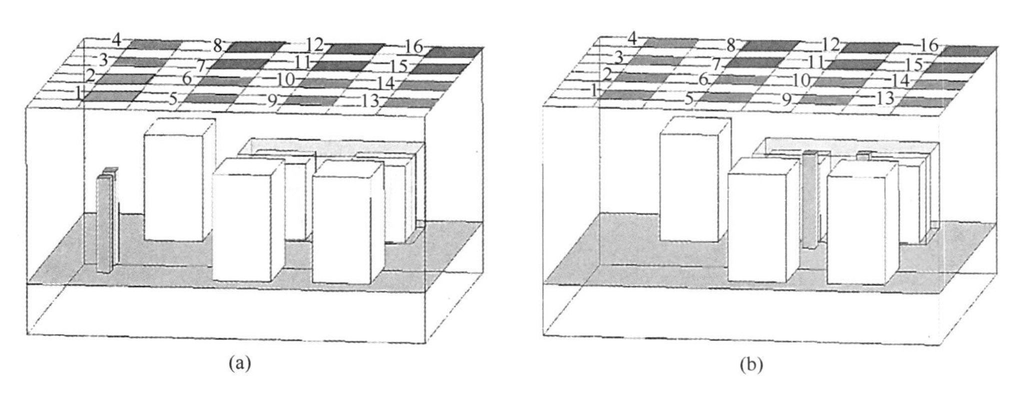

图 4-10 洁净室的两种典型场景 *
(a) 场景 1：人员远离保障区；(b) 场景 2：人员靠近保障区

当人员远离保障区及靠近保障区时，由于人员释放的颗粒物对于保障区的可及度不同，因此需求的风量并不相同。图 4-11 给出了两种典型场景下的需风量计算结果。

可以看到，当人员远离保障区时，采用均匀混合计算方法换气次数为 123 次/h，而此时实际的保障区浓度约为 0pc/m^3，低于标准 3520pc/m^3，因此对所有 FFU 的风速进行同步调节，非均匀的计算结果仅需 40.2 次/h 的换气次数。当人员靠近保障区时，采用均匀混合计算方法换气次数为 123 次/h，而此时保障区浓度为 4820pc/m^3，高于标准 3520pc/m^3，因此对所有 FFU 的风速进行同步调节，非均匀的计算结果为 148.5 次/h。通过以上分析可以看出，非均匀的计算方法和传统均匀

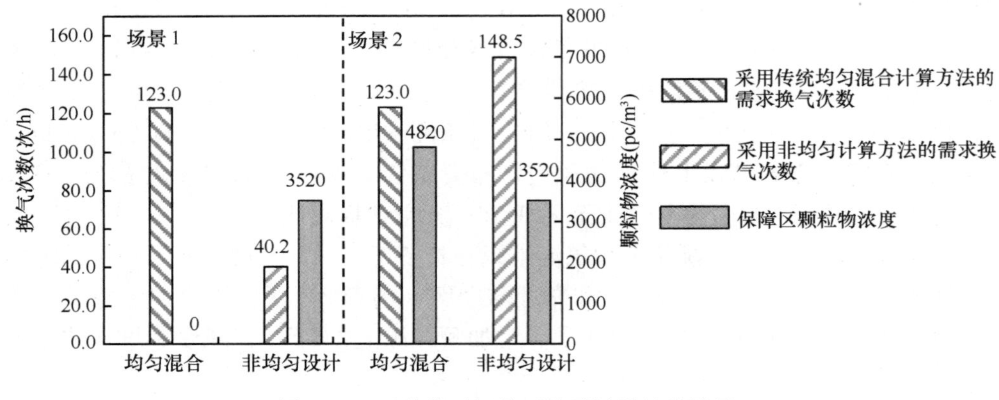

图 4-11　两种典型场景下的需风量计算结果

混合计算方法有着显著差别，非均匀的计算方法可以得到满足保障区浓度水平的合理风量。

通过非均匀理论表达式可以看到影响风量的各种因素，能够有针对性地指导降低洁净室的风量。由于不同位置 FFU 的风量变化，引起的可及度变化并不相同，采用增加保障区上方 FFU 送风速度的策略进行计算。图 4-12 给出了两种计算方法的换气次数及可及度，可以看到通过增加保障区上方 FFU 送风，无论人员远离还是靠近保障区，在满足保障区洁净水平的情况下，相比传统均匀混合计算方法，可及度及需求风量均显著降低。通过非均匀洁净室送风量公式，可以很好地指导设计和运行控制的风量降低。

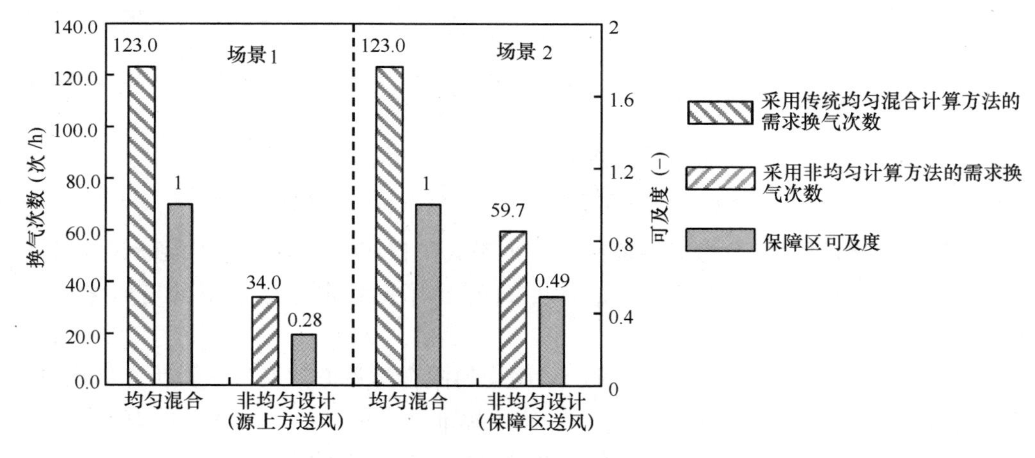

图 4-12　两种计算方法的换气次数及可及度

4.4 降低洁净室风量的方法

洁净环境对温度、湿度、洁净度等参数要求更为严格，需要大风量运行保障生产与工艺，导致很高的能源消耗。从气流组织设计和运行风量方面寻求降低洁净室风量的技术方法，对于洁净室节能至关重要。第4.3节建立了洁净室非均匀环境的表达式，揭示了非均匀环境下决定洁净室风量的关键指标为颗粒源对保障区域的可及度，可及度越小，降低运行风量的潜力越大。本节对电子洁净室、医院洁净手术室进行降低循环风量或新风量的方法研究。

4.4.1 电子洁净室基于人员位置的分区FFU调控方法

电子洁净室面积很大，目前普遍采用安装众多模块化的FFU进行过滤送风的做法，该方法设计灵活、安装施工方便、易于控制，每个FFU可单独变频调控，但实际工程中往往以设计风量运行，不进行调节。第4.2节调研表明，现有电子洁净室人员数量已降低，且在实际不同时间段内，电子洁净室存在多种不同人员数量的场景。由于人员是电子洁净室的最主要颗粒物来源，而人员仅占有很小的面积，如保持人员顶部若干FFU的设计洁净送风量以有效移除人员直接散发的颗粒物，而远离人员的其他区域大幅度降低顶部众多FFU的洁净送风量，则有可能显著降低整个洁净室在不同的人员占据场景下的全年运行风量。因此，研究提出基于电子洁净室人员位置的分区域降低FFU送风量的方法。

（1）人员稳定站立场景的策略研究

对电子洁净室基于人员的FFU调控策略进行数值研究，获得对应的控制策略。洁净室设计等级为千级（ISO Class 6），尺寸为9.6m×4.8m×4.7m（长×宽×高）（图4-13），FFU尺寸为1.2m×0.6m，布置率为25%，FFU送风温度为20℃，设计送风速度为0.35m/s，下夹层高度1.2m，人员的颗粒物散发量（≥0.5μm）取穿着

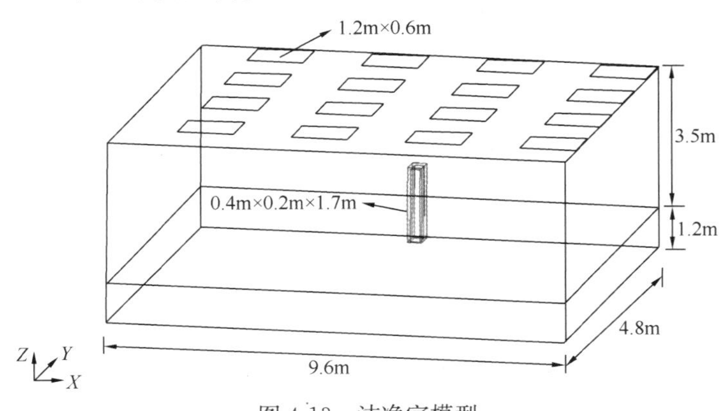

图4-13 洁净室模型

全套洁净度有较大动作时的散发量 56000pc/（min・人），取人员密度为 0.023 人/m^2，对应该洁净室人数为 2 人，人员散热量为 100W/人。

分区调节风量的总体策略为保持人员周围 FFU 设计送风速度 0.35m/s 不变，降低其余区域 FFU 送风速度。由于人员与 FFU 的相对位置不同，会显著影响颗粒物的分布，因此采用具有代表性的三个位置 P1、P2 及 P3 分别进行模拟，见图 4-14。洁净室设计状态下 FFU 送风速度均为 0.35 m/s，并且不进行调控，以该设计情况下为对比基准，通过基于人员位置的 FFU 控制策略实现相同的保障水平。

提出的控制策略为：①人员处于四个 FFU 之间的盲板下方位置 P3 时，保持周围四个 FFU 送风速度为 0.35m/s，降低其余区域 FFU 送风速度；②人员处于连两个 FFU 之间的盲板下方位置 P2 时，保持人员周围两个 FFU 送风速度为 0.35m/s，降低其余区域 FFU 送风速度；③人员处于 FFU 正下方位置 P1 时，保持人员顶部 FFU 送风速度为 0.35m/s，降低其余区域 FFU 送风速度。对提出的控制策略进行模拟分析，重点关注人员区域颗粒物浓度是否可控制，其余区域 FFU 送风速度可降低至何种水平。

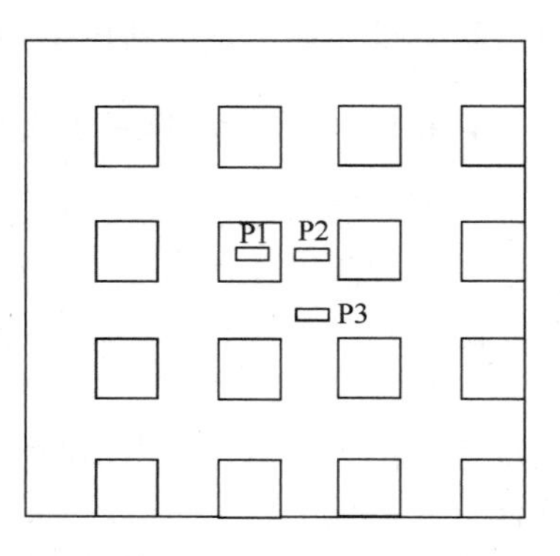

图 4-14 人员所处三种典型位置

人员分别位于位置 P3、P2、P1 时，颗粒物浓度分布见图 4-15～图 4-17。

可以发现，无论人员位于何种位置，只要保持人员周围的 FFU 送风速度为设计风速（0.35m/s），此时，其余区域的 FFU 送风速度即使大幅度降低至 0.1m/s，也能较好地保障人员周围颗粒物浓度和其余区域的颗粒物浓度。

通过模拟分析，得到可行的控制策略为：①当人员位于 FFU 下方时，保持人员正上方 FFU 送风速度 0.35m/s，其余 FFU 送风速度保持 0.1m/s；②当人员位于盲板下方（紧邻 FFU 的盲板），保持人员两侧的 FFU 送风速度 0.35m/s，其余 FFU 送风速度保持 0.1m/s；③当人员位于盲板下方（FFU 对角的盲板），保持人员周围四个 FFU 送风速度 0.35m/s，其余 FFU 送风速度保持 0.1m/s。

以上研究针对洁净室仅有一人的场景，进一步对洁净室内同时存在 2 人时的控制策略进行研究。通过前面的模拟可以看到，人员周围的颗粒物浓度远高于人员以外的区域浓度，因此当两个人紧挨着时，是洁净室内的最不利情况。对两人紧挨着时，在三种典型位置的情况进行模拟分析，研究上述策略在最不利情况下是否依然有效，结果见图 4-18～图 4-20。可以发现，2 人存在时，相比于 1 人存在的情况，人员附近区域和其余区域的颗粒物浓度均有所上升，但人员以外的区域浓度仍普遍低于标准限值。采用与 1 人存在时相同的控制策略时，无论人员位于何种位置，与

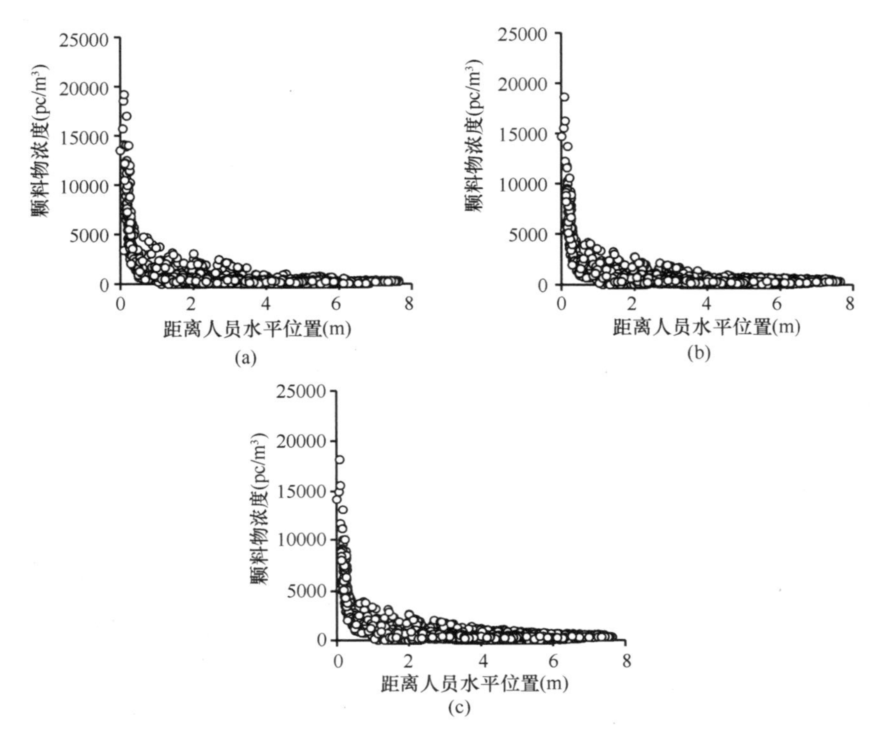

图 4-15 人员位于 P3 时不同送风策略的颗粒物浓度分布

(a) 人员周围送风速度 0.35m/s，其余区域送风速度 0.35 m/s；
(b) 人员周围送风速度 0.35m/s，其余区域送风速度 0.15m/s；
(c) 人员周围送风速度 0.35m/s，其余区域送风速度 0.1m/s

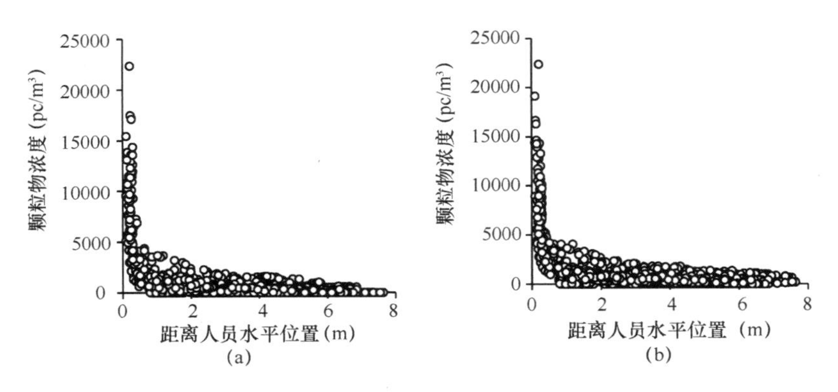

图 4-16 人员位于 P2 时不同送风策略的颗粒物浓度分布

(a) 人员周围送风速度 0.35 /s，其余区域送风速度 0.35m/s；
(b) 人员周围送风速度 0.35 m/s，其余区域送风速度 0.1 m/s

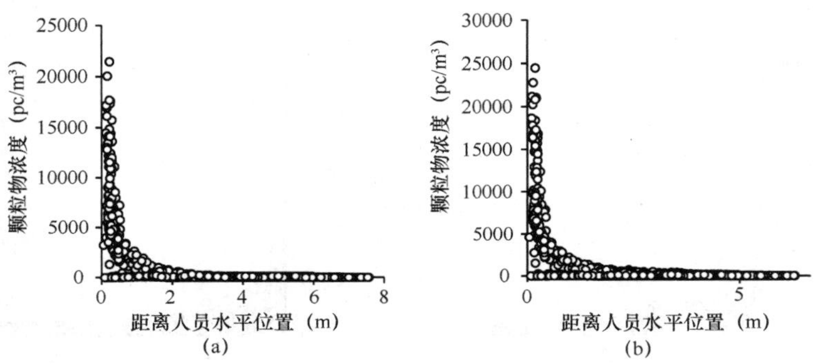

图 4-17 人员位于 P1 时不同送风策略的颗粒物浓度分布

（a）人员周围送风速度 0.35m/s，其余区域送风速度 0.35m/s；

（b）人员周围送风速度 0.35m/s，其余区域送风速度 0.1m/s

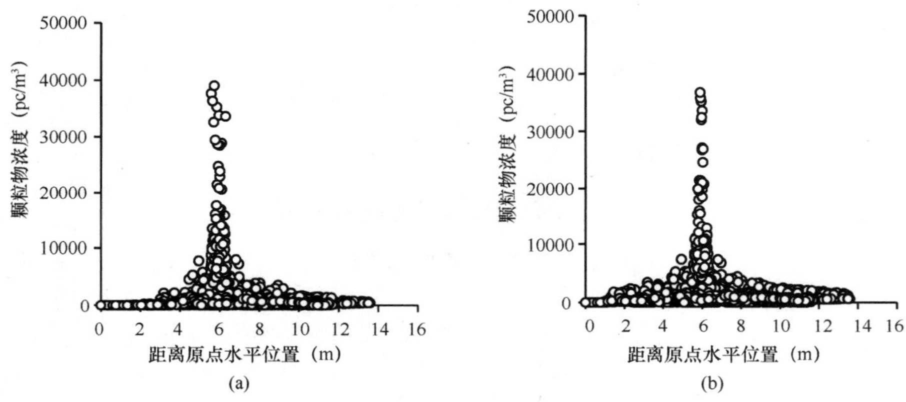

图 4-18 2 人位于 P3 时不同送风策略的颗粒物浓度分布

（a）人员周围送风速度 0.35m/s，其余区域送风速度 0.35m/s；

（b）人员周围送风速度 0.35m/s，其余区域送风速度 0.1m/s

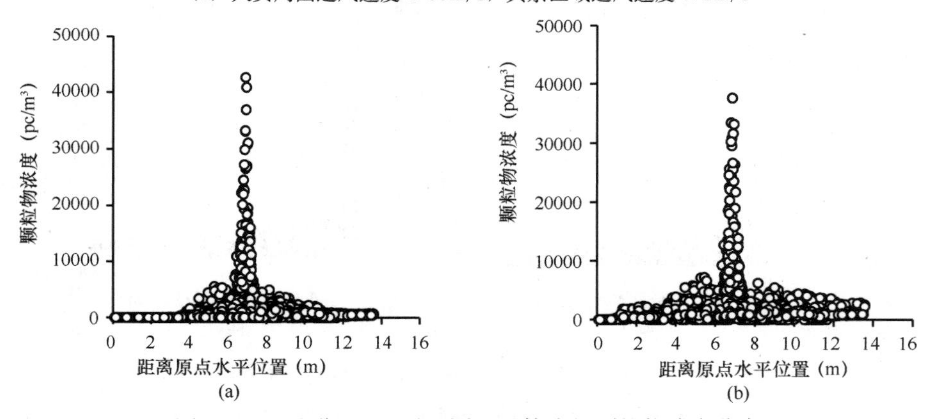

图 4-19 2 人位于 P2 时不同送风策略的颗粒物浓度分布

（a）人员周围送风速度 0.35m/s，其余区域送风速度 0.35m/s；

（b）人员周围送风速度 0.35m/s，其余区域送风速度 0.1m/s

设计风速（0.35m/s）下保障结果相比，也仍然能较好的保障人员周围颗粒物浓度和其余区域的颗粒物浓度。

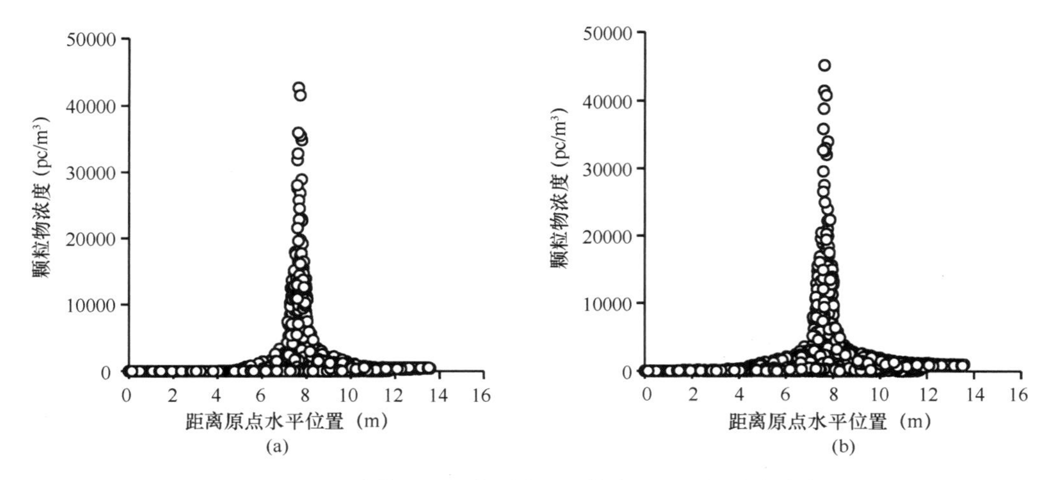

图 4-20 2 人位于 P1 时不同送风策略的颗粒物浓度分布

（a）人员周围送风速度 0.35m/s，其余区域送风速度 0.35m/s；

（b）人员周围送风速度 0.35m/s，其余区域送风速度 0.1m/s

当两个人分开分布时，随着距离增加，颗粒物浓度会迅速衰减，因此两人分开时可以看成两个互不干扰、独立的污染源进行调控，即每个人用各自的策略进行控制，对这种情况进行验证。工作人员 1 在盲板下方（FFU 对角的盲板），另外一个工作人员 2 在相距 2m 的盲板下方（紧邻 FFU 的盲板），如图 4-21 所示。对应的控

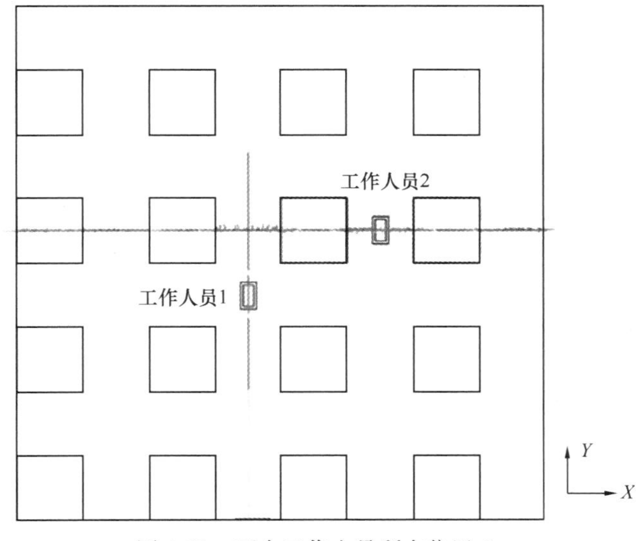

图 4-21 两个工作人员所在位置 *

制策略为增加工作人员 1 周围四个 FFU 及工作人员 2 两侧的 FFU 送风速度为 0.35m/s（重合的 FFU 保持 0.35m/s 即可），对该场景进行模拟。颗粒物浓度分布如图 4-22 所示，其中两个峰值代表人员所在位置的浓度。

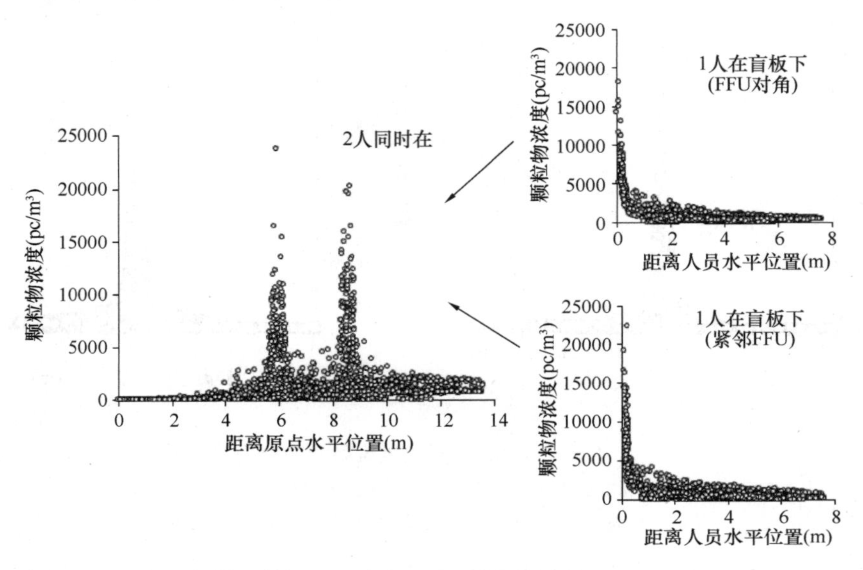

图 4-22　两个工作人员相距一定距离时颗粒物浓度

将该颗粒物浓度分布与人员单独在洁净室时进行对比，可以看到，两个工作人员同时存在的情况下，颗粒物浓度分布相当于两个人分别单独在洁净室内时的颗粒物浓度分布的叠加，即当人员并非紧挨着时，FFU 调控按照分别将人员视为单独在洁净室时控制策略的叠加。

通过以上分析，得到了典型千级洁净室的基于人员的控制策略，在实现环境保障的同时显著降低风量。

（2）人员行走场景的策略研究

当洁净室人员在动态行走状态下，应如何制定风量调控策略值得进一步研究。动态研究存在人员长距离走动的情况，因此选取了较大尺寸的洁净室。选取的洁净室尺寸为 19.2m×9.6m×3.5m（长×宽×高），设计等级为千级（ISO Class 6）；回风夹道的高度为 1m，共布置 32 个 FFU（25%布置率），每个 FFU 的尺寸为 1.2m×1.2m。回风口布置在回风夹道的两侧。洁净室中，人体为颗粒物散发源和热源，其尺寸为 0.4m×0.2m×1.85m；保障区的高度为 0.8～1.5m，故取平均高度 1.15m 为保障区平面；在人员移动方向上选取 6 个监测点，相互间隔 3m，以展示人员移动过程中颗粒物的浓度随时间的变化情况，如图 4-23 所示。

人员处于初始位置，稳态计算获得稳定流场，然后离开初始位置沿着移动方向前进 15m，移动速度为 1m/s，该过程时间 15s，为瞬态计算。然后该人员继续操

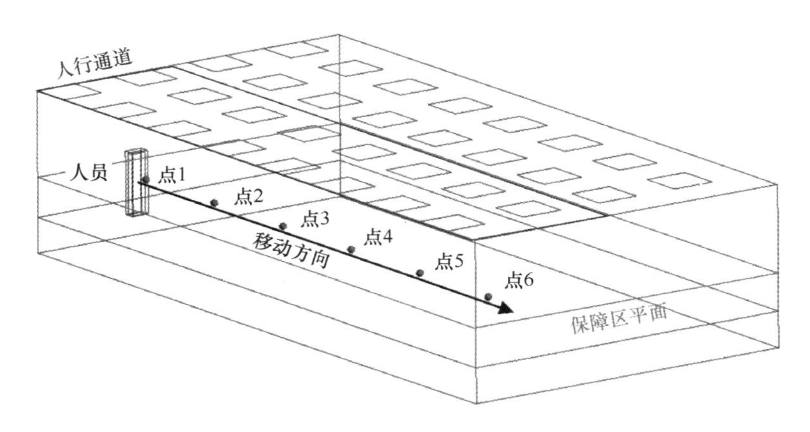

图 4-23 洁净室几何模型 *

作，而停留较长时间，继续瞬态计算 105s。考虑较为不利工况，即人员未穿戴标准的洁净服，因此，人员停止、移动过程中≥0.5μm 的颗粒物散发强度分别为 1×10^6 pc/min、5×10^6 pc/min。

考虑 6 个工况的 FFU 送风参数：

工况 1 为洁净室设计工况，即所有的 FFU 均以 0.35m/s 的风速送风；工况 2 为洁净室实际运行时可能出现的情况，经调研，目前洁净室的 FFU 运行在设计风速时，通常过保障，因此洁净区的 FFU 也采用降风量的措施，实现节能的目的，但降风量时，所有 FFU 的风量同时减少，故该工况所有的 FFU 均以 0.2m/s 的风速送风；工况 3 考虑将人行通道（图 4-23）的 FFU 保持 0.35m/s 的设计工况，其他 FFU 降至较低风速，即 0.1m/s，该设置主要基于对洁净室中人员为主要污染源的考虑；工况 4 基于前述稳态的计算结果，即仅保持移动的人员上方的四个 FFU 处于 0.35m/s 的送风状态，其他 FFU 的风速降低至 0.1m/s；工况 5 在工况 4 的基础上，人走过的区域上方的 FFU 延迟 10s 降低风速至 0.1m/s；工况 6 在工况 5 的基础上，FFU 在人到达下方时，延迟 2s 升风速至 0.35m/s，该设置主要基于对洁净室人员位置识别和其上方 FFU 风速控制可能存在延时的考虑。具体的工况参数设置见表 4-5。

各工况的送风参数设置 **表 4-5**

工况	描述	风量（m^3/h）
1	所有 FFU 以 0.35m/s 送风	58060
2	所有 FFU 以 0.2m/s 送风	33180
3	人行通道 FFU 以 0.35m/s 送风；其他 FFU 以 0.1m/s 送风	37320
4	人员上方四个 FFU 以 0.35m/s 送风；其他 FFU 以 0.1m/s 送风	21770

续表

工况	描述	风量（m³/h）
5	人员上方四个FFU以0.35m/s送风，人走后延迟10s降至0.1m/s；其他FFU以0.1m/s送风	21770
6	人员上方四个FFU延迟2s以0.35m/s送风，人走后延迟10s降至0.1m/s；其他FFU以0.1m/s送风	21770

工况1至工况6的保障区平面的动态颗粒物浓度分布见图4-24～图4-29。图中红色区域为不保障区域，即超过洁净等级为千级的洁净室的颗粒物限值（超过0.5μm的颗粒物浓度不大于35200pc/m³）。结果表明，对于6个工况，人员移动过程中，散发的颗粒物的超标区域出现在人体周围，和其后方所经过的区域，基本可以控制在人行通道上方的两列FFU宽度以内，不会影响到其他区域。

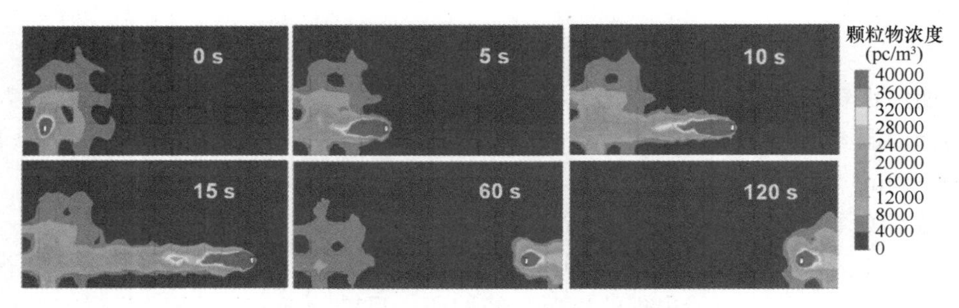

图4-24 工况1时人员移动过程浓度场*

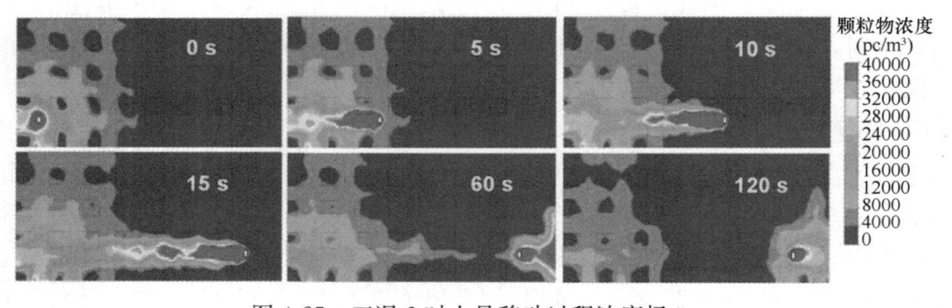

图4-25 工况2时人员移动过程浓度场*

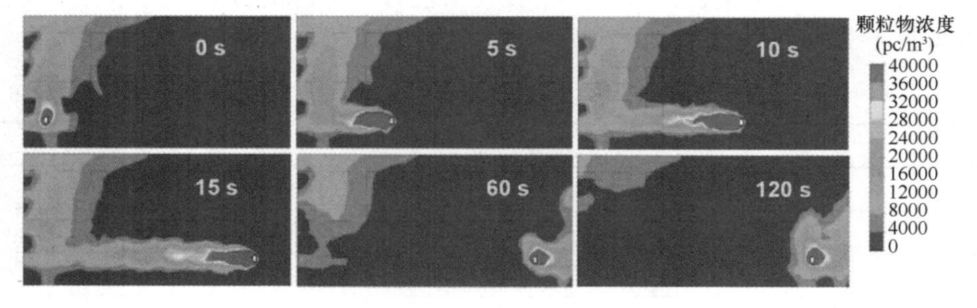

图4-26 工况3时人员移动过程浓度场*

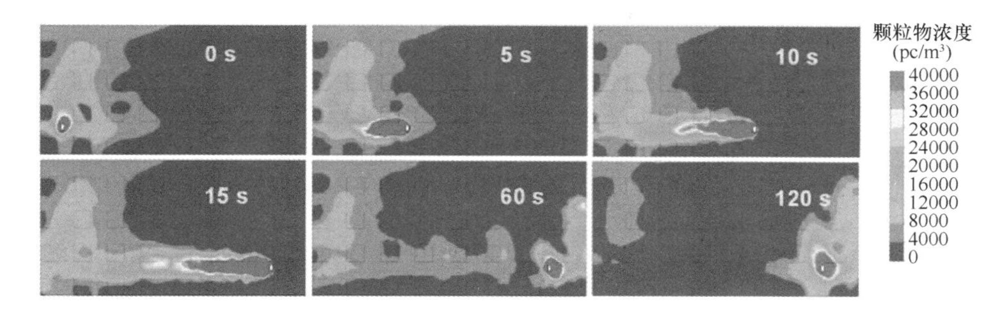

图 4-27　工况 4 时人员移动过程浓度场 *

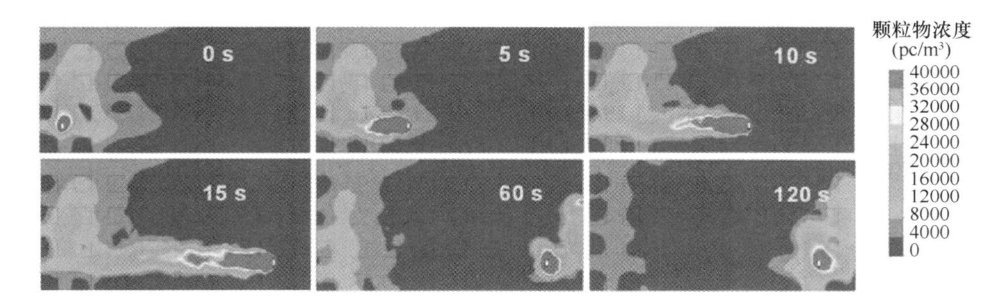

图 4-28　工况 5 时人员移动过程浓度场 *

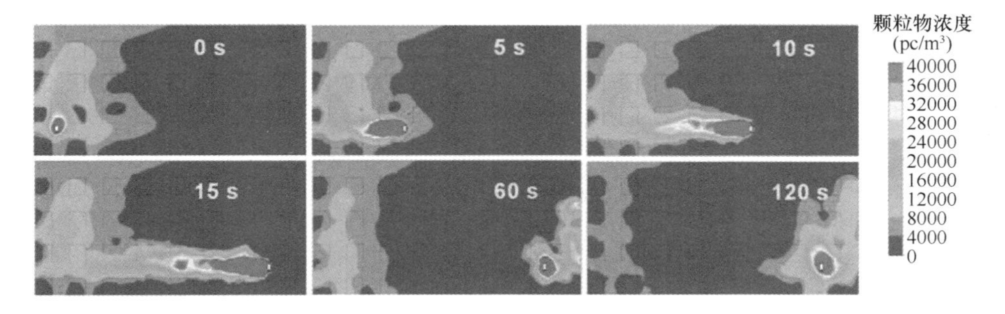

图 4-29　工况 6 时人员移动过程浓度场 *

各工况点 1 至点 6 的颗粒物浓度随时间的变化值和与千级洁净室限值的对比如图 4-30 所示，各工况保障区平面超标面积统计见表 4-6。

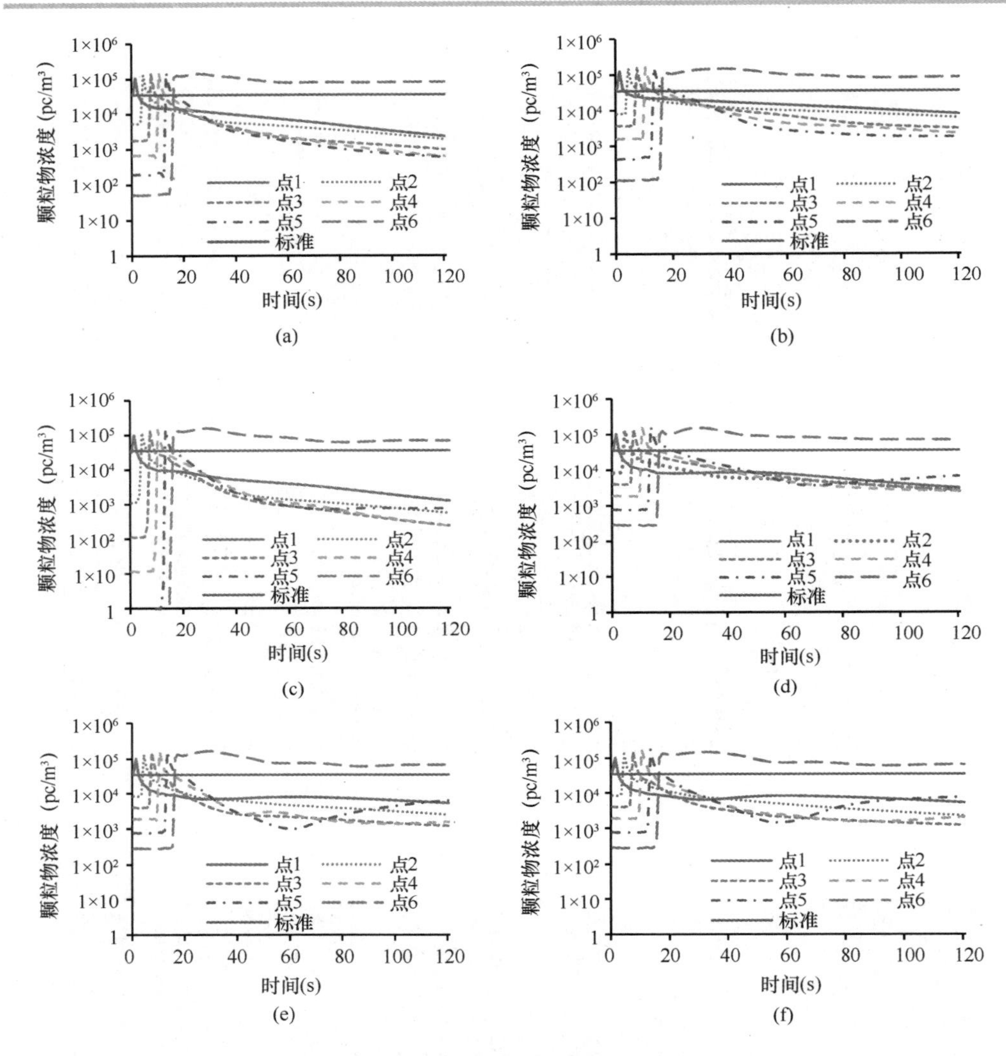

图 4-30 各位置动态颗粒浓度变化 *

(a) 工况 1；(b) 工况 2；(c) 工况 3；(d) 工况 4；(e) 工况 5；(f) 工况 6

各工况保障区平面超标面积（单位：m²） **表 4-6**

工况	风量 (m³/h)	时间					
		0s	5s	10s	15s	60s	120s
1	58060	0.738	2.710	3.234	3.139	0.910	1.060
2	33180	0.993	3.138	3.946	4.195	1.991	0.843
3	37320	0.589	2.457	2.971	2.779	0.961	0.971
4	21770	0.628	2.791	3.669	5.164	1.139	1.434
5	21770	0.628	2.835	3.523	4.227	1.430	1.179
6	21770	0.628	2.835	2.487	4.398	1.135	1.395

各工况人员最终停留的点 6 浓度会一直超过千级洁净室限值，人体周围浓度高且不可避免，除此之外，点 1 至点 5 的浓度会在人员经过时短暂上升并超过千级洁净室限值，但较短时间便下降到限值以下，并进一步下降，超过限值的时间最长（工况 4 的点 5）不超过 10s。因此，尽管人员移动过程中颗粒物散发强度较大，但时间较短，不会形成较长时间的超标。

相比设计工况（工况 1），整体风量降低（工况 2）的保障效果较差；而人行通道上方的 FFU 风速保持设计风速，其他区域的 FFU 风速降低至较低水平后（工况 3），保障效果有明显的改善；进一步，仅人员上方的 4 个 FFU 的风速保持设计风速，其他区域的 FFU 风速降低至较低水平（延迟 10s）后（工况 5、工况 6），相比工况 2，大多数时间的保障效果较好。因此，针对洁净室人员移动过程的推荐 FFU 控制策略为：人员上方四个 FFU 以 0.35m/s 送风，人走后延迟 10s 降至 0.1m/s，其他 FFU 以 0.1m/s 送风，风量降低程度为 62.5%。以上研究给出了一个人员走动工作场景下 FFU 控制策略及降低风量的效果。与人员站立工作场景类似，多个人也可采用相同的控制策略。

4.4.2 洁净手术室手术烟雾局部排除方法

传统手术室除少数特殊类型手术需要进行局部污染物排除外，大多数常规手术过程中产生的污染物尚未采取专门的措施及时排除，手术过程中污染物容易扩散至医生呼吸区，危害医护人员健康。医院手术室空调送风量的设计为同时满足热、湿负荷消除以及洁净度的要求，且送风量的大小为满足以上三者要求的最大值。然而，实际处理热湿负荷所需风量相比保障洁净度所需的风量要小得多。为满足洁净需求，往往送风量大，使得送风风机能耗较高。

现有很多手术过程会使用手术电刀，操作过程中会产生手术烟雾，在手术区扩散，危害医护人员健康。在手术区合理设置局部排污装置，布置在手术烟雾释放位置附近，高效降低烟雾浓度，由于烟雾浓度降低，可进一步降低洁净送风量，提出的局部排污保障系统见图 4-31。

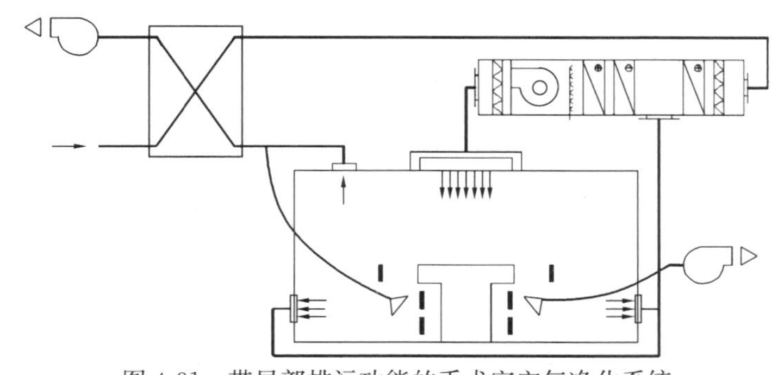

图 4-31 带局部排污功能的手术室空气净化系统

选取一典型Ⅰ级手术室（5.9m×7m×2.8m）作为研究对象，如图4-32所示。手术室包含手术台、4名医护人员、3台医疗设备。位于顶板中央的送风口尺寸为2.6m×2.4m，位于顶板的排风口尺寸为0.4m×0.25m，排风风速为2.78m/s。侧墙上布置6个回风口，每个回风口尺寸为0.4m×0.25m。局部排污组件的抽风口尺寸为0.05m×0.2m，抽吸速度设置为0.3m/s，设置于手术台两侧。人员和医疗器械采用恒定热流边界条件，其中患者为70W、每位医生为70 W、每个医疗设备为100W。病人伤口区域具有手术器械散发的污染物，其散发速率为0.2mg/min，探究手术区（宽2.0～3.9m处、长2.0～5.0m处、高0～2.0m处）的浓度水平。

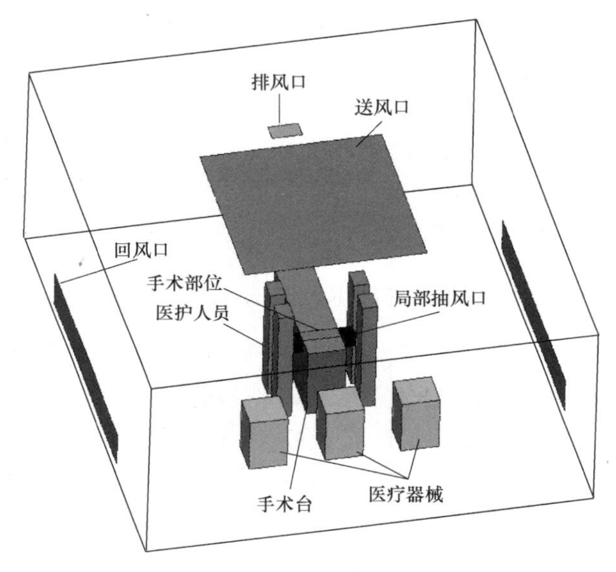

图4-32　手术室物理模型

以传统垂直层流送风速度为0.4m/s时的污染物浓度作为基准工况，探究局部排污装置的排污能力。图4-33展示了送风速度为0.4m/s，Y=3.0m平面上的手术烟雾浓度及速度分布。

传统的垂直层流手术室中，手术烟雾浓度水平整体较高，在该送风速度下难以有效移除污染物。相比之下，采用局部排污装置后的手术医护人员周围的手术烟雾浓度降低，减弱了手术烟雾从手术区向周边区的扩散。

图4-34比较了五种送风速度下手术区平均手术烟雾浓度情况。

通过使用局部排污装置，手术区的烟雾浓度大幅度降低。当送风速度为0.4m/s时，使用局部排污装置时手术区烟雾浓度相比传统垂直层流可降低26%，改善了医护人员周围的空气质量。当维持传统垂直层流方式送风速度为0.4m/s时的手术区烟雾浓度水平，通过使用局部排污装置，送风速度可降低至为0.3m/s，换气次数可由78次/h降低为58次/h，降低比例为25%。

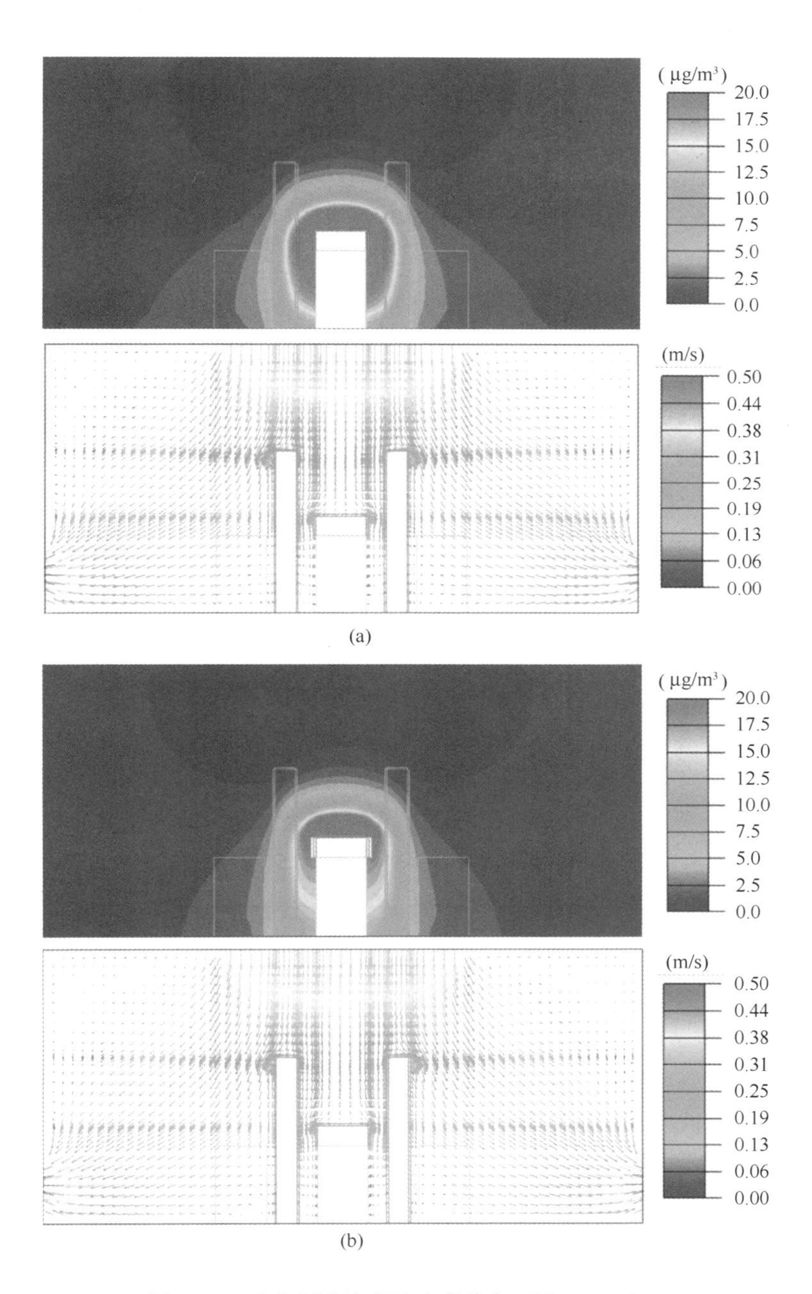

图 4-33 手术烟雾浓度及速度分布（$Y=3.0\text{m}$）*

（a）传统垂直层流；（b）垂直层流＋局部排污

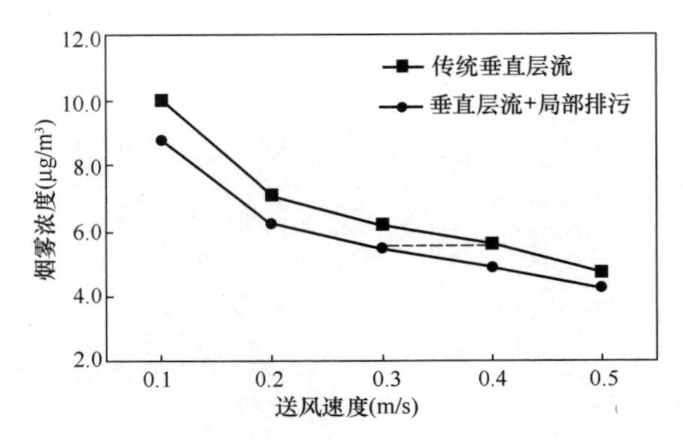

图 4-34 不同送风速度下手术区烟雾浓度

当改变局部排污组件的抽风口尺寸时，为保持相同的手术区污染物浓度，垂直层流送风量会随之改变，如图 4-35 所示。工况 1 为传统垂直层流工况，工况 2 至工况 4 的局部排污组件的抽风口尺寸分别设置为 0.2m×0.2m、0.1m×0.2m、0.05m×0.2m。

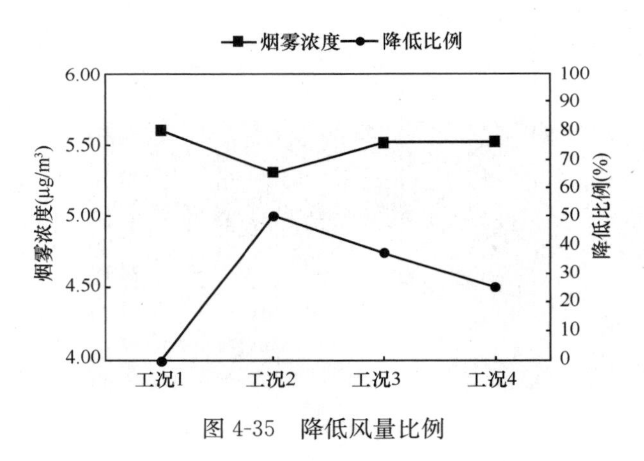

图 4-35 降低风量比例

4 个工况烟雾浓度基本相同，但所需送风量并不相同，工况 2 至工况 4 的降低风量分别为 50%、37.5%、25%。手术室局部排污装置可高效去除手术烟雾，保障医护人员，同时能够降低风量。

4.5 洁净室基于图像的人员定位技术与分区送风

电子洁净室普遍存在过度保障现象，在可靠的监测和控制的基础上，实施部分时间段内 FFU 降低风量运行具有重要的实际意义。在线监控的典型做法为在洁净室安装 1～2 个颗粒物传感器（受成本限制，每个洁净间不适宜安装太多，可重点安装在重要的工艺保障区内），实时采样颗粒物浓度，利用传统的 PID 等自控算法进行反馈控制。但从实现更及时响应、更可靠调节、更大风量降低方面考虑，基于颗粒物监测存在局限性：

（1）颗粒物传感器数量有限，难以反映多个目标位置的准确颗粒物浓度水平：由于洁净室顶棚 FFU 并非布满整个顶棚，FFU 下方位置（偏低）与盲板下方位置（偏高）颗粒物浓度差异显著，同时颗粒源在空间仅出现在某些局部位置，源附近浓度（很高）与远处区域浓度（偏低）差异显著，因此，颗粒物浓度分布存在显著的非均匀特征，这意味着在大面积洁净室空间内仅安装 1～2 个传感器，难以反映洁净室颗粒物非均匀分布特征，传感器位置处的颗粒物浓度水平，不能反映其余工艺位置的颗粒物浓度。

（2）颗粒物计数本身波动较大：受制于激光颗粒计数器的测量原理，偶尔会有与实际不符的突增的颗粒物浓度读数，如何根据实时颗粒物浓度读数进行可靠的风量调节，避免误调节，是需要解决的重要问题。

（3）颗粒物浓度升高相比于尘源出现时刻存在时间滞后：由于基于颗粒物浓度的自动控制需要在检测到颗粒物浓度升高后才能实施控制调节，浓度升高的时间滞后将导致不能及时应对出现的尘源，引起颗粒物浓度的大幅升高。虽然基于颗粒物浓度进行控制可降低风量，但不及时的响应控制，将增加颗粒物浓度超标隐患。

洁净室的颗粒物浓度水平是尘源出现引起的结果，基于颗粒物浓度监测进行的控制，本质为针对结果进行控制，不可避免存在调节滞后。如准确定位尘源，即对导致结果的原因进行准确获取，则能在结果出现之前，及时采取针对性的风量调节，从而快速抑制尘源的影响，实现可靠的风量降低。人员是洁净室内主要尘源，大量颗粒物的散发与人员的走动和操作密不可分，因此，实施人员的实时定位，基于此进行各区域的 FFU 送风量调节，将能直接针对源头进行精准控制，避免监测颗粒浓度方法受位置、读数稳定性、浓度滞后性等因素影响导致的不良控制效果。

4.5.1　基于图像的人员位置辨识方法

基于图像的室内人员定位系统主要由四台摄像机和处理计算机组成。考虑到房间在使用过程中人员分布比较随机而人员间的相互遮挡将显著影响到人体关键点的提取，采用四台广角摄像机获取图像。为了方便安装，相机布置在房间的四角并指向房间的中心，如图 4-36 所示。采用 500 万像素的网络监控摄像头，选用 4mm 广角镜头，视场角为 79°，使得房间的绝大部分区域均能被多个相机从不同角度拍摄到，从而解决人员相互遮挡问题。

网络监控摄像机通过网线连接到局域网中，计算机通过局域网实时获取拍摄的图像。该方案采用了较为常用的网络监控摄像头作为图像信息的来源，一方面降低了系统搭建的成本，另一方面为与既有监控系统的结合提供了可能。基于图像关键

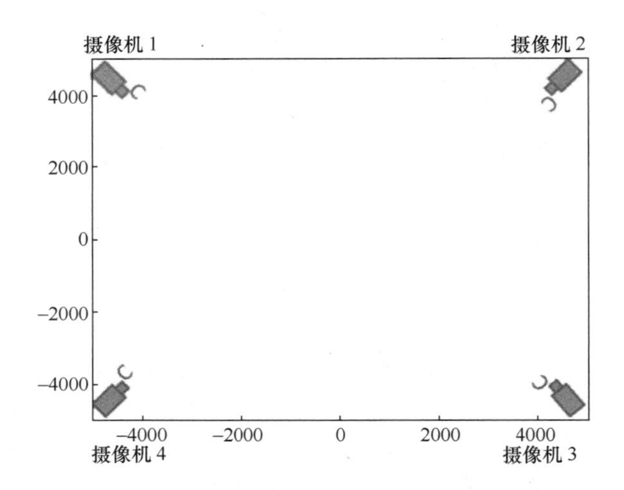

图 4-36　四个摄像机在房间内的布置

点的室内人员定位系统的基本算法如图 4-37 所示。其主要包括三个主要模块：采集图像、处理图像和信息融合。

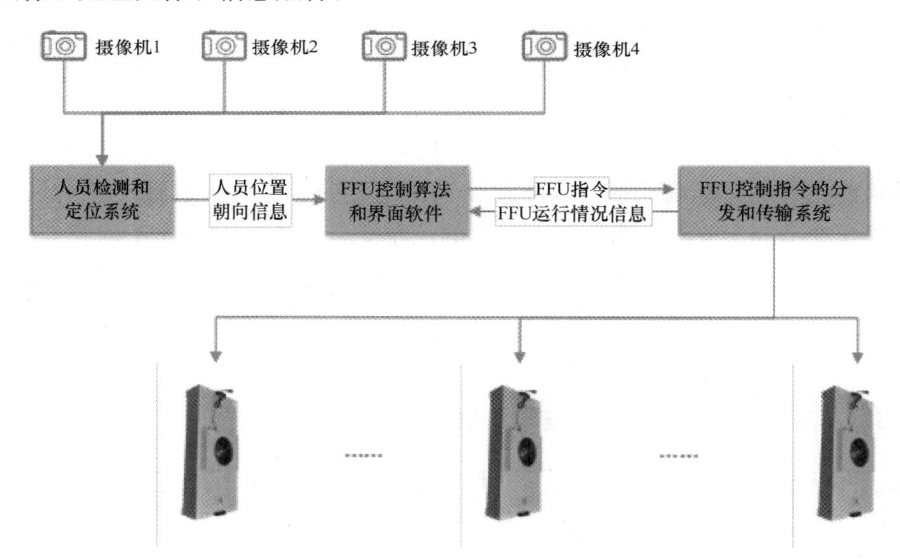

图 4-37　基于图像关键点的室内人员定位系统的基本算法

采集图像模块是利用房间内不同位置和角度的摄像机，获取房间内人员分布的实时图像。处理图像模块是通过人体关键点的提取算法计算得到从不同角度看到的人体关键点二维坐标，从而将多视角下人体关键节点的图片信息转化成了摄像机二维平面内的语义信息，提供了三维重构的基本素材。但由于人员在空间内的分布可能发生叠加以及摄像机投影关系，还需要进一步通过三维重构和数据融合来实现最终位置信息的提取和确认。

三维重构和数据融合模块包括了一系列的匹配算法和检查，是系统中最为核心的部分。从摄像机成像和三维重构的角度来说，任意两个摄像机均能够记录并重构出空间人员的位置信息，难点在于如何确定不同角度下拍摄的两张图像内的人体关键点对应同一个人，这需要复杂的算法进行计算和匹配。具体来说，对极约束是利用摄像机标定数据计算一组相机内人体关键点的三维匹配误差。由于这里的人体关键节点是基于图像特征的提取结果，在不同视角下图像的提取结果可能略有差异，与常规的三维重构时一般为特定点不同，因此这里的对极约束检查通常取较大的阈值以保证所有潜在的匹配对象能进入后续筛查。进一步考虑到人体的各个部分由于姿态的关系很难在一张照片中被都看到，因此本研究中只针对了左右肩和脖子的位置进行识别和匹配分析。采用多个点进行匹配判断的好处是可以减少随机误差以保证匹配的可靠性。

由于对极约束的阈值较大，还需要采用其他约束关系来检查匹配的合理性。这里主要针对数据的合理性以及匹配的唯一性来开展。由于人的肩部和脖子能够在绝大部分时间被拍摄到，因此检查主要针对人员的肩部和脖子进行。匹配的唯一性是指某个摄像机里的人员一组关键点数据只能和其他相机的一组关键点数据匹配，不能重复匹配。多点重复匹配是针对多个相机重构出来重叠的点进行检查，判断各个匹配是否满足唯一性，然后将确认的结果保存。

采用 Python 语言编写了包括图像获取、图像处理、匹配计算、数据融合以及结果显示的多线程处理软件，如图 4-38 所示。为了保障图像获取的及时性，采用了四个线程同时获取实时的室内图像，然后交给人体关键节点提取线程提取得到对应视角的节点信息，再由三维重构和数据融合线程计算得到最终结果并交由显示线程进行显示，并通过同步线程启动下一个时刻的同步图像采集。整个过程中，人体关键节点的提取所花费时间相对较长，达到 1s，而一个循环的整体时间在 1.5s 左

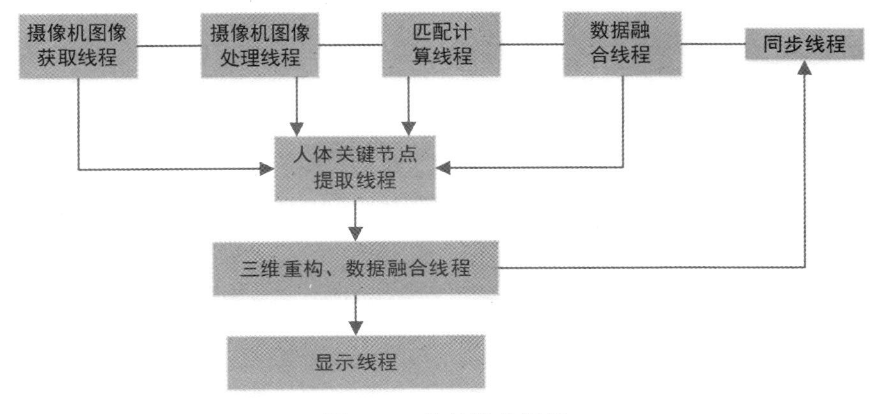

图 4-38 软件技术框架

右，能够提供实时的室内人员定位结果。

该技术在某电子洁净厂房的某百级洁净室安装，面积为 280m²。共安装有 8 个摄像头，分成两个区域进行监控调节，各摄像头获取的图像及人员关键节点图像如图 4-39 所示。

图 4-39　关键节点图像 *

安装的调控平台可以很好地对穿着洁净服的人员的位置进行识别，人员位置获取结果见图 4-40。

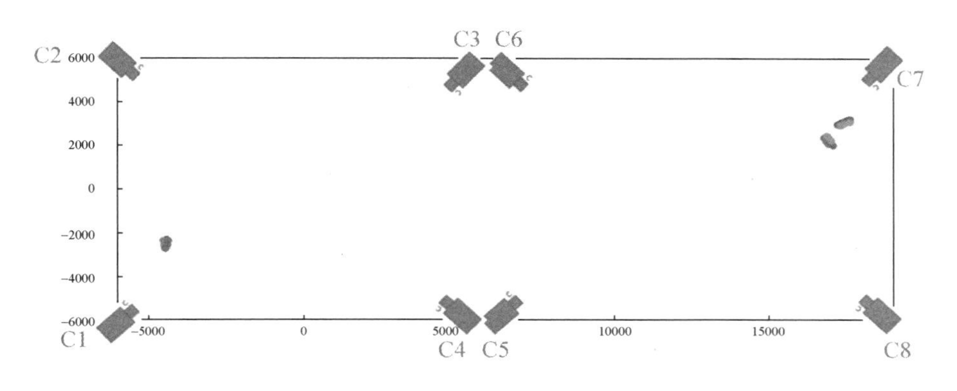

图 4-40 人员位置获取结果

4.5.2 多人员散发颗粒特征研究

洁净室内人员的数量和位置会随着使用情况而变化，人员定位系统可以准确地获得人员位置信息，在监测到人员信息后，需要基于对人员将产生的影响采取对应的送风策略调整。因此，人员对环境产生的影响的定量评估是制定优化送风策略的关键。

为了验证多个人员所形成的污染物超标区域的范围，针对 25％和 50％FFU 布置率下，不同人员间距情况下的污染物分布进行了模拟研究。25％FFU 布置率下人员产生的污染物被向上的气流以及热羽流共同作用带到空中，形成向上扩散的情况，如图 4-41 所示。水平截面的污染物分布如图 4-42 所示，可以看出在人员间隔两个 FFU 的宽度后，所形成的污染物区域已经能够分离，可以当成两个人分别进行送风营造。

当室内 FFU 布置率提升到 50％时，人员产生的污染物得到显著的压制，污染物主要聚集在人员周围的区域使得浓度超标的区域有所上升，但室内总体浓度较 25％布置率时降低较多。从图 4-43 和图 4-44 中也可看出两个人员距离在 2.4m 以上时所产生的污染物超标区域已经分离，可以当成两个单独的区域进行营造。

通过上述分析可得：①当两个人间隔达到 2.4m 以上时，可以当成两个区域进行环境的营造和控制；②人员所形成的污染物超标区域可以控制在临近的四个 FFU 内，可以针对人员位置进行局部区域的环境保障。

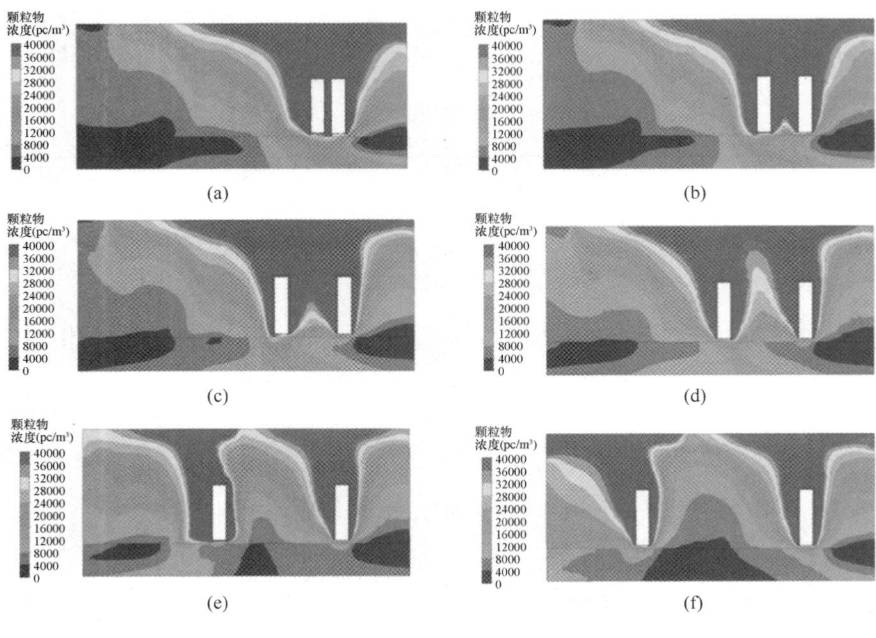

图4-41 人员不同间距下的垂直截面的污染物分布（25%布置率）*
（a）工况1：距离0.6m；（b）工况2：距离1.2m；（c）工况3：距离1.8m；
（d）工况4：距离2.4m；（e）工况5：距离3.6m；（f）工况6：距离4.8m

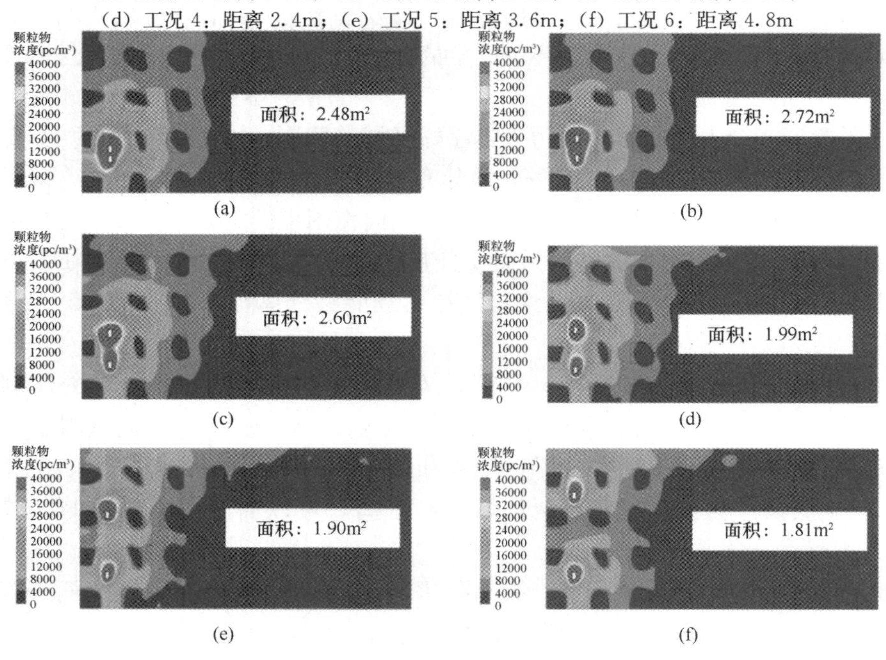

图4-42 人员不同间距下的水平截面的污染物分布（25%布置率）*
（a）工况1：距离0.6m；（b）工况2：距离1.2m；（c）工况3：距离1.8m；
（d）工况4：距离2.4m；（e）工况5：距离3.6m；（f）工况6：距离4.8m

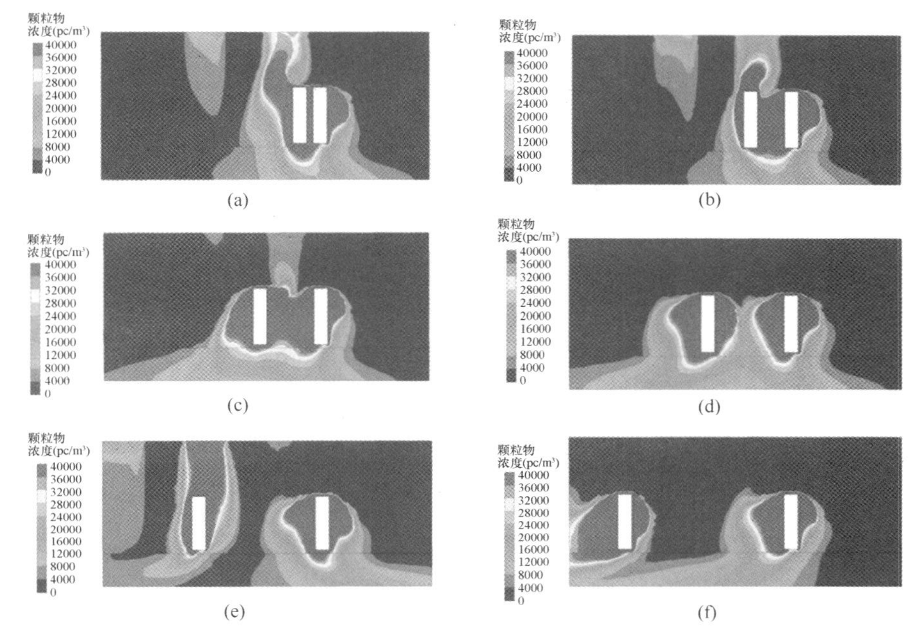

图 4-43 人员不同间距下的垂直截面的污染物分布（50％布置率）*
（a）工况 1：距离 0.6m；（b）工况 2：距离 1.2m；（c）工况 3：距离 1.8m；
（d）工况 4：距离 2.4m；（e）工况 5：距离 3.6m；（f）工况 6：距离 4.8m

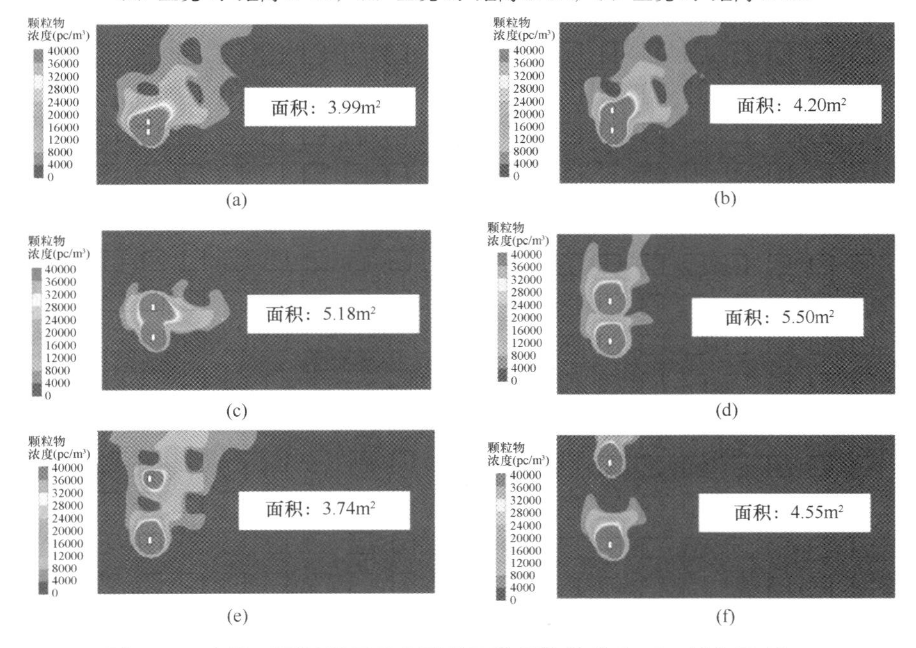

图 4-44 人员不同间距下的水平截面的污染物分布（50％布置率）*
（a）工况 1：距离 0.6m；（b）工况 2：距离 1.2m；（c）工况 3：距离 1.8m；
（d）工况 4：距离 2.4m；（e）工况 5：距离 3.6m；（f）工况 6：距离 4.8m

4.5.3 基于图像人员定位的 FFU 调控策略

根据人员定位方法和人员对环境影响机制的研究，制定了基于图像人员定位的 FFU 调控策略，见图 4-45。该策略同时兼容了颗粒物浓度监测和人员位置监测的双重信息，其中基于人员位置的控制部分起主导作用，基于颗粒物浓度的控制部分起到补充作用。FFU 调控的主要思路是首先获取人员分布情况，根据人员的分布间距分成离散的单个人员和聚集人员两类，再根据人员的相互距离是否小于 2.4m 判断是否当成多个人处理，最后将人员最近的 4 个 FFU 转速设置到满转速，用于快速稀释人员产尘。而基于颗粒物的控制系统采用了大流量的激光颗粒计数器，能够通过大的采样量获得重点保障点的颗粒物浓度情况，然后计算得到 FFU 应该设置的转速大小，并作为所有 FFU 的最低转速。两部分得到的需求转速进行汇总，并取大值设置给现场的 FFU 进行执行。

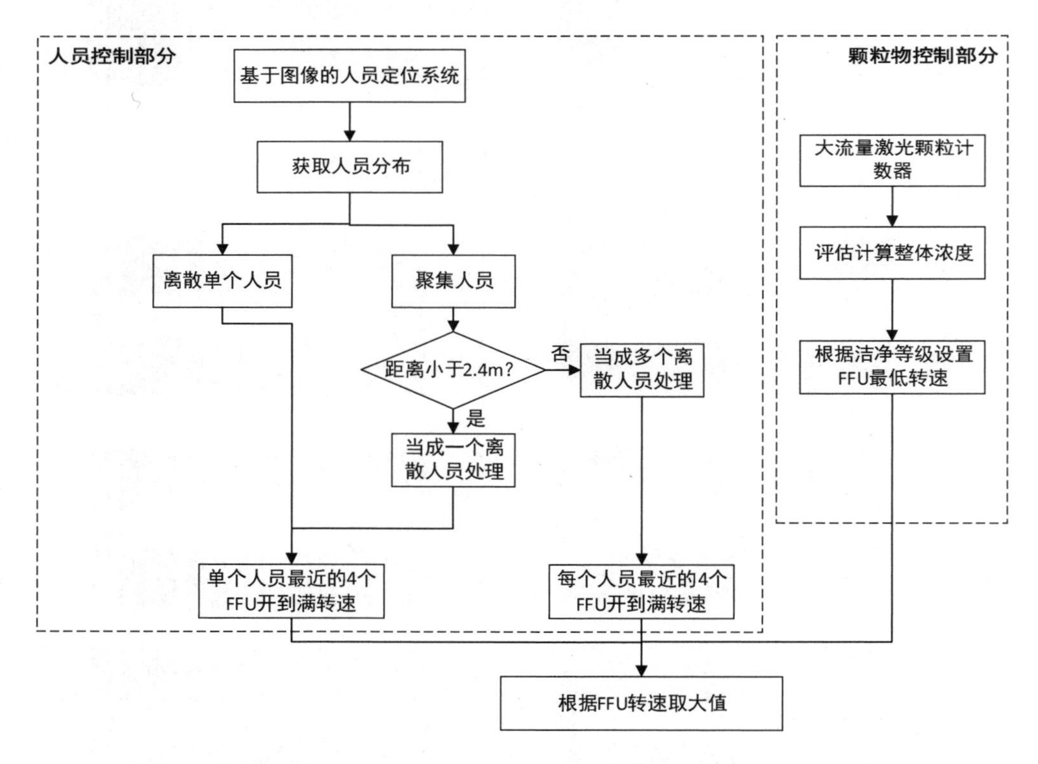

图 4-45 基于人员定位的 FFU 调控方法思路

图 4-46 为洁净室现场搭建的 FFU 调控平台软件操作界面。人员实时进行了定位，并实现了上述控制算法。

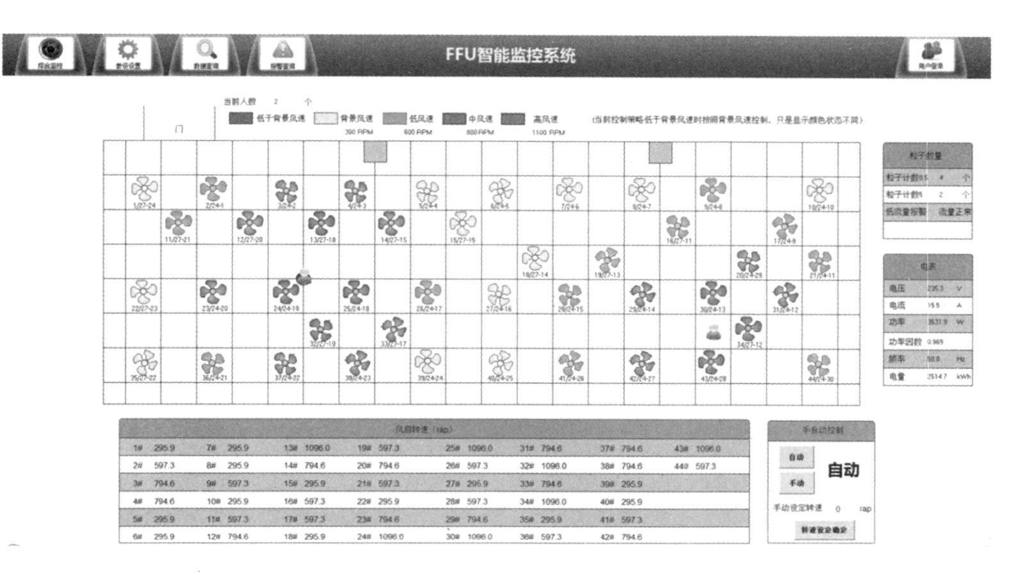

图 4-46 洁净室人员定位和 FFU 调控情况 *

4.6 小 结

本章针对现有洁净室环境保障中普遍存在的风量冗余问题，介绍了相关调研测试、非均匀洁净送风量分析、降低洁净风量方法与基于图像人员定位与分区送风的研究进展，主要结论如下：

（1）调研实测了 36 个洁净建筑的洁净度保障水平，发现各类洁净室在日常运行过程中普遍存在洁净风量冗余程度大的问题，降低风量的潜力大。洁净室空间颗粒非均匀分布特征显著，在确定运行风量时，需准确评估各工况的颗粒物分布。

（2）建立了非均匀环境洁净送风量理论公式，提出降低洁净室风量的关键是通过优化气流组织降低颗粒源对洁净区域的可及度。非均匀的计算方法可以得到满足保障区浓度水平的合理风量，通过增加保障区上方 FFU 送风，可及度及需求风量均显著降低。

（3）提出了电子洁净室基于人员位置的分区 FFU 调控方法，保持人员上方部分 FFU 送风量不变，而显著降低其余 FFU 送风量，适用于人员稳定站立和人员动态行走的各类场合。提出了洁净手术室局部排除手术烟雾的方法，不同排风口尺寸下，风量可降低 25%～50%。

（4）提出了洁净室基于图像的人员定位技术与基于人员位置的 FFU 控制策略，搭建了图像采集和 FFU 调控平台，实现了在电子洁净厂房的现场应用。

本章参考文献

[1] Austin P R, Timmerman S W. Design and Operation of Clean Rooms[M]. Detroit: Business News Publishing Co., 1970.

[2] Shimada M, Okuyama K, Okazaki S, et al. Numerical simulation and experiment on the transport of fine particles in a ventilated room[J]. Aerosol Science and Technology, 1996, 25: 242-255.

[3] 许钟麟. 空气洁净技术原理[M]. 4版. 北京:科学出版社, 2014.

[4] Goldstein K, Divelbiss J. Design of Cleanroom Airflows for Particle Control Using CFD Analysis: Case Studies[M]//Particles in Gases and Liquids 3. Springer, Boston, MA, 1993, 171-187.

[5] Yang S J, Fu W S. A numerical investigation of effects of a moving operator on airflow patterns in a cleanroom[J]. Building and Environment, 2002, 37(7): 705-712.

[6] Lin T, Tung Y C, Hu S C, et al. Effects of the removal of 0.1μm particles in industrial cleanrooms with a fan dry coil unit (FDCU) return system[J]. Aerosol and Air Quality Research, 2010, 10: 571-580.

[7] Hu S C, Chuah Y K, Huang S C. Performance comparison of axial fan and fan-filter unit (FFU) type clean rooms by CFD[J]. ASHRAE Transactions, 2002, 108.

[8] Whyte W, Hejab M, Whyte W M, et al. Experimental and CFD airflow studies of a cleanroom with special respect to air supply inlets[J]. International Journal of Ventilation, 2010, 9(3): 197-209.

[9] Hu S C, Wu Y Y, Liu C J. Measurements of air flow characteristics in a full-scale clean room [J]. Building and Environment, 1996, 31(2): 119-128.

[10] Cheng M, Liu G R, Lam K Y, et al. Approaches for improving airflow uniformity in unidirectional flow cleanrooms[J]. Building and Environment, 1999, 34: 275-284.

[11] Hu S C, Chuah Y K. Deterministic simulation and assessment of air-recirculation performance of unidirectional-flow cleanrooms that incorporate age of air concept[J]. Building and Environment, 2003, 38: 563-570.

[12] Noh K C, Oh M D, Lee S C. A numerical study on airflow and dynamic cross-contamination in the super cleanroom for photolithography process[J]. Building and Environment, 2005, 40 (11): 1431-1440.

[13] Chuah Y K, Tsai C H, Hu S C. Simultaneous control of particle contamination and VOC pollution under different operating conditions of a mini-environment that contains a coating process[J]. Building and Environment, 2000, 35: 91-99.

[14] Naosungnoen J, Thongsri J. Airflow and temperature simulation in a big cleanroom to reduce contamination in an HDD manufacturing factory[C]//IOP Conference Series: Materials Science and Engineering, 2018, 361(1): 012025.

[15] Xu T F. Characterization of minienvironments in a clean room: Design characteristics and en-

vironmental performance[J]. Building and Environment,2007,42:2993-3000.

[16] Hu S C, Tung Y C. Performance assessment for locally balanced and wall-return turbulent clean rooms by the stochastic particle tracking model[J]. International Journal on Architectural Science,2002,3:146-162.

[17] Tung Y C,Hu S C,Xu T F,et al. Influence of ventilation arrangements on particle removal in industrial cleanrooms with various tool coverage[J]. Building Simulation,2010,3:3-13.

[18] Lin T,Tung Y C,Hu S C,et al. Experimental study on airflow characteristics and temperature distribution in non-unidirectional cleanrooms for electronic industry[J]. Building and Environment,2011,46:1235-1242.

[19] Khoo C Y,Lee C C,Hu S C. An experimental study on the influences of air change rate and free area ratio of raised-floor on cleanroom particle concentrations[J]. Building and Environment,2012,48:84-88.

[20] ISO 14644-1. Cleanrooms and associated controlled environments—Part 1: Classification of air cleanliness by particle concentration. 2015.

[21] Murakami S,Kato S,Nagano S,et al. Diffusion characteristics of airborne particles with gravitational settling in a convection-dominant indoor flow field[J]. ASHRAE Transactions, 1998,82-97.

[22] Chen F,Yu S C M,Lai A C K. Modeling particle distribution and deposition in indoor environments with a new drift-flux model[J]. Atmospheric Environment,2006,40(2):357-367.

第5章　高污染散发类工业建筑环境与节能技术

高污染散发类工业建筑环境控制系统示意图

我国产业结构完整、行业种类繁多。在制造业基础性行业中存在大量高污染散发类工业建筑，不同行业的高污染散发类工业建筑中存在不同类型污染物。因此，高污染散发类工业建筑环境控制应该形成紧密结合行业特征和污染物类型及特征的关键技术。同时，在保障室内环境满足要求的前提下，如何能够进一步降低环境控制系统能耗，也是非常值得探索的问题。

5.1 研究背景与总体进展

5.1.1 研究背景

我国拥有联合国产业分类中的全部工业门类。在制造业基础性行业中存在大量高污染散发类工业建筑，建筑内部生产作业散发的颗粒物、有害气体、高温余热等，导致环境质量低下，并引发巨量的环境控制能耗。因此，改善工业建筑环境质量、降低建筑运行能耗，是我国社会经济发展面临的严峻挑战。

随着我国工业行业的快速发展，工业建筑规模扩大化、污染物种类复杂化与环境质量提升的需求形成了激烈的矛盾。但是，高污染散发类工业建筑室内环境控制技术原理和方法大多沿用早期的成果，现有的理论及技术远远不能满足当今工业发展和环境控制的需求。具体表现在以下四个方面：

（1）面对污染物散发强度大、建筑空间高大等环境控制难题，传统技术过度依赖工程经验，难以具有普遍适用性；同时，缺乏与厂房环境特征对应的测试、计算分析方法。

（2）工程实际中多工况、多约束条件下，针对冶金、橡胶、机械制造、建材等高污染散发代表性行业的典型污染物（高温烟尘、油雾漆雾、有害气体）控制能效有待进一步提高。

（3）工程实际中减少排放与节约能耗及投资的矛盾突出，细颗粒脱除效率低是关键问题。

（4）低品位余热资源丰富，但大量低品位余热难以高效利用；同时，工业建筑热环境特征与民用差异巨大，民用建筑综合节能技术相关成果不能完全适用于工业建筑。

因此，高污染散发类工业建筑室内环境保障与节能的关键技术有待全面提升。面对上述问题，需要揭示高污染散发物传输机理，建立环境控制新机制，提出具有工程实用价值的新模式，完善适宜性测试、模拟和评价新方法。针对典型工程特征条件，需要完善捕集增效机制，形成精细化设计方法，研发高效通风技术并提出系统形式和装置。细颗粒高效脱除依赖于提出脱除增效机制、研发高效过滤材料及装备。同时，为了全面提升高污染散发类工业建筑整体节能水平，需要大幅提升低品位热能利用效率，形成适配高污染强余热工业建筑的综合节能技术。

面向“十三五”国家政策方针，《“健康中国”2030规划纲要》明确提出开展职业病危害基本情况普查，健全有针对性的健康干预措施，《“十三五”生态环境保护规划》进一步提出实现工业污染源全面达标排放的要求。因此，需要以不断提升高污染散发类工业建筑环境与节能的基础研究水平为先导，有步骤地向工程应用过渡，形成高性能的技术创新，不断完善标准体系，这不仅符合我国经济可持续发展的重大需求，也是国内外相关领域研究与应用协同发展的趋势所在。

5.1.2 技术研发主要进展

研究成果形成了以气流组织新模式和高效通风技术为技术核心，以适宜的数值计算、测试分析方法与评价方法为研究工具的高污染散发类工业建筑环境保障与节能的共性技术体系。

受到行业特征和工程条件影响，高污染散发类工业建筑污染物类型多样，散发和迁移特征复杂。同时，与民用建筑室内环境场量分布类似，高污染散发类工业建筑当中的环境场量也是呈非均匀分布，然而高污染散发类工业建筑物理场量通常呈现显著高梯度特征。研究针对污染物类型、散发和迁移特征，研发了适用于高梯度非均匀场量的特征测试和快速计算新方法，用于预测和分析典型污染物在建筑空间内的分布特性。关于污染物分布特征的研究为高效控制和评价提供了基础。

研发适于高梯度非均匀场量的气流组织新模式和高效通风技术是核心的研究工作。研究提出了涡旋通风、平行流通风、涡环通风等气流组织新模式，通过显著降低污染物与环境空气的掺混作用达到环境控制目标。研发了与行业特征、污染物类型、复杂工程条件相适宜的高效通风技术，包括污染物高效捕集和净化、通风系统节能运行等方面。从全面提升工业建筑环境控制系统节能水平的角度出发，提出了以低品位热能高效利用、岗位高效送风和污染物高效通风相结合的综合节能技术。相关成果也应用于工程实践检验，取得了良好的环境控制效果。

高污染散发类工业建筑空间高大，涉及多个方面的环境控制需求，同样也需要不同层面的环境评价方法。研究通过揭示工业建筑环境与民用建筑的显著差异，建立了岗位环境、建筑环境和排放环境三个层面的评价方法，形成了高污染散发类工业建筑环境综合评价体系。

相关成果在代表性的高污染散发类工业建筑中完成示范工程项目，关键技术研发成果支撑了系列技术和环境评价标准规范的编制，并完成了工业通风国际权威设计指南修编工作。

本章将对研究成果中关于通风气流组织新模式、适宜性测试和计算分析方法、典型污染物高效控制和热环境保障技术做进一步的介绍。

5.2 气流组织新模式

通风技术是解决高污染散发类工业建筑室内环境质量问题的主要手段，气流组织新模式是提升通风系统能效的核心方式之一。近年来，针对高污染散发类工业建筑环境特征，研究提出了多种提升室内环境质量的通风气流组织新模式。本节将重点介绍用于厂房环境质量控制的涡旋通风、平行流通风和涡环通风气流组织模式。

5.2.1 涡旋通风

龙卷风、尘卷风等是一种具有强卷吸力的空气涡旋，可将大量涡旋周围物体卷吸到涡旋中跟随运动，其基本特征为气流在地面位置水平辐合，中心汇聚上升。研究将空气涡旋应用于室内通风，提出了利用送、排风气流形成类似龙卷风的柱状空气涡旋的气流组织模式，利用其流动特性将房间下部的空气污染物快速汇聚并排出室外，既可以减少空气污染物在室内的无组织扩散，又可以缩短排污所需时间。

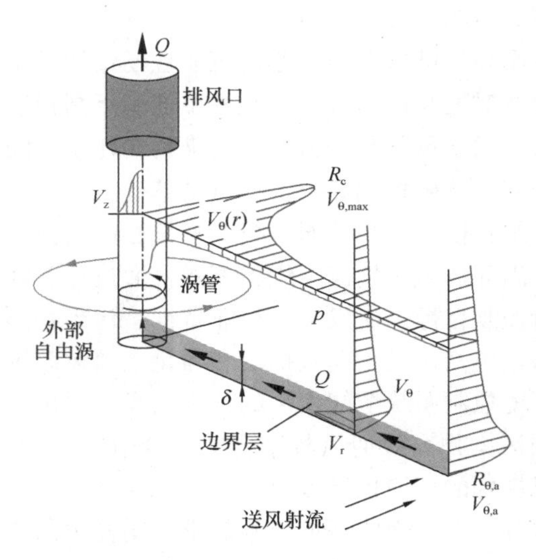

图 5-1 涡旋通风的一般流动特征 *

(1) 涡旋通风原理和基本流动特征

涡旋通风中的柱状空气涡旋，其作用的基本原理可分为两部分，一方面，由于柱状空气涡旋在底部平面附近存在显著的负压梯度，可将周围的污染物高效地卷吸汇聚在一起；另一方面，由于柱状空气涡旋中的涡管是具有高轴向速度的稳定流动结构，可通过涡管形成的“涡旋通道”实现对污染物的长距离高效输运。涡旋通风的排污过程具有显著的“靶向传质”特征，即涡旋通道直接连接底部平面和排风口，柱状空气涡旋输运的气体绝大多数来自底部平面附近，而对空间中其他位置的气体卷吸量较小，如图 5-1 所示。

通过研究[1]发现，涡旋通风产生的气流流动及其对污染物的基本传输特性随空间位置存在差异，可分为以下 5 个区域，如图 5-2 所示。

① 入流区：该区以边界层气流为主，径向速度较大，污染物向中心集中。

② 角流区：该区是从入流区到涡核区的过渡区。该区域内气流的径向速度减小，切向和轴向速度增大。跟随性差的污染物可能会在该区域停留很长时间。

③ 核心区：该区域的气流绕中心轴高速旋转。在区域边缘，切向速度达到最大值，轴向速度也较高。流入区污染物向上通过该区。

④ 外流区：该区位于入流区和涡核区之外。在这个区域，气流以较低的切向速度绕涡核旋转，同时也存在轴向和径向速度。该区域污染物有两种基本的流动模

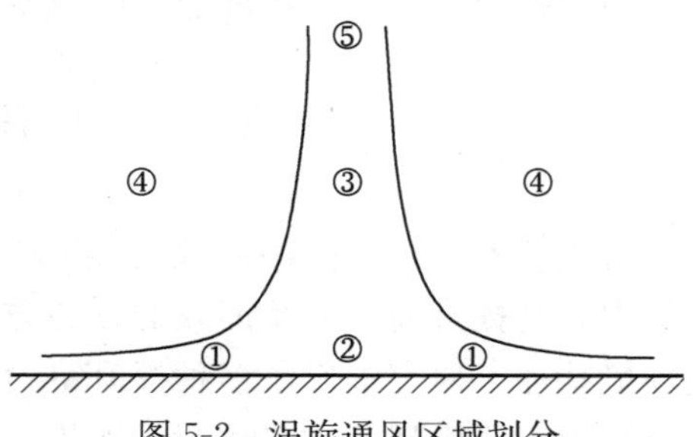

图 5-2 涡旋通风区域划分

式：向上流动模式和向下流动模式。

⑤ 上流区：该区有明显的上升气流。在涡旋通风中，通常由排风气流驱动。

（2）涡旋通风的基本角动量送风构型

根据涡旋通风的基本生成特性，在底部平面的附近角动量气流和向上排气流结合可以形成柱状空气涡旋，在涡旋通风系统中，上升气流可由排风罩提供。而决定涡旋通风的最关键的因素是柱状空气涡旋的形成。为了保持涡旋的稳定性和强度，各方向的角动量送风应具有良好的一致性。因此，找到合适的角动量送风构型以形成类似龙卷风的柱状空气漩涡是非常必要的，其构型一般包括以下三类[1]：

① 通过正多边形或圆形送风口进行机械送风，如图 5-3 所示；

② 通过挡板或墙壁使机械送风气流发生连续偏转，如图 5-4(a) 所示；

③ 通过挡板或墙壁调整自然进风口的位置，使补风以切向流入涡流区，从而提供角动量送风射流，如图 5-4(b) 所示。

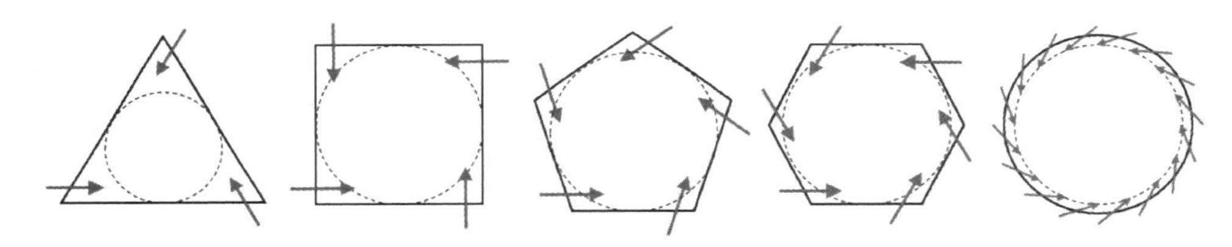

图 5-3　涡旋通风角动量送风的基本形式

图 5-5 给出了四边形送风形式下的一种涡旋通风的生成方式。涡旋顶吸排风罩产生上升气流，四个角动量送风装置设置于平台四周对称的位置用来产生角动量射流。通过调节送风装置的位置和角度，可以改变角动量送风的流动特性。

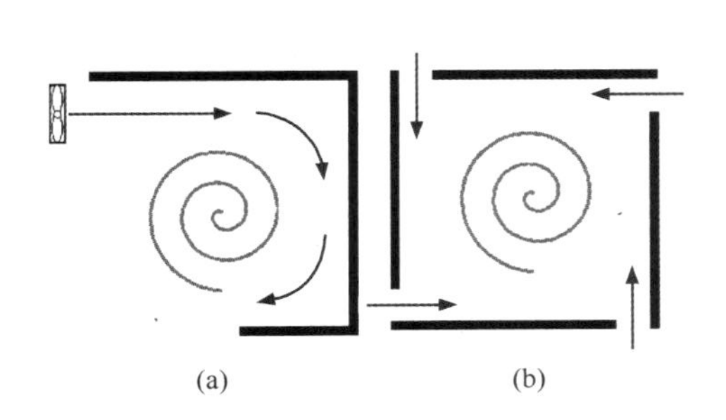

图 5-4　送风配合挡板或墙壁实现角动量送风的基本形式

图 5-5　涡旋通风的四边形角动量 * 送风方式

(3) 涡旋通风与传统通风的对比

图 5-6 给出了不同通风量下的 4 种气流组织模式的几何模型示意图和污染物平均滞留时间。随着通风量的增加，污染物的平均滞留时间急剧下降[1]。同时，与其他三种气流组织模型相比，涡旋通风系统中污染物在被捕集并汇聚到涡核附近后，会沿涡管以较大的垂向速度向屋顶排风口运动，即污染物会以高速度和最短的距离移动到排风口位置，因此可以实现最低的污染物平均滞留时间。涡旋通风系统对大

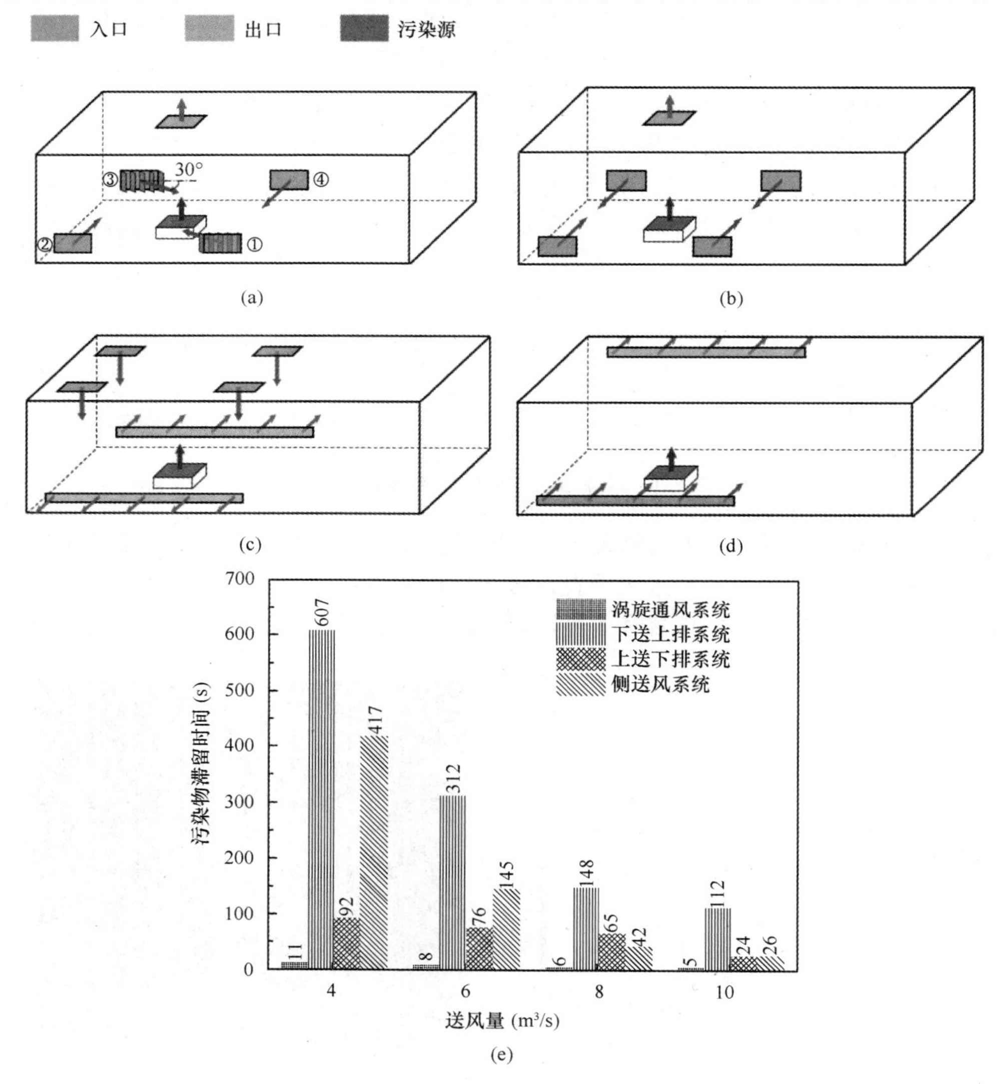

图 5-6 涡旋通风与传统通风系统的几何模型示意图和污染物平均滞留时间 *

(a) 涡旋通风模型；(b) 下送上排通风模型；(c) 上送下排通风模型；

(d) 侧送风模型；(e) 涡旋通风与传统通风系统的污染物平均滞留时间

空间建筑内集中释放污染物的捕集控制存在显著优势。

图 5-7 对比了涡旋通风与传统下送风系统几何模型示意图和在不同排风雷诺数（1.0×10^4～3.0×10^7）下的排污效率。两种气流组织模型在送风雷诺数为 5.0×10^6之前排污效率快速提高，在达到阈值后排污效率整体呈现稳定状态，基本不再随排风量的增大而提高。这表明了在达到阈值之前，增大排风量有益于提高排污效率；然而当达到阈值后，增大排风量所带来的排污效率提升收益快速下降，此时继续增大排风量会进一步增大能耗，无法获得预期的排污效率提升收益。因此，此时要更加注重中高效气流组织模型的效果。涡旋通风模式的排污效率在更低排风量时即达到了阈值，同时在达到稳定状态后的整体排污效率要显著高于下送风模型。这表明相对传统下送风模型而言，涡旋通风模型只需要更小的排风量即可达到较高的排污效率，这对于通风系统的优化具有重要意义。

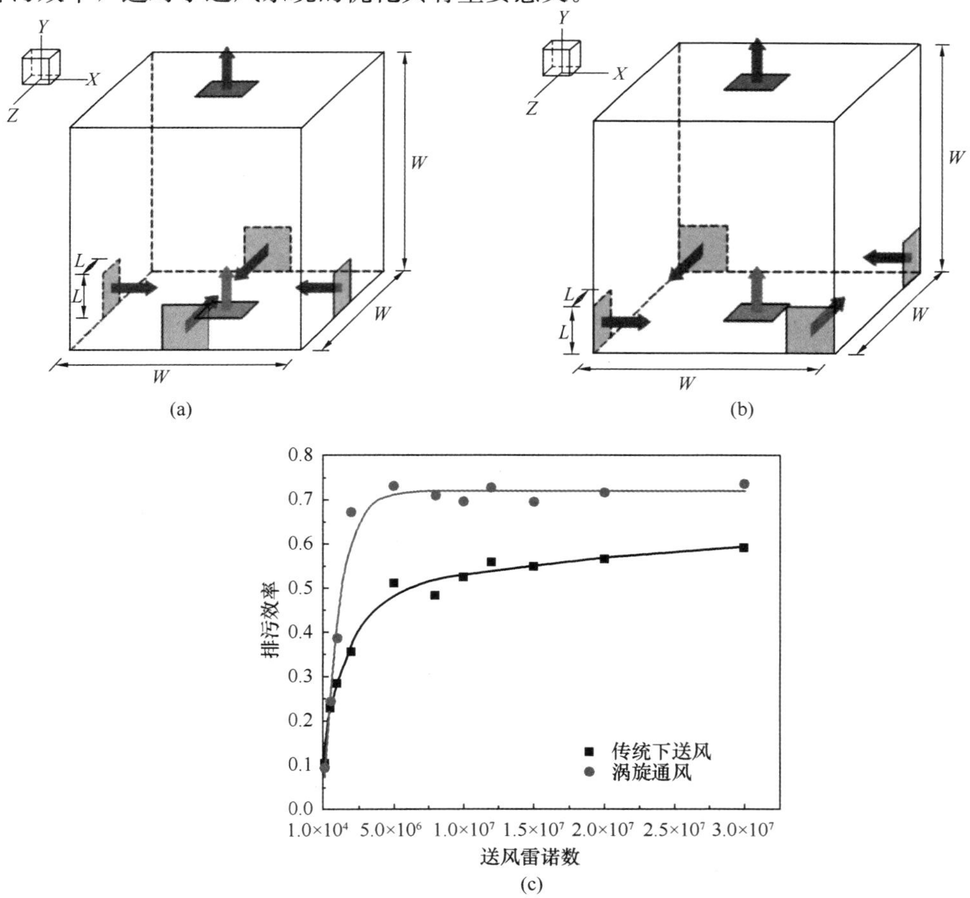

图 5-7 涡旋通风与传统下送风系统的几何模型示意图和排污效率 *

（a）下送风模型；（b）涡旋通风模型；（c）涡旋通风与传统下送风的排污效率

(4) 涡旋通风污染物扩散特征与排除效果

如图5-8所示，涡旋通风作用区为4个送风口包围的绿色区域，排风口中心线与涡旋区的交点为坐标原点。为了在室内形成柱状空气涡旋，由两个与墙壁成30°角的送风口提供角动量气流。沿涡旋区对角方向，从中心（S0）至送风口（S4）每列设置4个点污染源，污染源位置的详细情况如图5-8所示[2]。

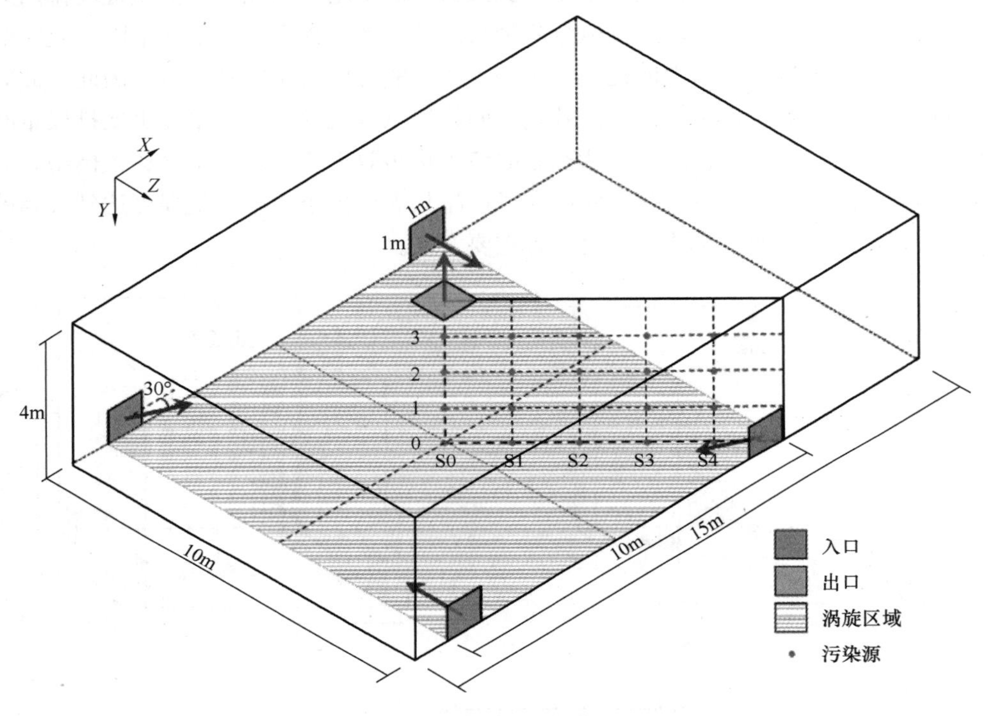

图5-8 涡旋通风几何模型*

图5-9展示了其中5个不同污染源位置情况下的粒子运动轨迹。当污染源位于涡核内时（S00），污染物不会向外扩散，而是直接被吸入柱状涡管；当污染源位于涡核外而在涡旋区时（S10，S20，S30），污染物沿着类似对数螺旋的轨迹汇聚；当污染源靠近涡旋区边缘时（S40），污染物的轨迹近似沿对数螺旋，但会因送风而变形和扩散。涡旋通风的有效面积受角动量气流的限制。送风气流通常处于紊流状态，干扰了污染物的汇聚。

图5-10为$z=0$平面上气流的速度矢量。在地面附近存在明显的径向速度分布，并且径向速度随着距涡管距离的增加而减小。由于柱状空气涡旋的双曲线结构，同一列的污染源，由于距地面的高度不同，释放的污染物的流动路径是不同的。此外，在涡管外部区域，涡管附近存在一个远端上升气流和一个下降气流。因此，对于涡管外部流动区域的污染物，有两种基本的流动模式：向上流动模式和向

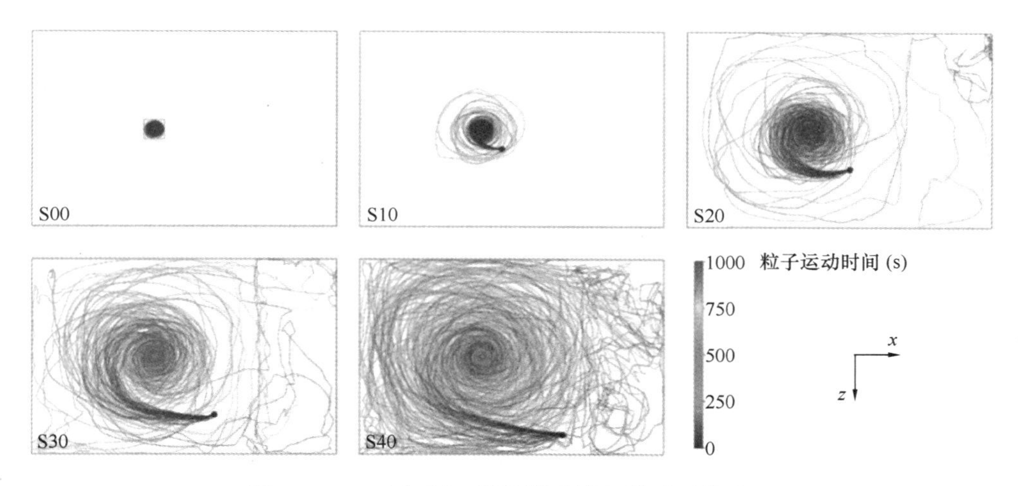

图 5-9 $y=0$ 平面上不同污染源位置的流动轨迹 *

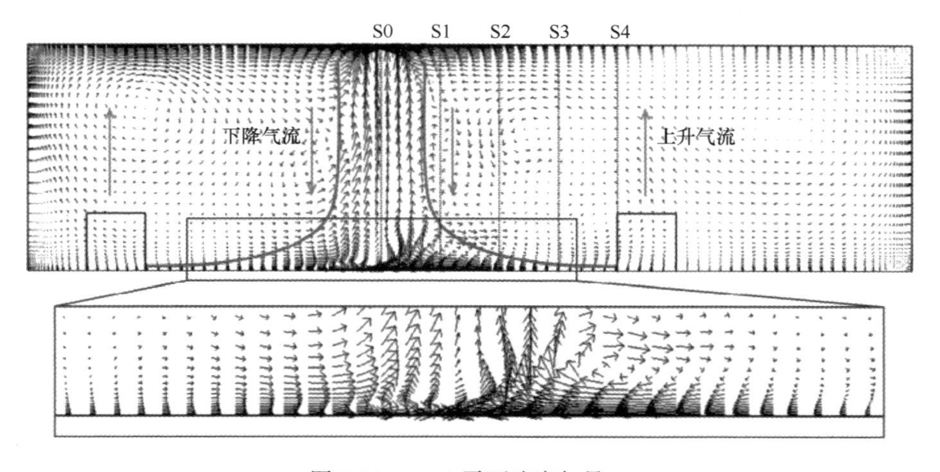

图 5-10 $z=0$ 平面速度矢量 *

下流动模式。

图 5-11 给出了 S2 列污染源的颗粒运动轨迹，4 个点源（S20，S21，S22，S23）分别从 0m 到 3m。当污染源位于双曲线内时（S20），污染物以对数螺旋轨迹被吸入涡管，然后向上移动到排风口，几乎不扩散到房间的其余部分。然而，当污染源位于双曲线外时（S21，S22，S23），其径向向心速度很小，污染物绕涡管旋转。

5.2.2 平行流通风

送风射流沿程不断地卷吸环境空气，夹带的环境空气在射流中掺混并与送风气

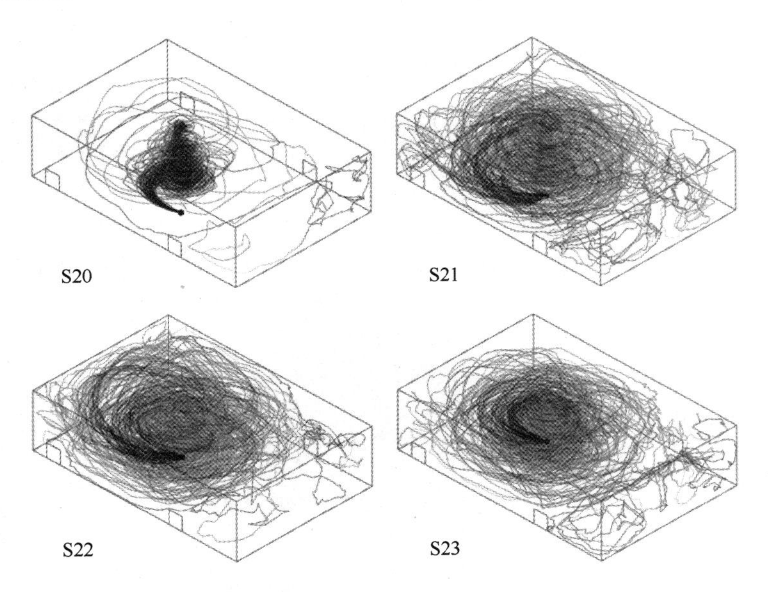

图 5-11 不同垂直方向污染源的流动轨迹（S20，S21，S22，S23）*

流一起运输。传统送风射流由于出风气流方向性差，速度分布不均匀，导致沿着流动路径掺混的环境空气量大，射流衰减较快，射程较近。研究提出了平行流送风模式，送风气流具有等速同向的出流特征（图 5-12），可减小环境空气的卷吸，降低掺混，增长送风距离。

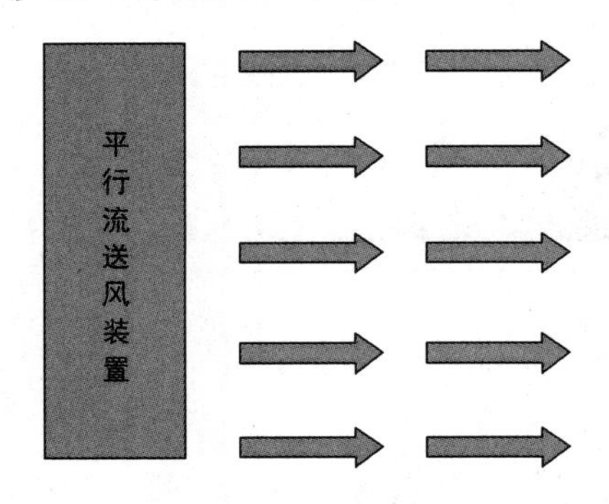

图 5-12 平行流送风原理

(1) 平行流流场特性及实现装置

1) 送风均匀性的影响

通风气流与环境空气沿流动路径混合越多，所需排风量越大，需要的能耗也就越大。要减少射流掺混，抑制射流质量输运，就必须明确最佳送风条件。因此，研究了送风速度分布均匀性及方向性对送风射流和环境空气掺混量的影响。

送风口处的气流速度分布取决于风口的形状及送风管道的布置。如图 5-13 所示，若出风口前的管道是一段直管，其出口的速度分布为抛物型或集中型；若送风口的出风由一离心风机控制，流体由于离心力的作用，出风口处的速度分布为双边型；若在送风口

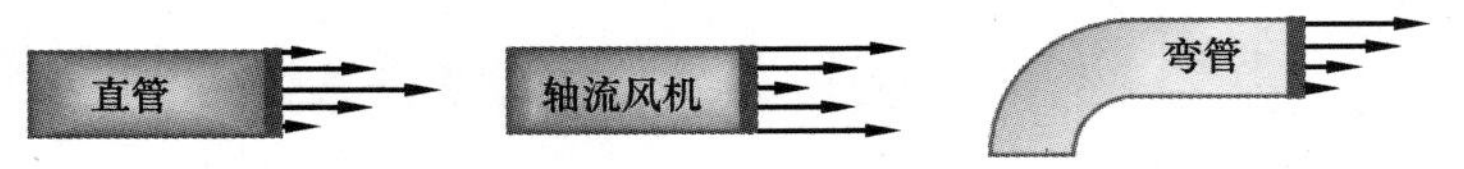

图 5-13 工程条件常见速度分布形式

前有一段弯曲的管道，出风口的速度分布为单侧型。因此，基于工程实际，设计了5种速度分布形式，以探索送风均匀性对送风气流掺混特性的影响，见表5-1[3]。

送风均匀性的工况 **表5-1**

工况	流动模型	示意图	数学表达式（m/s）
工况1	均匀		$U_x=4$
工况2	抛物型		$U_x=4.94-3\times\left(\frac{y}{0.1}\right)^2$
工况3	单侧型		$U_x=3.9-30y$
工况4	集中型		$U_x=8\pm80y$
工况5	双边型		$U_x=\pm81.5y$

为对沿程卷吸的环境空气进行定量化的分析，定义了沿程环境空气掺混率ε，其公式如下：

$$\varepsilon=\frac{Q_{Ri}}{Q_{in}}=\frac{\int_0^y \rho Y_{Ai}u_{xi}\mathrm{d}y}{Q_{in}} \quad (5\text{-}1)$$

由于射流断面不断扩大，环境流体不断的被夹带，使沿程混合的环境空气量不断增加。如图5-14所示，其中均匀与抛物型送风剖面下的环境空气混合量最小，单侧型与集中型速度分布下的环境空气混合量次之，双边型速度剖面下环境空气混合量最大。这是由不同分布的送风条件在送风口处具有不同的速度梯度，从而产生不同的横向动量，最终导致送风气流与环境流体的掺混能力不同，掺混量也就不同。

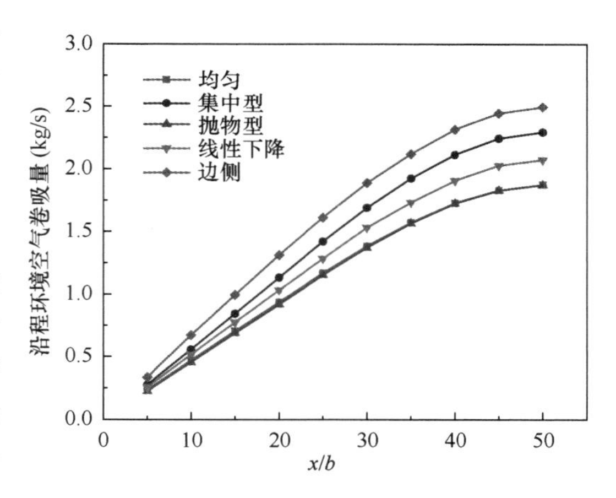

图5-14 不同流动模型下的沿程环境空气卷吸量

2）送风方向性的影响

为探索送风方向对吹吸流场掺混特征的影响。设计了3种不同的送风方向，包括一种送风角度为0°的送风形式，即送风方向与主流方向平行。两种具有送风角度但送风方向的分布不均匀，同一出风断面上有45°的送风角度，亦有－45°的送风角度。具体的设计细节见表5-2[4]。

不同送风方向的模拟条件设置　　　表5-2

工况	送风角度 θ	示意图
工况1	0°	
工况2	±45°	
工况3	∓45°	

图5-15为不同送风方向下整个断面处沿程掺混的环境空气卷吸量。当送风气流有方向，但方向的分布不均匀时，不均匀的送风方向导致送风气流的相互碰撞，送风气流与环境空气之间的动量交换能力发生改变，最终导致送风气流沿程掺混的环境空气量增大。

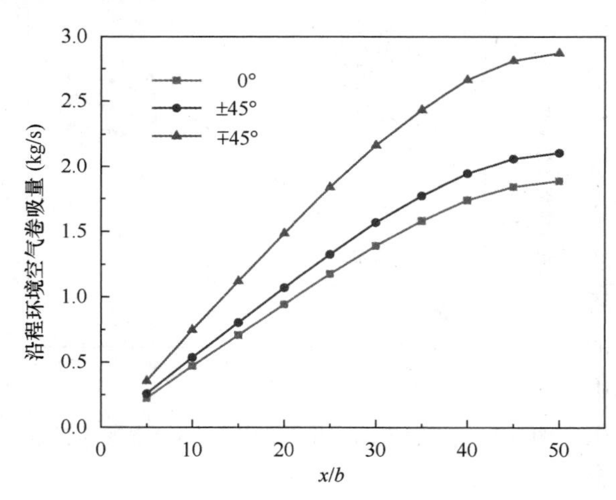

图5-15　不同送风方向下的沿程环境空气卷吸量

3）平行流送风装置

等速同向的送风气流是远距离输运新鲜空气的关键。为实现等速同向的送风模式，可在普通的方形送风口和送风管段之间添加整流装置，如图5-16(a)所示，整流装置调整了送风速度分布的均匀性，另外把气流中的大尺度旋涡分割成小旋涡，因而有利于加快涡旋的衰减，从而降低了气流的湍流度。通过整流装置的调整，出风口有效实现了等速同向的气流分布，如图5-16(b)所示。通过发烟试验，可以看出，增加整流装置可有效降低掺混，如图5-16(c)所示。

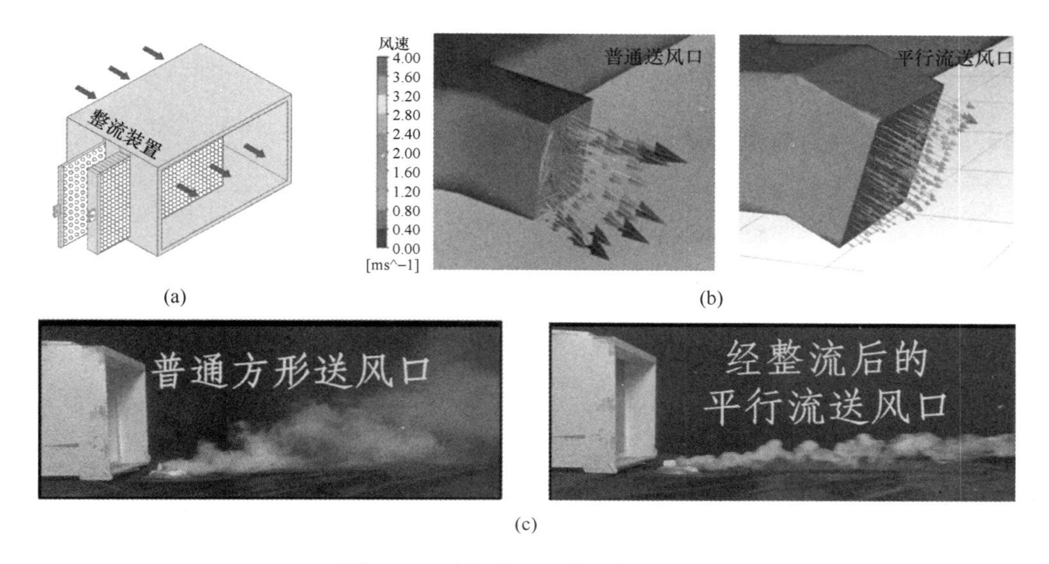

图 5-16 平行流送风装置与性能 *

（a）平行流送风装置；（b）平行流送风装置出口断面气流分布；

（c）普通送风口与平行流送风口发烟可视化

（2）平行流岗位送风

利用平行流送风原理，提出了平行流岗位送风模式。平行流岗位送风是将经过整流装置处理后的近似等速同向的新鲜空气输运至工作区，由于送风气流等速同向，从而使得送风气流沿程卷吸环境空气量小，送风距离远，可定向工作区输运新鲜的空气，如图 5-17 所示。

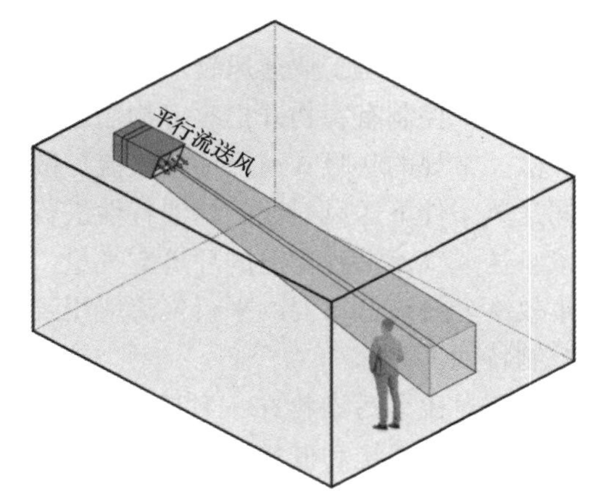

图 5-17 平行流岗位送风作用方式

夏季和冬季分别输送冷气流和热气流，即送风射流为非等温射流。图 5-18 为送风角度为 α 时平行流送风口与传统方形送风口下非等温空气的轨迹对比图。可以看出非等温工况时，在浮力的作用下，相较于传统送风口，平行流送风口气流的方向的保持性好，气流偏转角度小。通过对比拟合得到平行流送风口下非等温射流的轨迹方程：

送风角度为 α 时，非等温平行流射流轨迹为：

$$y/\sqrt{A_0} = x/\sqrt{A_0}\tan\alpha + 7.8Ar\sqrt{(T_0/T_r)}\left\{x/\left[\sqrt{A_0}\cos\alpha\right]\right\}^{1.1} \tag{5-2}$$

式中 α——送风角度；

T_0——送风温度，℃；

T_r——环境温度，℃；

A_0——送风口面积，m^2。

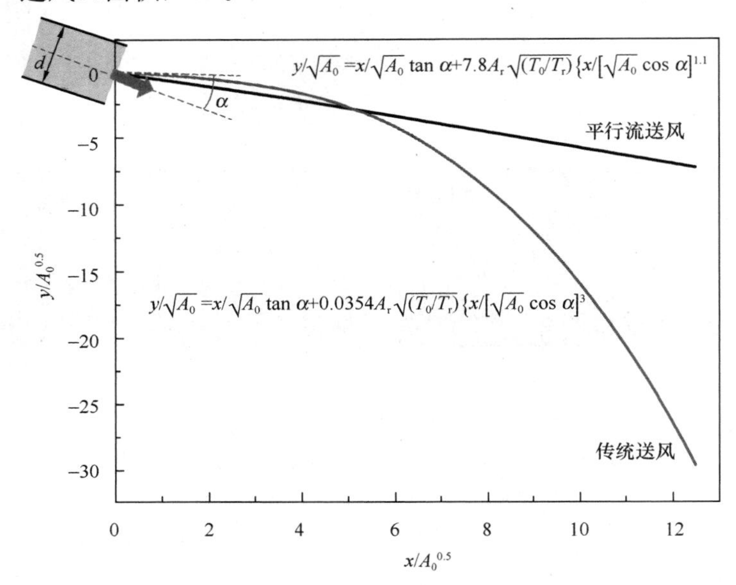

图 5-18 平行流送风口与传统方形送风口非等温射流轨迹对比图

（3）平行流吹吸通风

吹吸式通风是工业通风领域常采用的一种污染物控制方法，以吹风口的送风射流为动力，控制有害物并把有害物输送至排风口处理或排除，并用射流阻挡有害物的扩散。常规的吹吸式通风污染气流扩散范围大、排风量大、控制距离短。通过对不同送风条件下送风射流的掺混特性进行研究，发现等速同向的平行送风气流可有效减小送风气流沿程掺混的环境空气量。为降低吹吸通风系统能耗，提高污染物的捕集效率，将该低掺混的平行气流应用到吹吸式通风系统上，分析了其流动和污染物控制特性。

研究对比了污染物在三种吹吸式通风系统下的分布情况[5]。如图 5-19 所示，可以看到高速系统和低速系统下，污染气流扩散到整个吹吸流场。相反，污染物在平行流吹吸通风系统下的扩散范围明显减小，污染物主要集中在流场下部区域。这是因为平行流吹吸式通风系统下的送风气流的紊流度及均匀度远低于其他两种系统，低速且均匀性好的送风气流限制了送风气流与环境空气及污染气流的掺混，从而使污染气流尽量平行地输送至排风口。

在平行流吹吸系统中，低速且分布均匀的送风气流抑制了污染气流在吹吸流场

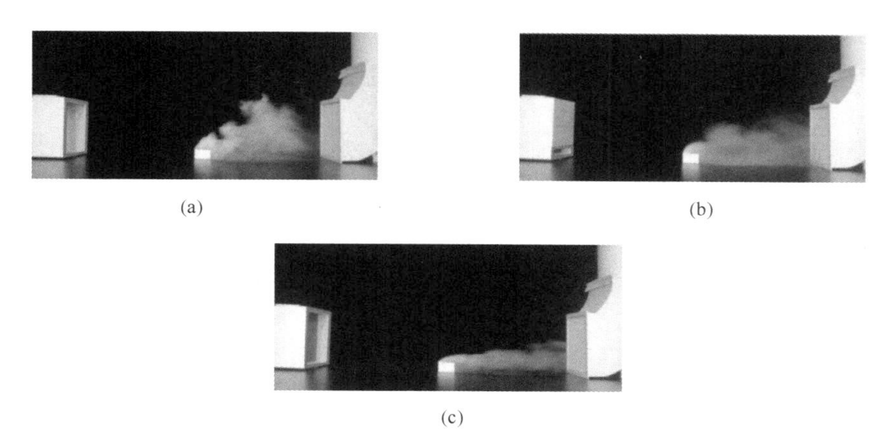

(a)

(b)

(c)

图 5-19 不同吹吸式通风系统下污染气流的流动可视化

(a) 高速系统；(b) 低速系统；(c) 平行流吹吸系统

中的扩散，使得污染气流在流场中的扩散范围小。在此基础上，通过降低排风口的排风流量，降低吹吸式通风系统的流量比（$K=Q_{吹}/Q_{吸}$）来对比平行流吹吸式通风系统下污染物的扩散及捕集情况，从而观察平行流吹吸式通风系统的经济节能潜力。通过对比可以看到，当流量比 K 由 1∶4 降至 1∶1 时，污染物的扩散范围没有显著的变化，污染物均能很好地被控制，如图 5-20 所示，这表明了在平行流吹吸通风系统中，降低排风流量不会显著改变污染物的扩散范围。

(a)

(b)

图 5-20 不同流量比 K 下，平行流吹吸式通风系统下污染物的流动可视化

(a) $K=1:4$，$h_{out}=0.3$m；(b) $K=1:1$，$h_{out}=0.15$m

5.2.3 涡环通风

为了兼顾室内空气品质和节能，个性化通风系统得到广泛的研究。然而，对于个性化通风系统的实际应用却不尽如人意，这主要是受到现有个性化通风系统往往需要将送风末端装置设置在呼吸区附近的限制。涡环个性化送风可以较好地将新鲜空气包裹在自身体积中，以较少的能量耗散将新鲜空气输送至目标区域，从而实现对局部区域的送风。因此利用空气涡环进行送风时，既可以实现较高的新风比，又可以提高系统的灵活性，是一种具有应用潜力的气流组织形式。

(1) 涡环送风原理

涡环送风就是利用涡环这种流体结构为特定目标区供给新鲜空气。图 5-21 展示了涡环送风模式的示意图，它具有以下特征[6]：

1）远距离定向送风：空气涡环在运动过程中以较低的能量消耗向前运动，可以维持自身形态输送至较远的距离，且运动过程中不易受环境流体的干扰；

2）送风效率高：由于涡环在输送过程中与周围静止环境流体掺混较少，实现以较低的送风量满足呼吸区的送风需求。

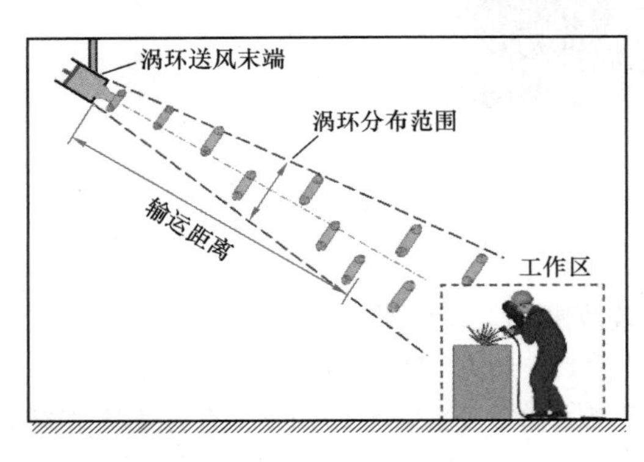

图 5-21　涡环送风原理图

(2) 涡环送风机制

涡环的几何形状可以通过两个参数来定义：涡环直径（D_r）和涡核直径（d_c）。本研究中涡环在形成过程中的结构如图 5-22 所示，用烟雾示踪涡环，d_c由垂直运动方向上涡核中心到涡核边缘的距离确定，D_r由垂直运动方向上两个轴对称涡核的中心距离确定。可以直观地发现，涡环在运动过程中（生成阶段），同时进行着自身的耗散与周围环境流体的卷吸，即涡环在生成阶段体积尚未达到稳定时就已经包含了部分环境流体体积。实验通过拍摄得到清晰的涡环轮廓即对称涡核的位置，测量涡环生成过程中任一时刻的涡核直径与涡环直径尺寸，通过下式计算涡环的体积[6]：

$$V = \pi D_r \cdot \frac{1}{4}\pi d_c^2 = \frac{1}{4}\pi D_r d_c^2 \tag{5-3}$$

根据 Shusser[7]等提出的流动运动学假说定义涡环生成过程，当涡环的平动速度等于其周围射流速度时，涡环完全生成，此时涡环速度趋于稳定。故从涡环自孔口边缘卷起至涡环平动速度满足涡环生成标志，均为涡环的生成阶段。如图 5-23 所示，涡环的整个形成过程可以细分为三种状态：(a) 为涡环脱落前的状态，自涡环自孔口边缘卷起时，从涡环生成腔孔口喷出的射流不断向涡环提供动量与质量，涡环体积不断增大，速度不断增加；(b) 为涡环脱落时的状态，可以直观地看到，从涡环生成腔孔口喷出的射流对涡环的作用截止，不再为涡环提供动量与质量的供应，涡环断面呈现收缩趋势；(c) 为涡环脱落后的状态，原本与射流相连的断面发生收缩，此时涡环在不断卷吸周围环境流体的同时，从该断面产生较为明显的耗散。

图 5-24 展示了不同推程下，涡环形成过程中的平动速度变化定律。表明在不

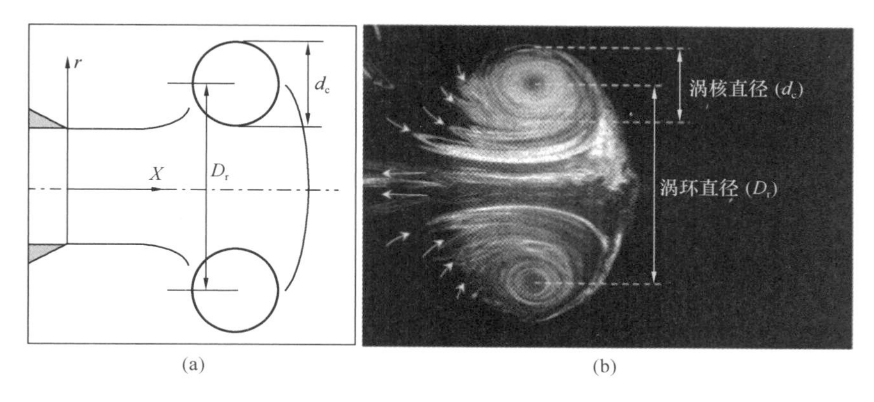

(a) (b)

图 5-22 涡环的结构

同工况下，尽管过量的射流导致涡环自身结构出现不稳定情况，但是涡环均可以达到稳定的平动速度。同时，随着推程的增加，涡环的平动速度逐渐增加，但是当推程 L 超过 100mm 时，涡环的平动速度不再增加，数值近似相等。

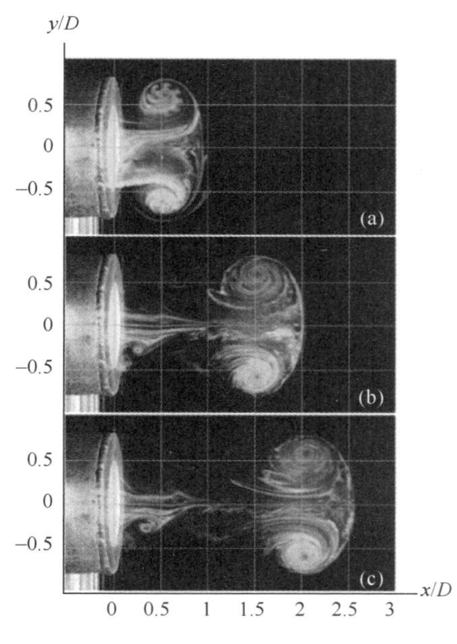

图 5-23 涡环生成过程的三种状态

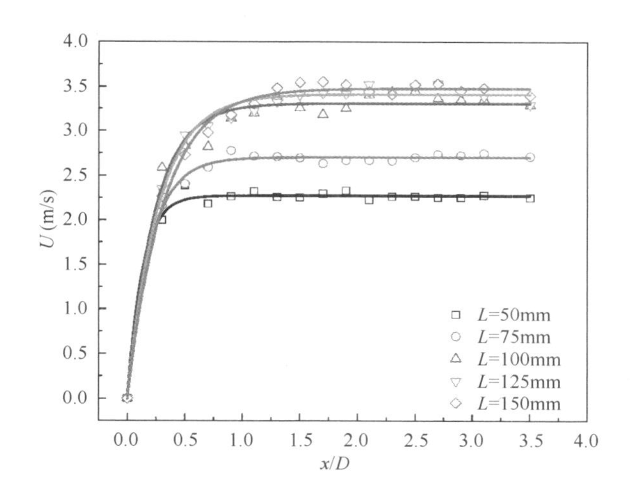

图 5-24 涡环平动速度变化

（3）涡环输送特性

图 5-25 展示了 100 个独立涡环以及整体的平均偏离程度，发现随着输送距离的增加，涡环群的分布范围越来越大，这意味着在使用涡环送风时，应充分考虑涡

环的送风距离和分布范围，确保涡环送风的分布范围覆盖送风区域[8]

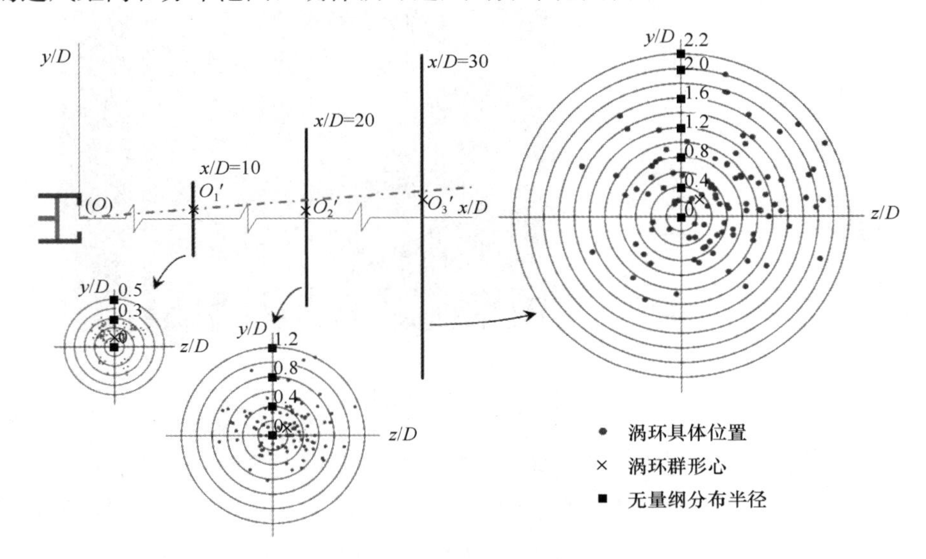

图 5-25　涡环的偏移与分布 *

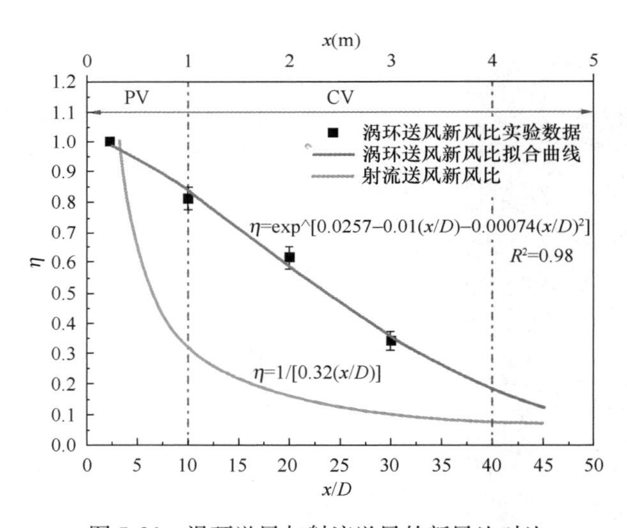

图 5-26　涡环送风与射流送风的新风比对比

图 5-26 对比了在 0～4m 范围内涡环送风与传统圆孔射流送风的新风率。圆孔射流送风是传统通风中效率最高的送风形式，其速度衰减慢、耗散小，送风距离长。由图 5-26 可知，在常用的个性化送风/局部送风（0～1m）和全面送风（1～4m）的不同尺度下，涡环送风的新风率都显著高于传统圆孔射流送风，新风率平均提高 37.6%，最大可在 0.89m 实现 159.3%，由此可见，涡环在通风领域具备极好的应用潜力。

5.3 适宜性测试和计算分析方法

高污染散发类工业建筑室内环境常常具有大尺度、高温、高浓度等特征，传统的直接进行接触式测量极易造成测试仪器损坏和失灵，数值预测方法在应对大尺度空间污染物传输时也存在计算速度缓慢的问题。为了更好地解决高污染散发类工业建筑室内环境特征引起的测试与预测方面的问题，研究提出了新式纹影成像测试和快速计算流体力学方法。

5.3.1 彩色纹影成像测试方法

工业厂房内多类污染物存在温度高、浓度大等特征，难以直接接触式测量。纹影法是利用光在非均匀介质中发生不同的折射过程，通过刀口滤光，在成像平面上得到光强变化，使得可压缩流场的激波、高温引起的密度变化成为可以观察的图像。本研究利用纹影测量非接触、整场测试的优点，研发了彩色纹影成像技术及其后处理测速算法[9,10]。

彩色纹影成像测试方法由非接触测试系统和图片的后处理算法两部分组成，如图 5-27(a) 所示。通过彩色纹影非接触测试系统，可以定性观测污染气流的流形演变过程，热边界层以及涡流结构等流场分布。彩色纹影图片的后处理算法，包括热边界层高度测量，涡流大小测量以及彩色纹影测速等定量测试方法。其中，彩色纹影测速算法的测速精度相较于目前常用的纹影测速算法提高了 20%，见图 5-27(b)。研发的彩色纹影成像测速方法运用于高温液态金属倾倒的模型实验上，获得了倾倒过程诱导气流的速度分布规律，见图 5-27(c)[9]

5.3.2 快速计算流体力学方法

计算流体力学（CFD）数值模拟方法已经广泛应用于室内气流组织以及温湿度、污染物等分布规律的研究。但是，当使用 CFD 模拟复杂模型或工况的工业环境时，计算速度缓慢，这个不足会在参数控制优化等工程实际问题中显得格外突出。隐式快速数值计算算法（隐式 FFD）能够良好地克服这个问题，为快速模拟工业环境温湿度以及污染物的分布规律创造了条件[11]。

(1) 基于隐式 FFD 的快速计算模型

本书针对高温高湿工业环境的特点，在隐式 FFD 的基础上，发展了强自然对流快速计算模型，相对湿度快速计算模型，气态污染物快速计算模型，颗粒物快速计算模型[12]，并在 Open FOAM 软件平台中完成编译、参数设置及数值模拟，实现对高温高湿工业环境及污染物迁移特性的快速模拟。模拟结果与实验数据进行对比验证分析，证明了快速计算温度、相对湿度、污染物的可行性与准确性。其计算流程如图 5-28 所示。

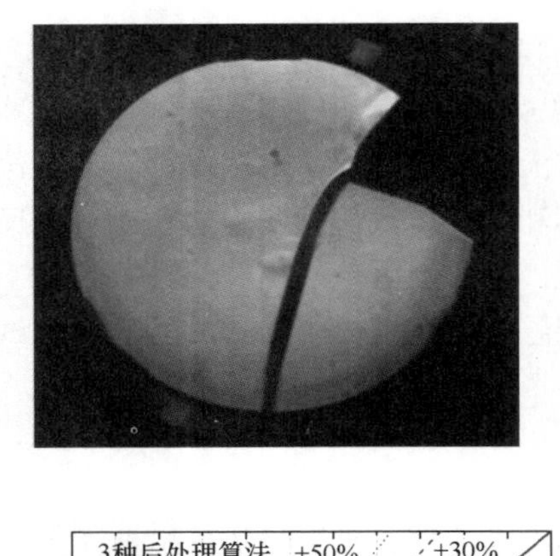

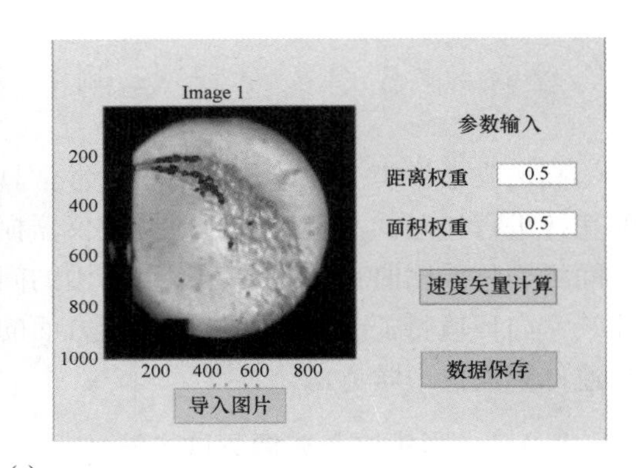

(a)

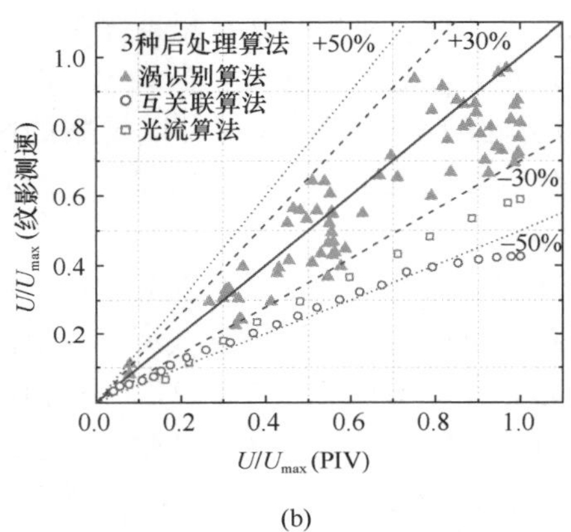

(b)

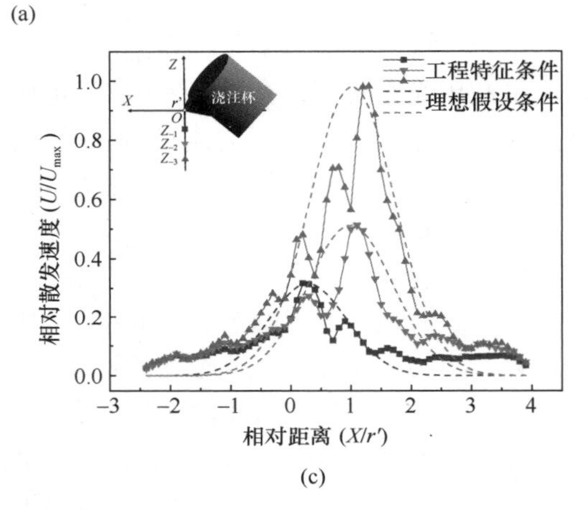

(c)

图 5-27　彩色纹影成像测试方法 *

(a) 彩色纹影成像测试系统；(b) 纹影测速结果精度对比；(c) 诱导气流流场速度分布规律

图 5-28　快速计算流体力学流程

(2) 工业环境实例验证

本案例是在颗粒物净化通风缩比模型试验台的基础上建立的，如图 5-29 所示，模型顶部均匀地布置了 4 个机械排风风口，排风口的下侧布置了 2 个送风管道，每个送风管道上等间距布置 3 个送风风口，房间的地面上依据工业厂房工作台的实际尺寸，安放了 6 个缩比后的工作台，房间侧壁上门始终开启，风速和风向由室内外的压力差决定。本案例中，同时使用 PIMPLE 算法模拟工业厂房机械排风案例，用以比较计算两种算法的计算速度和精度。通过与实验数据的对比，如图 5-30 和图 5-31 所示，比较两种算法在测点垂线位置上的速度值、颗粒物浓度与实验数据的差异。现场实测的结果和数值模拟结果基本吻合，在工业测量误差范围内呈现一致的规律。总体上，两个算法模拟出的颗粒物的室内分布情况相近，同时也与实验数值吻合。该案例使用单核 CPU 进行数值计算，计算时长如表 5-3 所示，隐式快速数值计算算法的计算速度较传统 PIMPLE 算法提高约 91%[12]。

隐式 FFD 和 PIMPLE 算法的数值计算时长 **表 5-3**

物理时间	时间步长	计算时间	
		隐式 FFD	PIMPLE 算法
150s	0.01s	4757s	53959s

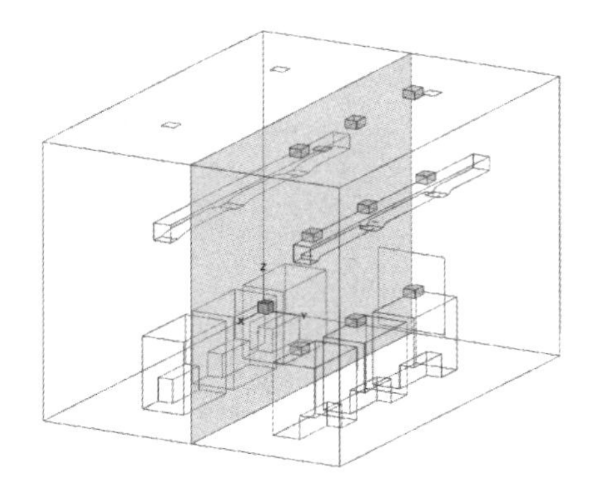

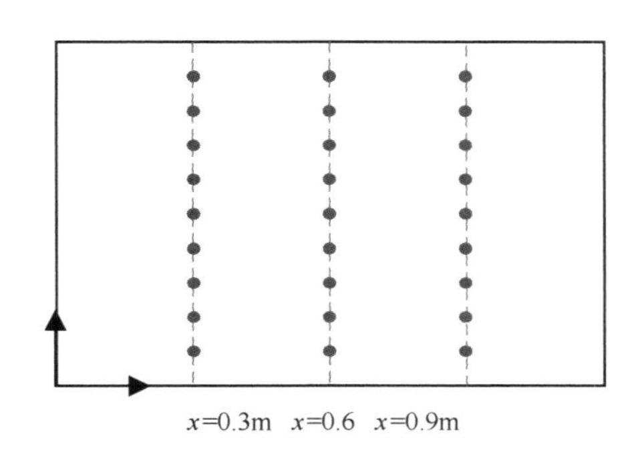

图 5-29 测点垂线示意图

(3) 工业建筑污染物快速数值模拟计算软件

基于 JAVA 平台和开源 CFD 计算软件 Open FOAM 框架开发出了适用于工业建筑污染物的快速数值模拟计算软件[11]，其软件结构框架图 5-32 所示：利用 SketchUp、SOLIDWORKS 等基础制图软件，绘制出基础模型；将其可识别文件导入 Icem、Gambit 等软件中，划分网格，导出 *.msh 格式网格文件；由于该快速计算过程会涉及风速、温湿度、污染物浓度等边界条件，开发了与几何模型创建软件（如 Gambit、ICEM 等）相连接的接口，进行基本设置、边界条件设置和求解

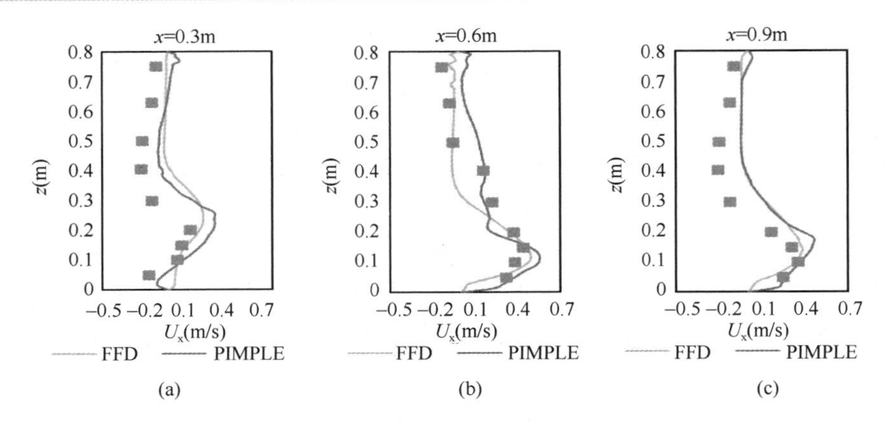

图 5-30　x 方向速度数据对比

（a）x=0.3m；（b）x=0.6m；（c）x=0.9m

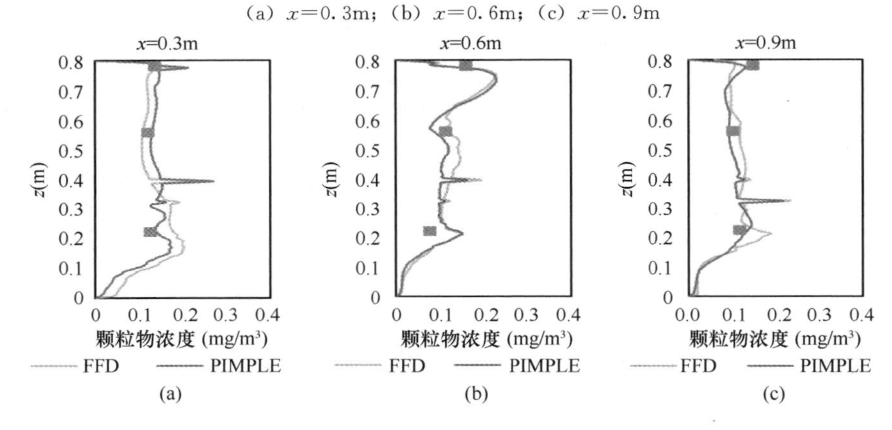

图 5-31　x 方向的室内颗粒物浓度对比

（a）x=0.3m；（b）x=0.6m；（c）x=0.9m

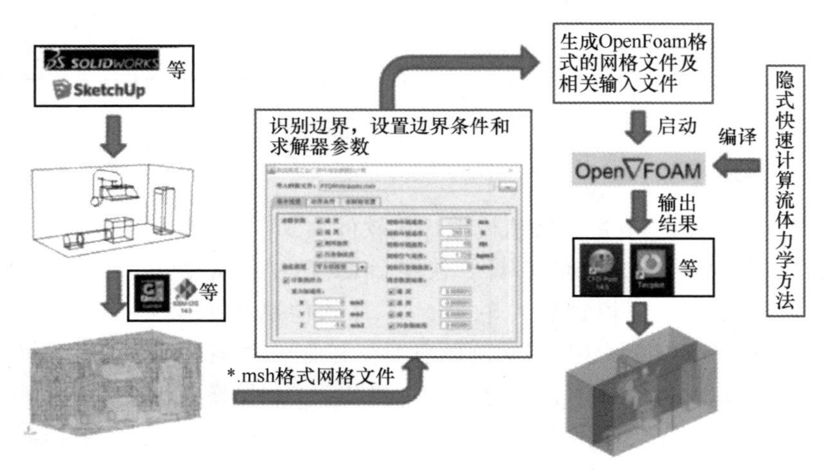

图 5-32　软件结构构架

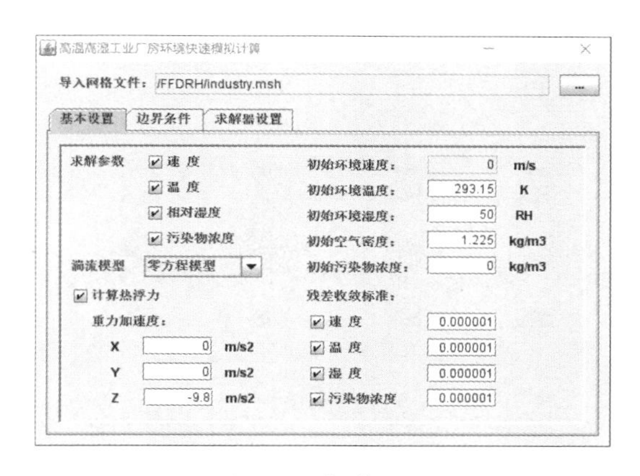

图 5-33 操作界面

器参数设置，生成 Open FOAM 格式的网格文件及相关输入文件；启动 Open FOAM 调用团队开发的隐式快速计算流体力学方法完成模拟计算的工作，然后输出结果，以便进一步利用 Tecplot、CFD-Post 等软件，对计算结果进行后处理。图 5-33为软件操作界面之一。此平台基于 Java 语言开发，具有强大的通用性，目前整个软件平台在 Linux 系统环境下运行，将来将进一步移植于 Windows 系统环境，扩展其适用范围。此平台的开发对于快速数值模拟计算方法的应用有积极的推动作用。

5.4 高温烟尘控制技术

高温烟尘是黑色和有色金属行业工艺生产过程中产生的典型污染物，高温烟气温度通常高达几百摄氏度，甚至超过 1000℃。工艺产生的高温热气流裹挟着高温烟尘形成气固两相流，热压作用强且体积流量大，由于工艺限制难以在理想位置设置排风罩，造成高温烟尘难以有效控制，严重影响室内环境质量，并引发巨大的通风能耗。本节介绍了代表性行业典型工艺过程中高温烟尘的散发特性与控制技术。

5.4.1 高温烟尘散发特性

(1) 热轧厂房高温烟尘散发特性

为探究黑色金属冶炼业热轧厂房精轧工艺的高温烟尘散发特性，利用扫描电镜（SEM）和激光粒度分布测定实验以及现场实测，对某典型热轧厂精轧工艺颗粒物进行微观形貌、粒径分布及其岗位环境污染规律研究。考虑到精轧工艺的周期性，本测试主要关注精轧区不同测点的时间性变化特征和空间差异特征。

按照规范要求并考虑轧机的轧制规律，此次测试设置了 3 个颗粒物采样点，分别选择在轧制后期的 F6、F7、F8 精轧机前 2m 处设置颗粒物测点，编号为测点 1、测点 2、测点 3，图 5-34 为测点布置示意图。

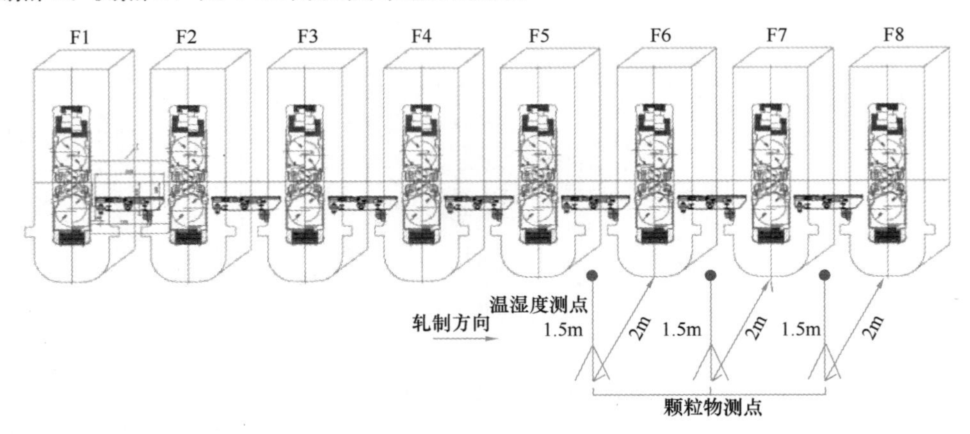

图 5-34 精轧工艺岗位环境测点布置示意图

对精轧源颗粒物 10 个粒径段数据进行线性回归可得到图 5-35[13]。其中，均匀度指数为 1.769，反映出颗粒物不均匀。进一步可得特征尺寸为 2.932μm，即颗粒粒径累积分布函数表达式如公式（5-4）所示。

$$F(d)=1-\exp\left[-\left[\frac{d}{2.932}\right)^{1.7679}\right] \tag{5-4}$$

图 5-36 为颗粒粒径累积分布的拟合函数与实测值的对比，颗粒粒径分布与 Rosin-Rammler 拟合函数规律相吻合（$R^2=0.972$），证明了该拟合函数的可靠性。

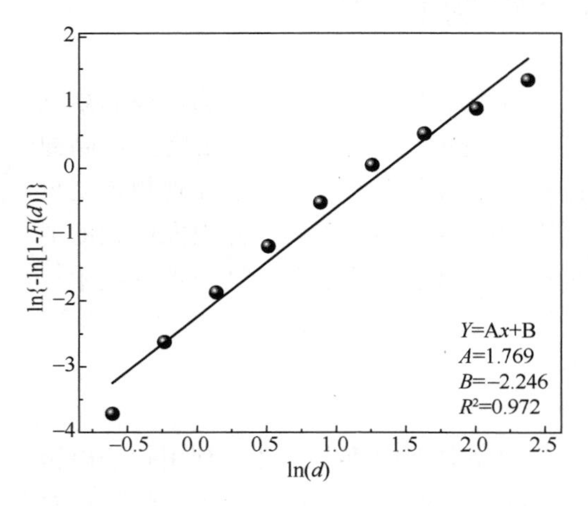

图 5-35 Rosin-Rammler 分布函数拟合图

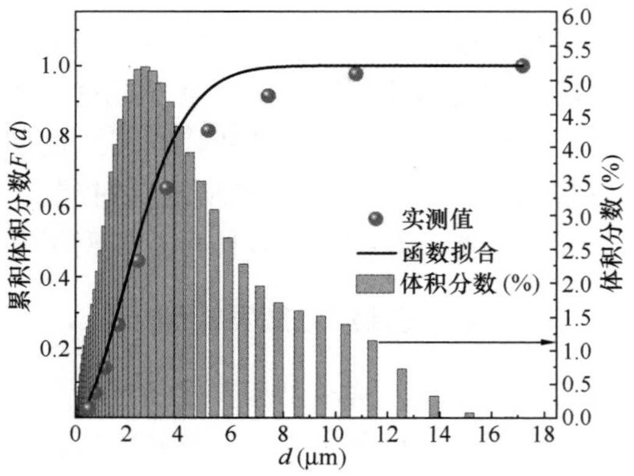

图 5-36 颗粒粒径累积分布的拟合函数与实测数据对比

（2）铅冶炼厂房高温烟尘散发特性

采用 SEM-EDS 实验研究，从微观角度进行颗粒物研究，是一种可靠、高效的颗粒物源项分析方法，为颗粒污染物实时监测提供重要的科学保障。精炼区颗粒物SEM-EDS实验结果如图5-37所示。图5-37(a)表明精炼区颗粒物呈现近珊瑚礁状，颗粒微观结构不规则、多棱角形，轮廓曲线间断和表面呈现较多孔隙结构、比表面积大，这与岗位环境二次扬尘积聚、加铅锭及捞浮渣木炭燃烧碳分子聚集有一定关联；图5-37(b) EDS分析得到元素在样品中的占比定量关系，其峰谱明显检出率高。

(a)

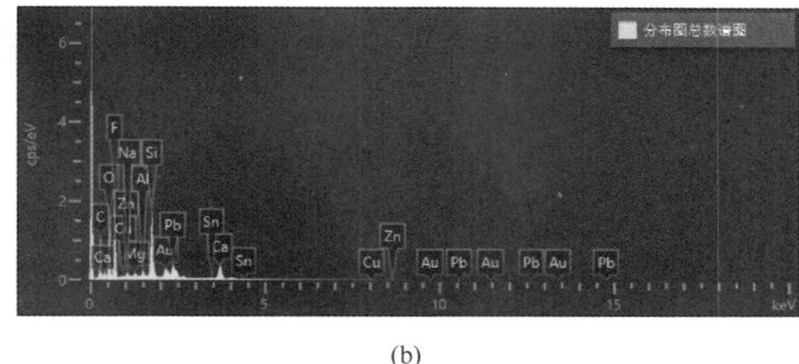

(b)

图5-37 颗粒物形貌和成分分析*

(a) SEM形态图；(b) EDS能谱图

(3) 铜冶炼厂房高温烟尘散发特性

对样品颗粒物进行形貌（SEM）测试，测试结果如图5-38所示。由图可知，颗粒微观结构呈不规则形状且组成较为复杂，主要由规则形态颗粒和不规则形态颗粒组成。其中规则颗粒按其形貌可分为块状、片状和层状等，不规则颗粒主要由烟尘集合体、燃煤飞灰颗粒和不规则矿物等组成。通过扫描电镜可清晰地看到形态规则的矿物颗粒多与其他颗粒聚集。

图5-38 污染源处颗粒物SEM形貌分析图

对于铜冶炼工艺，熔炼区污染源产生颗粒物中含有锌、铅、镉、铜、砷等污染元素。锌、铅、镉、铜、砷五个元素在颗粒物上质量百分比分别为4.93%、8.36%、3.66%、11.03%、21.33%，如图5-39所示。

对污染源颗粒数据进行线性回归可得到图5-40。其中，均匀度指数为0.677，反映出颗粒物不均匀。通过截距进一步可得特征尺寸为103.655μm，即颗粒物粒径累积分布函数表达式如式（5-5）所示。

$$F(d)=1-\exp\left[-\left(\frac{d}{103.655}\right)^{0.677}\right] \tag{5-5}$$

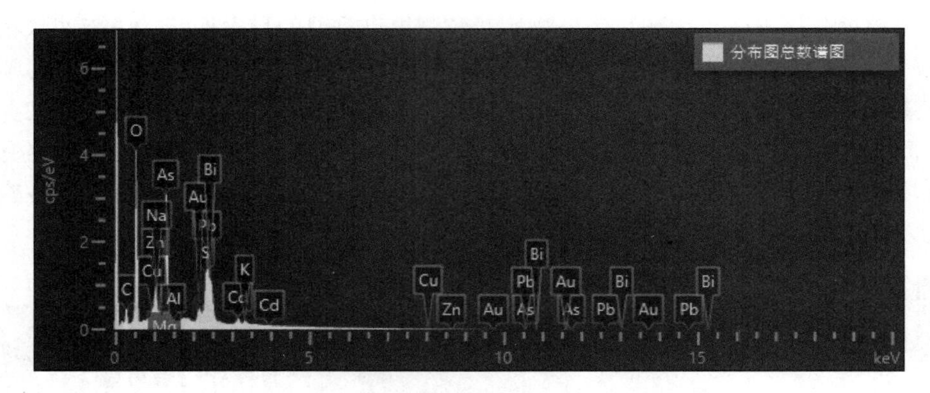

图 5-39　污染源处颗粒物能谱成分分析图

图 5-40 为颗粒粒径累积分布的拟合函数与实测值的对比，颗粒粒径分布与 Rosin-Rammler 拟合函数规律相吻合（$R^2=0.965$），证明了该拟合函数的准确性。

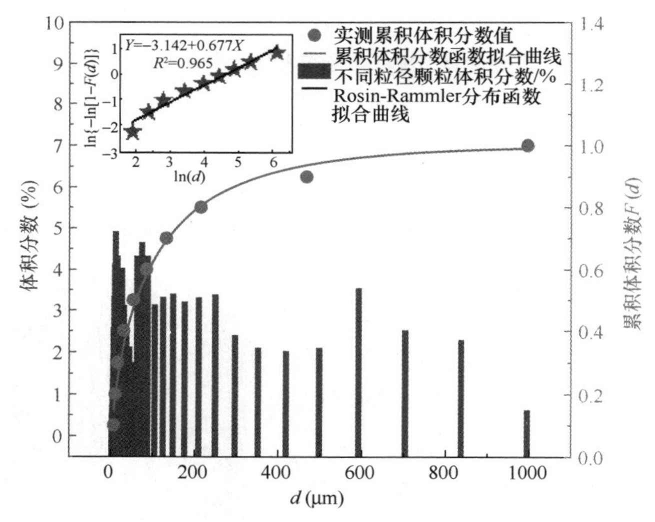

图 5-40　颗粒粒径分布的函数拟合与实测数据对比 *

5.4.2　喷雾通风技术

在高温金属热轧过程中，两个旋转轧辊在轧制金属时会诱导产生大量具有初速度的高温烟气，高温金属本身所产生的热辐射和高温烟气与环境温差所产生的对流热，导致在实际中难以对其实现高效控制，高温导致烟气扩散范围更大，对车间环境和工人健康造成严重危害。降低污染源源项温度，可有效减小污染源处粉尘等污染物的逸散量。而水在蒸发相变时会带走大量热量，水雾具有非常好的降温效果。因此，应用水雾来降低具有高温热源的工业建筑中源项高温烟气的温度，减小高温烟气的扩散范围，可达到节能且高效地控制工业厂房内高温烟气的目的，如图 5-41 所示[14]。

图 5-42 给出了高温烟尘散发角度对捕集效率的影响。未喷雾时，随着高温气流角度的增大，排风罩的捕集效率逐渐降低；而喷雾后，随着高温气流角度的增大，喷雾对排风罩捕集效率的改善程度显著提高。高温气流角度为 15°时捕集效率增量为 1.96％；高温气流角度为 30°时捕集效率增量为 33.33％；高温气流角度为 45°时捕集效率增量为 60.78％。由此证明，针对不同角度的高温气流，喷雾对排风罩性能的提高均有增效作用。因此，当排风罩无法在污染源就近设计时，喷雾为提高排风罩捕集效率提供了可行方法[15]。

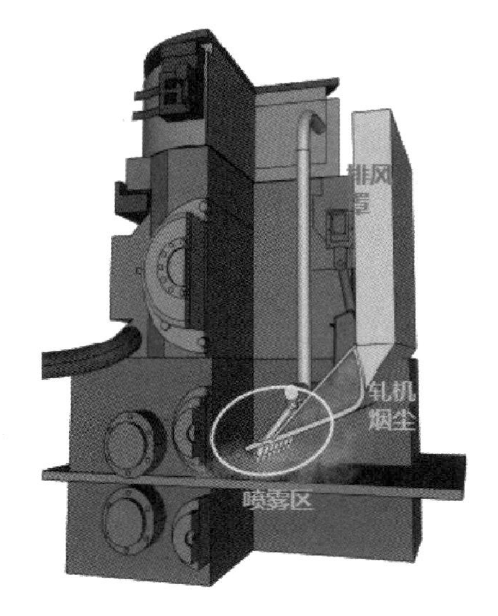

图 5-41　喷雾通风控温抑尘示意图

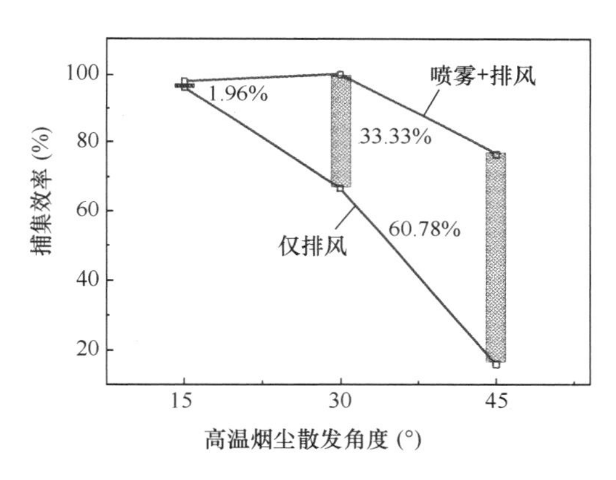

图 5-42　高温烟尘散发角度对捕集效率的影响

5.4.3　诱导通风技术

实际生产工艺过程中，高温烟气的散发方向具有一定角度，由于工艺条件限制无法设置相应角度的局部排风罩。针对该条件下高温烟气有害物瞬间排放量和逃逸率剧增的问题，利用引射流诱导通风原理，降低间歇生产过程中的有害物逃逸率峰值[16]。

诱导通风的基本原理是利用高速射流诱导扩散作用，加入高速射流以后，造成高温浮射流两侧形成压力差，靠近引射流的一侧压力小，因此改变了高温浮射流的轨迹发生偏转，从而能够被排风罩有效捕集。有无引射通风效果对比如图 5-43所示，当未加诱导通风时，高温浮射流流动方向偏离排风罩，有害物逃逸量较多。加入高速引射流以后，会在高速引射流周围形成负压区，卷吸周围空气，从而对周围空气产生诱导作用，实现对高温浮射流流动方向的修正，使有害物的逃逸率减小。

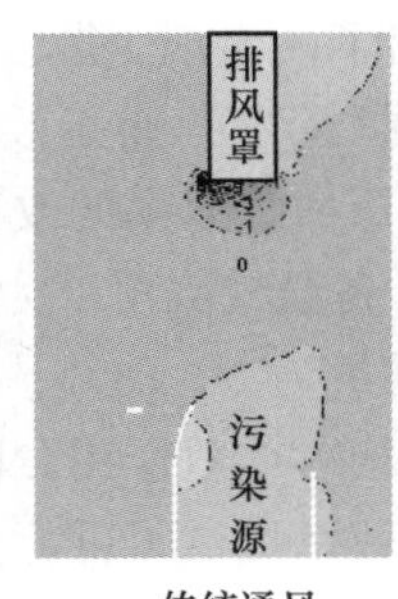

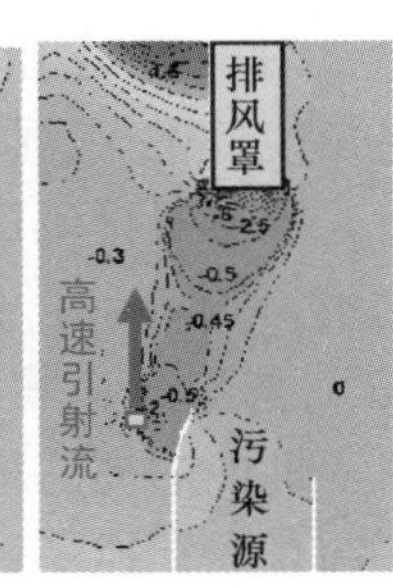

图 5-43　有无诱导通风效果对比图 *

在工业冶炼转炉以及倒罐的过程，经常会伴随着各种污染物的产生，且这类污染物具有阵发性、温度高、浓度大等特点，主要表现为阵发性高温浮射流卷吸烟尘颗粒扩散。为了得到加入引射流后局部通风捕集效率的变化，通过计算得到引射流作用下的不同时刻局部通风系统的捕集效率，图 5-44 为不同引射流速度下不同散发阶段的平均捕集效率。从图 5-44 可以发现，中期最佳引射流速度应在 6.0m/s$\leqslant V_Y <$10.0m/s 取值，后期应在 4.0m/s$\leqslant V_Y <$10.0m/s 取值，达到提高捕集效率的效果。

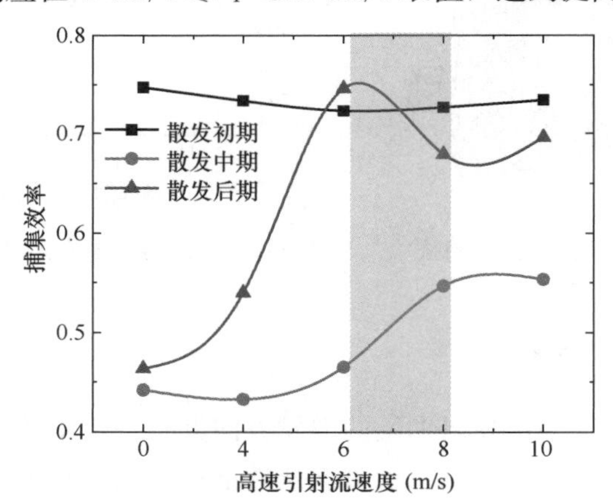

图 5-44　不同引射流速度下不同散发阶段平均捕集效率

5.5　有害气体控制技术

根据对橡胶行业有害气体控制现状的调研分析，发现其存在大风量、低浓度的特点，如何有效对其进行收集是有害气体控制的关键，也是后续治理的瓶颈问题。

因此，如何突破橡胶行业有害气体传统的恒定式大风量收集瓶颈，在收集系统节能、降低风量方面探寻新的路径，成为橡胶行业有害气体收集治理迫切需要解决的共性难题。

本节介绍了橡胶行业硫化工艺中有害气体高效控制技术、装置与方法，包括：与工艺过程联动的高效捕集装置、多源排风重叠率与系统设计方法、均匀排风装置和多末端简易总风量控制法，并分析了其在某硫化车间中的应用效果。

5.5.1 与工艺过程联动的高效捕集装置

针对硫化工艺生产设备产生的有害气体散发呈周期性、间歇性的特点，通过结合生产设备的结构及工艺过程，开发出了一种高效热废分离的分阶段动态捕集装置[17]。如图 5-45(a) 所示，该捕集装置在顶部开两个口，其中一个用于排除废气，一个用于排热，在排废支管处安装电动风阀，仅在有害气体散发时段开启电动风阀，收集并排除废气；散发结束时，关闭电动风阀，开启排热风口，防止热堆积引起下一周期废气溢出。如图 5-45(b) 所示，该捕集装置的运行规则是通过生产设备废气散发周期确定的计时控制策略，为了防止开模瞬间阵发性废气的溢出，设置了排废支风管电动风阀 30～60s 的提前开启时间。

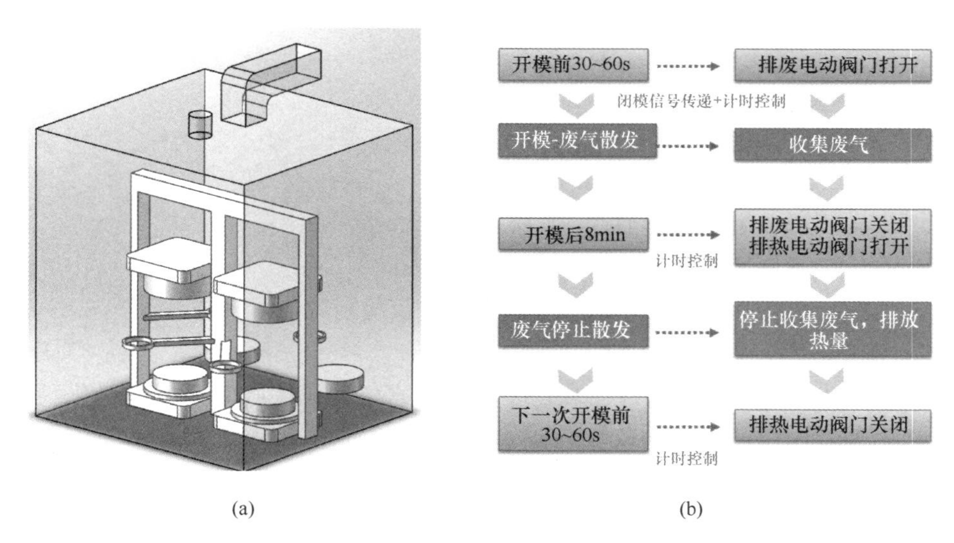

图 5-45 高效热废分离捕集装置结构与控制策略

(a) 热废分离罩示意图；(b) 热废分离罩控制策略

研究基于 CFD 数值模拟的辅助设计，分析了以捕集效率为目标的高效热废分离捕集装置关键参数，确定了风量、围挡高度、废气收集时间等关键设计值。将岗位环境控制与废气捕集所需补风气流组织相结合，进一步实现了基于该捕集装置的工作区热环境及呼吸区污染浓度的良好控制。

5.5.2　多源排风重叠率与系统设计方法

硫化工艺中，通常是多台生产设备集群并行工作。通过对某硫化车间有害气体散发进行监测，得到某两个生产周期内该生产线的有害气体散发时间分布情况，如图5-46(a) 所示。工人对机器的操作决定了有害气体开始散发的时间，由于工人操作时间上的先后顺序，造成了工人所负责的该组机器的有害气体散发时间存在不同程度的重叠。由此看出，在不同的时刻，同时处于有害气体散发状态的设备数量是不相同的，而且在任意时刻，一条硫化线上需要排风的硫化设备数量总是少于总设备数量[18]。

针对多设备非同时散发的特征，研究提出了基于二项分布模型、蒙特卡洛模型的污染散发重叠率计算方法，综合考虑了工人数、操作时间、散发周期、工作周期、散发源数等影响因素；并通过权衡所取的重叠率作为系统的设计同时系数，权衡所取是指在确定设计同时系数之后，允许有一部分时间出现重叠率大于设计同时系数的情况，这部分时间占运行时间的比值为不保证率，进而导出如下设计同时系数计算模型：

$$CF = 1.127\frac{\tau_{\varepsilon}}{\tau}0.015W\left[\frac{m}{\frac{\tau_{w}+\tau_{c}}{\tau_{w}}}\right]+0.026 \quad (R^2=0.96) \tag{5-6}$$

式中　CF——设计同时系数；

τ——工作周期时间，min；

τ_{ε}——排风时间，min；

τ_{w}——每台设备操作时间，min；

τ_{c}——硫化时间，min；

m——系统中设备数量（污染物散发点位数）；

W——工人数量。

通过上述研究，建立了一套面向多点位有害气体集中收集风量减量化理论和方法。综上，以设计同时系数作为多点位集中收集系统总风量设计的依据，可获得：

$$Q = CF \times q \times m \tag{5-7}$$

式中　Q——设计总风量，m^3/h；

q——单个排风罩设计风量，m^3/h。

根据上述计算模型，对某生产线集中收集系统设计风量进行案例分析，如图5-46(b)所示，设计风量相比传统单台设计风量累计值节约了45%。

面向未来的自动化生产线，进一步研究了多点位有害气体集中收集系统无人参

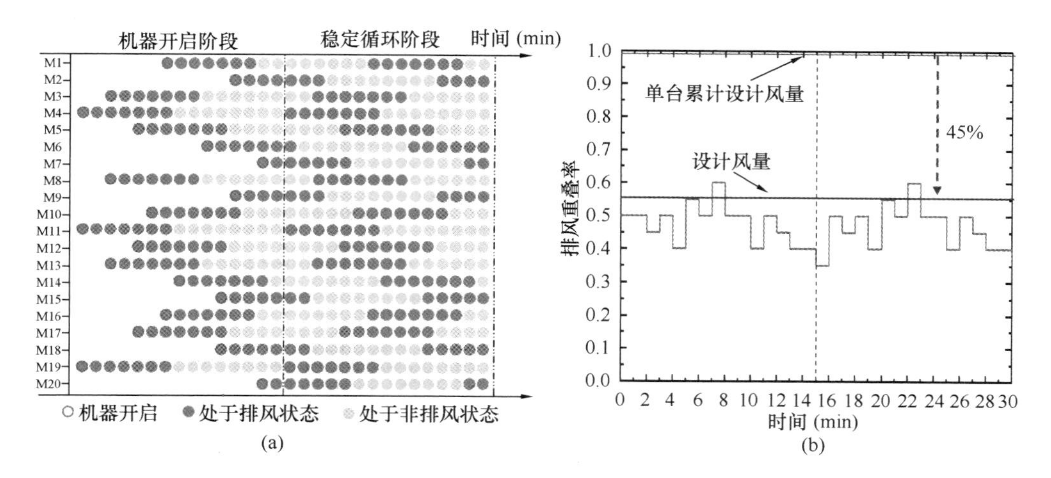

图 5-46 多点位集中收集系统设计案例

（a）多污染源运行下的重叠率的点阵图；（b）基于重叠率的设计同时系数

与下，设计风量优化调度的理论与方法，在不影响产量的前提下，研究提出有害气体收集系统所需的极限设计风量。针对相同周期的多点位并列随机的自动生产线，建立了 $1/n$ 间隔的自动生产耦合通风的优化调度模型；针对不同周期的多点位并列随机的自动生产线，建立了模块化的优化调度模型。通过优化调度，将“无序”的设备运行方式“有序”化。结合前述生产线多点位有害气体集中收集系统风量的设计，进一步应用无人参与条件下的优化调度方法，可进一步降低系统收集风量，图 5-47(a)所示为调度后的多源设备有害气体散发点阵图，图 5-47(b) 所示为调度

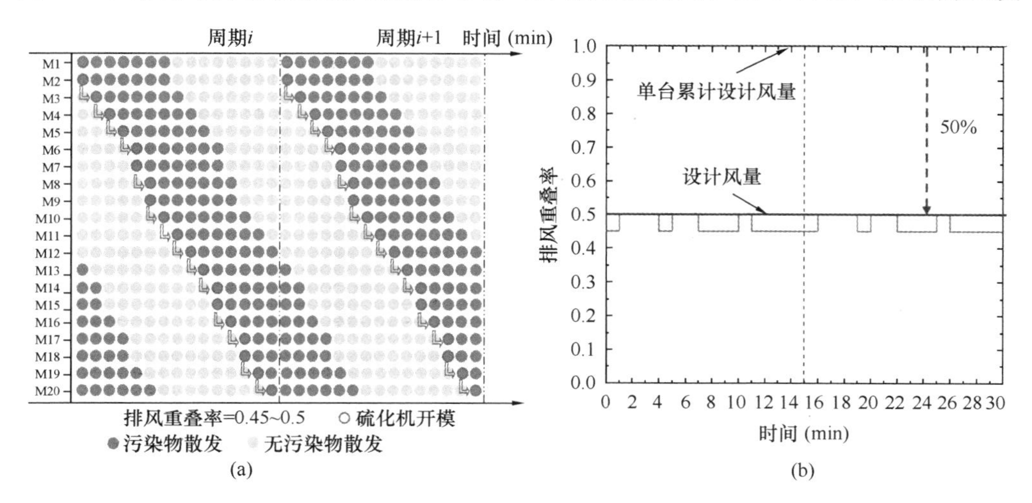

图 5-47 多源排风重叠率模型、调度与设计同时系数确定

（a）调度后的点阵图表征；（b）调度后的设计同时系数

后的设计同时系数，比调度前（图 5-47b）减少了 5%设计风量，且周期内所需风量与设计风量最大偏差仅为 5%，调度后的系统可不必变风量运行，降低系统运行管理难度。

5.5.3 均匀排风装置

多末端集中收集系统中各支路排风量的保证是一个非常具有挑战的工程技术难题。为避免繁复的调节阀动作，以及高阻力、昂贵的定风量阀的应用，开发了一种如图 5-48 所示的低成本均匀排风装置[19]。

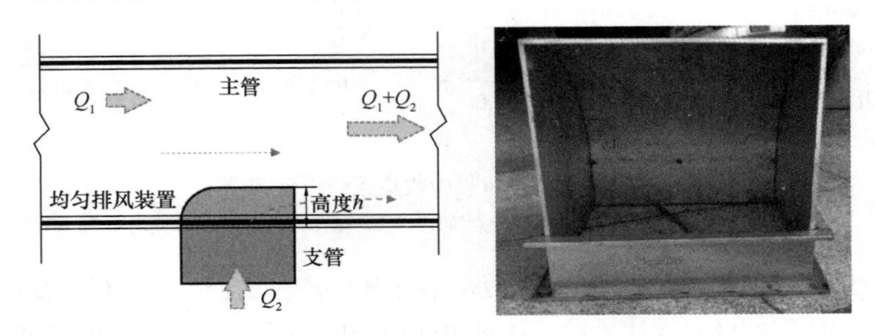

图 5-48 均匀排风装置的一次性定型结构设计参数及其工业用产品样品外形

该装置基于流体动力学中关于导流及其动压分配的原理，根据流体汇流过程动量损失最小化原则，实现了湍流发生率较低、冲击能量耗散可控的气流剪切汇聚结构形式，研究建立了该装置在不同流量比、截面比下的直通、汇流阻力系数，实现以单一结构变量（汇流高度）的装置阻力特性可设计化、可控化目标。该装置应用于硫化车间废气收集系统效果如图 5-49 所示，图 5-49(a) 为有/无均匀排风装置系统排风管各风口风量模拟与实验测试对比图，可以看出均匀排风装置的应用大幅改善了各支路风量的不均匀性；图 5-49(b) 为有/无均匀排风装置系统排风管管路特性曲线的模拟与实验计算结果，增加均匀排风装置后，管路特性曲线变缓了，说明均匀排风装置的使用未增加系统阻力[20]。

5.5.4 多末端简易总风量控制法

多源有害气体集中收集系统的高效运行对进一步提高通风节能和经济环保有重要作用，其关键在于变风量运行控制策略。针对多点位有害气体集中收集系统，研究创新提出一种与均匀排风装置联合应用、基于水力失调度的简易总风量控制方法，如图 5-50(a)。预先计算管网系统在不同运行开启率下的水力工况，形成一个最不利水力失调度与运行开启率的单值对应关系；通过监测末端开启数量，计算开启率进而计算所需运行风量；将开启率对应的最不利水力失调度对运行风量进行修正；根据风机性能曲线得到风量和转速的对应关系，求出风机运行频率，

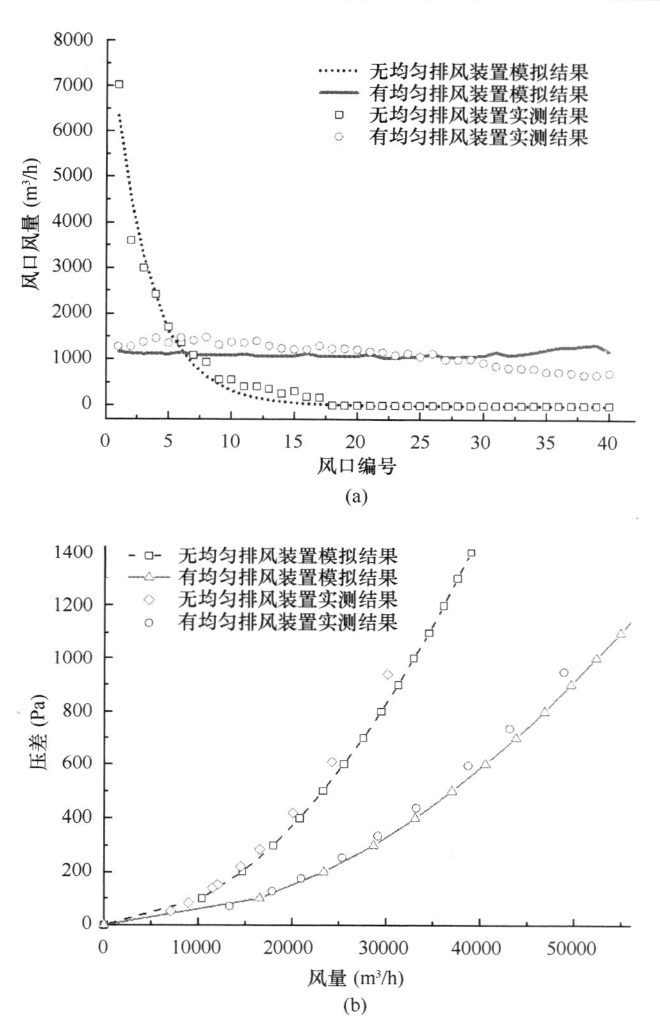

图 5-49 均匀排风装置的风量与阻力应用效果

(a) 有/无均匀排风装置排风管各风口风量；(b) 无/有均匀排风装置管路特性曲线

如图 5-50(b)[21,22]。

采用实验方法对上述变风量控制方法的效果进行了验证，发现该控制方法稳定性好，系统响应快，在进行少量末端开启切换到多个末端开启时，控制系统可在 2s 内完成风机变频，风机总排风量可在 1min 内稳定，满足末端工况切换的频率要求。该控制系统只需采集各散发源或排风罩的有害气体收集启闭信号，无需压力传感器，根据开启率调节风机变频，即可满足排风需求，变风量运行的水力稳定度极高（受益于均匀排风装置的自适应性），相比常规的变风量控制策略大大简化。

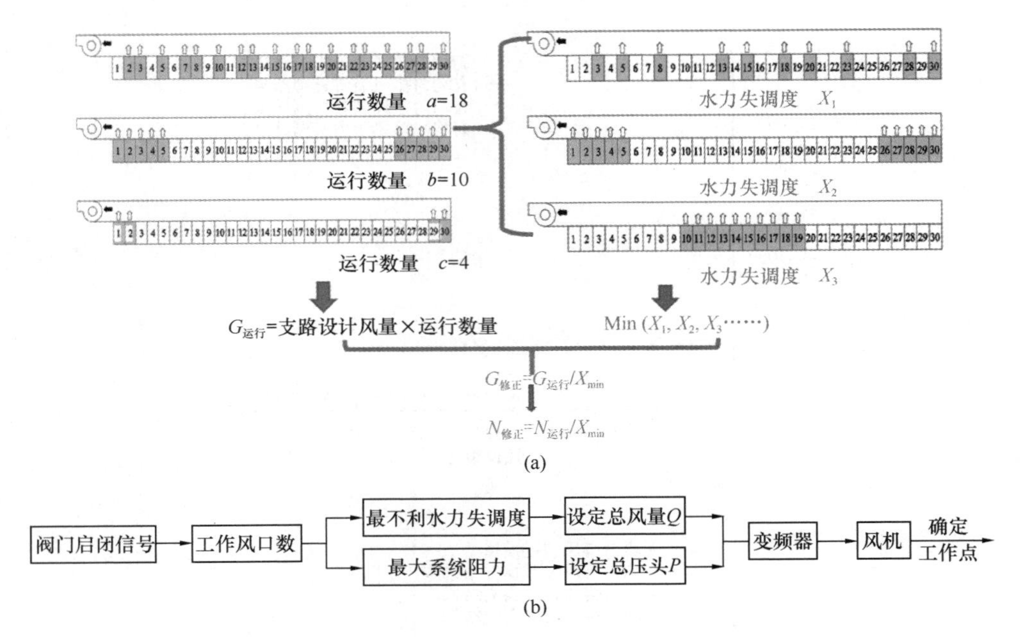

图 5-50　基于水力失调度修正的简易总风量变风量开环控制策略

(a) 简易总风量法变风量控制原理；(b) 总风量控制逻辑图

5.6　油雾漆雾控制技术

在机械制造业机加工过程中会产生大量油雾，而喷漆工艺过程中由于漆雾的逃逸也会产生漆雾污染物，这些油雾漆雾污染物进入车间后，严重威胁人员健康，因此如何有效控制车间中的油雾漆雾浓度是亟待解决的重要问题。本节介绍了针对生产过程中散发的油雾漆雾的高效控制技术。包括：机械加工车间油雾通风净化技术，喷漆枪漆雾回收技术，基于卫星风机的喷漆车间通风控制技术。

5.6.1　机械加工车间油雾通风净化技术

机械加工过程中广泛使用切削液，在工件高温、旋转等作用下，会产生大量的油雾颗粒物，逃逸到车间污染车间环境，对操作人员的身体健康造成威胁[12]，因此机械加工车间一般都会采用通风净化措施。

通风方面多采用上送上回的方式，如图 5-51(a) 所示。图 5-51(b) 是采用上送上回方式时机加工车间的油雾分布数值预测结果，可以看出上送上回通风方式下，油雾颗粒在纵向上形成明显的高浓度区域，排除效果较差。图 5-51 (c) 是一种新型的近地沿柱式通风系统[23]，送风管沿车间原有的支撑柱从上往下布置，出风口在底部，从而实现下送上回的方式，可以更好地排除油雾。图 5-51(d) 是新型通风系统的油雾浓度分布数值预测结果，与上送上回系统相比，新型系统呼吸区油雾浓度平均下降 80%。

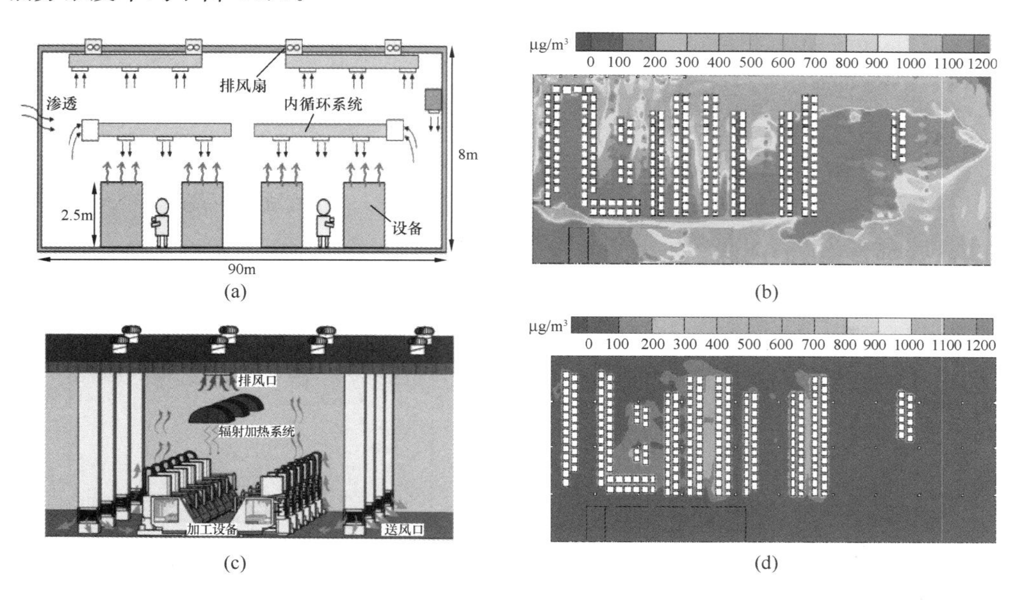

图 5-51 机械加工车间通风系统示意图与浓度仿真结果 *
（a）上送上回通风系统示意；（b）上送上回通风系统油雾浓度分布
（c）下送上回通风系统示意；（d）下送上回通风系统油雾浓度分布

在油雾净化技术方面，通过在加工设备上加装静电净化设备是最有效的控制方法[24]，但现有静电净化设备的量化设计方法还不完善，使得净化设备的设计还不够紧凑，为此开展了净化参数对净化效率的影响研究（图 5-52a），并在已有的静电效率模型基础上，提出了新的双区静电效率公式[25]：

$$\eta = 1 - \exp\left[-\alpha \frac{A_1\omega_1 + A_2\omega_2}{Q(0.49d_p/2\times10^{-6} + 0.48)}\right] \quad (5\text{-}8)$$

式中 A_1——荷电区的收尘面积，即接地极板的面积，m^2；

A_2——集尘区的收尘面积，即接地极板的面积，m^2；

ω_1——粒子在荷电区的驱进速度，m/s；

ω_2——粒子集尘区的驱进速度，m/s；

Q——处理风量，m^3/s；

d_p——颗粒粒径，m。

图 5-52(b) 是新效率模型式（式 5-8）与已有效率模型和实验数据的对比图，可以看出新模型与实验数据能够很好地吻合。在式（5-8）的基础上，利用层次分析法建立了双区静电模块的设计指标，并优化设计了新型模块，图 5-52(c) 是新模

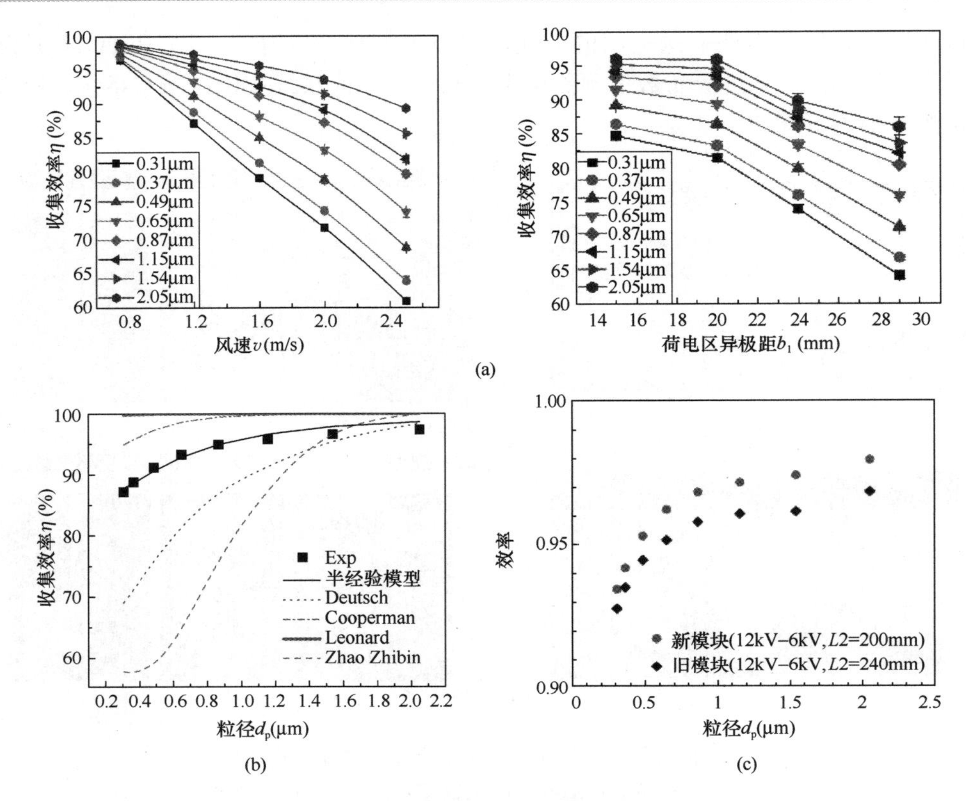

图 5-52　双区静电油雾净化器效率优化 *

（a）双区静电风速和结构；（b）新（已有）模型与实验数据的对比；

（c）新旧模块效率对比（L2 为集尘区长度）

块与优化前模块的效率对比，新模块体积更小但效率更高。

此外，油雾静电净化器存在的另外一个问题是工作状态参数监测手段缺乏导致维护困难。针对缺乏监测的问题，发展了油雾颗粒物浓度的传感器技术[26]，可以实现油雾浓度的准确测量，此外还开发了新型可调电源，进而综合将油雾传感器、电源参数采集与调节及风机参数与调节结合起来，提出了油雾净化器智能监控系统[27]，最终采用新型净化模块，开发了工业用双区静电油雾净化器新产品[28]，该净化器结构紧凑，净化效率高，并具备智能化调节功能，其结构流动设计图如图 5-53 所示。

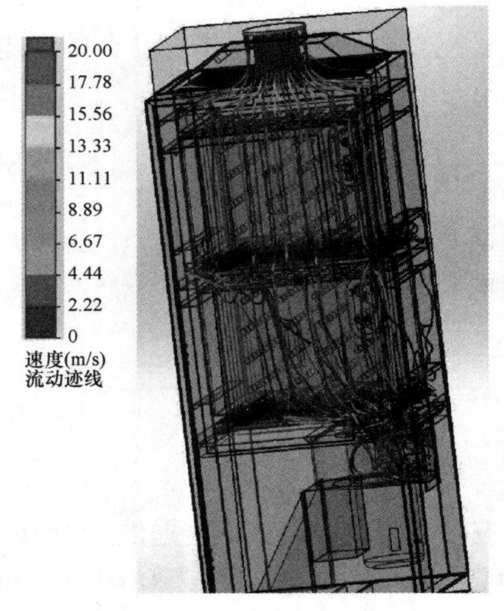

图 5-53　净化器的结构流动设计图 *

5.6.2 喷漆枪漆雾回收技术

喷漆过程散发的漆雾一部分来自于喷漆枪的逃逸，因此降低喷枪的漆雾逃逸率可以有利于喷漆车间漆雾的有效控制。

图 5-54 是典型喷漆枪流场的 PIV 测量系统与速度分布测量结果[29]，图 5-54（b）结果说明横流在整个喷涂过程中都产生扰动，速度大小为－0.5～0.5m/s，其中正值表示速度向上，负值表示速度向下。因此，在这里扩散的油漆雾滴很有可能逃逸到空气中。在空气喷涂过程中，一部分空气射流的能量消耗在涂料颗粒在目标上的运输和沉积过程中，一些动量和惯性较低的漆雾在到达目标物体表面之前就扩散到喷漆室内，称为一次逃逸；另一些动量足够大的油漆滴则会撞击墙面，产生反弹逃逸，称为二次逃逸。将一次逃逸量和二次逃逸量之和定义为总逃逸量，空气喷涂的喷涂效率是指喷涂在目标上的涂料量与空气喷枪喷涂出来的总涂料量的比值。

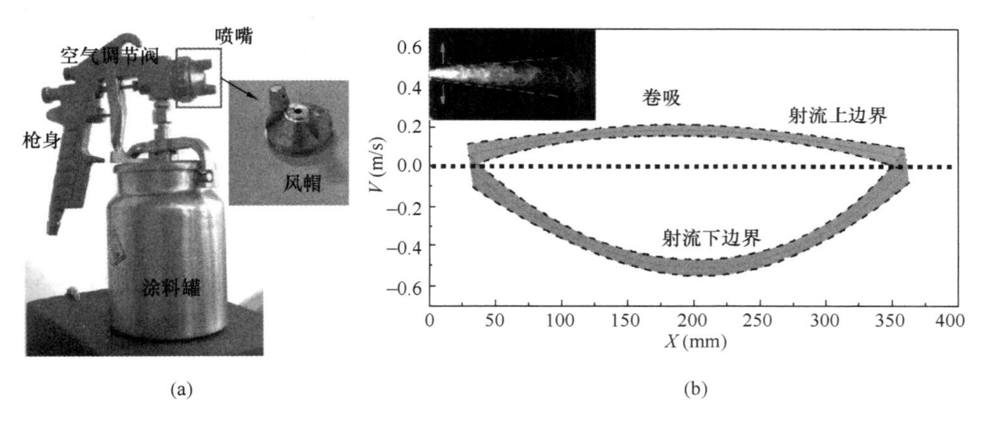

图 5-54 喷枪流场测量装置与速度测量结果

（a）喷枪模型；（b）喷枪射流边界横流气流速度分布

为了削弱漆雾在喷枪射流中的逃逸，提出了一种喷枪改进结构[30]，其基本原理是通过环形气流来抑制漆雾的逃逸，如图 5-55(a) 所示。改进后的喷枪喷嘴由原来的喷嘴和不锈钢环形结构组成，环形结构与喷枪的喷嘴通过螺纹连接，环形结构进气口均匀分布在环状底面上，环形结构进气口和进气管通过密封垫链接，进气管的另一端连接着空气压缩机。图 5-55(b) 是改进后的喷枪的漆雾逃逸质量和喷枪喷涂效率测试结果，不加环形气流时的喷涂效率为 38.21%，与文献中的喷涂效率一致，增加环形气流之后，喷枪的喷涂效率明显增加，在实验的五种工况下，喷枪的喷涂效率提高了 15%左右，说明增加环形气流之后能够抑制漆雾的逃逸。

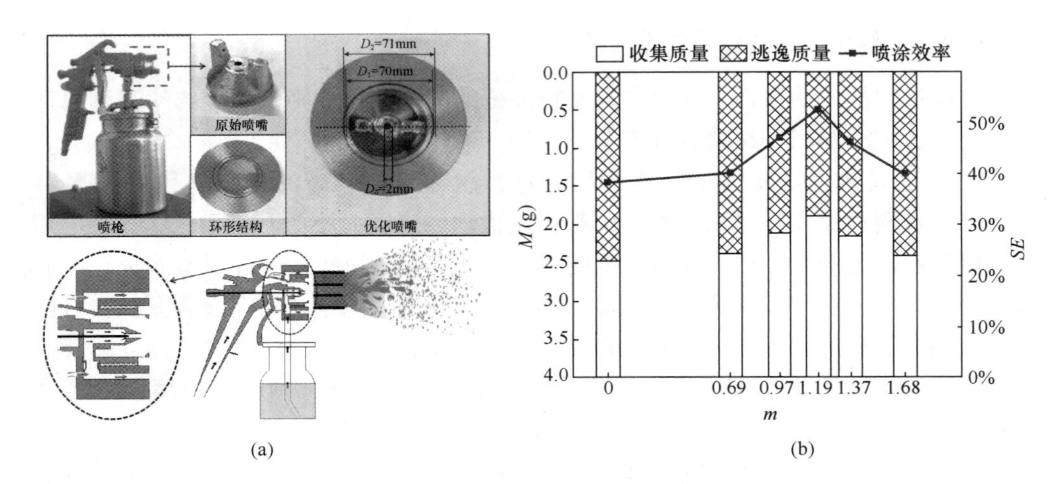

图 5-55 改进喷枪结构与测试结果

(a) 改进后的喷枪结构；(b) 不同速度比下的漆雾逃逸质量（M）和喷枪喷涂效率（SE）

5.6.3 基于卫星风机的喷漆车间通风控制技术

在实际工程中，常常要面临大型工件的喷涂过程。工件长度可能超过百米，宽度超过数十米，实际喷涂过程需要将整个喷涂过程按照喷涂位置分成多个步骤完成。例如飞机喷漆中，需要按照机翼、机头、机身、机尾等部位进行喷漆。目前，喷涂车间常采用地沟排风或者侧墙下部排风。由于排风位置固定，无法适应大型工件的喷漆工况，并且排污路径较长，排污效果有待提高。

为此，基于趋近喷漆散发源的思想，提出了基于卫星风机的喷漆车间通风控制技术[31]，如图 5-56 所示，卫星风机通风系统与两种传统通风方式的对比图，采用可以移动位置的多点位卫星风机排风来取代位置固定的地沟或者侧墙排风，卫星风机可以贴近喷漆区域，从而可以更好地排除漆雾，其次通过多台卫星风机的搭配，可以适应飞机不同部位的喷漆。

为了对比新型通风系统与两种传统通风系统的性能，采用计算流体力学方法，选择典型的飞机喷漆车间建立了仿真计算模型，进行了仿真分析。喷漆对象选择目前代表性的单通道客机 A320 客机为原型，按照飞机喷漆机库设计规范[32]设计，通风量在 20 万 m^3/h 以上。考虑到卫星风机通风系统更加贴近喷漆区域排风，可以采用更小的通风量，通过分析确定通风量为 10 万 m^3/h，根据飞机不同部分的区域大小，卫星风机设定为 12 台，包含 8 台排风量 $10000m^3/h$ 和 4 台排风量 5000 m^3/h。

图 5-57 显示了三种通风系统的流线图，对于地沟或者侧墙排风系统，高速送风气流从屋顶送风口向下运动至底部区域，一部分气流能够被排风格栅直接排出，但是剩余的气流继续在机库空间中无规律运动，呈现出混合通风气流掺混的特点。

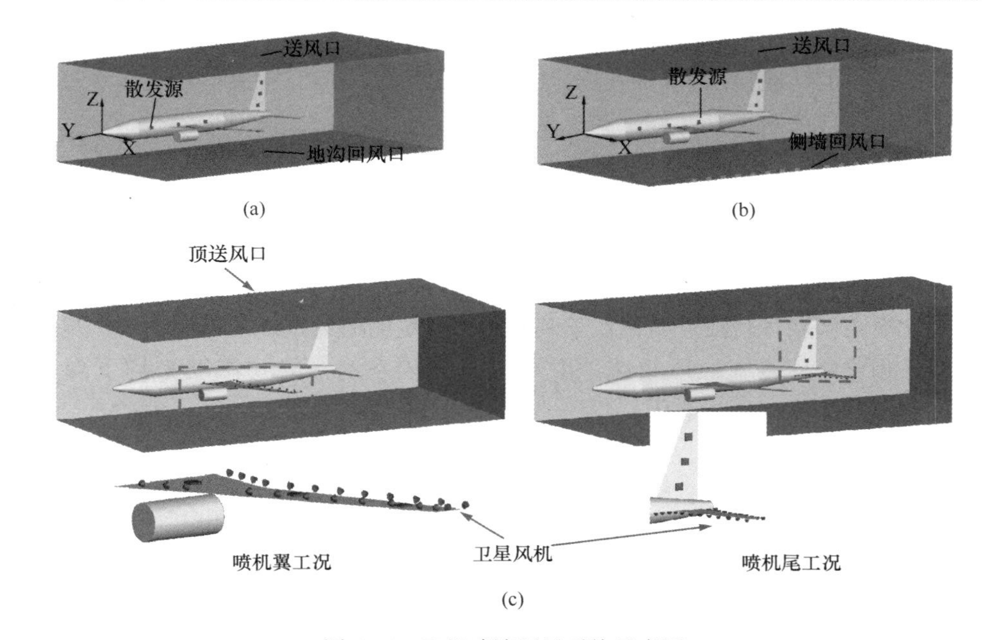

图 5-56 飞机喷漆通风系统示意图

（a）地沟排风；（b）侧墙排风；（c）卫星风机排风

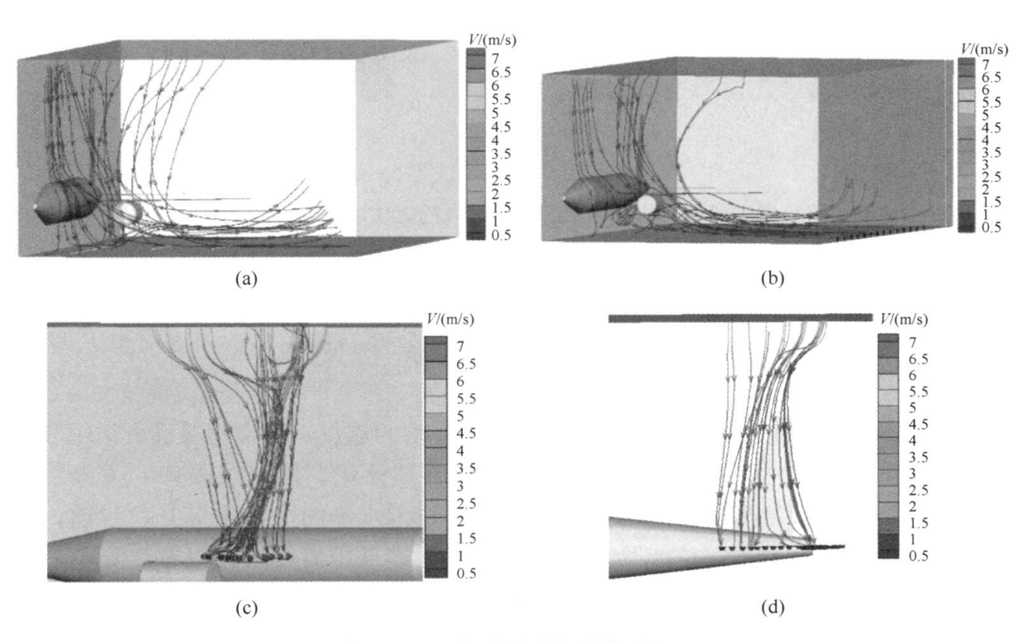

图 5-57 三种通风系统流线对比 *

（a）地沟排风流线；（b）侧墙排风流线；

（c）喷机翼卫星风机排风流线；（d）喷机尾卫星风机排风流线

而对于卫星风机排风系统而言，由于卫星风机集中在喷漆部位区域，在上方送风气流与排风汇流的共同作用下，构造出路径更短且更集中的气流流形，能够有效缩小漆雾污染物的传播路径。

为了进一步比较传统通风系统与新型通风系统的性能，图 5-58 比较了喷机翼上表面工况下三种不同的通风系统在工作区同一平面的无量纲漆雾污染物浓度。对于两种传统的通风系统，如图 5-58(a) 与 (b) 所示，污染物在整个职业区内扩散。而对于新型通风系统，如图 5-58(c) 所示，职业区的污染物分布更加集中，主要聚集在喷漆区域，且浓度明显低于其余两种传统的通风系统。不同喷漆工况的数据表明，相比两种传统通风系统，卫星风机通风系统污染物浓度平均下降率在 70%以上。

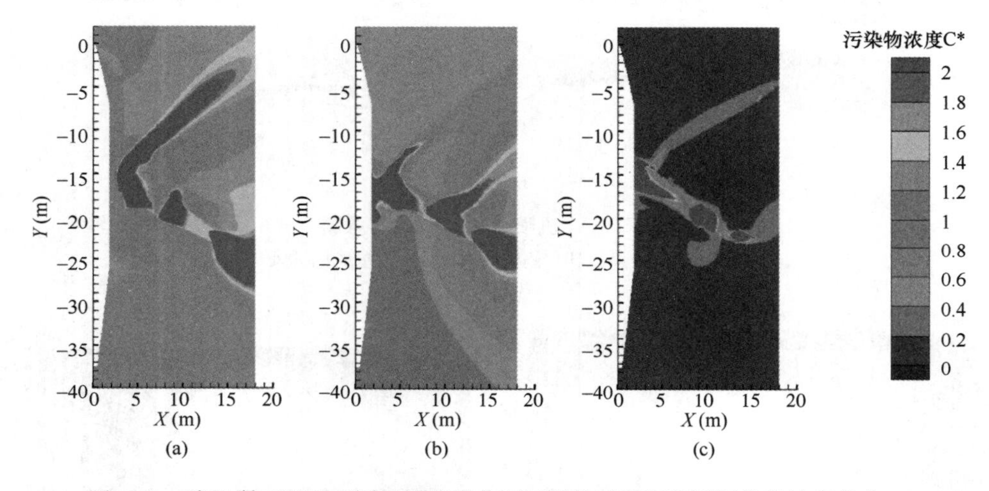

图 5-58　喷机翼工况下不同通风系统典型区域的无量纲漆雾污染物浓度分布 *

(a) 地沟排风；(b) 侧墙排风；(c) 卫星风机排风

5.7　细颗粒净化除尘技术

高污染类工业建筑排放颗粒物是国家雾霾防治的重点，污染物通过有组织和无组织排放会严重影响室内外环境，许多行业面临“评级、搬迁、限产、关停”的压力。污染物高效治理依赖于细颗粒净化除尘技术水平的进一步提升。目前，重力沉降室、惯性除尘器等传统除尘技术已经不能满足排放要求，以布袋除尘器为代表的纤维滤料过滤技术得到了非常广泛的应用，并且性能得到了有效提升。本节从滤料性能改进和循环风一体化技术两个方面介绍了针对细颗粒的净化除尘技术。

5.7.1 滤料性能改进

目前去除工业废气中颗粒物最常用的方法为纤维滤料过滤技术。纤维滤料过滤是指利用有机纤维或无机纤维将气体中的粉尘过滤出来的过程。滤料由合成纤维、天然纤维或玻璃纤维织成的布或毡，根据烟气性质，选择出适合于应用条件的滤料。通常，在烟气温度低于120℃，要求滤料具有耐酸性和耐久性的情况下，常选用涤纶绒布和涤纶针刺毡；在处理高温烟气（<250℃）时，主要选用石墨化玻璃丝布；在某些特殊情况下，选用碳素纤维滤料等。其捕集机理主要包括：惯性碰撞、布朗扩散、拦截效应。同时，滤料的粉尘层也有一定的过滤作用。为了提高纤维对微细颗粒物的捕集，在传统滤料捕集的技术上进行了改进。

（1）强基覆膜滤料过滤技术。对高硅氧滤料采用强基覆膜技术，保证滤料透气孔尺寸稳定以及过滤特性稳定。强基覆膜滤料采用超细纤维做面层，梯度纤维针刺毡+PTFE膜熔合制成[33]。为解决覆膜滤料阻力和过滤效率间的矛盾，对针刺毡滤料提出了采用不同细度纤维滤料层的梯度滤料，前滤料层细致，后滤料层按常规处理。梯度滤料作为表层过滤实现了接近膜滤料的表过滤性能，又保持了针刺滤料耐磨损、透气性好的特点。研究中完成了18种典型滤料（含16种覆膜/未覆膜的针刺/水刺纤维滤料、2种塑烧板滤料）的过滤特性测试分析。主要包括过滤材料的阻力特性研究、过滤材料的效率特性研究、过滤材料的断裂强度和断裂伸长率研究以及过滤材料的热收缩特性研究。

研究表明：①过滤效率方面，覆膜滤料和普通滤料对不同粒径的颗粒物的过滤效率对比，在过滤小于1.0μm的颗粒物粒径时具有较高的效率，因此在高排放标准的要求下，覆膜滤料除尘的效果更明显；②阻力性能方面，鉴于钢铁生产不同工艺烟尘的超低排放要求，覆膜滤料具有明显优势，但覆膜滤料初阻力偏大；③织物构造方面，膜与基底滤布结合技术非常重要，因为膜厚度为微米级，因此应进一步研究如何保障滤膜使用时不受损伤或磨损的技术。

（2）烟气净化用袋式除尘器适用滤料构造优化。围绕滤料孔径和纤维直径两个因素，进行静、动态过滤性能试验，以滤料在过滤过程中过滤阻力的变化率来表征颗粒物在滤料上的沉积速率，以此探究了滤料自身织物特性对颗粒物在滤料上沉积速率的影响关系，对比了不同滤料过滤效率，确定袋式除尘滤料的织物构造形式[34]。图5-59为选取3种研究对象的电镜扫描图。水刺涤纶滤料PSF和针刺涤纶滤料PNF纤维细度、厚度、克重和孔隙率均相同，但两种滤料的平均孔径不同（PSF<PNF）；针刺涤纶滤料PNF和细度不同两种纤维混纺涤纶滤料APNF滤料（直径为16μm的涤纶纤维占滤料总质量的95%，直径28μm的纤维占滤料总质量的5%）厚度、克重、孔隙率、平均孔径都相同，仅纤维细度不同（PNF<APNF）。

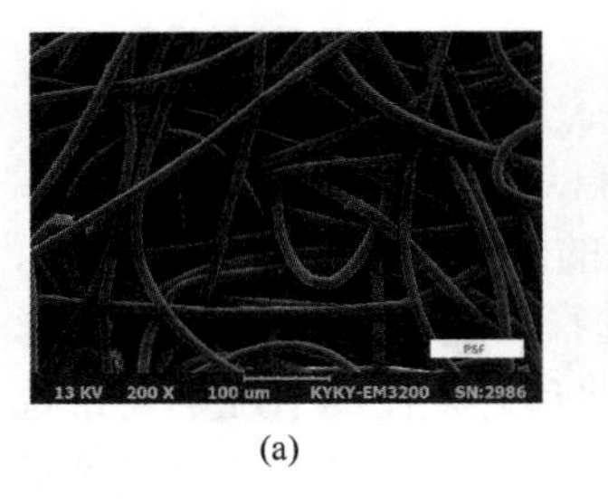

(a)

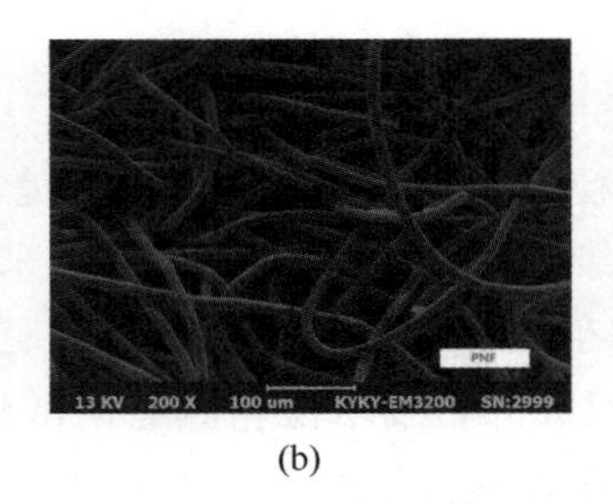

(b)

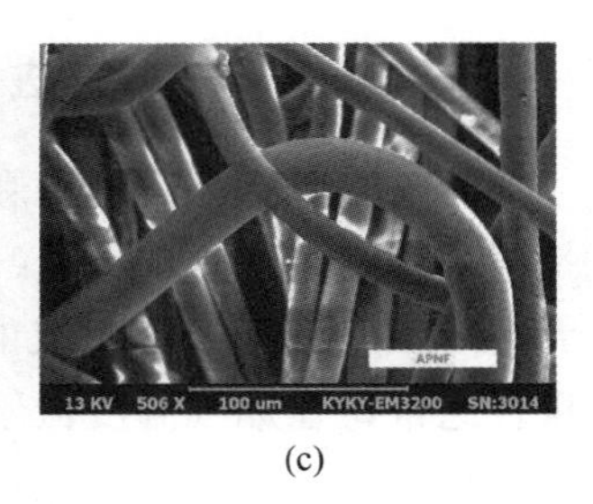

(c)

图 5-59　三种滤料表面的扫描电镜图

(a) 水刺涤纶 PSF；(b) 针刺涤纶 PNF；(c) 混纺涤纶 APNF

图 5-60 为三种清洁滤料静态过滤阻力与过滤风速的关系。如图所示，清洁滤料的静态过滤阻力随过滤风速的增加而增长。图 5-61 为三种清洁滤料对粒径≥0.23μm颗粒物的分级过滤效率。由图可知，三种滤料对颗粒物的分级过滤效率随颗粒物粒径的增大而增大，清洁滤料对颗粒物的分级过滤效率随滤料平均孔径的减小而增大，且滤料平均孔径越大，滤料自身织物构造对颗粒物分级效率的波动越大，三种实验滤料的最易穿透粒径均约为 0.5μm 的颗粒物。图 5-62 表明三种滤料的平均残余阻力随过滤周期的增加成幂指数增长，这说明滤料在动态过滤当中，虽然有压缩空气对滤料进行反吹清灰再生，但滤料纤维层外表面还是能够形成稳定的尘饼基础结构，且随着动态过滤过程的不断进行，纤维层外表面的尘饼结构不断增长。

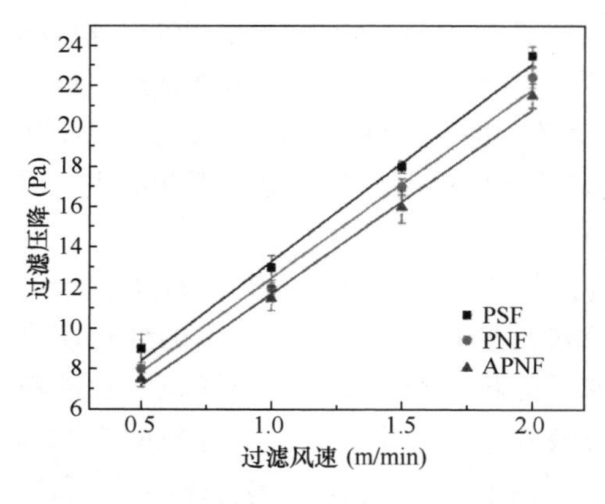

图 5-60　清洁滤料静态过滤阻力与过滤风速的关系

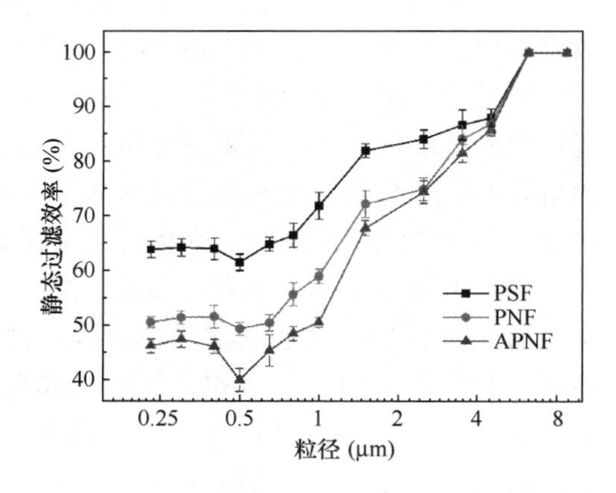

图 5-61　过滤风速为 1m/min 时清洁滤料的分级过滤效率

(3) 磁性纤维滤料捕集颗粒性能研究。通过研究研发了捕集含 Fe 基细颗粒的负载 $CoFe_2O_4$ 纳米粒子磁性纤维滤料[35,36]。图 5-63 为不同滤料样品的电镜扫描和磁化强度。结果表明，P84 磁性滤料由于自身纤维具有较强极性官能团，较大负载表面积等特点使得铁酸钴纳米粒子负载更加均匀，磁密度较其他纤维滤料要高。对比其他滤料，能明显看出铁酸钴纳米粒子在P84滤料表面纤维上负载得比较密集和饱满，结晶粒径较大；芳砜纶滤料表面纤维间存在许多絮状物，为铁酸钴纳米粒子的负载提供了更多表面积，同时从电镜图中也可以看到，铁酸钴纳米粒子负载密度和结晶粒径较大；相比于P84、芳砜纶滤料，玻纤、PPS、PTFE滤料表面纤维上负载的铁酸钴纳米粒子较为稀疏，粒径也较小，尤其是PTFE滤料表面纤维几乎没有结晶良好的铁酸钴纳米粒子负载，只有其表面附着的短小纤维上吸附了部分铁酸钴纳米粒子。每克磁性P84滤料的剩余磁化强度及矫顽力分别为0.52×103(A·m^2)/kg和3940.2A/m，矫顽力在各类材料中最大。这对于磁性材料捕集微细颗粒物具有重要意义。

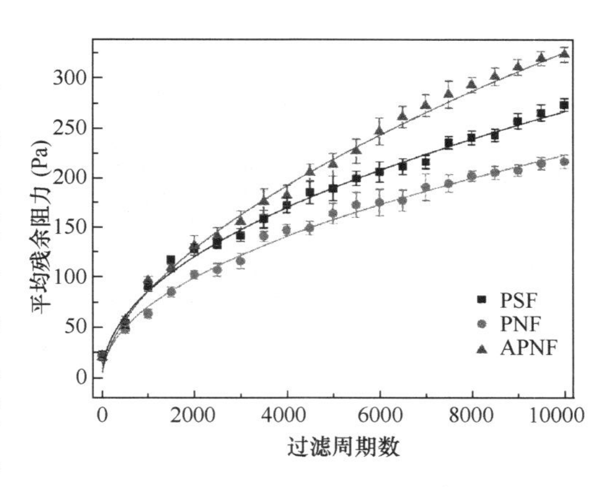

图5-62 老化期滤料平均残余阻力与过滤周期的关系

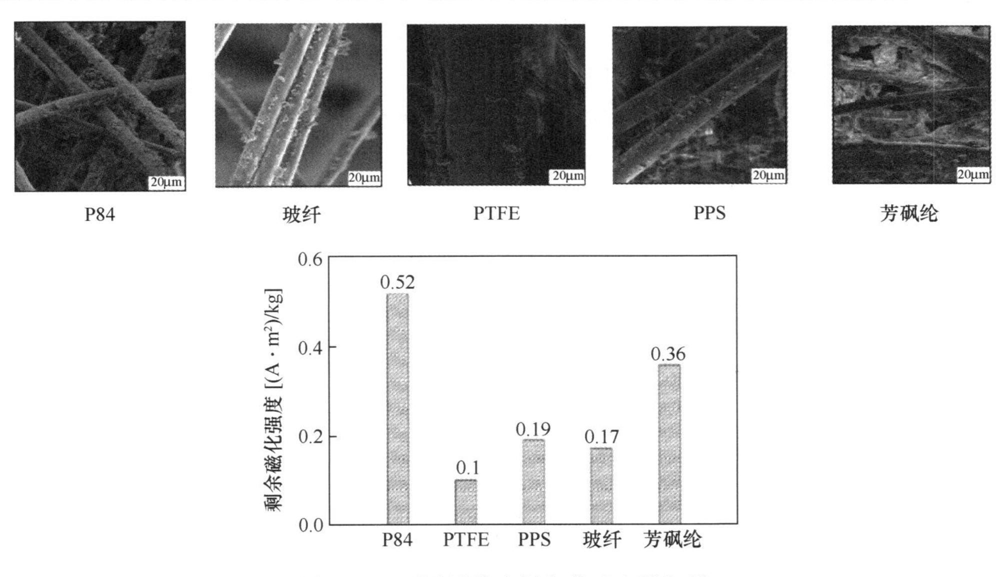

图5-63 不同纤维滤料负载后电镜扫描

5.7.2 循环风一体化净化除尘技术

针对厂房内生产工艺过程中产生的细颗粒物，传统控制方式普遍为采用局部排风罩将颗粒捕集送至除尘设备末端处理后直接排放到大气，不能满足国家职业卫生

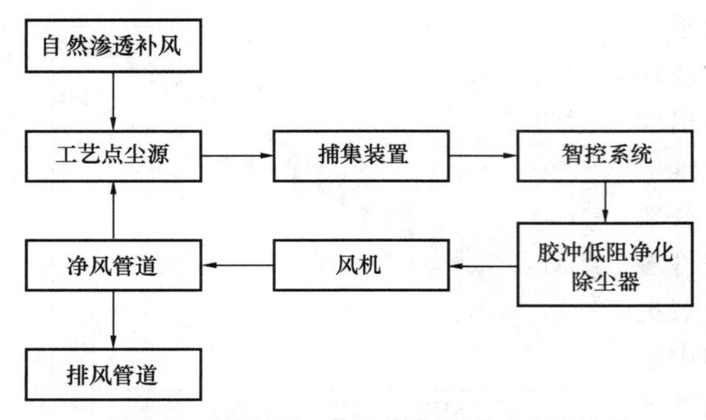

图5-64　循环风一体化净化除尘工艺路线图

标准及大气污染排放标准。研究提出了循环风一体化净化除尘技术，该技术应用净化除尘设备实现对污染空气中细颗粒的高效去除后达到卫生标准，同时将达到排放标准和卫生标准的气体梯级循环利用起来，理论上实现对车间内的空气循环利用，对车间外环境空气近“零排放”，如图5-64所示[37]。

净化除尘间整体对外形成微负压的室内环境，避免烟尘溢出车间污染环境。在控制间内部靠上侧设置为排风区，其对面为送风区。排风口设置采取侧面高位和低位两种方式，充分考虑到烟气的流动和逸散特性，避免出现紊流和死角，使烟气能沿最短路径到达吸风口，使之在最小能耗情况下达到最好捕集效果，其中高位排风口主要解决空中烟尘，即微细颗粒的烟尘，低位排风口主要解决粗颗粒烟尘，独立净化空间在合理的最短距离上捕集烟尘。将不同区域每个排风口并联后引入净化除尘机组进风侧，净化除尘机组选取合适的滤料对含尘气体进行净化。经除尘机组过滤后的洁净空气再经过引风机沿送风管送至送风口，完成近零排放循环。整个系统不设置给大气排放的烟囱。净化除尘控制车间内部示意图及净化除尘系统示意图分别如图5-65、图5-66所示。

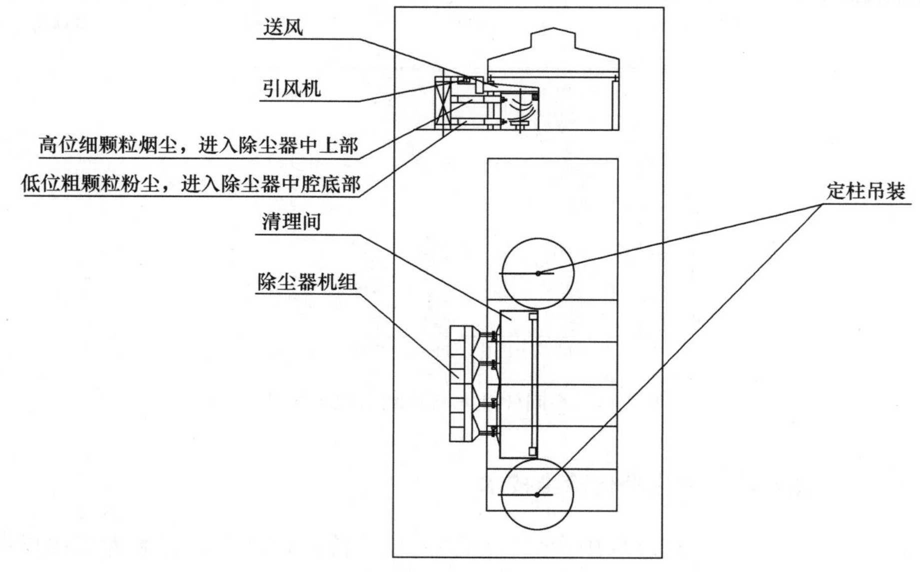

图5-65　工艺系统示意图

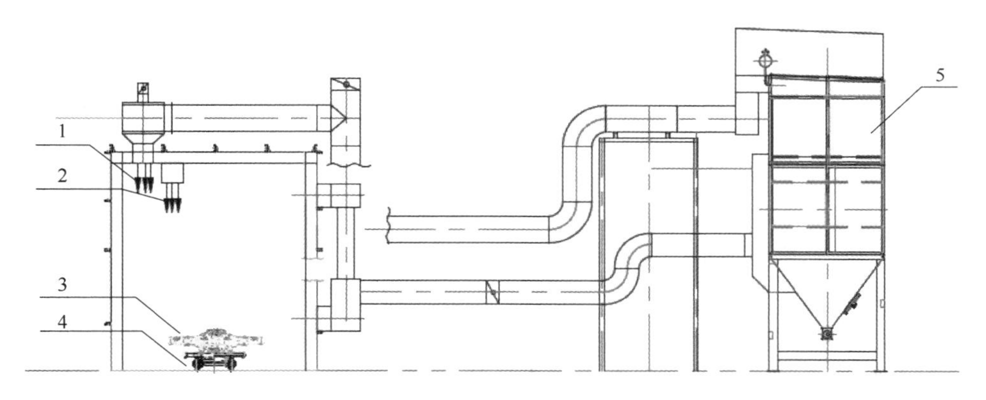

图 5-66 净化除尘智控装置布置图

1—循环风气流；2—新风气流；3—铸件；4—工作台；5—净化除尘机组

在某铸造行业车间应用循环风一体化净化除尘技术表明，循环风回风口有害物质检测浓度均低于接触限值要求的 30%，可使工作场所空气中总粉尘浓度（电焊烟尘）远低于现行国家职业卫生标准要求。在实现了对大气的“近零排放”的同时，冬季模式系统运行后基本没有热损耗，既节能又环保。

5.8 低品位余热利用及局部热环境调控技术

许多工业建筑进行工业生产过程中，会产生大量工业余热（图 5-67），余热经过一次回收后，便直接排放或需要进行冷却，才能继续维持工业生产的进程。据有关调查分析，工业能耗占我国总能耗的 70%以上，其中 50%以上的部分都转化为工业余热，可回收利用的余热资源约占余热总资源的 60%，而我国目前对工业余热的利用率仅达到约 30%[38,39]。同时，为了维持工业建筑室内环境，满足人员和工艺的需求，通常建筑环境控制系统能耗巨大。

图 5-67 工业建筑中的余热资源

5.8.1　车间环境保障需求

高污染散发类工业建筑环境受室内热源强度影响大，工位夏季高温、冬季湿冷，生产和岗位环境难以保证。以纺织、铸造、建材等行业为代表的工作环境常常能够突破40℃以上，研究表明人员所处温度高于32.2℃时，温度每升高1℃，人们的生产率下降4.8%，当人员长期处于高温环境时，人员的作业能力，如逻辑思维、识别判断、刺激反应、身体活动能力等会显著降低，严重时会引发安全事故，工作环境影响到工人的工作效率和健康。因此，如果可以高效利用工业余热来为解决车间/岗位卫生环境保障和热舒适性需求，则有着重要的研究价值和显著的经济、环境效益。本小节介绍了一种采用低品位热驱动溶液除湿制冷/通风空调系统和平行流岗位送风装置相结合的局部热环境调控技术，如图5-68所示。

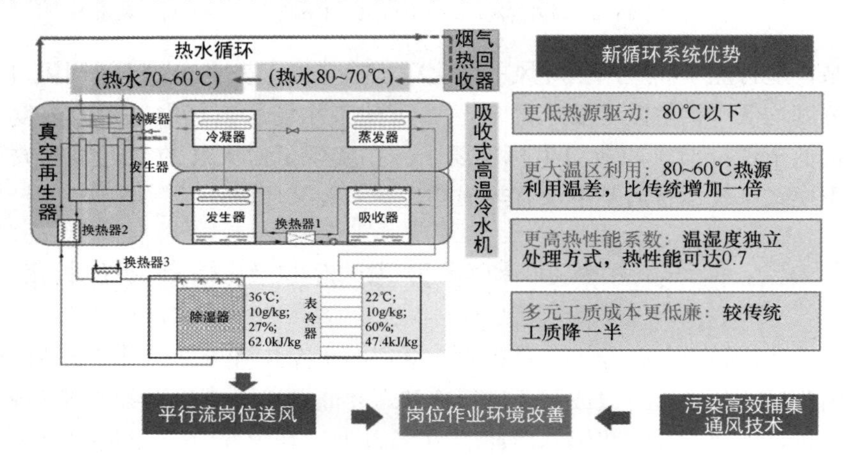

图5-68　低品位余热利用及局部热环境调控技术

5.8.2　低品位热驱动溶液除湿制冷/通风空调技术

建材行业的工业建筑中往往具有较丰富的低品位余热资源，但难以利用，特别是低于80℃热能。因此，研发一种可有效利用80℃以下的热能的热驱动制冷和除湿技术是非常有工业应用价值的。

90～100℃余热多采用单效吸收式制冷系统，系统效率通常为0.7左右。吸收式制冷系统的*COP*与热源温度高低相关，当热源温度低于80℃时，吸收式制冷系统*COP*将严重下降，甚至无法工作[40]。对于80℃以下余热，常采用双级吸收式系统，效率仅有0.3～0.4，较难高效利用。并且，机组的余热利用率较低，一般仅为10℃的利用温差，较难对余热进行深度利用。

因此，本书提出了一种新型的80℃以下热能梯级驱动的溶液除湿制冷/通风空调系统。该系统对空气进行热湿解耦处理，由于实现了温湿度独立处理，可以利用更高温度的冷冻水处理显热负荷，从而提高制冷系统的能效。

通过采用80℃以下热能，驱动吸收式高温冷水机组输出14～16℃的高温冷冻水用于空气降温；70℃以下热能，驱动溶液除湿新风机组用于空气除湿，热能利用低至55℃，使温降达到25℃。可实现低品位热深度利用，较传统吸收式制冷空调热源利用温差高出一倍以上。系统循环流程以及余热梯级利用示意图如图5-69和图5-70所示。

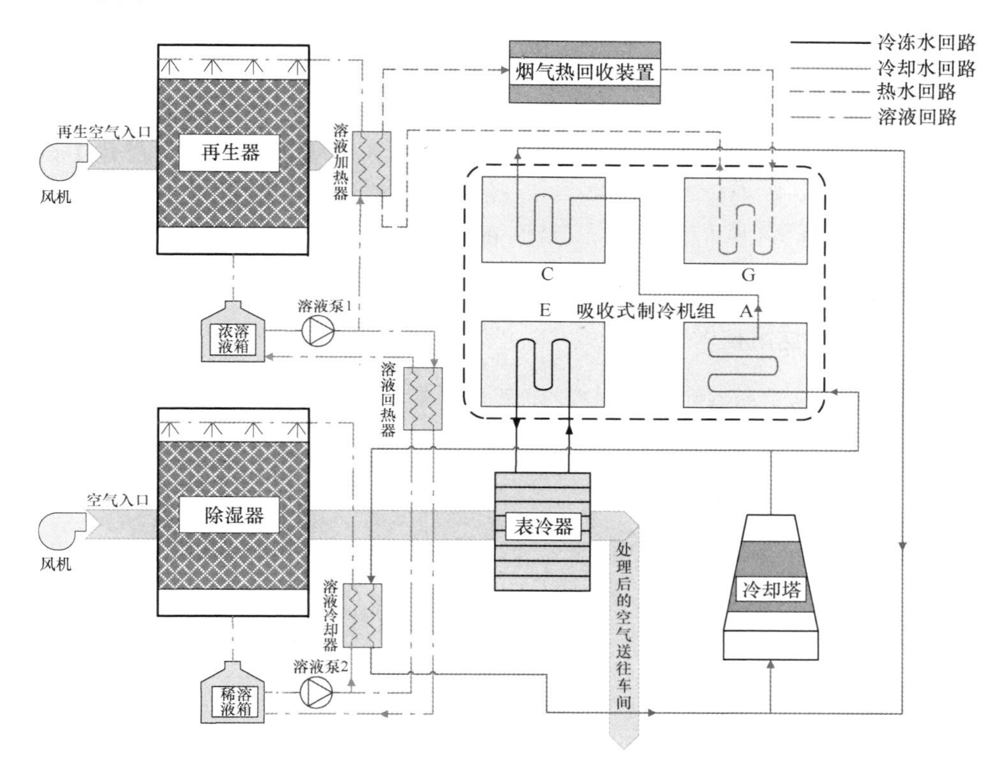

图5-69 溶液除湿机组系统原理图

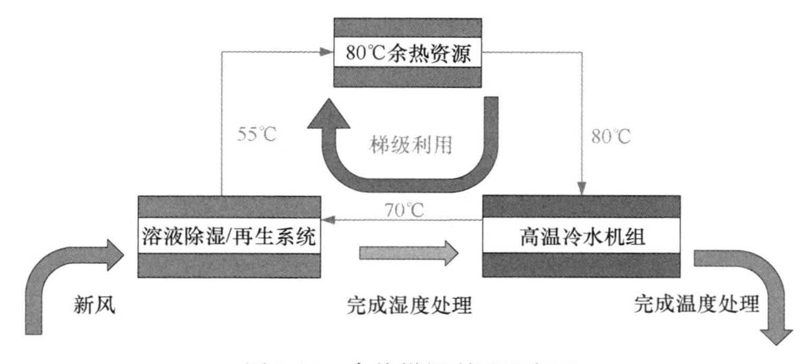

图5-70 余热梯级利用示意图

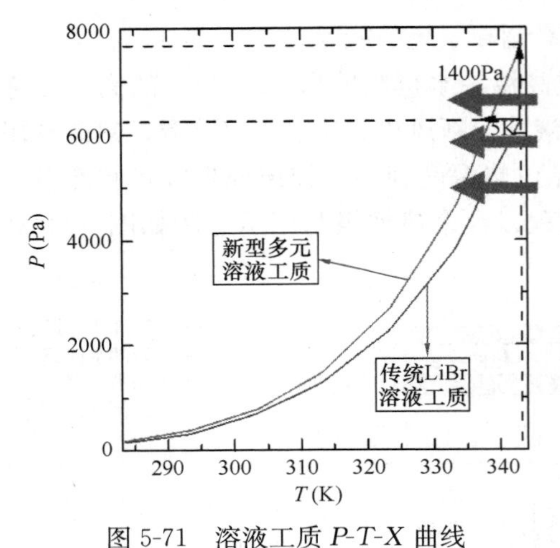

图 5-71　溶液工质 P-T-X 曲线

为了进一步降低驱动热源温度、解决溶液工质成本高的问题，发现了多元溶质调控提升蒸气压新机制，建立了多元近饱和溶液的蒸气压热力学模型，研发了多组低成本、低发生温度多元溶液工质，包括用于高温冷水机组的氯化锂-溴化钙混合溶液，用于溶液除湿机组的氯化锂-氯化钙溶液，如图 5-71 所示。新工质能进一步降低驱动热源温度，提升低品位热利用率 25%以上。搭建中试样机进行性能测试，确定了适用于此系统的最佳多元溶液工质组合，实现成本较常规溴化锂溶液工质降低一半以上。

5.8.3　岗位送风技术

通过低品位热驱动溶液除湿制冷/通风空调系统和平行流岗位送风相结合的方式，如图 5-72 所示，利用工艺过程中烟气的低品位热能，实现了夏季为岗位提供冷量，冬季为岗位提供热量的需求，有效的改善了厂房岗位热湿环境。

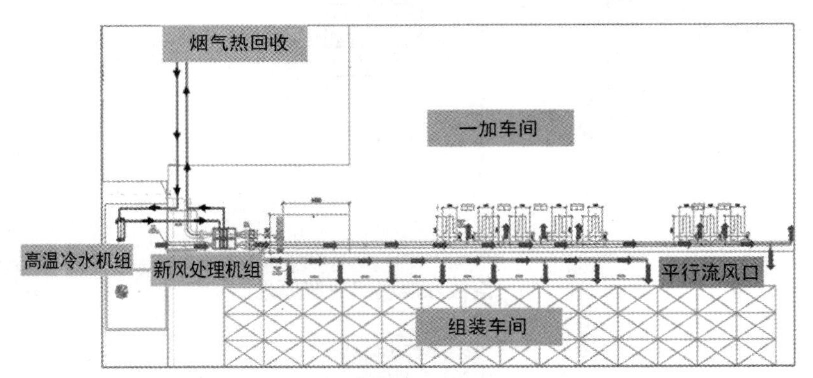

图 5-72　生产车间工位送风布置图

5.9　小　　结

本章介绍了高污染散发类工业建筑环境保障和节能领域的研究进展。研究提出了涡旋通风、平行流通风和涡环通风三类气流组织新模式，并研发了针对高污染散发类工业厂房环境特性的测试和计算分析方法。进一步，较为细致地介绍了针对高温烟尘、有害气体和油雾漆雾等三类典型污染物高效控制技术的原理、特点和关键参数的确定。从滤料性能改进和循环风一体化技术两个方面介绍了细颗粒高效脱除方面的研究进展，并介绍了一种基于低品位热能利用的局部热环境调控技术。相关研究成果在代表性行业中得到了工程应用，可为解决类似的工业建筑环境控制问题提供借鉴。

本章参考文献

[1] 曹智翔. 涡旋通风气流组织特性及设计理论基础研究[D]. 西安:西安建筑科技大学,2020.

[2] Wang Y, Zhai C, Zhao T, et al. Numerical study on pollutant removal performance of vortex ventilation with different pollution source locations[J]. Building Simulation, 2020, 13(6): 1373-1383.

[3] 权梦凡. 平行流吹吸式通风的掺混特性研究[D]. 西安:西安建筑科技大学,2020.

[4] Wang Y, Quan M, Zhou Y. Effect of velocity non-uniformity of supply air on the mixing characteristics of push-pull ventilation systems[J]. Energy, 2019, 187(Nov. 15):115962. 1-115962. 11.

[5] Wang Y, Quan M, Zhou Y, et al. Experimental study on the flow field and economic characteristics of parallel push-pull ventilation system[J]. Energy and Built Environment, 2020, 1(4): 393-403.

[6] Wang Y, Zhai C, Cao Z, et al. Potential application of using vortex ring for personalized ventilation[J]. Indoor Air, 2020, 30(6): 1296-1307.

[7] Shusser, Michael, Gharib, et al. Energy and velocity of a forming vortex ring[J]. Physics of Fluids, 2000,12(3):618.

[8] 翟超. 空气涡环送风模式的初步研究[D]. 西安:西安建筑科技大学,2020.

[9] Huang Y, Rong J, Guo J, et al. Experimental study of induced airflow characteristics during liquid metal pouring process through PIV, thermography, and color schlieren imaging[J]. International Journal of Thermal Sciences, 2021, 170(7):107144.

[10] Rong J H, Huang Y Q, Guo J W, et al. Potential of color schlieren velocimetry for high-temperature pollutant emission sources and flow characteristics of induced airflow during high-temperature liquid pouring[J]. Building and Environment, 2021, 205(4):108216.

[11] 孙昊雯. 高温高湿工业环境污染物迁移特性快速数值计算方法[D]. 大连:大连理工大学,2021.

[12] Yu X, Wei L, Qian W, et al. Development of an integrated approach for the inverse design of built environment by a fast fluid dynamics-based generic algorithm[J]. Building and Environment, 2019, 160:106205.

[13] 郭胜男, 黄艳秋, 王怡,等. 精轧工艺颗粒物污染特征及其岗位环境浓度监测[J]. 环境工程学报, 2021, 15(1):9.

[14] 卢柯. 高温热源作用下喷雾液滴对高温浮射流流场特性影响研究[D]. 西安:西安建筑科技大学,2021.

[15] 郭胜男.喷雾-排风作用下高温含尘气流的流场特性研究[D].西安:西安建筑科技大学,2021.

[16] 李满堂.阵发性高温浮射流涡结构对烟尘扩散影响及引射流应用研究[D].西安:西安建筑科技大学,2020.

[17] Cao C S, Gao J, Hou Y M, et al. Ventilation strategy for random pollutant releasing from rubber vulcanization process[J]. Indoor and Built Environment, 2017, 26(2): 248-255.

[18] Liu G D, Gao J, Zeng L J, et al. On-demand ventilation and energy conservation of industrial exhaust systems based on stochastic modeling[J]. Energy & Buildings, 2022, 223.

[19] Tong L Q, Gao J, Luo Z W, et al. A novel flow-guide device for uniform exhaust in a central air exhaust ventilation system[J]. Building and Environment, 2019, 149: 134-145.

[20] 高军,曾令杰.地铁站轨行区排风均匀性模拟研究与实验验证[J].建筑热能通风空调,2015,34(5):30-33.

[21] Zeng L J, Wang Y R, Gao J, et al. A variable air volume control strategy for a centralized exhaust system with multiple on-off switched terminals and flow-guide devices[J]. Journal of Building Engineering, 2021, 38.

[22] Zeng L J, Wang Y R, Gao J, et al. Experimental studies on the flow characteristics of a centralized exhaust system with multiple distribution of open terminals[J]. Journal of Building Engineering, 2021, 42.

[23] Wei G Q, Chen B Q, Lai D Y, et al. An improved displacement ventilation system for a machining plant[J]. Atmospheric Environment, 2020, 228.

[24] 龙正伟,王怡文,李姗姗,等.某机加工车间油雾颗粒监测与净化研究[J].暖通空调,2019,49(7):50-55.

[25] Li S S, Zhang S Y, Pan W X, et al. Experimental and theoretical study of the collection efficiency of the two-stage electrostatic precipitator[J]. Power Technology, 2019, 356: 1-10.

[26] Zhang H, Zhang S, Pan W, et al. Low-cost sensor system for monitoring the oil mist concentration in a workshop[J]. Environ Sci Pollut Res Int, 2021, 28(12): 1-14.

[27] 龙正伟,李姗姗,王怡文,等.一种智能油雾净化器监控系统:中国,201811173148.X[P].2019-03-29.

[28] 龙正伟,李姗姗,孙静楠.一种高效双区静电式油雾净化器:中国,2019105978973.3[P].2019-10-22.

[29] Wang Q W, Liu J Y, Liu J J, et al. Experimental research on the impact of annular airflow on the spraying flow field: A source control technology of paint mist[J]. Building and Environment, 2022, 207.

[30] 刘俊杰,王茜雯.一种新型喷枪喷头:中国,202010128607.3[P].2020-06-12.

[31] Liu F, Zhang T, Zhang H, et al. Removing painting-generated VOCs in a commercial airplane hangar with multiple portable exhaust hoods[J]. Building and Environment, 2021, 196: 1-15.

[32] 住房和城乡建设部.飞机喷漆机库设计规范:GB 50671—2011[S].北京:中国计划出版社,2012.

[33] 徐州华. 脉冲喷吹次数对覆膜滤料膜结构和过滤性能影响的试验研究[D]. 上海:东华大学,2020.

[34] Liu X C,Shen H G. Effect of venturi structures on the cleaning performance of a pulse jet baghouse[J]. Applied Sciences,2019,9(18).

[35] Zhou F S,Diao Y F,Wang R G,et al. Experimental study on $PM_{2.5}$ removal by magnetic polyimide loaded with cobalt ferrate[J]. Energy and Built Environment, 2020,1(4): 404-409.

[36] 杨炳文,刁永发,杨学宾,等. 耐高温磁性玄武岩滤料的制备及捕集微细颗粒物研究[J]. 功能材料,2021,52(8):8144-8150.

[37] 章基法. 基于喷砂工艺可控循环风净化除尘技术研究[D]. 上海:东华大学,2020.

[38] 周耘,王康,陈思明. 工业余热利用现状及技术展望[J]. 科技情报开发与经济,2010,20(23):162-164.

[39] 余龙清,马锋,胡学伟. 低温工业余热综合利用[J]. 资源节约与环保,2018,(4):13,17.

[40] 陈博闻,殷勇高,张凡,等. 新型低品位热驱动吸收式高效空调系统[J]. 东南大学学报(自然科学版),2020,50(5):882-888.

第6章 室内微生物污染控制技术

室内微生物污染来源

通风对于室内微生物污染的传播具有双刃性，合理的通风设计，可以最大程度减少污染物在室内传播而引起的感染风险，但通风形式设计不当，可能会不利于室内污染物的排除。因此研究微生物在室内的扩散规律，寻找高效的通风控制方法，对于维持室内空气品质，保护室内人员健康，特别是应对公共建筑突发卫生事件，具有重要的意义。

6.1 通风模式对微生物污染的控制

当室内出现微生物污染物时，通风除了传统的调节温度等功能之外，还要承担起保护人体健康和安全的重任。尤其是2019年以来的全球新冠肺炎疫情大流行，严重影响了人们日常生活和身体健康，因此如何最大限度地减少污染物在室内传播而引起的感染风险，是密闭环境通风设计运行的新挑战。基于室内可能已经出现微生物污染物的情况下，本节从工程实际应用角度分析通风对微生物污染物的控制作用及相应的影响因素。

6.1.1 通风的作用

呼吸道传染病的传播会受到空调气流组织的影响，室内通风不畅时，容易造成呼吸道传染病的传播[1]。

空气中存在各种各样的颗粒物，它们的粒径分布也不同(图6-1)[2]，病毒颗粒粒径在0.01～0.5μm之间，新型冠状病毒的粒径在0.08～0.16μm之间。但是病毒颗粒并不是单独裸露在空气中，一般都是被患者呼出液滴包裹着。引入干净空气通风以排除、稀释微生物(病毒、细菌)，是密闭环境中防止气溶胶传播最主要的方法。然而室内通风需要考虑到能耗以及很多实际条件的限制，需要根据实际来确定恰当的通风量和通风形式。

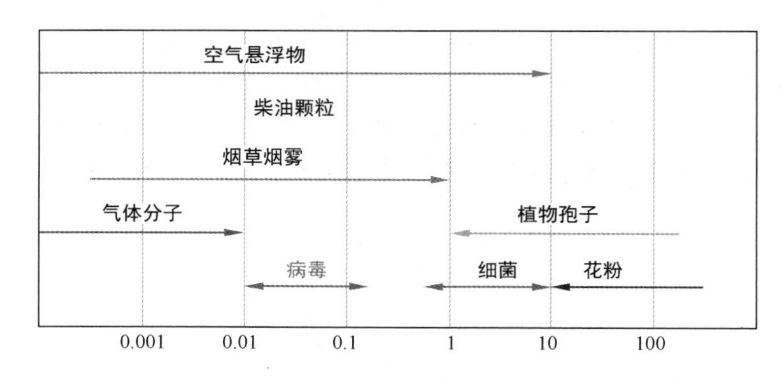

图6-1 空气中的颗粒物粒径范围(单位:μm)

按照通风动力的不同，通风主要分为自然通风和机械通风。现代社会各种人工环境的气密性越来越好，人员密度也越来越高，单纯靠自然通风进行“分布式”换气已经无法满足新风量的需求，多种密闭环境中已经普遍使用机械式动力对新风进行补充。

Wu等[3]的研究表明，机械通风模式下，换气次数与室内空气细菌和真菌浓度都具有相关趋势。室内外细菌的比值均大于1时，风机盘管(FCU)系统的室内空气真菌浓度与空调处理机组(AHU)系统无显著性差异；室内外真菌的比值均小于1时，其中风机盘管(FCU)系统的室内空气真菌浓度比空调处理机组(AHU)系统的高，如图6-2所示。

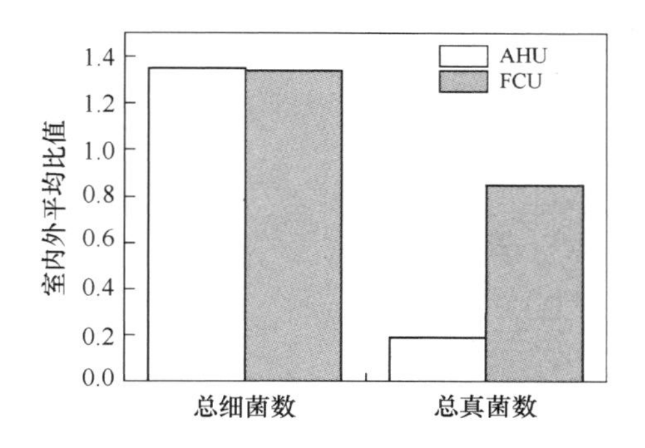

图6-2 AHU和FCU建筑的室内外微生物气溶胶浓度比值

6.1.2 气流组织

微生物污染物在室内多以气溶胶形式传播，不同的气流组织形式下其运动和分布规律是不同的，因此需要根据不同的建筑需求，选择合适的气流组织。

远美等[4]分别采用上送上回及侧送上回两种方式，对污染物扩散进行研究，房间物理模型如图6-3所示。在病房中，侧送上回房间与上送上回房间同种工况相比，污染物逃逸数目较少，能够减少与相邻房间交叉感染的风险，同时病床附近风速较低，有利于提高室内人员舒适度，但是不利于室内污染物的排出，见图6-4和图6-5。

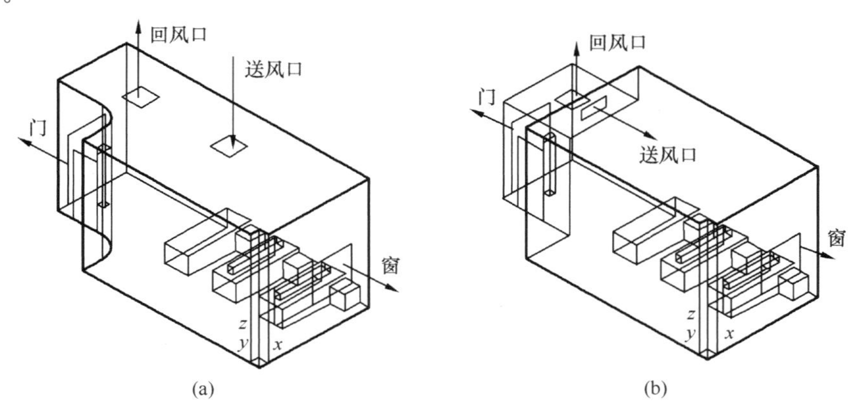

图6-3 病房简化物理模型
(a)上送上回式；(b)侧送上回式

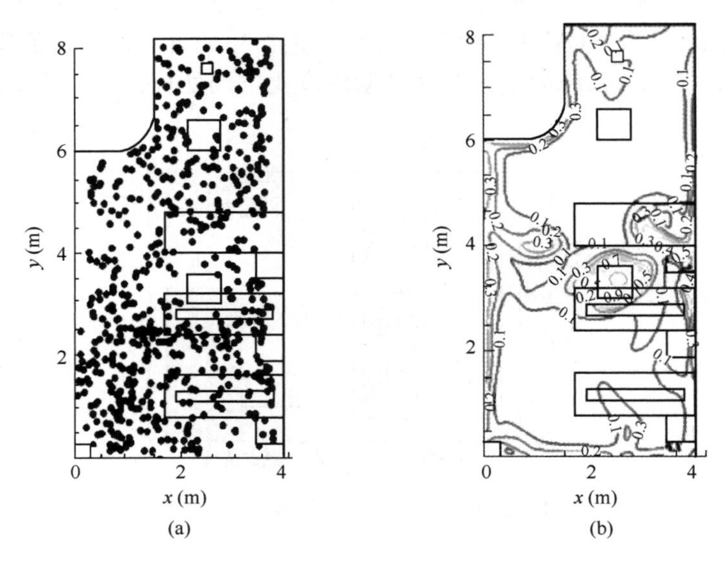

图 6-4　上送上回房间内场分布情况

(a)z=1.2m 污染物分布;(b)z=1.2m 速度场

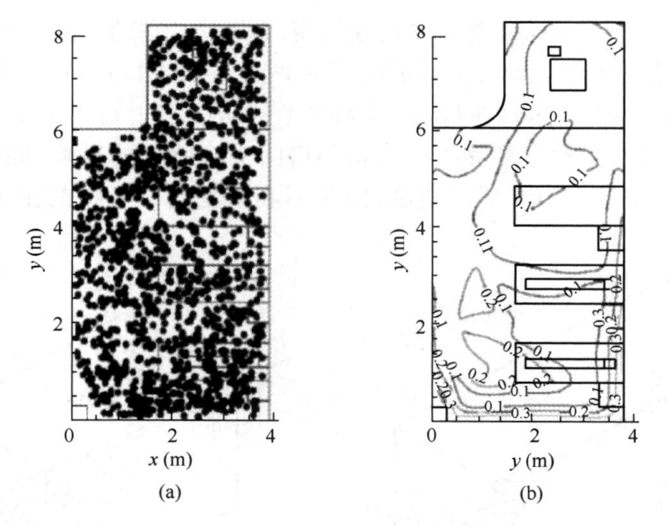

图 6-5　侧送上回房间内场分布情况

(a)z=1.2m 污染物分布;(b)z=1.2m 速度场

6.1.3　新风量

引入干净空气通风以排除、稀释微生物(病毒、细菌)是密闭环境中防止气溶胶传播最主要的方法，新风量是影响室内空气质量的关键设计参数。

(1)换气次数

当室内存在潜在微生物污染时，可考虑全新风运行的通风策略，此时换气次数是指房间洁净送风量除以房间体积后的比值，单位是次/h，通俗理解即为每小时房间空气可以置换多少次。一般认为，即使病毒存在气溶胶传播，该途径真正造成人员感染需要病毒浓度达到一定的阈值。因此，如果通风量足够，病毒浓度就能够被稀释到低于感染阈值，通过气溶胶传播的可能性会大大降低。

呼吸道传染病感染概率与很多因素有关，如病毒的种类、病人吸入剂量、暴露时间及宿主免疫能力等[5]，其中，如微生物活性及感染性、易感人员的抵抗力等参数难以准确确定，因此很难从机理上预测呼吸道传染病的感染概率。目前使用较多的是 Wells-Riley 模型(式 6-1)，以及围绕着 Wells-Riley 模型的假设条件改进的模型[6,7]。

$$P=\frac{C}{S}=1-e^{\frac{-IqpT}{Q}} \tag{6-1}$$

式中 P——感染概率；

C——一次暴发中新产生的被感染人数，人；

S——总的易感人数，人；

I——感染人数，人；

q——一个患者呼出的病原体数量(quanta 值)；

p——人员呼气量，m^3/h；

T——暴露时间，h；

Q——房间的通风量，m^3/h。

常见流行性传染病的 quanta 值如表 6-1 所示[8,9]。

常见传染病 quanta 值 **表 6-1**

疾病名称	人员呼气量(L/min)	描述	quanta 值
肺结核	10	平均	1.26
肺结核	10	办公室暴发案例	12.6
肺结核	10	Laryngeal 案例	60
肺结核	10	插管治疗过程	30840
风疹	5.6	纽约州市郊学校案例	480～5580
风疹	7	墨西哥学校的暴发	60
流感	8	飞机暴发案例	78～126
SARS	6	香港威尔士亲王病房案例	4680

在广州市疫情防控新闻会上，钟南山院士指出新冠病毒传染性比 SARS 高[10]。江亿院士通过拟合已知的新型冠状病毒感染案例，初步确定新型冠状病毒的 quanta

值在 14～48 之间。假设一间 $50m^3$ 的房间内有一位患者，呼吸量为 $0.3m^3/h$，暴露时间为 8h，则不同 quanta 值下传染病感染概率如图 6-6 所示[2]。当换气次数为 30 次/h（即房间通风量为 $1500m^3/h$），新型冠状病毒的 quanta 值分别为 14 和 48 时，感染概率分别为 2.2％和 7.4％。

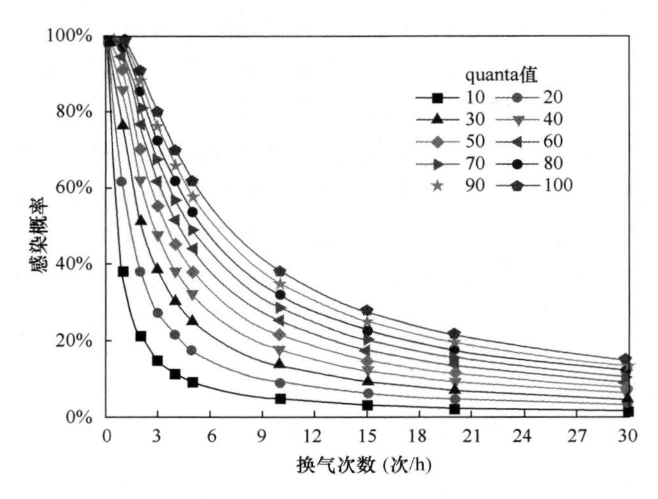

图 6-6 感染概率随 quanta 值及换气次数变化曲线

由图 6-6 可以清晰看出换气次数对呼吸道传染病的控制作用，当室内存在有害微生物污染物时，加大换气次数能够有效降低被感染概率。

曹国庆等[11]推导出无空气过滤措施时室内微生物污染方程的简化式，改变换气次数和新风比都能对室内空气微生物浓度产生影响，如图 6-7 所示，图中 s 为新风比，n 为换气次数。

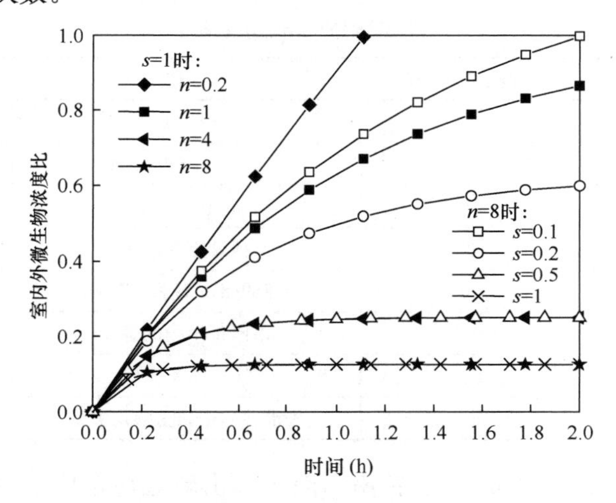

图 6-7 不同换气次数和新风比对室内生物污染的影响

（2）压差控制

不同区域压差控制是维持室内洁净度、减少外部污染、防止交叉污染的最重要、最有效的手段。控制不同房间压差具有如下作用[12]：

1）当房间门窗关闭时，防止周围环境的污染由门窗缝隙渗入室内；

2）当房间门窗开启时，保证足够的气流速度，尽量减少门窗开启和人员进入瞬时进入房间的空气，保证气流方向，以便把进入房间的污染物减少到最低程度。

对压差产生直接影响的因素主要有以下几个[13]：①建筑构造形式的设计与建造工作；②门窗开启及围护结构的气密性；③空调方式及调节控制方法；④电梯、提升机、楼梯间等竖向建筑交通的设计；⑤人员进出房间；⑥温度；⑦风量调节装置和自动控制系统的可靠性、灵活性等。以上因素中，应首先关注围护结构的渗透情况，一旦漏风量达到一定程度或渗透面积过大，实现相邻区域压差控制便是空谈。工程中可主要通过调节房间新风量和回风量间的比例来实现压差的控制。

6.2 洁净室设备布置对微生物传播的影响

室内微生物的传播主要受到气流分布的影响。而通风空调房间的气流分布除了受到送回风口的形式、布置位置和风量等因素的影响外还受到房间内相关设施布置方式的影响。本节以我国某微生物生物安全三级实验室（以下简称P3实验室）内设备布局对主气流携带特性及微生物沉积过程的影响为例简要说明洁净室设备布置对微生物传播的影响。

通过采用CFD模拟方法对P3实验室流场及微生物气溶胶传播扩散进行模拟，模型尺寸如图6-8，得到了P3实验室的气流模式及微生物粒子随气流运动轨迹。

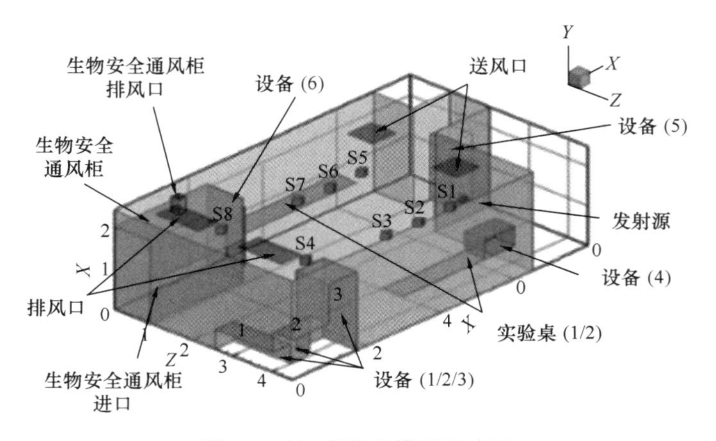

图6-8 P3实验室模型尺寸图

微生物粒子运动受气流涡流影响较大，使粒子室内存留时间延长，不利于微生物去除。

微生物释放特性如表6-2所示。

微生物释放特性　　表6-2

菌种类别	粒径 (μm)	释放量 (个)	密度 (kg/m^3)	释放速度 (m/s)	持续时间 (s)	发射源位置
粘质沙雷氏菌菌液	0.760	1030000	1000	0.53	一次性释放	S1附近
噬菌体	0.696	1060000	1000	0.53	一次性释放	S1附近

通过CFD方法对P3实验室室内气流和微生物粒子运动进行模拟，得到了实验室流场分布图和微生物颗粒空间分布，进而得到了不同浓度颗粒在室内扩散传播的路径及规律，对比微生物颗粒在室内不同壁面的沉积位置，分析得到了室内主气流扩散路径及相关携带特性，并对影响主气流携带特性的相关因素及其影响程度进行了分析探讨。

如图6-9所示，S1粘质沙雷氏菌和噬菌体的气溶胶浓度在25～35s达到最大值，随后显著降低，同时S2浓度逐渐增加，表明释放25～35s后，气溶胶浓度将达到S1，但由于释放源为阶段性释放源，而不是恒定的排放源，气溶胶团簇将在5s左右通过定向气流进入S2。此外，从图中还可以看出，S3和S4在释放后40～50s达到最大值，但与释放源浓度相比，浓度下降了很多。结果表明，气溶胶粒子具有明显的非定向扩散，浓度明显衰减。推测其主要原因是定向气流携带粒子云的涡流干扰，当定向气流遇到障碍物时，会形成不同程度的边界层分离带和回流区，这将降低定向气流对气溶胶粒子的承载能力。

不同时刻下不同浓度等值面图的演化如图6-10所示，可以直观地描述气溶胶在实验室中的迁移过程，可以解释空间浓度在S3和S4处的衰减机理和高浓度区的产生机理。从图中可以看出，颗粒云的运动轨迹主要受主气流运动的影响，从气流源到排气出口的运动速度与以往的分析一致，但由于室内壁面和其他障碍物的影响，在速度流线中产生了许多不同尺度的涡旋区域，这里主要有两个大涡区，实验台下的回流区和X段的主回流区，前者在实验台以下运动时受壁面和台面的障碍扰动影响，导致回流气流；后者是Z向辅助气流与定向主气流相互作用产生的顺时针旋转气流，两者都削弱了定向主流的颗粒携带效应，导致大量气溶胶颗粒分离，并随着涡流运动而长留，形成较小的高浓度残余区。

微生物气溶胶颗粒在地面和顶棚上的沉积如图6-11所示。由微生物气溶胶颗粒在地板上的沉积位置分布可以看出，关键沉积区位于释放源和排出口之间的带状区域中，因为主气流携带大量附着于地面运动的生物气溶胶粒子，沉积位置与主气流区域的覆盖完全重合，也就是说，它显示了具有有效携带效果的主气流区域的范围。

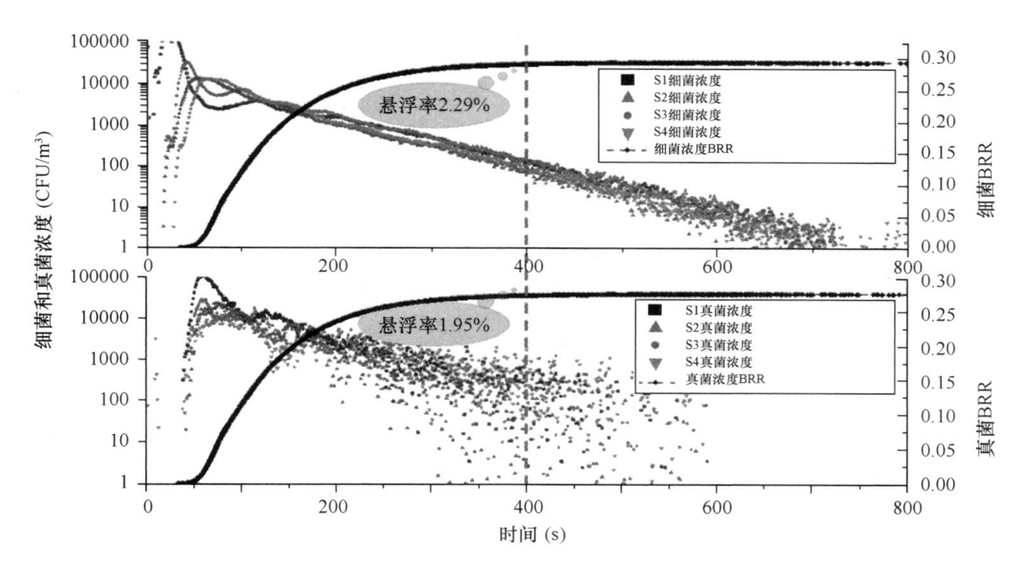

图 6-9 排风口气溶胶去除率及不同采样点浓度随时间变化关系 *

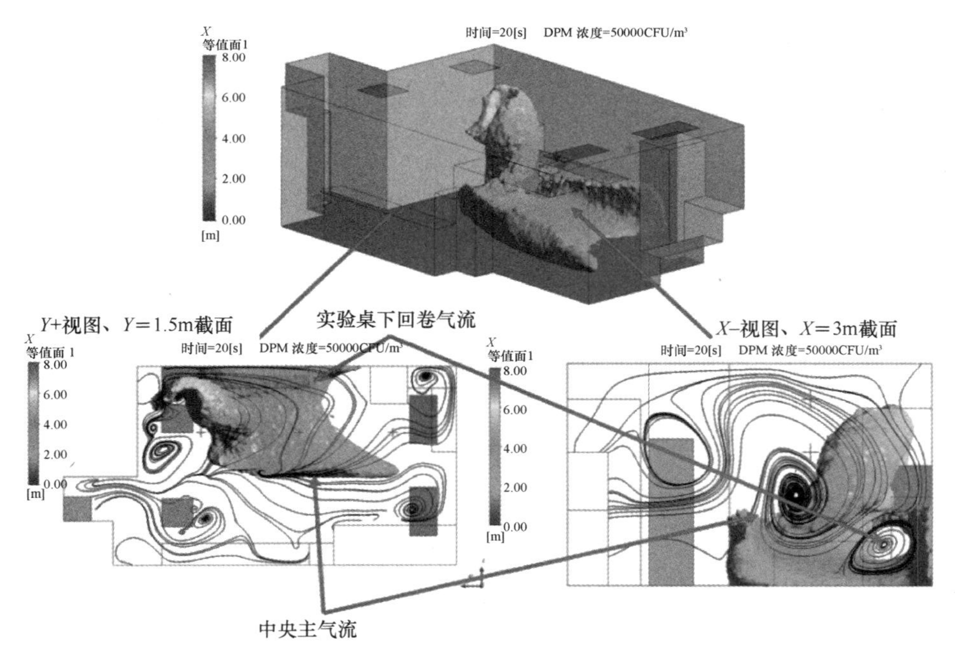

图 6-10 等值面图及不同截面速度流线图 *

由顶棚上三个关键沉积区域的位置可以看出，这些颗粒的沉积是由于室内气流的携带，实验室采用了上送上回通风模式，室内设备众多，导致回流气流的升力很大，对颗粒云有很强的携带作用。

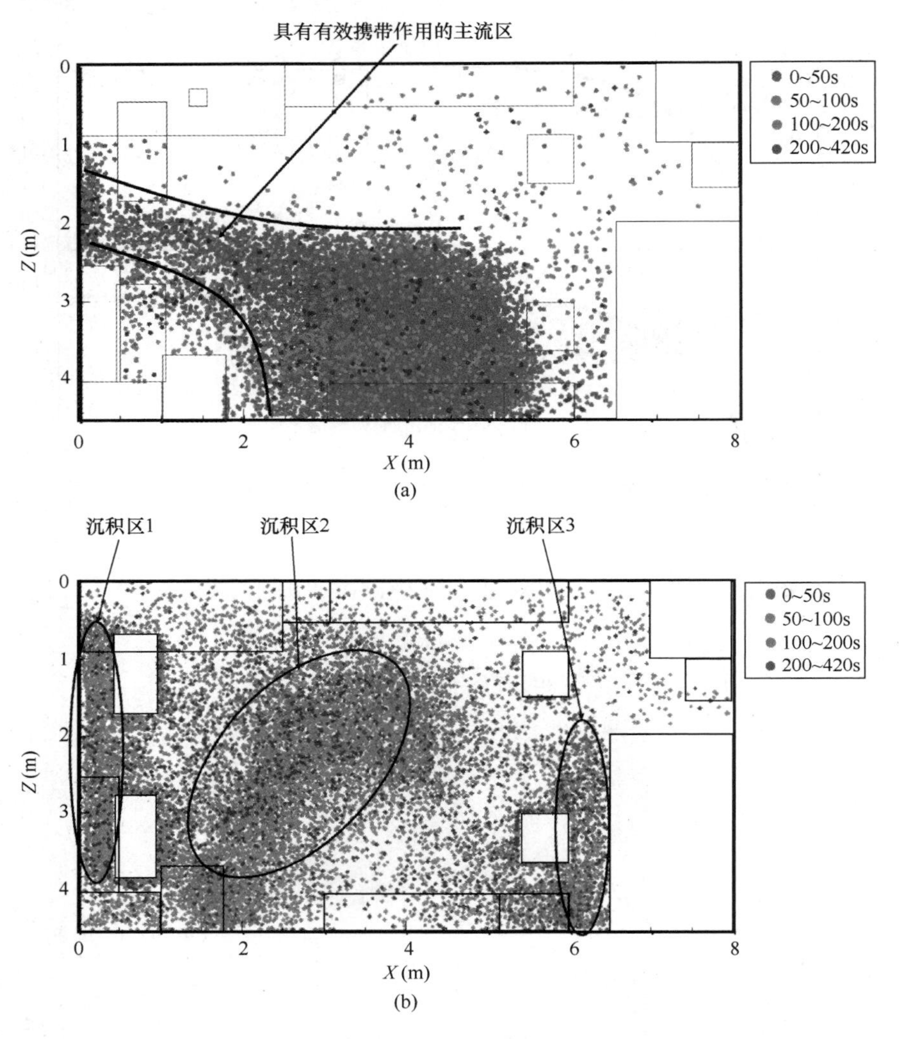

图 6-11　不同位置和时间段微生物气溶胶沉积位置分布 *

（a）实验室地面不同时间段微生物气溶胶沉积位置分布；

（b）实验室顶棚不同时间段微生物气溶胶沉积位置分布

针对实验室内主气流携带特性及扩散路径的研究成果，可以为今后室内气流组织优化及评价提供一个更为有效的方法和思路，同时也为实验室清洁及安全使用、室内设备布置和建筑布局优化等领域提供具有工程应用价值的参考建议。

6.3　医院空调气流对微生物传播的影响

医院建筑内存在多种潜在微生物污染的散发源，如病人和医疗废品等。如何利用空调系统送排风气流营造良好的室内空气分布模式，并配合室内微生物控制优化措施来降低微生物污染具有积极意义。本研究在北京市某生物学实验室中进行，尺寸接近标准医院双床病房：长度(Z)×宽度(X)×高度(Y)＝6.6m×5.4m×3m。所有的墙都被考虑为是绝热的。房间顶部由风机过滤单元（Fan Filter Unit）将外部空气吸入并经过高效过滤器（HEPA）过滤。房间布置成典型病房场景：两张病床，两个病人人体模型，两个医护人员人体模型（HCW）。为了考虑后面的壁面沉积，简化了各个墙壁的名称，其中X－和Z－代表靠近污染源的后墙和右墙，X＋和Z＋代表远离污染源的两个侧墙。过滤后的空气使用单侧下向送风（从送风口3下送）和双侧下向送风（从送风口2和送风口1下送）气流组织形式送入室内如图6-12所示。房间顶部送风孔板尺寸0.54m×0.54m；高效出风口尺寸0.984m×0.286m。所有实验中的通风率都保持在12次/h左右，送风温度17.9℃。工况1风速0.25m/s，工况2风速0.31m/s。

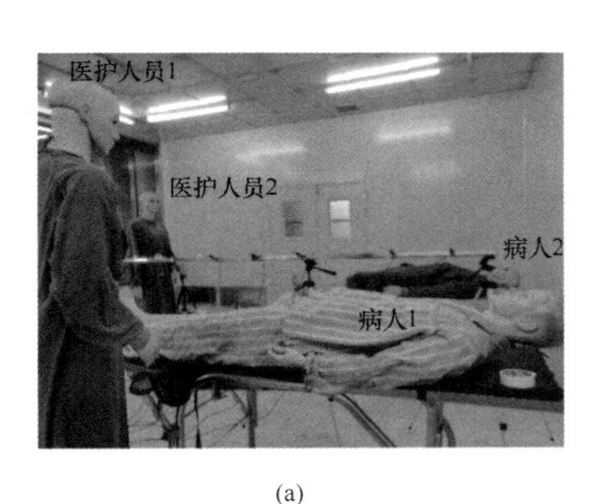

(a)

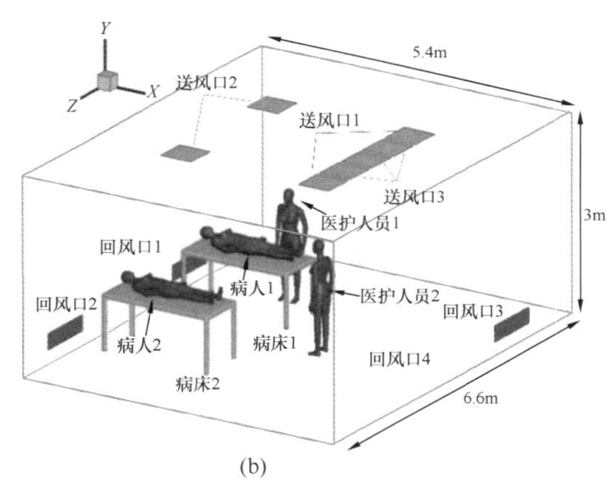

(b)

图6-12 布置图

(a) 实验室布置图；(b) 模拟布置图

研究结果如下，工况1单侧下向送风的病房中心截面z＝3.4m的矢量流线图如图6-13（a）所示，可以看到单侧下向送风在垂直送风到地板之后分流撞到前后墙壁形成回卷气流，气流继续沿墙壁向上运动至顶棚，一部分形成涡流，另一部分继续运动到送风区域后再次回流。图6-13(b）是工况2双侧下向送风的病人截面z＝2.2m处的流线矢量图，可以看到双侧下向送风一侧在垂直送风到地板之后分流撞到后墙壁和病床形成回卷气流，另一侧气流同样在左侧形成涡流区，靠近释放源的墙壁角落形成的涡流首先对气溶胶颗粒的排出起了阻碍作用。

工况3和工况4是在工况1和工况2的基础上在病人中间位置增加了隔断。900s过程中四种工况的沉积率、排出率、悬浮率如图6-14所示。沉积率即沉积颗粒总数与释放颗粒总数的比值。同理排出颗粒、悬浮颗粒与释放颗粒总数的比值为

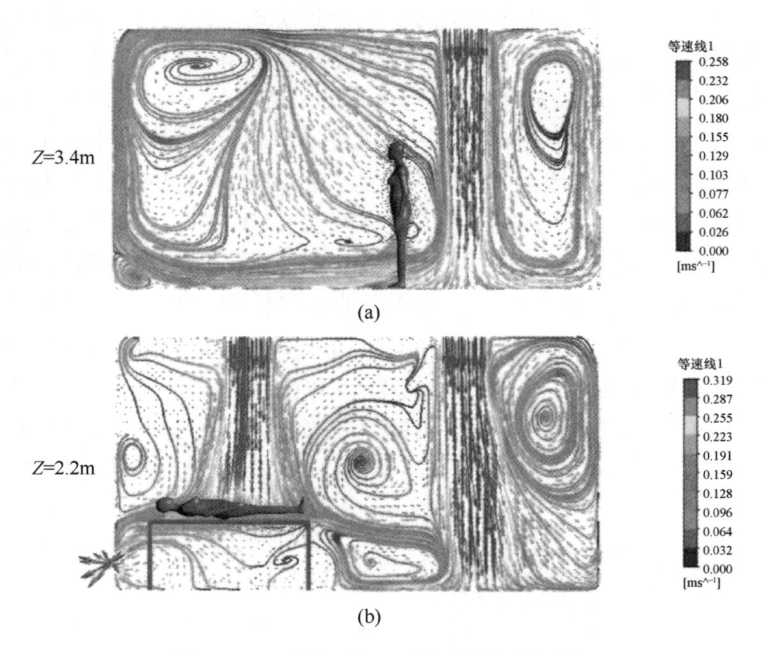

图 6-13 不同 z 位置时的流线矢量图 *

(a) 工况 1 z=3.4m 流线矢量图；(b) 工况 2 z=2.2m 流线矢量图

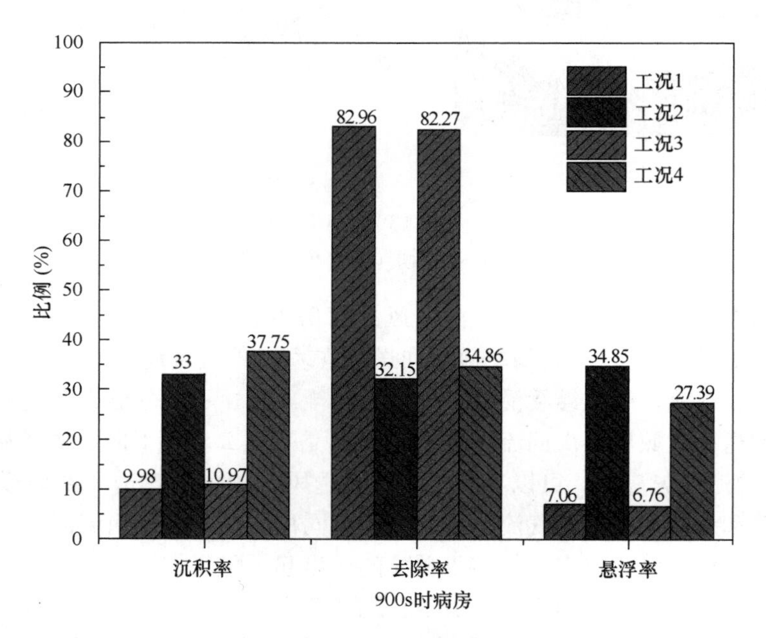

图 6-14 900s 时病房颗粒物分布情况 *

排出率和悬浮率。可以看到工况 1 和工况 3 排出效果远高于工况 2 和工况 4，表明单侧下向送风在污染物有效排出效果上比双侧下向送风排出效果要好。同时增加了隔断让两种气流组织形式下的沉积率都有少量增加，悬浮率有略微下降。

四种工况生物气溶胶时空分布如图 6-15 所示。生物气溶胶是随粒子产生时间着色的。图 6-15(a) 为工况 1 气溶胶颗粒随时间的变化分布规律，可以看到在 40 s 和 80 s 时颗粒随着气流沿回风口侧墙壁向上运动，如前文气流模式所述。接着颗粒运动至顶棚继续向前运动，触碰到送风区域后分成两部分：小部分向病人 2 侧扩散，大部分颗粒受病人 1 侧涡流影响向病人 1 右侧扩散，触碰到墙壁 Z一后沿墙壁继续向送风口侧运动，受送风口右侧涡流影响开始向整个房间扩散。图 6-15(b) 为工况 2 气溶胶颗粒随时间的变化分布规律，可以看到在 40s 时一部分颗粒排出，另一部分颗粒受气流影响沿着 X一墙向病人 1 右侧运动。80s 时受病人 1 右侧涡流影响沿房间角落向上运动，撞击到顶棚后颗粒开始分流向两侧扩散。颗粒继续运动后受多处送风造成的涡流影响继续向房间各处扩散，在 300s、500s 的颗粒扩散过

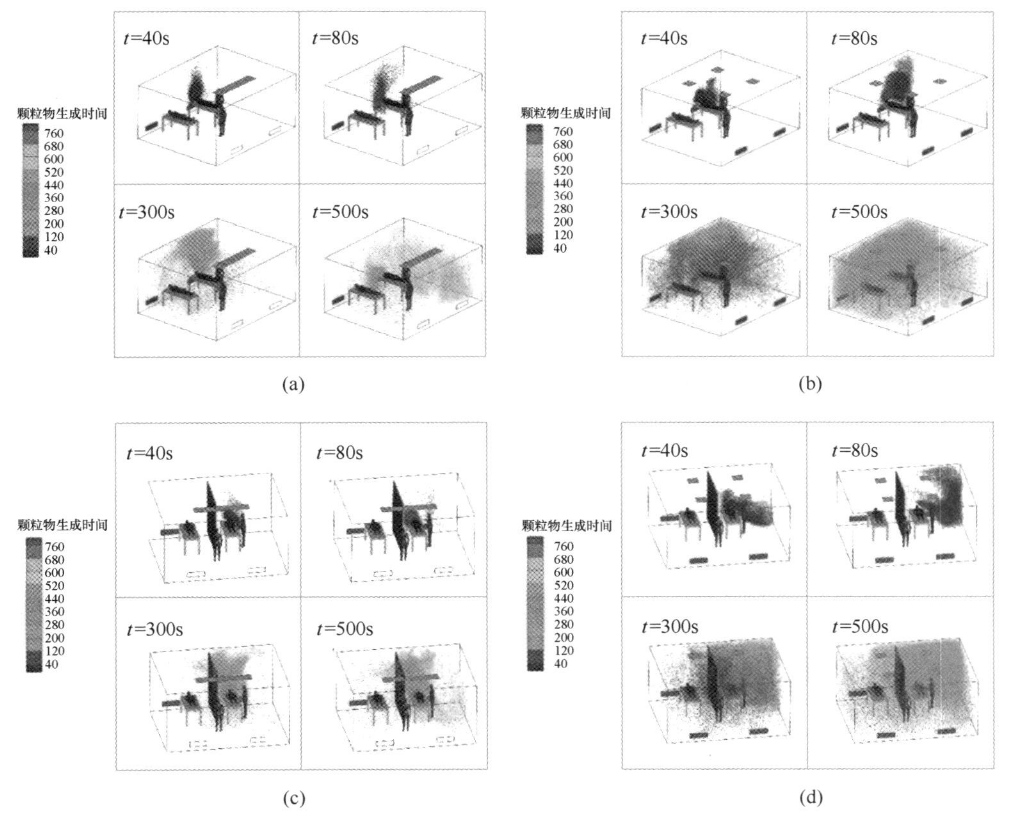

图 6-15 四种工况不同时刻病房内的颗粒物分布 *

(a) 工况 1；(b) 工况 2；(c) 工况 3；(d) 工况 4

程中最终扩散到了整个房间。图6-15(c)、图6-15(d) 是工况3和工况4的气溶胶分布规律。可以看到在工况3中，向病人2侧运动的颗粒被送风区域和隔断阻碍，在300s时仅有少量的颗粒扩散到了病人2这一侧，在500s被隔断分割开的病人2侧的颗粒数量明显少于工况1中同时刻。工况4中颗粒最开始的运动轨迹和工况2中类似，但在300s后，大部分向病人2侧扩散的颗粒在隔断的阻碍下回流，少部分越过隔断和送风区域运动到了病人2侧，随着时间的增加，病人2侧生物气溶胶颗粒个数也在持续增加，但与工况2相比，病人2侧浓度得到了显著降低。在一定程度上说明了物理隔断在阻碍污染物扩散上具有积极作用。

6.4 公共建筑突发卫生事件控制策略

6.4.1 突发卫生事件

(1) 突发卫生事件的定义

2003年国务院根据防治非典型肺炎工作中暴露出的突出问题，明确了突发卫生事件的定义[14]。根据该定义，从公共卫生角度考虑突发公共卫生事件是指突然发生或者可能发生，直接影响到公众健康和社会安全，需要紧急应对的公共卫生事件，包括生物、化学、核辐射恐怖事件、重大传染病疫情、群体不明原因疾病、严重的中毒事件、影响公共安全的毒物泄漏事件、放射性危害事件、影响公众健康的自然灾害，以及其他严重影响公众健康事件等。2003年的SARS病毒、2009年甲型H1N1流感和2019年新型冠状病毒的疫情就是典型的突发公共卫生事件。

(2) 突发卫生事件的特征

一般而言，突发公共卫生事件具有以下特征[15]：原因的多样性、发生的不可预测性和隐蔽性、突发性、灾难性、不确定性、连带性、信息不充分性。突发公共卫生事件以上的特征决定了公共卫生事件出现的地点难以预测，产生原因难以预测，预防方式难以预测，传播方式难以预测。病毒的种类太多难以全部监控，人为因素难以控制。一旦暴发，产生的危害难以预估。

(3) 突发卫生事件的危害

突发卫生事件从成因上看，可以分为自然性突发事件和社会性突发事件。从危害性上看，可以分为轻度危害、中度危害和重度危害，不同程度的危害造成的影响不同。深入分析灾难性事故与事件的社会危害，可以更深刻地认识到对此类事件进行研究的重要性和迫切性。突发卫生事件的危害主要有以下几种[16]：对公共安全的危害，对物质财产的损毁，对社会秩序的危害，对政府形象的危害，对社会心理的危害，对生态环境的危害。

6.4.2 控制策略

公共建筑（如机场候机大厅、体育场馆、影剧院和会议展览中心等）人员密度大、影响面广，通常是各种突发性公共卫生事件的多发地点。例如：1986 年 9 月，苏联剧团在纽约演出时，美国极端组织在剧院内爆炸一枚催泪弹（26 人受伤）；1995 年日本地铁沙林毒气案（12 人死亡、5000 多人中毒）；2003 年韩国地铁纵火案（126 人死亡）等突发性恐怖事件已经引起人们对公共场所安全的广泛关注[17]。

当在人员集中的公共建筑中遭遇火灾、用生化武器（如毒气弹）制造恐怖突发性事件等时，伤亡者中大多是由于吸入有害气体所致，而有害气体一旦在大空间内蔓延，是非常难以控制的，将带来严重的危害和后果。因此，在发生突发性事件时，从人员疏散的角度出发，能否保证人员在有害气体蔓延前有安全的疏散通道和足够的疏散时间，需要掌握公共建筑中生化恐怖模式，就需要通风系统能够迅速判断出污染源的位置（即源头定位），以及所产生有害气体的扩散机理、分布规律和输运过程（即环境监测），以便确定有效的控制有害气体的方法（即应急通风）和组织人员疏散的方式（即应急疏散），并通过合理的方式消除室内污染物。

（1）源头定位

污染源控制方法是直接对源头进行隔离或消减，阻止污染物进入室内环境威胁人员健康。因此室内污染源的快速定位可以从源头上控制污染物扩散，是采取有效控制措施和减轻灾害的前提和关键，是制定应急通风和人员疏散策略的关键环节[18,19]，可以极大地减少后续措施的工作量。常见的室内源头定位方法有以下两种。

1）移动机器人主动嗅觉技术

早期的主动嗅觉定位问题主要为室内环境中的气体源定位，利用在封闭环境中装备气体传感器的移动机器人“主动”发现、追踪、确认气味源。这一问题通常被分解为三个子任务，即烟羽发现、烟羽追踪和气味源确认。烟羽发现是指机器人在搜索环境中以一定的策略来运动，目的是尽可能多地接触到气味烟羽，常见的烟羽发现方法是 Z 遍历算法[20]和 Spiral 遍历算法[21]，具有搜索范围大、内部系统开发周期短、可扩展性强、移动机器人可以长时间工作等优点，有效地弥补了传统定位方法存在的问题[22]。

2）无线传感器网络定位技术

无线传感器网络作为一种信息获取和处理模式，其典型的工作方式为：将大量的传感器节点抛撒到感兴趣的区域，节点通过自组织方式快速形成一个无线网络。随机分布的集成有传感器、数据处理单元和通信模块的节点借助于内置的形式多样的传感器测量其所在周边环境中的热、红外、声呐、雷达和地震波信号，从而探测包括温度、湿度、噪声、光强度、压力、土壤成分、移动物体的大小、速度和方向等众多网络部署者感兴趣的物质现象。在网络中，节点既是信息的采集和发出者，也是信息的路由者，采集的数据通过多跳路由到网关。网关是一个特殊的节点，它可通过 Internet、移动通信网络、卫星等与监控中心通信，也可利用无人机飞越网络上空，通过网关采集数据[23]。

（2）环境监测

环境监测是指运用物理、化学、生物等现代科学技术方法，间断地或连续地对环境中的污染物及物理和生物污染等因素进行现场的监测和测定，做出正确的环境质量评价，使用相应的检测技术、对环境中的污染因子进行自动、连续检测，当环境中的污染物发生变化时，可以提前预警，预防突发公共卫生事件的发生。常见的环境检测技术有无人机监测技术、微脉冲激光雷达技术、生物袭击监测技术。

（3）应急通风

对于公共建筑，建筑围护结构极大地限制了室内发生生化恐怖时毒性气体的排放，如地铁站这种封闭性较强的大空间场所一旦遭遇火灾、化学或生化武器的威胁，那么应急通风技术和效率是减少人员伤亡的关键，若没有必要的通风防护措施，建筑内毒性气体将得不到有效控制。

公共建筑一般设置了中央空调系统，突发公共卫生事件发生时，如果不能及时地关闭中央空调系统，切断风管通道，中央空调风系统会很快将污染物输送到室内的各个角落，扩大事件的受害范围。因此，必须结合通风空调技术来研究控制或减轻公共建筑突发公共卫生事件的危害。真正对毒剂起到稀释、排除作用的是建筑的自然通风系统和机械排烟系统。

公共建筑突发公共卫生事件应用通风技术控制污染物输运过程属于应急通风范畴，主要有以下两种方式[24]：

1）机械排风，自然补风。多用于排出建筑物内部有害气体，降低室内有害气体浓度，减轻有害气体对人员的危害，室内多维持负压状态，由门窗孔洞等自然补风。

2）机械排风，机械送风。多用于隧道和地下建筑事故应急通风，由机械排风排出事故发生区域的有害气体，机械送风用来补充部分排出的空气。

在建筑通风领域内，多采用前者，也有考虑用后者为室内人员尽快提供新鲜空气，减少人员伤亡的探索性研究。但无论对上述哪种应急通风技术方式，都必须考虑室内气流组织形式对污染物扩散的控制能力，对火灾烟气多采用上排式机械通风方式，对重气（如汽车尾气、氯气等）则采用上、下排结合的通风方式。

以往通风工程实践表明，在源项附近采用局部通风捕集有害气体，是控制有害气体扩散最有效的通风方式。以局部通风控制有害气体，结合全面通风对室内空气通风换气，是公共建筑排出有害气体危害主要的通风方式。室内通风气流组织通常遵循的原则如下[25]：

1）如果散发的有害气体温度比周围空气温度高，或受建筑物内部热源影响产生上升气流时，无论有害气体密度大小，均应采用下进上排的气流组织方式。

2）如果没有热气流的影响，散发的有害气体密度比周围空气密度小时，应采用下进上排的形式；比周围空气密度大时，应从上下两个部位排出，从中间部位将清洁空气直接送至工作地带。

对公共建筑用生化武器（如毒气弹）等制造恐怖所产生毒性气体的排除还没有相应的设计方法和规范，只有针对大空间工厂车间发生偶然事故，突然散发大量有害气体或有爆炸性气体车间，设置事故通风，根据有害气体最高容许浓度和车间高度，按照一定的换气次数确定换气量，同时对剧毒气体的排放做了具体要求[24]。

（4）应急疏散

在突发公共卫生事件发生时，采取应急安全疏散措施能够有效降低伤亡率。应急安全疏散必须保证所有人员在可利用的安全疏散时间内，均能到达安全的避难场所，而且疏散过程不会由于长时间的高密度人员滞留和通道堵塞等引起群众拥挤、踩踏、伤亡等事故。

公共建筑的安全疏散是建筑设计的重点，及时有效的安全疏散可以减少建筑物发生突发事件带来的危险，尤其是对建筑内人员造成的危险，将室内人员及财产沿疏散路线及时顺利疏散到安全地带，是疏散的根本目标。对于公共建筑的疏散设计应满足“及时、安全、便捷、效益”四个基本要求。

对于突发公共卫生事件的紧急疏散程序与消防或者其他应急措施基本相同。疏散路线和紧急出口应该像其他标准的火灾安全程序一样清楚标出。应急疏散标识由图形符号、安全色、几何形状或文字等组成，用以表达特定疏散指示信息，其作用主要分为提供照明、引导疏散方向和减少人员恐慌 3 种[26,27]。

人员密集场所建筑结构疏散因素分为场所应急疏散设施和辅助疏散设施两大类，其设置应满足以下要求：①疏散路线合理；②尽量布置环形或双向走道避免袋形走道；③疏散楼梯位置适当；④有足够的安全疏散设施；⑤设置室外疏散楼梯；⑥布置辅助安全疏散设施。若不考虑疏散人员个体影响，仅考虑疏散运动过程，则疏散时间的主要影响因素为疏散宽度、疏散距离、疏散路径数量及合理性，定量评估指标以百人宽度指标和最大安全疏散距离为主，应急疏散能力评估项、评估指标详见表 6-3[28-30]。

人员密集场所建筑结构疏散影响因素　　表 6-3

检查项	分析评估要点	主要评估指标
疏散门	位置、宽度、数量、开启方向等	m/百人、通畅性
疏散通道	数量、宽度、距离、形状、位置等	疏散距离、通畅性、m/百人
疏散楼梯	前庭、坡地、宽度、防烟效果、踏步宽度与形状、上下根连接位置等	通畅性、m/百人、疏散距离

续表

检查项	分析评估要点	主要评估指标
安全出口	位置、形状、数量、宽度、开启方向	通畅性、数量、m/百人
防烟排烟	设施是否完善且处于安全工作状态	有效性、可靠性
疏散照明	数量、位置是否满足照明要求	最低照度、最少供电时间
疏散标识	位置、尺寸、颜色、亮度等是否醒目易辨识	至少供电时间、最低照度、不被遮挡覆盖
警报通信	安装位置、数量等、信息传输是否有效	应急广播可靠性
辅助设施	疏散阳台、避难间、避难逃生口、避难绳、避难逃生袋、滑梯、屋顶直升机等	位置、防火要求、疏散可靠性

从室内释放点疏散到室外的距离依赖于多个因素，但释放点到隔离区的推荐距离至少是60m，这个距离是基于氰化氢的小规模释放的情况。在一般的情景下，从释放点到人员防护区的距离，即防护作用距离，在白天是200m，在晚上是500m[31]。如果释放在某个房间内，疏散的原则应该是远离这个区域。但在高层建筑中，如果释放点在下部楼层，就无法疏散了。然而，一旦关闭通风系统，人员逃向上部楼层可能得到安全。这是因为几乎所有的生化试剂都比空气重，没有机械通风它们不会轻易扩散到上部楼层。

(5) 隔离防疫

由于传染病的蔓延一般需要三个必备条件，分别是传染源、传播途径、易感人群，因此当暴发大规模传染性疾病时，需要对三者进行合理的划分，隔离传染源、切断传播途径、保护易感人群，这样将有效的控制传染病的蔓延。为了预防和控制传染性疾病的传播及蔓延，最为有效的屏障就是负压隔离。传染性隔离病房作为医院中的重要部分，起着至关重要的作用，它为医护工作人员、病人及探视人员等提供了安全保护[32]。因此，对隔离病房的设计提出了区域划分、气流组织要求、换气次数要求、负压设计、消毒净化的要求[33-37]。

6.4.3 源头定位和应急通风

当公共建筑突发卫生事件发生时，需要采取控制策略对污染物进行控制，为人员的安全疏散预留足够的时间。6.4.2节中介绍了多种控制策略，本节将以污染源定位和应急通风两种控制策略为代表，介绍其研究进展。

(1) 污染源定位

1) 传感器阵列

本研究选用传感器数量分别为四个传感器、六个传感器以及八个传感器，使其组成三类环形传感器阵列，如图6-16所示。通过仿真模拟，比较不同移动传感器阵列对污染源定位成功率的影响。

整个污染源定位的流程如图6-17所示。

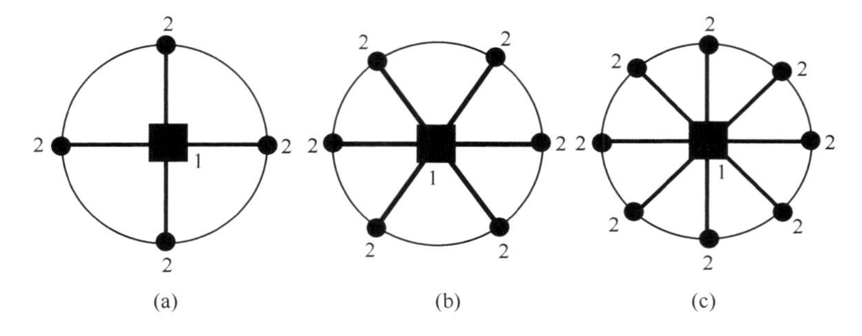

图 6-16 传感器阵列

(a) 四个传感器阵列；(b) 六个传感器阵列；(c) 八个传感器阵列

1—机器人；2—传感器

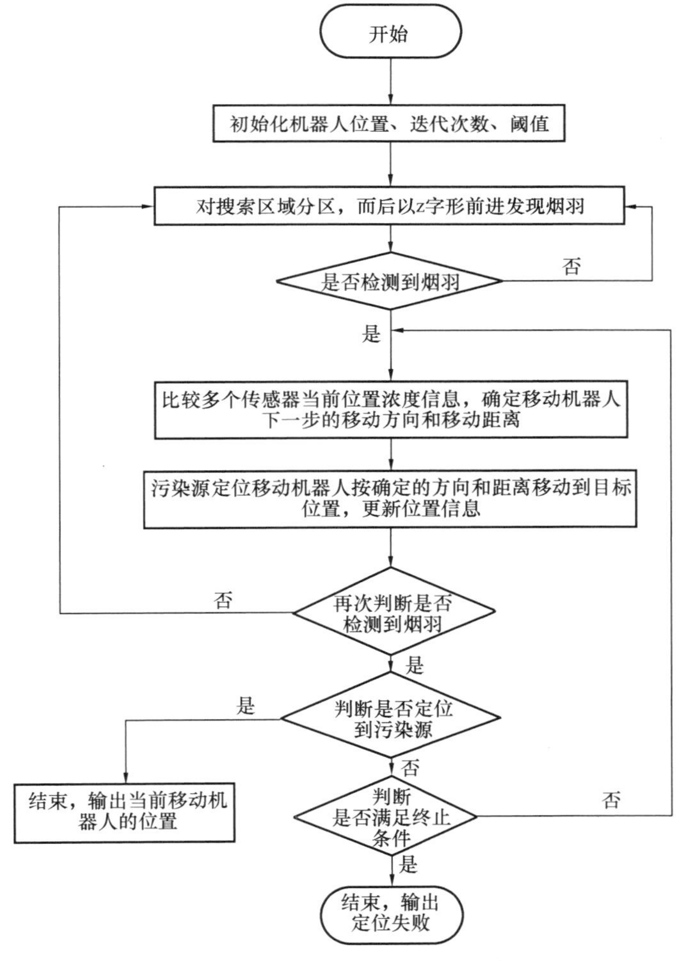

图 6-17 污染源定位方法流程示意图

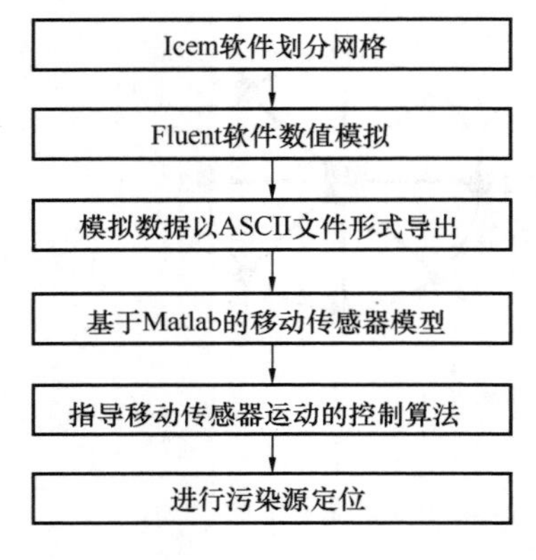

图 6-18　仿真环境建立流程图

2）污染源定位仿真环境的建立

首先通过 Fluent 软件进行数值模拟，将得到的烟羽扩散浓度信息是用 ASCII 文件形式存放的，可以把这种文件导入到 Matlab 里面，进行移动传感器污染源定位仿真。具体的流程如图 6-18 所示。

建立三组污染源扩散仿真环境，不同仿真环境的参数如图 6-19 所示。

设置初始污染物浓度为零；窗为进风口，速度大小为 1m/s，门为压力出口，本研究选择炭疽杆菌作为模拟对象；采用非定常计算方法，设置污染物释放时间为 360s，360s 后释放源关闭。

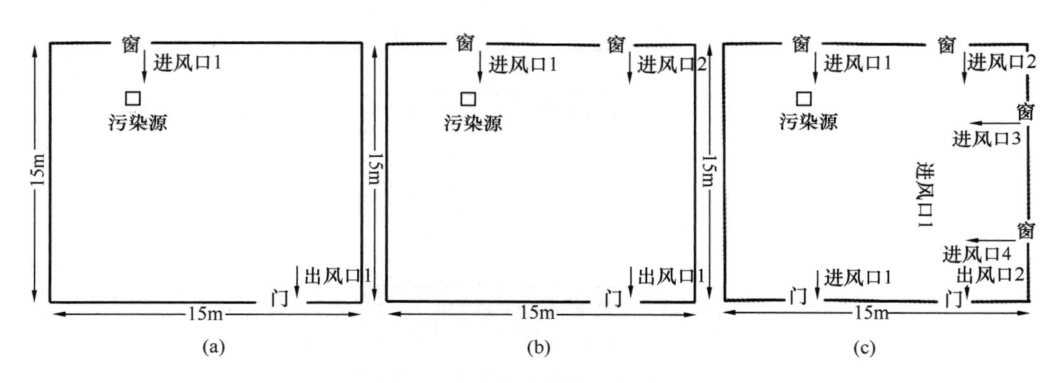

图 6-19　三组仿真环境示意图

（a）仿真环境 1 示意图；（b）仿真环境 2 示意图；（c）仿真环境 3 示意图

3）不同传感器阵列的仿真

为了研究不同传感器阵列对污染源定位成功率的影响，本节选用仿真环境 1 和仿真环境 2 进行仿真实验。

基于室内稳态流场，图 6-20 为仿真环境 1 污染源释放后形成的不同时刻的污染物浓度分布，图 6-21 为仿真环境 2 污染源释放后形成的不同时刻的污染物浓度分布。

从图 6-20 可以看出，污染源刚开始释放时，受室内气流组织的影响，污染源附近的污染物浓度不断上升，并且持续向外扩散，局部地区污染物浓度梯度较大；随着时间的变化，浓度场随流场的摆动幅度也较大，污染物逐步向整个空间蔓延，但是受气流组织的影响，左上方的污染物浓度始终较低，出风口处的污染物浓度越来越高。

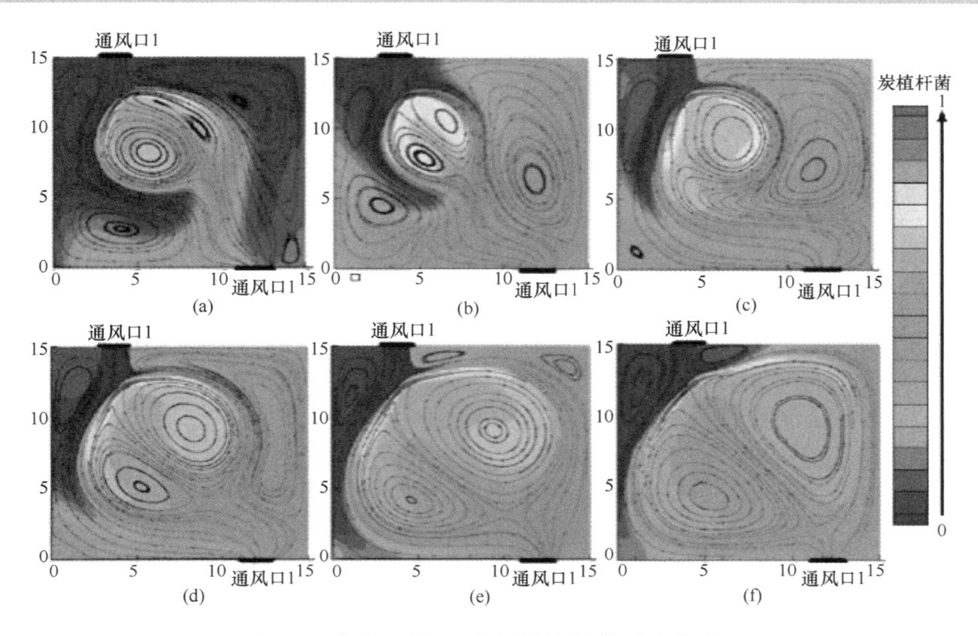

图 6-20 仿真环境 1 不同时刻污染物浓度分布 *

(a) 60s 污染物度物；(b) 120s 污染物浓度物；(c) 180s 污染物浓度场；
(d) 240s 污染物浓度场；(e) 300s 污染物浓度场；(f) 360s 污染物浓度场

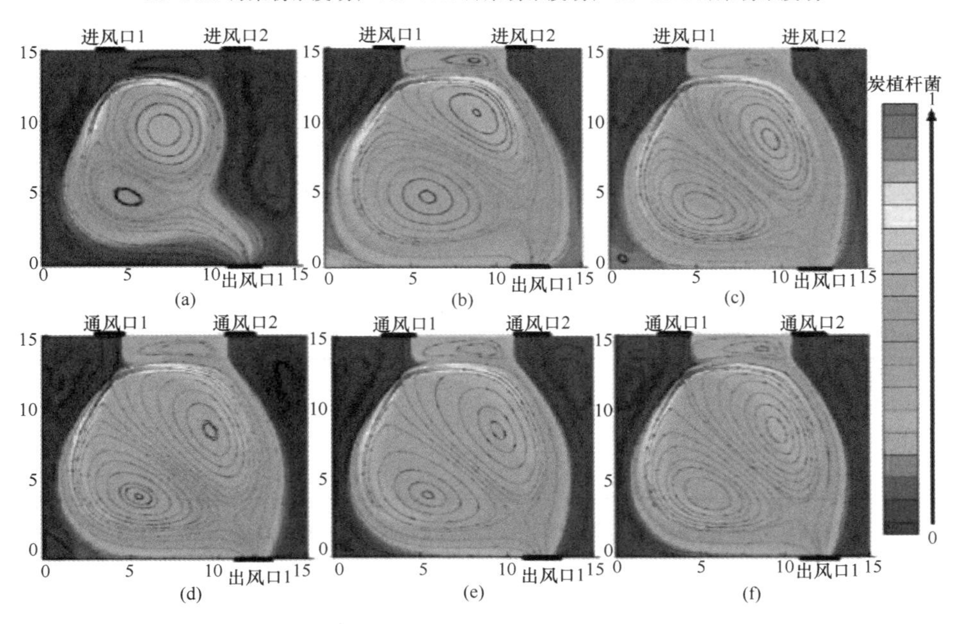

图 6-21 仿真环境 2 不同时刻污染物分布 *

(a) 60s 污染物浓度场；(b) 120s 污染物浓度场；(c) 180s 污染物浓度场；
(d) 240s 污染物浓度场；(e) 300s 污染物浓度场；(f) 360s 污染物浓度场

从图6-21可以看出，污染源刚开始释放时，受室内气流组织的影响，污染源附近的污染物浓度不断上升，释放的污染物主要集中在中部，并逐步朝外扩散。随着时间的变化，污染物随流场的摆动幅度也较小，污染物在整个空间上的分布较为集中，受气流组织的影响，左上方和右上方，以及贴近四周墙壁的污染物浓度始终较低。

分别对四个、六个、八个传感器阵列和不同初始位置进行仿真模拟，采用三种指标来评价污染源算法的性能：成功率、定位误差以及定位时间。

成功率，表示某一方法成功找到污染源的次数与总实验次数的比值，该指标反映了污染源定位策略成功定位污染源的能力。定位误差，表示移动传感器定位污染源输出的坐标与真实污染源的距离。定位时间，表示移动传感器定位污染源位置需要的搜索时间，该指标反映了成功定位污染源的效率。

四个传感器阵列、六个传感器阵列以及八个传感器阵列的定位指标如表6-4和表6-5所示。可以得出，在仿真实验30次的情况下，四个传感器阵列的成功率相对较低，而六个传感器和八个传感器的成功率高达100％，这主要是因为四个传感器阵列采集到的浓度信息较少，可供移动传感器移动的方向只有四个，但是六个传感器和八个传感器前期搜索采集到的浓度信息较多，由此可见采集浓度信息的多少成为污染源定位成功率的关键；除此之外，只要定位成功，在平均定位误差上，三类传感器阵列的误差并不大；不过在平均定位时间上，四个传感器明显要更长，这时因为采集到的浓度信息少，导致移动传感器移动的步数增多，可见采集的浓度信息越多，定位所需时间越少，但是当移动传感器的数量达到八个的时候，其定位的时间相对于六个传感器而言并没有明显减少，两者相差不大。除此之外，八个传感器阵列不仅会增加成本，还会使得机器人的构造更加的复杂，变得更加笨重，可能会间接影响机器人的移动，因此在保证移动传感器定位成功率的情况下，可以选择六个传感器阵列，$K=2$m，$R=0.3$m。

仿真环境2不同传感器阵列下，污染源定位指标（$K=2$m，$R=0.3$m） 表6-4

传感器阵列	四个传感器阵列	六个传感器阵列	八个传感器阵列
定位成功率	83％	100％	100％
平均定位误差	0.36m	0.35m	0.35m
平均定位时间	207s	170s	167s

仿真环境3不同传感器阵列下，污染源定位指标（$K=2$m，$R=0.3$m） 表6-5

传感器阵列	四个传感器阵列	六个传感器阵列	八个传感器阵列
定位成功率	80％	100％	100％
平均定位误差	0.38m	0.38m	0.36m
平均定位时间	205s	172s	169s

4）移动传感器不同初始位置的仿真

由于本节重点研究移动传感器初始位置对污染源定位成功率的影响，所以本章选择 $K=2\text{m}$，$R=0.3\text{m}$，六个传感器阵列进行仿真实验，重点分析污染源定位成功率这一性能指标。接下来将改变移动传感器在空间的初始位置，对气流组织相对简单的仿真环境 1 和仿真环境 2，以及气流组织相对复杂的仿真环境 3 分别进行污染源定位的仿真实验，根据仿真结果，针对本研究仿真环境，给出了移动传感器初始位置的推荐区域。

研究发现，不管是在仿真环境 1、仿真环境 2 或仿真环境 3 中，移动传感器从不同初始位置出发进行污染源定位，均可成功定位到污染源，但是随着仿真实验次数的增多，从各个初始位置出发定位污染源的成功率各不相同。不同的气流组织对污染源定位的成功率是有影响的，移动传感器的初始位置对污染源定位的成功率也是有影响的。表 6-6 是移动传感器初始位置在进、出风口附近定位到污染源的成功率；表 6-7 是移动传感器从避开进风口和出风口，从其他位置出发定位到污染源的成功率。

移动传感器从进、出风口附近定位到污染源的成功率　　表 6-6

风口	进风口 1	进风口 2	进风口 3	进风口 4	出风口 1	出风口 2
仿真环境 1	100%	—	—	—	100%	—
仿真环境 2	100%	100%	—	—	96%	—
仿真环境 3	86%	86%	76%	80%	76%	70%

移动传感器从其他位置出发定位到污染源的成功率　　表 6-7

坐标	(1，1)	(14，3)	(1，5)	(1，14)
仿真环境 1	100%	100%	—	—
仿真环境 2	100%	100%	—	—
仿真环境 3	—	—	90%	100%

仿真环境 1 和仿真环境 2 的气流组织相对简单，以至于污染物扩散形成的浓度场并不复杂，由表 6-6 和表 6-7 可以看出，此时移动传感器的初始位置不管是在进风口附近还是出风口附近，甚至于其他位置，定位的成功率都是极高的；但是在仿真环境 3 中，进风口和出风口较多，形成的气流组织复杂，污染物浓度场比较复杂，这时候移动传感器的初始位置若是在进风口和出风口附近，则在定位过程中很难避开局部浓度区域，移动传感器将会迷失方向，可能在其中周而复始地移动而无法逃离，最终导致定位失败，但是在复杂的浓度场中，移动传感器的初始位置若避开进风口和出风口附近区域，选择其他位置，则定位污染源的成功率将提高，这主要是因为移动传感器在追踪烟羽的过程中避开局部浓度场的可能性变大。

因此如果在室内气流组织的作用下形成的浓度场相对简单，建议移动传感器的初始位置选择进、出风口附近，以便快速定位污染源；如果室内形成的浓度场较为复杂，建议移动传感器的初始位置避开进、出风口，以免在污染源定位过程中陷入局部浓度场，可有效增加移动传感器定位的成功率。

综上所述，仿真结果表明，随着传感器数量的增加定位成功率升高，但当传感器数量大于六以后，定位成功率升高不明显；随着传感器分布半径的增加，定位成功率先升高后略有降低，步长系数 $K=2\text{m}$，分布半径 R 为 0.3m 或 0.4m 时，定位污染源的成功率较高。

通过对三种不同气流组织下的仿真环境进行仿真实验，重点研究移动传感器在空间的初始位置对污染源定位成功率的影响，给出了移动传感器初始位置的推荐区域。对于在室内简单气流组织作用下形成的浓度场，移动传感器的初始位置可以选择进、出风口附近，也可以放在其他位置；如果室内形成的浓度场较为复杂，移动传感器的初始位置可以避开进、出风口，以免在污染源定位过程中陷入局部浓度场而无法尽快跳出。因此，针对本书的三种不同气流组织，建议移动传感器的初始位置全都放置在其他位置，有效增加污染源定位的成功率。

（2）应急通风

本节主要针对污染物位置未知，讨论了上排下进和上送下排两种应急通风方式以及自然工况下和空调工况下的模拟计算，以炭疽杆菌为污染源研究了不同通风模式下污染物的扩散规律，对两种应急通风效果进行了分析。图 6-22 为应急通风的物理模型。

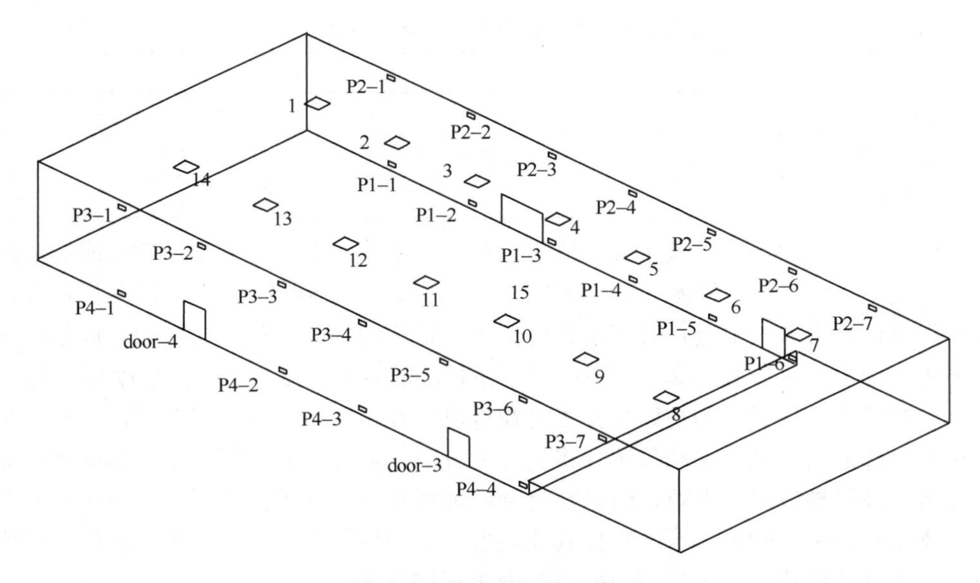

图 6-22 应急通风物理模型

对于高大空间人群活动的区域认为主要是观众区，在本节中是 $x=1$m、$x=17$m、$y=4$m、$y=27$m 所围成的区域。对于大空间突发事件污染物扩散来说，主要造成的危害也就是观众区域的危害性，所以通过观察观众区域的暴露剂量能够有效计算危害性。

1）自然工况与空调工况

自然工况。图 6-23 是自然工况下，不同时间下的暴露剂量。可以看到，自然工况下，90s 会出现半数致死区域（暴露剂量大于 3×10^4 cfu · min/m^3 区域），但是此时区域较小，在 90～180s 时间会逐渐增大，180s 时候所占观众区域的 7%左右，而且随着时间的增加，其区域范围也是增加的；暴露剂量大于 1.6×10^4 cfu · min/m^3 的区域在 180s 大约占观众区的 10%。也就是说在自然状况下，观众区域的 10%的人员生命安全受到影响，而 7%的处于高度危险中。

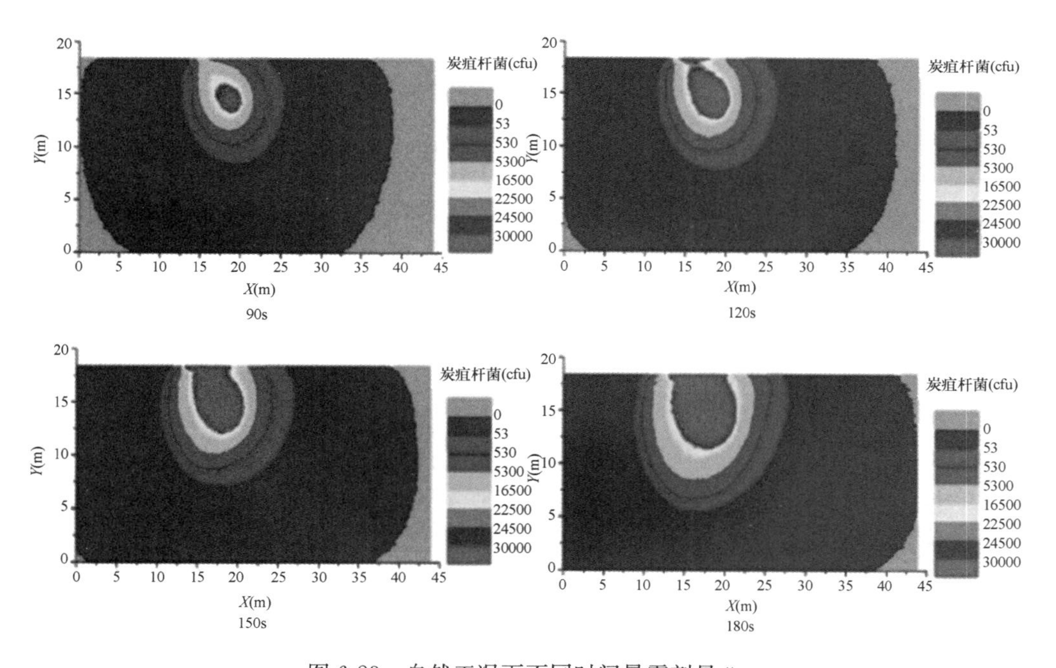

图 6-23 自然工况下不同时间暴露剂量 *

空调工况。图 6-24 是空调工况下，不同时间下的暴露剂量。可以看到，空调工况下 90s 也会出现半数致死区域(暴露剂量大于 3×10^4 cfu · min/m^3 区域)，在 90～180s 缓慢增加，呈现出倒山峰形状，可以看到危险区域是集中在墙壁的一侧。暴露剂量大于 1.6×10^4 cfu · min/m^3 的区域基本和半数致死区域类似，从数据上分析 180s 时候暴露剂量大于 3×10^4 cfu · min/m^3 区域和 1.6×10^4 cfu · min/m^3 区域分别占观众的 4.4%和 7.2%。

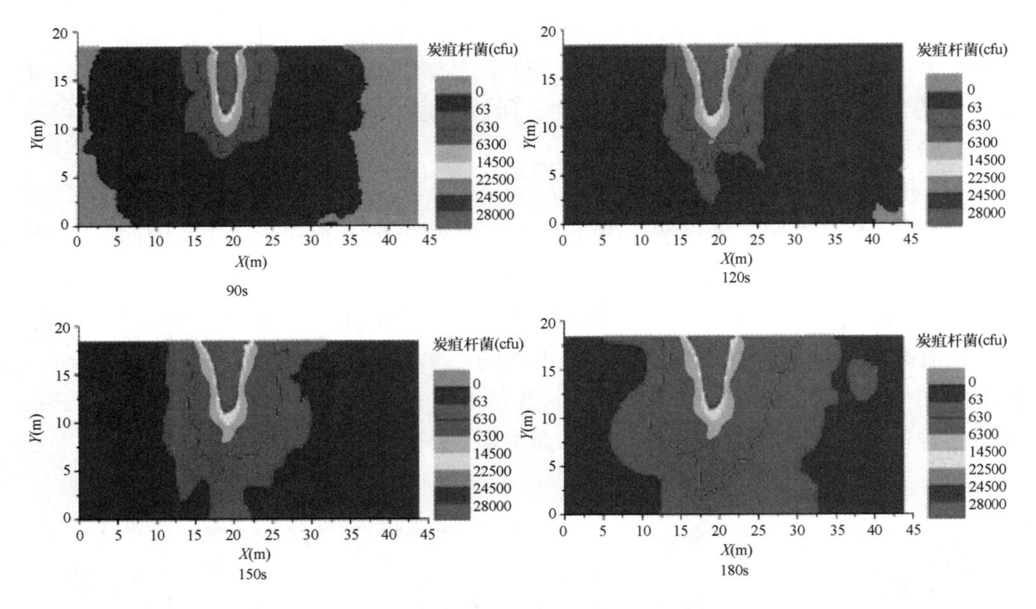

图 6-24 空调工况下不同时间暴露剂量 *

空调工况下气流组织是无规则的，主要是空调的使用会造成高大空间的气流组织不均匀，出现较多的湍流现象和气流小漩涡，所以造成污染物浓度分布不均匀，影响范围大但是浓度值却不高。而自然工况下，污染物扩散主要受到浓度梯度的影响和污染物性质的影响，污染物浓度分布较为均匀，短时间内影响范围小，污染物浓度高，造成区域性危害大；长时间的扩散污染物浓度有所下降，但是依旧较高，造成影响的区域更广，危害性更大。暴露剂量的使用量化了污染物扩散在时间上对人员造成的影响，对于毒剂来说，造成人员伤亡的不仅仅是瞬时致死，而且会出现“慢性致死”，所以通过暴露剂量有效地量化了污染物低浓度长时间暴露伤害造成的危害。从暴露剂量分析，得出了空调工况下造成的危害低于自然工况，所以气流组织的快速运动能够稀释污染物的扩散，在一定程度上降低污染物扩散带来的危害。

2）上排下进应急通风

图 6-25（a）是上排下进应急通风 1.2m 高度不同时间的速度场模拟结果。图 6-25（b)是上排下进应急通风下切面分别为 $x=18$m、$y=16$m、$z=1.5$m 切面不同时间浓度场的模拟结果云图。

图 6-26 是上排下进应急通风工况的暴露剂量的模拟计算结果。上排下进应急通风工况下，通过速度场、浓度场以及暴露剂量观察，有以下几点特征：① 速度场上看，气流组织相对空调工况变得相对有序，气流组织的流动方向加速污染物的排出，也就是在高度上流动性加强。② 从浓度场看，由于上排下进应急通风的作

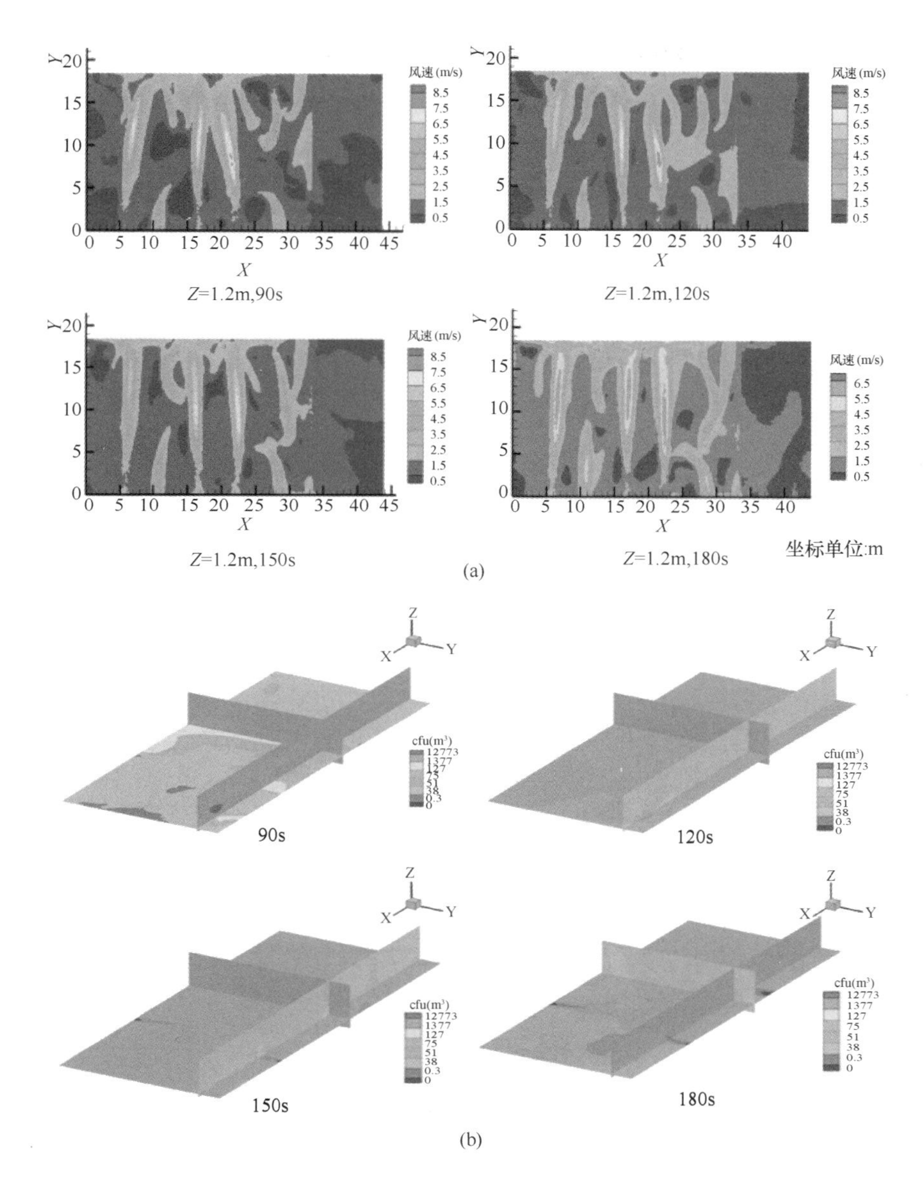

图 6-25 上排下进应急通风速度场和浓度场模拟结果 *

(a) $z=1.2$m 的速度场；(b) 观察面 $x=18$m，$y=16$m，$z=1.5$m 浓度场

用，使得污染物浓度在短时间内低高度区域的浓度得到有效的降低，人群高度的污染物浓度得以稀释和排出。③ 从暴露剂量上看，半数致死区域和出现死亡区域的面积都得到相应的下降。因此，通过浓度场和速度场以及暴露剂量的分析，可以看出相对空调工况应急通风是有效的。

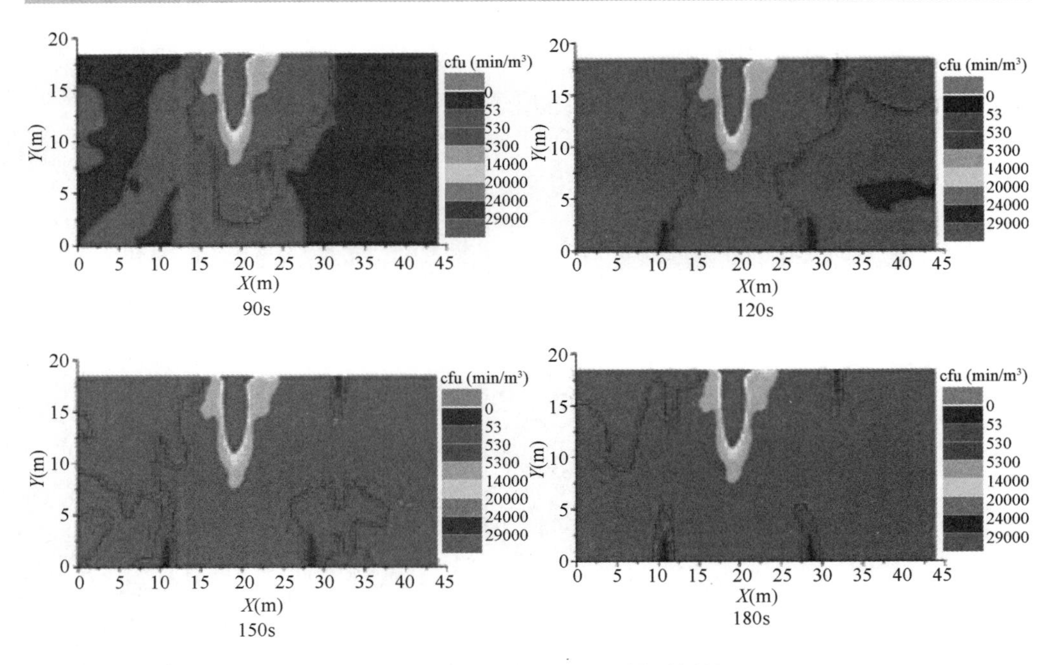

图 6-26 上排下进应急通风的暴露剂量 *

3）上送下排应急通风

图 6-27（a）是上送下排应急通风 1.2m 高度不同时间的速度场模拟结果。

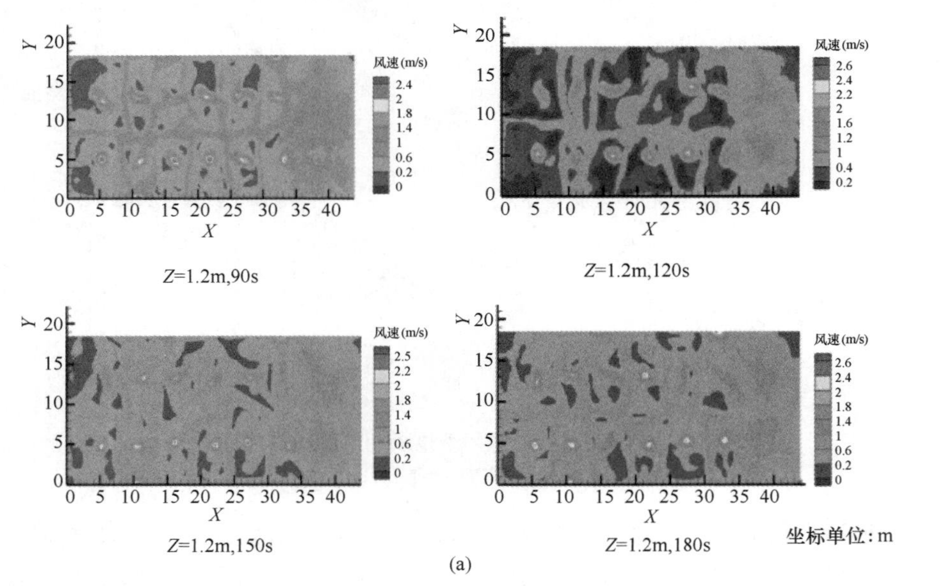

图 6-27 上送下排应急通风速度场和浓度场模拟结果（一）*

（a）$z=1.2$m 的速度场

图 6-27 (b)是上送下排应急通风下切面分别为 $x=18$m、$y=16$m、$z=1.5$m 切面不同时间的浓度场模拟结果云图。图 6-28 是上送下排应急通风工况的暴露剂量的模拟计算结果。

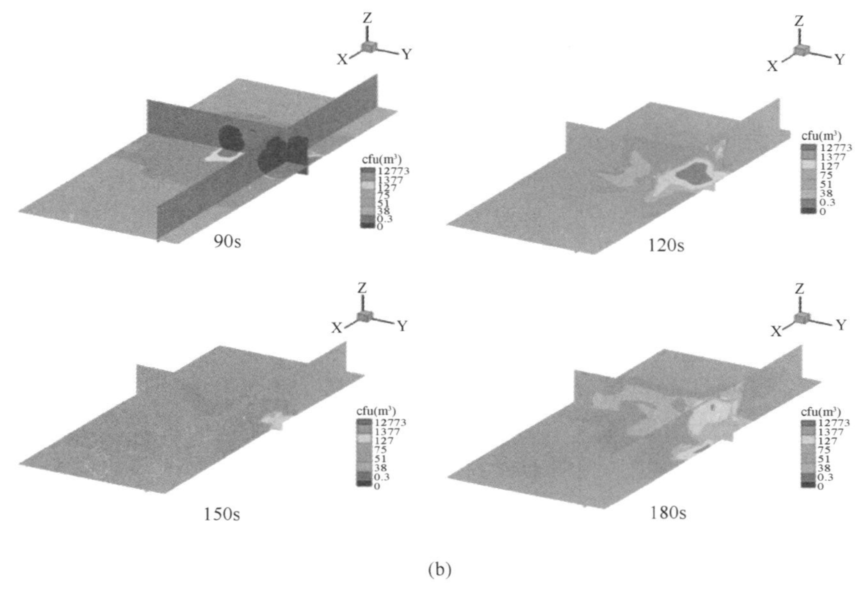

(b)

图 6-27 上送下排应急通风速度场和浓度场模拟结果（二）*

(b) 观察面 $x=18$m，$y=16$m，$z=1.5$m 的浓度场

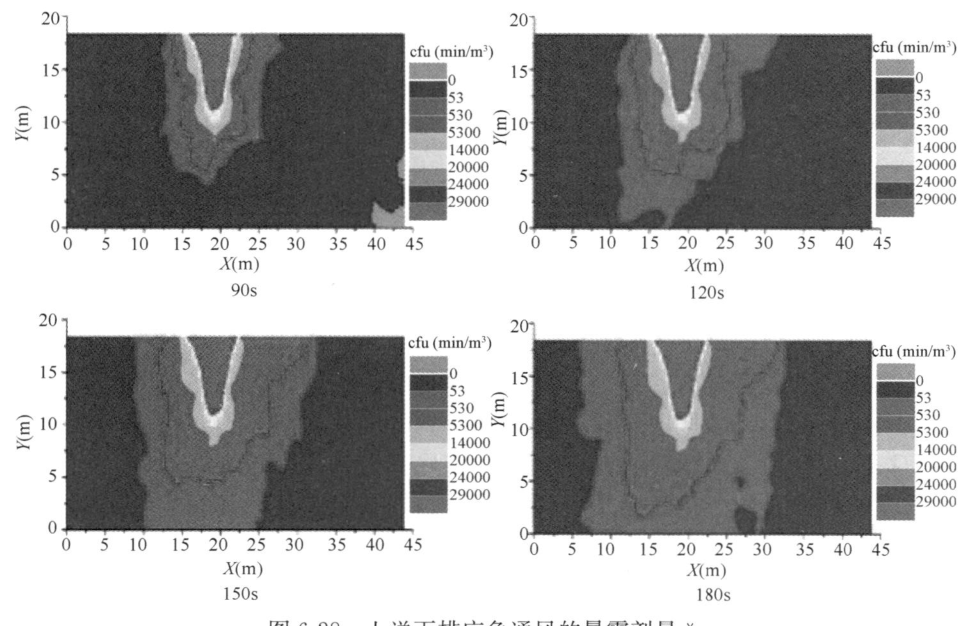

图 6-28 上送下排应急通风的暴露剂量 *

上送下排应急通风工况下，通过速度场、浓度场以及暴露剂量来观察，有以下几点特征：① 速度场上看，气流组织相对空调工况变得相对有序，气流组织的流动方向加速污染物向四周扩散。② 从浓度场看，污染物的排出受到抑制，特别是在高度上，由于上送下排的影响，污染物浓度得到稀释，但是并不能有效地排出污染物，反而加速污染物向周边扩散，排出的空气反而是无污染区域的空气。③ 从暴露剂量上看，半数致死区域和出现死亡区域的面积都得到相应增加，主要是受到污染物性质的影响（炭疽杆菌的密度较大），上送下排模式不能有效排出人群活动高度上的污染物，气流组织短时间内对人群活动低高度区域影响较小。因此，可以得出上送下排应急通风模式在此情况下作用较差。

4）应急通风效果分析

通过以上的两种应急通风方式以及自然工况下和空调工况下的模拟结果的展示，可以大致地看出自然工况下相对更为危险，其主要原因是自然工况下污染物无法排除造成的区域性的积累，而且随着时间的延迟，通过浓度的扩散造成的区域危害更广；空调工况下，其区域性危害相对自然情况危害较小，但是其短时间内会使得扩散的区域更大，自然情况具有的特点是扩散慢，浓度梯度明显，而空调工况下则不同，其特征是浓度相对低，同时浓度较为均匀，短时间造成影响的区域较大。对比两种不同的应急通风方式可以看出：

①上送下排效果较差，上排下进效果明显，其主要由于上送下排会使得污染物无法得到有效的排出，而且造成底层的污染物的积累，在高度上减小了扩散效果，而上排下进则会引起污染物在高度上得到有效的扩散，直至排出，减小了人群区域的污染物浓度，故此有效地降低了伤亡率。

②上排下进应急通风模式相对空调工况下的优势并不明显，主要是由于在大空间建筑内空调的运行会加速气流组织的运动，污染物能够随着气流组织在高度上得到扩散，而伤亡率的计算主要还是考虑人群高度的浓度，所以造成上排下进应急通风效果不具有优势。

图6-29（a）是观众区域出现致死的占比，（b）是观众区域半数致死（L（Ct）50）区域占比，可以看出自然工况下的观众区域出现致死在60s时候相对空调较小，这是由于空调工况下气流组织的带动造成污染物快速扩散。大约在120s后自然工况造成的危害却大于空调工况下，这是由于空调工况下气流组织会引起污染物在高度上的运动，同时污染物也会随空调的回风得到排出，而自然工况下污染物的扩散主要依靠是浓度梯度驱动力，显然其扩散速度较慢，另外自然工况下污染物很难得到排出，由于污染物是炭疽杆菌，其密度较大，在高度上对于浓度扩散效果较差。在图6-29还能发现，上排下进应急通风模式下，其在90～180s出现致死区域和半数死亡区域范围的增长很慢，所以认为该应急通风相对来说是有效的。

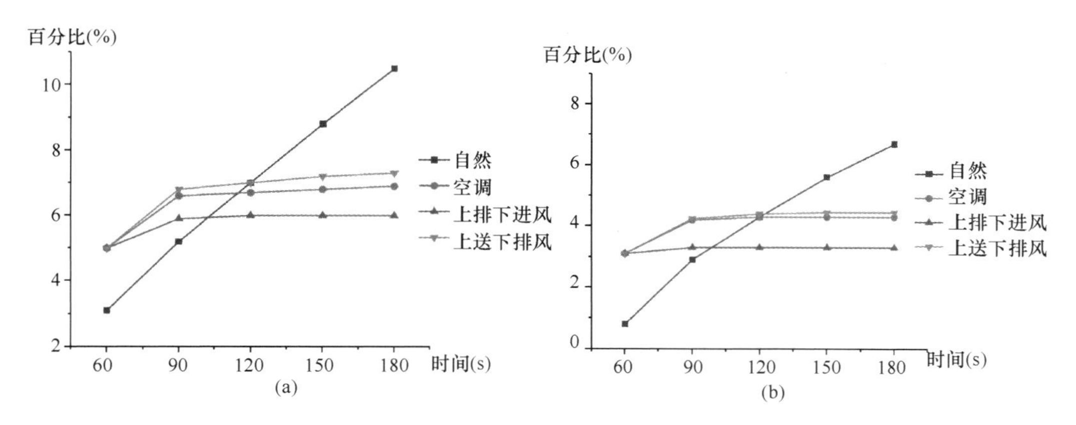

图 6-29 不同通风模式下不同致死情况的区域占比

(a) 出现致死（L（Ct）0）区域占比；(b) 半数致死（L（Ct）50）区域占比

图 6-30 是计算间隔 30s 危害区域的相对增长率，例如 90s 危害性区域增长率的计算方式是 90s 时的区域百分比减去 60s 时的区域百分比除以 60s 时的区域百分比，从图上可以看出上排下进方式在 60～90s 这个时间相对增加的区域最小，而 90～180s 其相对增加的区域近似为 0；对比之下上送下排应急通风方式较差，可以认为上送下排不仅仅无法降低危害，反而造成危害更大。

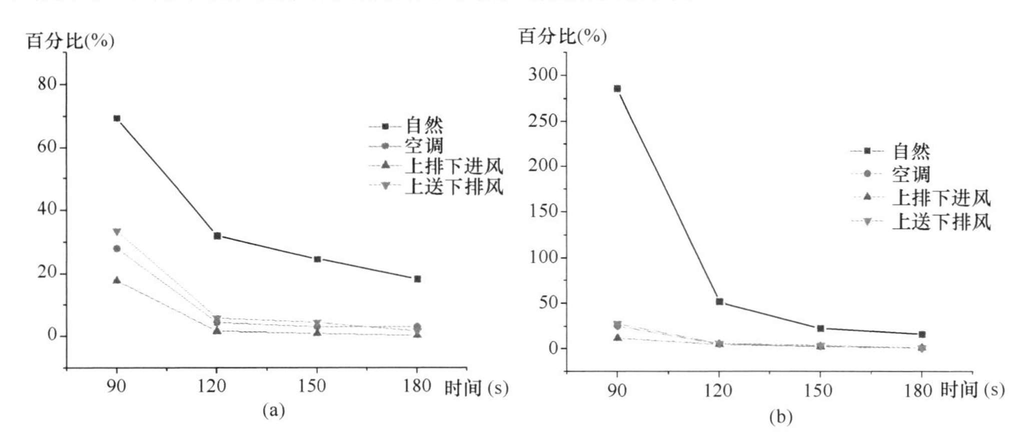

图 6-30 不同通风模式下不同致死情况的区域相对增长率

(a) 出现致死（L（Ct）0）区域相对增长率；(b) 半数致死（L（Ct）50）区域相对增长率

6.5 小　　结

本章介绍了室内微生物污染工程控制技术领域的研究进展。从通风模式对室内微生物浓度的影响、洁净室设备布置对微生物传播的影响、医院空调气流对微生物传播的影响以及公共建筑突发卫生事件控制策略四个方面，介绍了室内微生物污染控制的工程方法。通过数值模拟对气流组织进行优化设计，以及通过对污染物扩散的研究，寻找到其扩散的规律以及影响因素，解决了污染物带来的危害问题，相关成果可为室内微生物控制提供一定的借鉴。

本章参考文献

[1] Li Y，Leung G M，Tang J K，et al. Role of ventilation in airborne transmission of infectious agents in the built environment-Amultidisciplinary systematic review[J]. Indoor Air，2007，17(1).

[2] 李瑞彬，吴妍，牛建磊，等．人体呼出颗粒物的传播特性及呼吸道传染病感染概率预测方法[J]. 暖通空调，2020，9：41-54.

[3] Wu P C，Li Y Y，Chiang C M，et al. Changing microbial concentrations are associated with ventilation performance in Taiwan′s air-conditioned office buildings[J]. Indoor Air，2005，15(1)：19-26.

[4] 远美，谢慧，王赫，等．气流组织形式对病房微生物扩散的影响[J]. 建筑技术，2018，S2(026)：4.

[5] 钱华，郑晓红，张学军．呼吸道传染病空气传播的感染概率的预测模型[J]. 东南大学学报(自然科学版)，2012，42(3)：468-472.

[6] Kevin，Fennelly P，Edward，et al. The relative efficacy of respirators and room ventilation in preventing occupational tuberculosis[J]. Infection Control & Hospital Epidemiology，1998，19(10).

[7] Seppänen O，Fisk W J，Lei Q H. Ventilation and performance in office work[J]. Indoor Air，2006，16(1).

[8] Qian H，Li Y G，Seto W H，et al. Natural ventilation for reducing airborne infection in hospitals[J]. Building and environment，2009，7(11).

[9] Qian H. Ventilation for controlling airborne infection in hospital environments[J]. Biochimica Et Biophysica Acta，2007，13(3)：23-116.

[10] 钟南山．新冠肺炎传染性比SARS高，不能只查有症状的人[EB/OL]. [2020-04-02]. https：// baijiahao. baidu. com/s?id =1661494398543472804 &wrf=spi der&for=pc.

[11] 曹国庆，张益昭．通风与空气过滤对控制室内生物污染的影响研究[J]. 土木建筑与环境工程，2009，31(1)：130-135，140.

[12] 许钟麟．空气洁净技术原理[M]. 北京：科学出版社，2003.

[13] 隋文君．门诊大楼房间压差控制的要求研究[J]. 中国医院，2013，17(3)：74-76.

[14] 突发公共卫生事件应急条例[J]. 中国卫生法制，2003，3(1)：25-28.

[15] 张宇．我国突发公共卫生事件应急机制研究[D]. 天津：天津大学，2005.

[16] 曾丽梅．城市公共卫生突发事件应急处理的仿真研究[D]. 上海：同济大学，2007.

[17] 吴雁．基于安全角度的建筑空间设计[J]. 建筑安全，2008，5(23)：53-54.

[18] Sempey A，Inard C，Ghiaus C，et al. Fast simulation of temperature distribution in air-

conditioned rooms by using proper orthogonal decomposition[J]. Building & Environment, 2009, 44(2): 280-289.

[19] Zuo W, Chen Q. Real-time or faster-than-real-time simulation of airflow in buildings[J]. Indoor Air, 2010, 19(1): 33-44.

[20] Li W, Farrell J A, Pang S, et al. Moth-inspired chemical plume tracing on an autonomous underwater vehicle[J]. IEEE Transactions on Robotics, 2006, 22(2): 292-307.

[21] Ping J, Wang Y Z, Aidong G, et al. Multivariable fuzzy control based mobile robot odor source localization via semitensor product[J]. Mathematical Problems in Engineering, 2015.

[22] 杨磊．基于仿生嗅觉的味源定位系统研究[D]. 杭州：浙江理工大学，2014.

[23] 李文仲，段朝玉．Zig Bee2006 无线网络与无线定位实战[M]. 北京：北京航空航天大学出版社，2008.

[24] 彭小勇．大空间建筑突发事件毒气扩散和控制方法的研究[D]. 长沙：国防科技大学，2007.

[25] 彭小勇，李桦，胡非，等．公共大空间建筑生化恐怖模式和通风技术分析[J]. 中国安全科学学报，2006，16(11)：64-69.

[26] 刘梦婷．应急疏散标识的有效应研究[D]. 北京：北京化工大学，2011.

[27] Shields T J, Boyce K E. A study of evacuation from large retail stores[J]. Fire Safety Journal, 2000, 35(1).

[28] 李根敬．浅谈大型商业建筑安全疏散的设计与管理[J]. 消防科学与技术，2009，28(10)：784-787.

[29] 田玉敏．高层建筑安全疏散评价方法的研究[J]. 消防科学与技术，2006，1：33-37.

[30] 李宏玉．人员密集场所火灾的特点及安全疏散检查内容研究[J]. 煤炭技术，2005，9：80-82.

[31] 科瓦尔斯基．免疫建筑综合技术[M]. 北京：中国建筑工业出版社，2006.

[32] 王清勤，狄彦强．澳大利亚传染性隔离病房的分类和设计[J]. 洁净与空调技术，2005，3：47-52.

[33] 解娅玲．传染病负压隔离病房的设计与管理[J]. 中华医院感染学杂志，2007，12：1544-1545.

[34] Bozzi C J, Burwen D R, Dooley S W, et al. Guidelines for preventing the transmission of Mycobacterium tuber-culosis in health-care facilities[J]. MMWR Morb Mortal Wkly Rep, 1994, 43: 1-132.

[35] 国家质量监督检验检疫总局．医院负压隔离病房环境控制要求：GB/T 35428—2017[S]. 北京：中国标准出版社，2017.

[36] 狄彦强，王清勤，许钟麟，等．传染性隔离病房合理换气次数的试验研究与数值模拟[J]. 洁净与空调技术，2005，2：1-4.

[37] 张野，薛志峰，江亿，等．“非典”病房区空调通风方案设计实例[J]. 暖通空调，2003(3)：189-192.

第 7 章　新型冠状病毒的室内传播规律

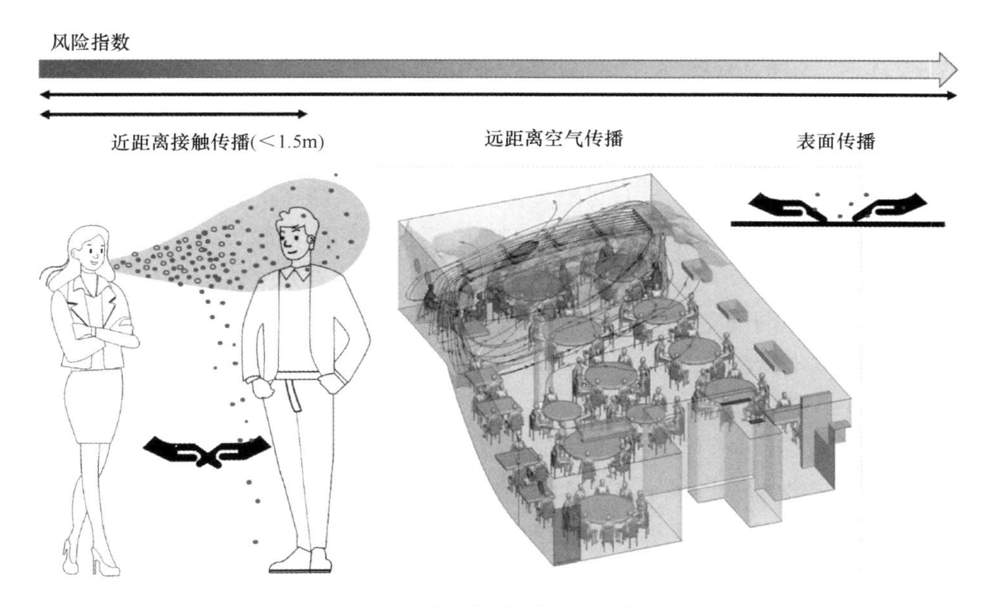

新冠病毒室内不同传播途径示意图 *

由新型冠状病毒（SARS-CoV-2）引起的新型冠状病毒肺炎（COVID-19）对人们的生命健康造成严重威胁，已成为全人类共同面对的难题。由于新冠肺炎聚集性案例大多是在室内环境中发生，所以，厘清新冠病毒的室内传播规律对科学、有效地预防和控制新冠肺炎的感染有着极其重要的作用。尽管人们普遍意识到接种疫苗、保持人际距离、佩戴口罩等措施对新冠肺炎的防控十分重要，但对其传播规律的认识还有待提高。本章将围绕新冠病毒的室内传播规律展开叙述，第一部分介绍新冠病毒的室内传播特点，第二部分阐述新冠病毒室内传播途径、飞沫/飞沫核运动扩散过程等内容，第三部分介绍关于飞沫传播、空气传播、近距离接触传播以及近距离接触行为中的影响因素研究进展。

7.1 新型冠状病毒的室内传播特点

自2019年末首次出现新型冠状病毒（SARS-CoV-2，以下简称新冠病毒）以来，应对新型冠状病毒肺炎（COVID-19，以下简称新冠肺炎）已经成为一场全球范围内的艰巨挑战，各国人民的生命安全和经济活动等各方面都受到重大影响。为了控制疫情的进一步蔓延，保障人民的健康安全，尽快使国民经济和生活恢复正常，制定合理的疫情防控手段尤为重要。呼吸道传染性疾病的传播过程受到患者源特征、环境控制、暴露、免疫、健康效应等因素影响，涉及公共卫生、医学、生物学、建筑环境、流体力学、数学等诸多专业知识，是一个典型的多学科交叉问题。宏观尺度下，流行病学SEIR模型常用来预测疫情的拐点以及不同疫情防控策略下疫情的走向[1]。尽管人们已经普遍认识到戴口罩、接种疫苗、隔离等防控手段对于控制呼吸道传染病的重要性，但对于其传播途径和传播特点的认识依然有限。厘清主要传播途径和传播特点有助于决策者制定合适的疾病防控政策，尽量避免出现防控不力或者过度的情况。大部分聚集性案例和传染事件都发生在室内环境中[2]。因此，从室内环境控制的角度研究新冠病毒室内传播规律，进而研发高效的室内环境工程控制方法以降低感染风险，通过医工结合，实现为人民健康服务的理念显得尤为重要。

为了做好新冠肺炎防控的应对措施，了解SARS-CoV-2的传播特点至关重要。东南大学的钱华等人[2]收集了318起聚集性疫情发生事件（超过3人），如图7-1所示。研究发现小规模的聚集性发生事件更多，其中超过一半（53.8%）的聚集性发生事件涉及3例患者，26.4%的涉及4例患者。此外，聚集性发生疫情主要在有社交关系的人群内小规模传播，涉及家庭成员、家庭亲属和社交网络关系的聚集性疫情事件分别占40.5%、41.8%和9.1%，而没有社会联系的传播仅占7.5%，聚

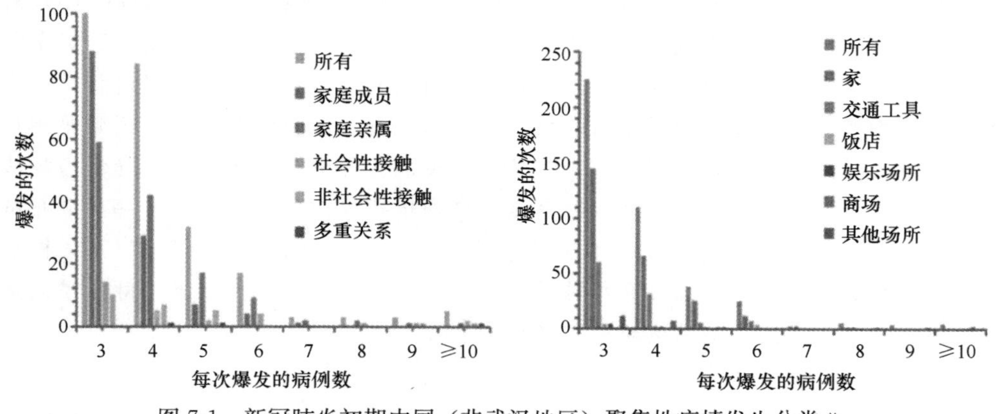

图7-1 新冠肺炎初期中国（非武汉地区）聚集性疫情发生分类*

集性发生事件的感染场所也存在差异。总的来说，家庭和交通工具为两个主要的聚集性发生场所，研究结果表明：79.9%的聚集性疫情涉及家庭，34.0%涉及交通工具。上述汇总主要整合了新冠肺炎发生初期中国的聚集性事件，当时正值新春佳节，所以家庭、交通工具的聚集性发生事件占比较高，以家庭成员为主的社会关系间传播更加普遍。

在家庭环境之中，人们往往会忽视个人防护措施，如不佩戴口罩，并且家庭成员之间的密切接触易导致疫情的二次传播。Madewell 等[3]总结分析了 40 项关于 SARS-CoV-2 在家庭环境中二次传播的研究。研究发现，在家庭环境中，配偶比其他家庭接触者的二次传播感染风险更高。此外，新冠病毒在其他室内环境中的传播也应引起重视，如：餐厅、健身房、公寓、养老院、法庭等。

而在当前全球逐渐复工复产的环境下，与职业环境相关的疫情事件也屡见不鲜。西班牙发生的疫情中，职业环境相关的疫情事件占 20%[4]。其中，与水果和蔬菜行业相关的疫情事件最常见，其次是屠宰场和肉类加工行业。医院作为疫情防控的重要防线，其室内传播事件也时有发生。长期护理机构、医疗机构和其他涉及社会弱势群体机构的工作人员相关的疫情占比分别为 7%、3%和 6%。许多国家都报告了医务工作者感染的比例较高[5]。例如，伦敦某综合护理组织的医务人员感染概率高达 31.6%[6]。大量研究表明，医院内的高危科室的医务工作者存在很高的感染风险[7]。由于眼科临床实践的特殊性，使得眼科的医务工作者也面临较高的感染风险。在我国新冠肺炎疫情发生初期的 44672 例病例中共有 1716 名卫生工作者(3.8%)[8]。其中，武汉市中心医院因感染新冠病毒死亡的 4 名医生中有 3 名是眼科医生。结合疫情发生初期的家庭传播特点及复工复产疫情常态化的职业传播特点，不难发现疫情主要发生在室内环境下，并且有文献证实 SARS-CoV-2 在室外传播的风险较低[9]，这意味着要加强室内场合相关的防控应对措施，特别是医院等特殊环境的疫情防控，以尽可能降低传播风险。

7.2 新型冠状病毒的室内传播途径概述

针对新型冠状病毒肺炎的研究涉及多个学科，包括病毒学、免疫学、生理学、建筑环境学、流体力学等学科。由于以上学科没有进行深入的合作交流，导致一些术语或概念并不统一。使用共同的概念体系对厘清新型冠状病毒的室内传播特点十分必要。

飞沫：是指直接从人体呼出的液滴，并依据粒径将其更进一步细分为大飞沫和小飞沫。

飞沫核：由于飞沫的组成极其复杂，包括水、无机盐、蛋白质、糖分、脂质等，飞沫进入空气环境之后会经历不同程度的蒸发，直至完全蒸干或与周围环境达到平衡，飞沫蒸发后所遗留的物质称为飞沫核。

气溶胶：气溶胶颗粒物的简称，是指液态或者固态颗粒物悬浮于气体介质所形成的分散体系，气溶胶不简单认为是颗粒物，而是颗粒物与气体所组成的分散体系，其能够悬浮在空气中而不快速沉降。

颗粒物：是指包括所有粒径范围内的固体颗粒物或液体颗粒物，其涵盖范围很广，飞沫、飞沫核也属于颗粒物。英文气溶胶的复数（aerosols）也可以单指颗粒物。

包括SARS-CoV-2在内的呼吸道传染病病原体大多不是独立存在的，而是包裹在不同粒径的飞沫中，在人际间进行传播。患者在进行不同的呼吸活动（呼吸、说话、咳嗽、打喷嚏）时，经鼻子或嘴巴释放出大量携带病原体的飞沫，在室内环境中扩散或在物体表面沉积。人体呼出的飞沫会在环境中蒸发，成为飞沫核。当易感者接触到携带传染性病原体的呼吸道飞沫、飞沫核时，就有发生感染的风险。

对于易感者来说，接触呼吸道释放的病原体的方式主要分为三种：

吸入：吸入携带含有传染性病原体的细小飞沫和飞沫核。

沉积：携带病原体的呼出飞沫和颗粒沉积在暴露的口腔、鼻子或眼睛黏膜上。

接触：被病原体污染的手或其他无生命物体表面接触黏膜。

当易感者以上述三种形式接触病原体时，又分别称为吸入暴露、黏膜暴露以及间接暴露。

对于研究者而言，以传播介质分类的传播途径使用更加普遍，在目前大部分公共卫生指南中简化为飞沫传播、空气传播和接触传播。

飞沫传播：传统的飞沫传播被定义为易感者因吸入或黏膜直接或间接接触到患者咳嗽、打喷嚏、说话等形式喷出含病原体的飞沫而引发的感染。

空气传播：又被称为气溶胶传播途径，目前被认为是主要的传播途径[10]。

接触传播：被定义为易感者通过接触载有病原体的表面而感染。

通常而言，飞沫传播被认为发生在距离感染者1～2m的范围内，原因在于人体呼出气流可认为是一个近距离射流，由此与感染者保持1～2m的社交距离可以有效降低飞沫传播的发生。传统观念认为发生空气传播时传播距离较远，通常大于人与人之间的安全社交距离。但是，基于传播介质分类的呼吸道传染病的传播途径忽略了感染者与易感者在近距离时吸入所产生的暴露。已有文献表明[11]，空气传播可发生在近距离范围内，易感者可在近距离范围内吸入较小粒径的飞沫、飞沫核造成感染，称之为近距离空气传播。

人们认识新冠病毒的传播途径有一个过程。国家卫生健康委员会发布的《新型冠状病毒感染的肺炎诊疗方案（试行第四版）》将新冠病毒传播途径解释为："经呼吸道飞沫传播是主要的传播途径，亦可通过接触传播。"《新型冠状病毒感染的肺炎诊疗方案（试行第五版）》将新冠病毒传播途径解释为："经呼吸道飞沫和接触传播是主要的传播途径。气溶胶和消化道等传播途径尚待明确。”《新型冠状病毒肺炎诊疗方案（试行第六版）》将新冠病毒传播途径解释为：“经呼吸道飞沫和密切接触传播是主要的传播途径，在相对封闭的环境中长时间暴露于高浓度气溶胶情况下存在经气溶胶传播的可能。”世界卫生组织（WHO）最初认为 SARS-CoV-2 主要通过人呼出的飞沫进行人际传播，之后来自 32 个国家的 239 名科学家[12]致信 WHO 呼吁其修改建议，因为有证据表明空气中的小颗粒物上存在 SARS-CoV-2，并且能够传染人。WHO 在 2021 年 4 月更新网页[13]，指出 SARS-CoV-2 可通过气溶胶和飞沫传播；美国疾病控制与预防中心（CDC）[14]在 2021 年 5 月更新网页，强调在一定情形下，SARS-CoV-2 可以通过空气传播，能够对 6 英尺（约 1.83m）外的人员造成感染。

不同呼吸活动（如正常说话、咳嗽和喷嚏）在呼吸道引起气流湍流的激烈程度不同，导致呼出液滴的雾化过程有所差异，从而产生不同数量和粒径分布的飞沫。在不同初始成分、初始尺寸、初始速度和环境因素的影响下飞沫的运动和传播规律不同。学者们根据近距离的沉积、吸入、接触和远距离的吸入和接触来划分下列传播途径。呼出的飞沫会沉积在它们遇到的任何表面上，小飞沫则悬浮在空气中，并随房间内的气流流动。飞沫还会沉积在 1～2m 距离的人的唇/眼/鼻孔黏膜上[15]，这也就是所谓的飞沫传播。如果飞沫沉积在人的其他部位，例如面部和（或）身体，然后人的手接触这些部位并随后接触自己的黏膜，也有可能会导致感染，此种途径的感染称为瞬时近距离体表传播。呼出的飞沫也会立即受到干燥环境的影响，迅速蒸发为飞沫核[16]。这些细小的飞沫和飞沫核也可以被直接吸入，此种传播方式称为近距离空气传播。由于这些细小的飞沫在近距离接触范围以外可以扩散很远，并在空气中停留了很长时间，可被空间任何人吸入，此种传播途径被称为远距离空气传播。房间中的一些物体表面可能会因飞沫或飞沫核的沉积以及被污染的手接触而受到污染，这些受污染的表面随后可能会被其他人接触，从而形成一个表面接触网络[17, 18]。其他人接触这些被污染的表面后，可能会通过触摸自己的黏膜而被感染，此种传播途径被称为远距离表面传播。如图 7-2 所示，飞沫传播、近距离空气传播（细小飞沫）和瞬时近距离体表传播可归纳为近距离接触传播途径，远距离空气传播和远距离表面传播可归纳为远距离传播途径。

这些传播途径与传统的传播途径概念的对比如表 7-1 所示。对包括新冠肺炎疫情的不同呼吸道传染病的主要挑战是确定近距离接触传播三个子途径的相对重要性，以及如何将它们与两条远距离传播途径（远距离空气和远距离表面传播）的重要性进行比较。在三个子途径中，瞬时近距离体表传播途径，口腔或鼻子释放的病原体到达暴露部位的时间最长，而通过其他两个子途径的时间最短。这种差异意味着通过不同子途径传播的病原体会有不同的生存特征，但是没有关于病原体在空气中或表面（包括皮肤）上的 1s 内或 1min 内失活率的数据报告。

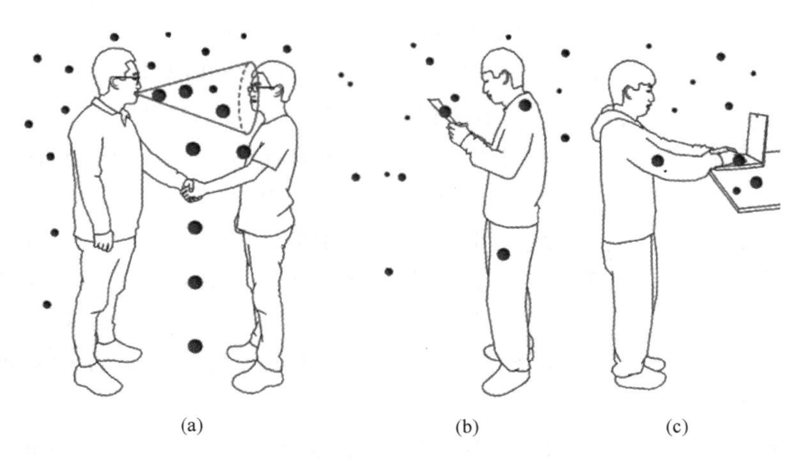

图 7-2 呼吸道传染病的三种主要传播途径

1. 三种传播方式分别为：(a) 近距离传播、(b) 远距离空气传播、(c) 远距离表面传播；
2. 飞沫由大球体显示（未按比例），细小飞沫核由小球体显示（未按比例）

呼吸道感染传播途径的建议分类以及每种途径与传统三种途径分类（接触（直接和间接）、飞沫和空气传播） **表 7-1**

传输介质	两人之间的距离		
	身体接触（0m）	近距离接触（≤1.5m）	远距离接触（>1.5m）
体液（体液、飞沫和细小飞沫核）	直接转移，包括体液和传染性微生物的直接转移，例如接吻（直接接触）	不适用	不适用
污染表面（飞沫和细小飞沫核）和皮肤	由于皮肤接触引起的间接转移，例如握手，接吻，然后用手触摸脸部（直接接触）	直接体表（直接接触）	远距离污染物（甚至可以超出封闭空间）（间接接触）
空气（带有细小飞沫和飞沫核）	不适用	近距离空气传播（仅限面对面）（空气）	远距离空气传播（主要在封闭空间内）（空气）
飞沫	不适用	飞沫（仅限面对面）（飞沫）	不适用

世界卫生组织（WHO）和美国疾病控制和预防中心（CDC）在 2021 年 4～5 月承认吸入带有病毒的气溶胶是近距离和远距离传播 SARS-CoV-2 的主要途径，在正常室内环境中，了解近距离空气传播途径非常重要，但这一点往往会被人们所忽视。近距离空气传播受人体呼出射流的影响，易感者直接吸入感染者呼出的小粒径飞沫、飞沫核，对人体造成伤害。人体呼出的飞沫蒸发后形成的飞沫核在空气中悬浮并随着室内气流运动，被距离感染者较远的易感者吸入会发生远距离空气传

播。国内外存在较多的真实案例证明新冠病毒可通过远距离空气传播，例如广州餐馆、钻石公主号、美国疗养院等。远距离空气传播一般发生在通风不良的场所，并且会导致超级传播事件发生。

7.3 传播途径的研究进展

7.3.1 飞沫产生与传播

1. 飞沫的产生

了解飞沫的产生机制对于理解呼吸道传染病的传播非常重要。飞沫的形成极其复杂，人体不同呼吸活动以及呼吸道中不同位置都会导致飞沫的组分和粒径不同。总结 4 种飞沫的产生机制如下：

（1）细支气管液膜破碎

深层肺部破碎的液膜会产生较小的飞沫（<1μm），这种飞沫产生机制在人体呼吸时最为活跃，在其他呼吸活动中也会起作用。这种机制所产生的小粒径飞沫对于理解病原体通过空气传播具有重要作用。

（2）高速湍流气流和呼吸道收缩与振动

在气管主支气管内，由于气体和液体流动速度有很大的不同，湍流引起的空气-黏液界面不稳定将会产生飞沫，特别是咳嗽、打喷嚏这种短暂且剧烈的活动。

（3）声带收缩与喉部振动

在咳嗽、打喷嚏、说话、唱歌等人体发声活动中，人体的喉部起着重要的作用。当高速气流穿过人体喉部时会产生足够大的剪切力撕碎液膜，形成飞沫。此外，发声过程所产生的能量与振动，会使液膜表面不稳定形成飞沫。声带的闭合与张开也会出现液膜的形成与破碎，进而产生飞沫。

（4）嘴、唇以及舌头运动

口腔是大飞沫产生的主要部位，口腔、舌头、嘴唇的运动会使得唾液呈现片状或丝状结构，并由此形成飞沫。高速气流会在口腔内形成剪切力，产生飞沫。

飞沫随着呼吸气流进入室内环境并随之扩散，其动态传播特性受到生成过程、粒径分布以及环境条件的共同影响。早期研究均强调了打喷嚏和咳嗽在传播过程中的重要性，而近期研究表明，潮式呼吸和说话可能更为重要。也可能因为早期的研究技术易于捕获大颗粒，而近期研究均采用自动化测量设备，更注重小颗粒的捕获。此外，一些实验仅讨论释放的飞沫等排出物的物理性质，而不考虑其中的病毒载量。事实上，不同部位产生的飞沫病毒载量也可能存在差异。飞沫在呼吸道的产生位置很大程度上决定了患者呼出飞沫中可传染性病原体的病毒载量，目前认为病原微生物倾向在扁桃体和喉部等特定部位复制，而口腔内病原微生物浓度较低[19]。

最后，飞沫的蒸发也需要更进一步的考虑。目前的飞沫粒径分布主要是对口腔侧的飞沫进行测量，但是飞沫在空气中的水分蒸发和盐分平衡需要进一步被研究，即研究平衡粒径。

多个研究表明飞沫的粒径分布通常是多峰的，这反映了飞沫产生于呼吸道不同区域中。患有各种呼吸道疾病的感染者咳嗽释放飞沫的实验研究表明，咳嗽飞沫的平均粒径分布为0.62～15.9μm，平均模式尺寸为8.35μm。咳嗽产生的飞沫粒径约在1μm、2μm和8μm位置处显示三个峰[20]。飞沫核的总平均粒径分布为0.58～5.42μm，82%的飞沫核集中在0.74～2.12μm，较小的颗粒（<5μm）占主导地位[21]。呼出的细小颗粒产生在肺部区域，与上呼吸道相比，下呼吸道对病毒气溶胶的贡献更大[22]。大多数飞沫的直径< 4μm，中值粒径为0.7～1.0μm[23]。已报道的SARS-CoV-2分为两大类，即亚微米颗粒（0.25～1.0μm）和微米颗粒（>2.5μm），并且在空气中的悬浮时间超过2h[24]。同样，另一项研究报道了含有SARS-CoV-2的颗粒粒径为1～4μm[25]。SARS-CoV-2病毒在空气传播的颗粒中保持存活的时间超过1h[26, 27]。多项研究集中于健康人和感染者通过呼吸、说话、咳嗽和唱歌等呼吸方式呼出的飞沫、飞沫核的粒径分布，如表7-2所示。

不同呼吸活动的飞沫/飞沫核粒径分布和数量分布 **表7-2**

<table>
<tr><th>文献</th><th colspan="2">正常呼吸</th><th>咳嗽</th><th>说话</th><th>唱歌</th></tr>
<tr><td>Duguid
(1945)[28]</td><td colspan="2">嘴>20μm
15ptl/min</td><td>8200</td><td>10～1000μm，63</td><td></td></tr>
<tr><td>Loudon
(1968)[29]</td><td colspan="2"></td><td>81μm，41857</td><td></td><td>4014</td></tr>
<tr><td rowspan="2">Papineni
(1997)[30]</td><td>嘴</td><td><1μm 12.5pt/L
>1μm 1.9 pt/L</td><td rowspan="2"><1μm 83.2pt/L，
>1μm 13.4pt/L</td><td rowspan="2"><1μm 19.2pt/L
>1μm 3.3pt/L</td><td rowspan="2"></td></tr>
<tr><td>鼻</td><td><1μm 4.7pt/L
>1μm 0.7pt/L</td></tr>
<tr><td>Chao
(2009)[31]</td><td colspan="2"></td><td>13.5μm，
(947～2085pt/咳嗽)</td><td></td><td></td></tr>
<tr><td>Morawska
(2009)[32]</td><td colspan="2">98pt/L</td><td>678pt/L</td><td>小声“aah” 672pt/L
说话“aah” 1088pt/L
数数 100pt/L
大声数数 130pt/L</td><td></td></tr>
<tr><td>Asadi(2019)[33]</td><td colspan="2"></td><td></td><td>1～50pt/s</td><td></td></tr>
<tr><td>Alsved(2020)[26]</td><td colspan="2">135pt/s</td><td></td><td>270pt/s</td><td>690pt/s</td></tr>
<tr><td>Asadi(2020)[34]</td><td colspan="2">0.28pt/s</td><td>10.1pt/s</td><td>2.74pt/s</td><td></td></tr>
</table>

续表

文献	正常呼吸		咳嗽	说话	唱歌
Hartmann (2020)[35]	鼻	23pt/s	13709pt/咳嗽	195pt/s	
	嘴	134pt/s			
Li (2020)[36]			42.9(0.3m), 19.8(0.9m), 3.8(1.2m)pt/cm^3		
Mürbe (2021)[37]				16～267pt/s	141～1240pt/s
Hamilton (2021)[38]	健康人：0.039pt/cm^3 病人：0.288pt/cm^3		健康人：1.400pt/cm^3 病人：9.79pt/cm^3	健康人：0.113pt/cm^3 病人：0.332pt/cm^3	
Gregson (2021)[39]	鼻-嘴	0.23pt/cm^3	1.8pt/cm^3	0.11pt/cm^3	0.53pt/cm^3
	鼻-鼻	0.16pt/cm^3			

如前所述，人体释放的飞沫粒径分布范围很广，飞沫粒径作为飞沫基本特性，对飞沫的命运有着极其重要的影响。按照粒径大小，可将飞沫分为可入肺飞沫（0.1～5μm）、可吸入飞沫（5～100μm）以及大飞沫（>100μm）。可入肺飞沫空气动力学行为主要受环境气流影响，可长时间悬浮在空气中，被吸入时，可穿透整个呼吸道，能够沉积在气管、支气管以及肺部区域。与可入肺飞沫相比，可吸入飞沫沉积更为迅速，在空气中停留的时间较短，被吸入时，能够沉积在鼻、口、咽、喉区域，其中一部分小粒径飞沫可沉积到气管以及支气管部位，但不会沉积在肺部。大飞沫空气动力学行为受其初始动量控制，在空气中停留的时间较短，沉降时粒径大小接近于其初始粒径，并且其运动轨迹不易受室内气流影响，不会被人体吸入。

呼出气流速度决定了呼出气体射流的前进距离。咳嗽时，呼出气体的峰值速度可达10m/s[15, 31, 40, 41]，说话时可达2～4m/s[31, 40]，正常呼吸时可达1～2m/s[42, 43]，在呼吸周期的某些阶段甚至更低。人体正常呼吸气流速度可用正弦函数表征[44]。咳嗽的持续时间短于1s，速度是随着时间的变化符合伽马概率分布的组合函数[45]。呼出气流不是真正的喷射，甚至可能不是喷气，而是间歇性喷射。任何可以显著改变感染者呼出气流和易感者吸入气流的动量或方向的参数都会影响易感者的暴露水平。在典型的室内环境中，人体表面温度通常高于周围的空气，导致对流沿腿部、手臂和躯干发展，并在头部合并成为热羽流。身体对流边界层的典型空气速度约为0.2m/s[46]。在呼吸周期的某些阶段，对流可以与呼出气流相互作用。在面对面交谈时，头部和身体经常移动，这不仅可以改变呼出/吸入气流的方向，还可以改变身体对流和热羽流的模式。此外，两个人呼出的气流也相互作用和影响[47]。

2. 飞沫传播

飞沫传播被认为是一些呼吸道传染病的主要传播途径，如流感[48]、SARS[49]和MERS[50]。有研究对香港的五家医院进行调研后发现，采取飞沫预防和接触预防措施能大大降低接触“非典”患者时的感染风险。而我国现行的《新型冠状病毒肺炎防控方案》也指出呼吸道飞沫传播和接触传播是主要的传播途径。

在飞沫传播的研究中有两个重要参数：阈值飞沫粒径和阈值距离。阈值距离定义[51]为飞沫传播造成感染的最远水平距离。普遍的共识是大飞沫被感染者呼出后不会传播很远的距离，一些公共卫生指南甚至包括世界卫生组织的指南文件都错把小液滴称为飞沫，错误认为粒径大于5μm的飞沫传播距离不超过1m，5μm的阈值飞沫粒径也被错误地应用于区分飞沫传播和空气传播。然而实际上，粒径为5μm的飞沫是可入肺飞沫的估计上限值，5～100μm的飞沫可以在房间内传播较远距离，并且可被人体吸入，大飞沫的最小粒径约为100μm，传播距离不超过1m。有学者[52]呼吁将阈值飞沫粒径定义为100μm，而不是错误的5μm。100μm是一个合理的尺寸，对应于可吸入颗粒物的最大粒径，能够有效区分不同粒径飞沫的空气动力学行为。

将区别飞沫传播和空气传播的粒径尺寸定义为“阈值粒径”，大于阈值粒径的飞沫未完全蒸发前而沉降形成飞沫传播，小于阈值粒径的飞沫完全蒸发为飞沫核形成空气传播。通常假设的5μm或10μm阈值粒径的飞沫尺寸具有误导性。诚然，对于易感者而言，“只有粒径小于5μm的颗粒才能更容易进入肺泡中”，但将5μm作为感染者产生的飞沫的阈值粒径显然不准确。Wells[53]首次将“较大的飞沫”定义为粒径大于100μm的飞沫颗粒，在2m的水平距离范围内沉降，即飞沫传播由粒径大于100μm的飞沫颗粒造成。随后，研究表明直径大于30μm的飞沫也可以悬浮在空气中[54]。然而，飞沫的阈值粒径为5μm或10μm的说法在美国疾病控制和预防中心（CDC）文件的其他地方仍然存在。例如，世界卫生组织（WHO）2014年指南将飞沫定义为“直径大于5μm的为呼吸气溶胶”。

事实上，感染者所产生飞沫的阈值粒径具体取决于呼出气流速度和环境空气的相对湿度。在干燥条件下，50μm的飞沫可以在0.4s内完全蒸发。人际间距为1.5m时，易感者大约需要0.4～0.6s（1.5m/2.5m/s＝0.6s，说话需要1.5m/3.5m/s＝0.4s）可吸入由感染者呼出的气体。Wells[53]率先发现粒径小于100μm的飞沫蒸发速度大于沉降速度，而粒径大于100μm的飞沫沉降速度大于蒸发速度，他提出的Wells飞沫蒸发-沉降曲线揭示了飞沫蒸发、粒径大小和沉降速度之间的关系，对于理解传播途径有重要意义。

介绍蒸发-沉降关系需要引入平衡粒径的概念。平衡粒径指飞沫中水分含量不发生净变化时对应的粒径，即飞沫蒸发和凝结过程达到平衡。平衡粒径的大小约为初始粒径大小的10％～50％。图7-3为在五种不同平衡粒径约束下，5～200μm飞

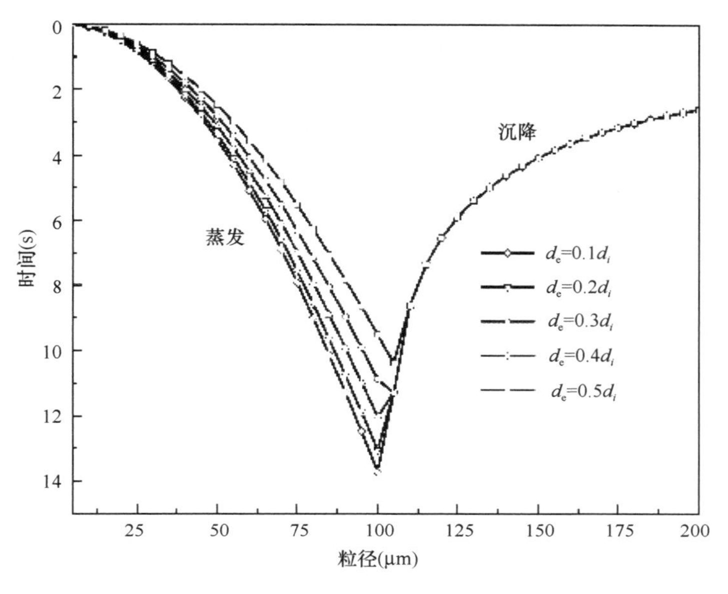

图 7-3 蒸发-下降曲线

沫的蒸发下降曲线，此曲线揭示了飞沫蒸发、飞沫沉降和飞沫粒径之间的关系。蒸发曲线和沉降曲线存在转折点，此转折点所对应的飞沫粒径便是飞沫的阈值粒径。通常情况下，大于临界粒径的飞沫在未蒸发至平衡粒径前沉降到地面，小于临界粒径的飞沫会在外部环境中蒸发至平衡粒径后变为飞沫核跟随气流运动。许多学者研究了呼吸活动[15]、初始盐溶液浓度[55]以及湍流振荡[56]等因素对于蒸发-沉降的影响。

研究表明较小的飞沫比大飞沫具有更高的病毒浓度[22, 57]。对于新冠病毒来说，也有研究发现小于 5μm 的气溶胶中的新冠病毒 RNA 浓度是大粒径（>5μm）气溶胶中的 10^6 倍。Zhou 等[58]发现，小于 1.5μm 的呼出的飞沫不含传染性病毒，而大于 1.5μm 的颗粒可能在雪貂之间相互传播。然而，该研究并未调查雪貂之间大颗粒（>15.3μm）的传播潜力。数学模型研究表明，由于近距离时，无保护和水平方向的喷嚏很少见，因此飞沫传播感染的可能性较小[59]。并且眼睛、鼻孔和嘴唇的黏膜投影表面积约为 $15cm^2$[60]，仅为前头部面积的 1.2%（头部的平均面积约为 $0.13m^2$），故通过飞沫沉降到黏膜的暴露量应该较小。

7.3.2 空气传播

1. 近距离空气传播

“近距离空气传播”一词意味着易感者从感染者呼出的气流中直接吸入细小飞沫或飞沫核（图 7-4）。尽管飞沫也可以被吸入，但是它们随后可能会沉积在口腔/

鼻腔内。当易感者与周围感染者距离小于1.5m时，其在空气中接触到感染者呼出的飞沫核的情况显著增加。随着与感染者的距离的增加，呼出空气射流的影响减弱，当距离超过2m时，射流中细小飞沫核的空气传播浓度降为房间平均值水平。这被称为近距离空气传播的邻近效应[47]。

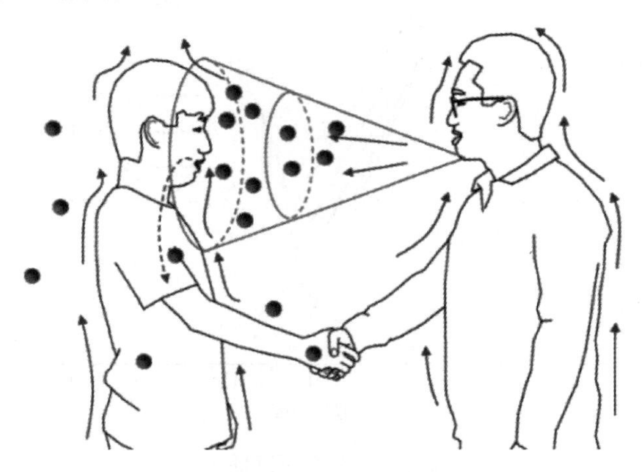

图7-4 近距离空气传播途径示意图

近距离空气传播途径可能比飞沫途径重要得多。例如在环境空气温度为25℃，相对湿度为50%的空间内，感染者呼气、说话或咳嗽时，与其间隔1m的易感者同时吸气的情况下，使用Wei和Li[47]的简单喷射理论计算发现易感者通过近距离空气传播途径接触小于50μm的飞沫超过20000个，是其他途径的189倍。粒径为50～100μm的飞沫超过1000个，是其他途径的15倍。简单喷射理论计算是针对理想情况的，如果细小飞沫确实携带了大量病毒，那么近距离空气传播可能占主导地位。

飞沫传播和近距离空气传播的暴露部位也不同，近距离空气传播子途径将细小的飞沫核输送到下呼吸道，而大的飞沫则沉积在上呼吸道，或直接沉积在黏膜上。近距离暴露会受到身体热羽流的强烈影响。首个关于近体微环境的研究表明，近体微环境中存在的微生物比大气环境多30%～400%，这项工作随后进行了对近体流动、呼吸和人体热羽流的研究[61]。呼气射流的穿透范围也受周围环境的影响。在置换通风房间里，呼气射流可以在稳定的分层空气中运动更远的距离[62]，从而有效延长“近距离接触”距离。目前，可以使用复杂的热人体模型来模拟人体表面皮肤温度，以模拟更真实的人体热羽流和呼吸气流[63, 64]。

此外，不同室内送风速度和不同气流组织（如自然通风、混合通风、置换通风、向下送风和地板送风）对传播风险有较大影响。钱华等人[65]的实验研究表明，在均匀环境中，空气和气载污染物被充分混合，所以空气中的暴露风险与排风水平接近。但是，商场、车站休息区、方舱医院等公共场所通常采用自然通风、置换通风和地板送风等气流组织形式，导致室内环境存在垂直方向上的温度梯度，这通常被称为热分层环境。受到热分层的影响，污染物极易被封锁并滞留在一定的高度，这种现象被称为“自锁现象”。在特定高度的热分层环境下，人体呼出污染物可能被封锁在人体呼吸区高度，从而大大增加人际间疾病传播风险[66, 67]。

刘帆等[68]的研究结果表明，室内较强的热分层强度可以让更多粒径的飞沫沉降至地面，减少小粒径飞沫的悬浮；但同时，分层强度越大，飞沫核最终滞留在室内的高度越接近人呼吸区高度，即飞沫核更容易被室内人员吸入，如图 7-5 所示。室内相对湿度对飞沫蒸发沉降过程的影响与温度分层相似，相对湿度越大，飞沫蒸发时间越长，传播距离越远。但飞沫核最终的滞留高度受相对湿度的影响不明显，如图 7-6 所示。

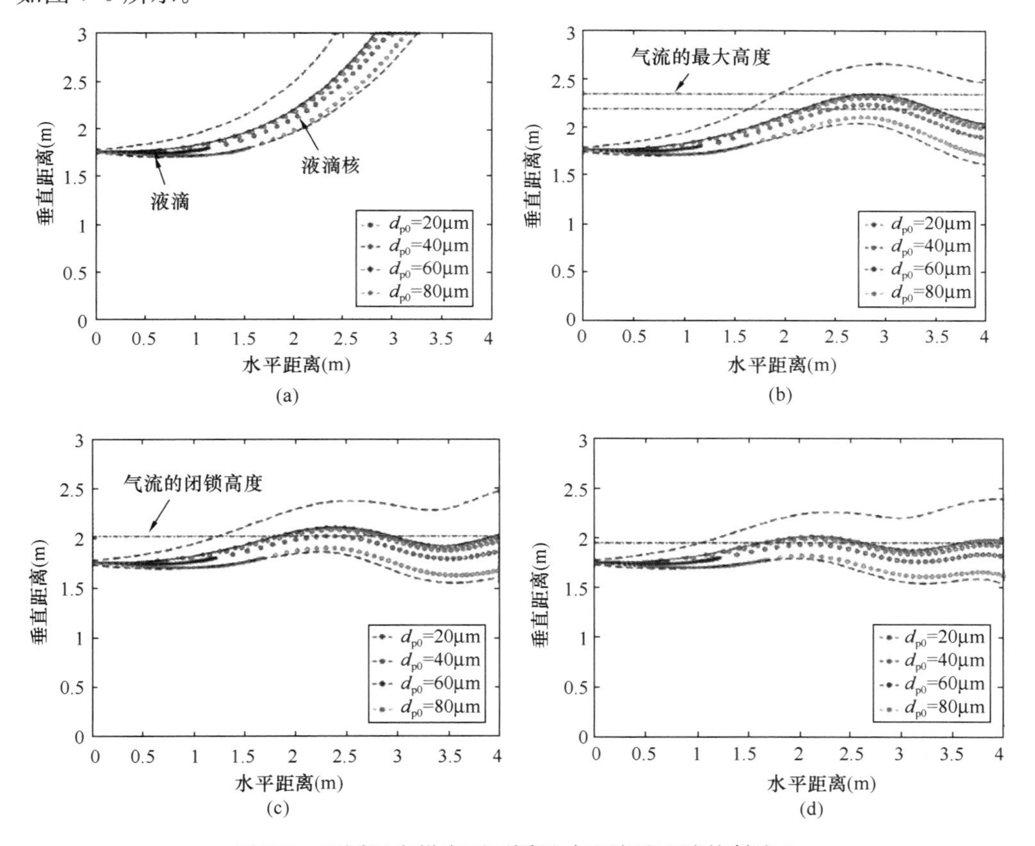

图 7-5 不同温度梯度下不同尺寸飞沫及飞沫核射流 *

(a) $dT/dZ=0$；(b) $dT/dZ=2$℃/m；(c) $dT/dZ=4$℃/m；(d) $dT/dZ=6$℃/m

注：d_{p0}为飞沫原始尺寸。

此外，在热分层环境中不同社交姿势和社交距离也影响着易感者的感染风险，如图 7-7 和图 7-8 所示。在不考虑病毒活性、稀释等因素的影响下，相比于均匀环

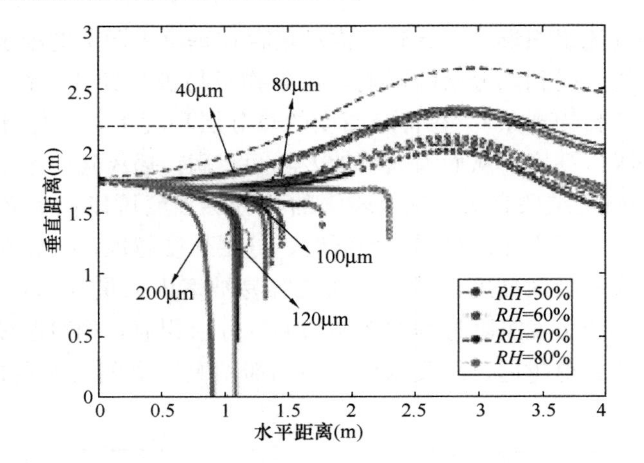

图 7-6　不同相对湿度下的不同尺寸飞沫及飞沫核射流 *

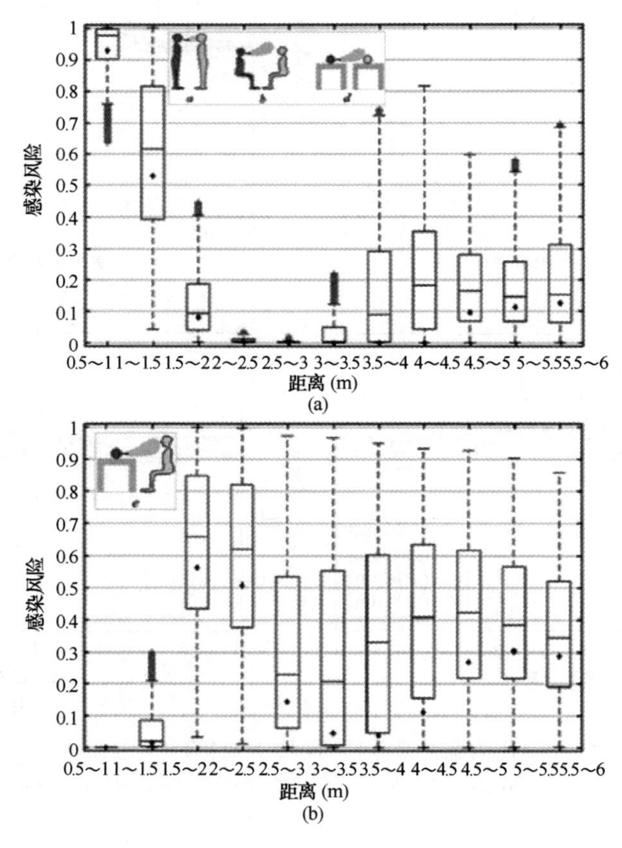

图 7-7　不同社交姿势下受感者的感染风险

(a) 易感者与受感者站姿、坐姿、卧姿；(b) 受感者卧姿，易感者坐姿境，四种社交姿势下的易感者（包括易感者与受感者站姿、坐姿、卧姿（图 7-7a）以及受感者卧姿，易感者坐姿（图 7-7b）在相对水平距离大于 2.5m 的温度分层环境中，依然存在包括新冠病毒在内的各种呼吸道传播疾病的感染风险。美国疾病控制与预防中心（CDC）提出的安全社交距离（6 英尺，6 英尺≈1.83m）并不能很好地降低感染风险，这种情况在热分层环境下更加明显。此外，当感染者与易感者的呼吸区存在高度差异时，两者的感染风险也有所不同。

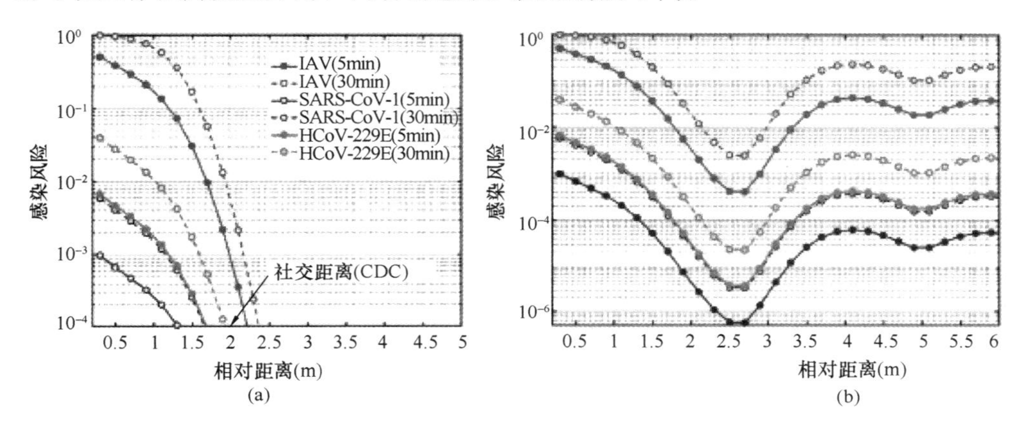

图 7-8 不同社交距离下易感者的感染风险 *

（a）温度均匀环境；（b）热分层环境

2. 远距离空气传播

人体呼吸活动呼出的飞沫蒸发所形成的飞沫核质量小，沉降速率低，可以在空气中长时间悬浮并随气流运输到很远的距离，比如同一个房间、同一楼层的不同房间以及同一建筑的不同楼层，甚至不同建筑，这就是远距离空气传播。之前，SARS-CoV-1 通过我国香港威尔士亲王医院、加拿大多伦多的卫生保健机构和在机舱的案例被证明是在空气中进行传播，并且回顾性地解释了传播途径。研究结论表明，空气传播是所研究的室内病例的主要传播途径。世界卫生组织（WHO）通过对上述证据的审查指出，病毒性传染病可通过气溶胶传播，并可在短时间内导致大规模感染。考虑到这两种 SARS 病毒之间的相似性以及病毒传播的一般证据，SARS-CoV-2 病毒很可能也通过空气传播。

自新冠肺炎疫情发生以来，国内外发生的多起聚集性案例给上述推理提供了进一步的证据，如钻石公主号和美国、新加坡等多家疗养院的群体感染事件等[7]。在美国环保署（EPA）评选的新冠病毒空气传播关键出版物中，一项针对中国广州 X 餐厅[69]聚集性疫情的回溯分析研究尤为关键。三个家庭（A、B、C）在中国新年前夜（2020 年 1 月 24 日）于 X 餐厅的三个餐桌旁吃午餐后，其中 10 个成员随后被发现感染了 SARS-CoV-2，而其余 15 张餐桌上的服务员和 68 名顾客没有感染

(图7-9)。在对餐馆的记录和视频进行审查时，没有发现三个家庭(A、B、C)直接或间接接触的证据。在此期间，新风量为每人0.75～1.04L/s。除了一些顾客背靠背地坐着外，没有观察到其他密切接触行为。进行的流行病学调查、示踪气体实验及计算流体力学模拟等研究结果支持了SARS-CoV-2远距离空气传播的可能性。

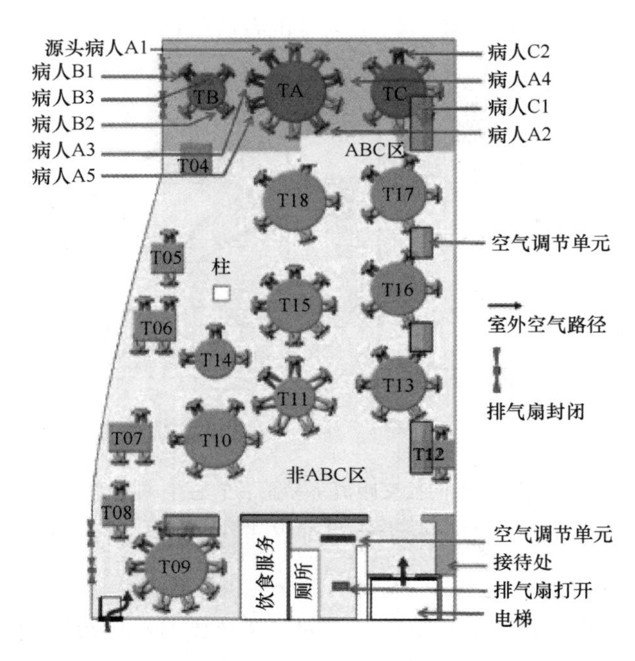

图7-9 X餐厅餐桌上SARS-CoV-2感染病例的分布情况*

在交通工具运输过程中，特别是封闭拥挤的长途汽车中，往往伴随着高感染风险。同时研究发现，可通过一系列措施降低感染风险，比如定期清洁汽车内部表面。此外，相对潮湿的环境有利于控制飞沫的传播及扩散。除了佩戴口罩，不与感染者相邻就座，也可大大降低飞沫传播风险。研究还发现选择向汽车后部送风的高效送风形式对降低感染风险也有所帮助[70]。

7.3.3 近距离接触传播

(1) 近距离接触行为

近距离接触行为已在不同背景下得到广泛研究。其中最著名的研究是Hall[71]提出的人际距离学。不同的活动导致不同的接触行为，如图7-10所示。根据Edmunds等人[72]的说法，3%的近距离接触者包括没有谈话的身体接触的谈话(1级)，61%包括没有身体接触的谈话(2级)，34%包括有身体接触(非性接触)的谈话(3级)和2%包括任何性接触，包括接吻(4级)。

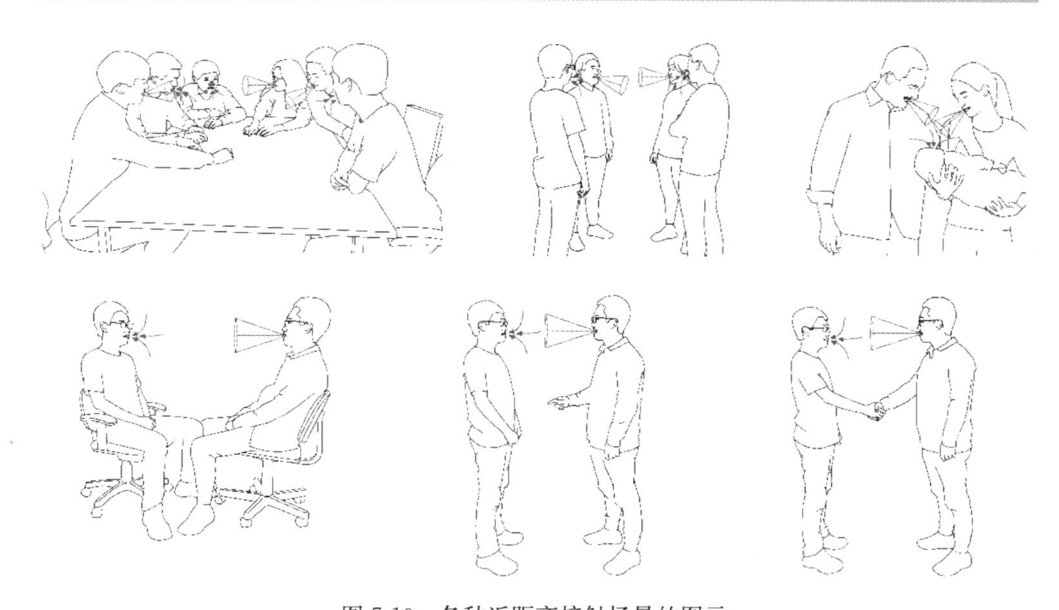

图 7-10 各种近距离接触场景的图示

请注意握手或母亲抱着孩子时可能发生的传播的复杂性。在这里，孩子会接触母亲的衣服并可能污染它们。当他们呼出/吸入的呼吸同时相互作用时，这两种动作都可能发生

（2）瞬时近距离体表传播

人们对瞬时近距离体表传播途径的重要性知之甚少，它与远距离污染物表面传播途径不同，前者是直接接触体表，后者则是间接接触，并且前者与感染源的距离很近，而后者较远。此外，虽然两者都涉及手部接触，但手直接接触体表的频率明显高于接触污染物表面。瞬时近距离体表传播途径主要包含以下三种类型：

1）瞬时人体（生命）表面：几乎所有面部区域，如前额、下巴、颚、脸颊、耳朵、鼻子和鼻梁，以及颈部和其他暴露的皮肤，还有头发和某些人的面部毛发；

2）瞬时人体非生命表面，例如衣服、眼镜、帽子、领带；

3）瞬时环境非生命表面，例如床栏杆、窗帘、橱柜/工作台面、电话和键盘等。

易感者的手触摸这些表面，随后立即触摸鼻子或嘴巴引起病毒的暴露。由于瞬时环境非生命表面的定义可能与常规表面传播途径重叠，故本章将瞬时近距离体表传播定义限制为瞬时人体（生命）表面和瞬时人体非生命表面。

人们触摸自己的脸部，例如眼睛、鼻子和嘴巴每小时超过 20 次[17]。手指触摸眼睛、鼻孔和嘴唇的平均频率分别为每小时 2.5 次、5.3 次和 8.0 次[73]。对于办公室里的研究生来说，98.8％接触表面为私人表面（例如他们的身体、随身财物、电脑、桌子和椅子），只有 1.2％是公共表面。假设没有帽子或口罩，前头部区域仅占飞沫沉积开放区域的 2.3％，其中 97.7％代表瞬时近距离表面。因此，通过瞬时

近距离体表传播途径发生的呼出飞沫的沉积量应远大于通过飞沫途径发生的沉积量。由于私人表面的高接触频率，瞬时近距离体表传播途径的暴露可能比远距离污染物途径更重要。

(3) 直接的身体接触传播

直接接触（零距离）传播包括黏膜对黏膜的接触（例如接吻）和礼节性接触，例如握手、拥抱，其典型特征是直接的皮肤与皮肤接触和污染，然后黏膜直接暴露[74]（图7-11）。黏膜与黏膜的直接接触会增加传播风险，因为传染源不会暴露于环境中；与此同时，病原体的主要损失将仅仅是由于受体对感染源的免疫反应。对于其他直接接触，病原体将在不同的持续时间内受到环境因素的影响，例如干燥，以及任何其他来自衣服（例如拥抱后）或皮肤（例如握手后）的表面化学或分泌作用。

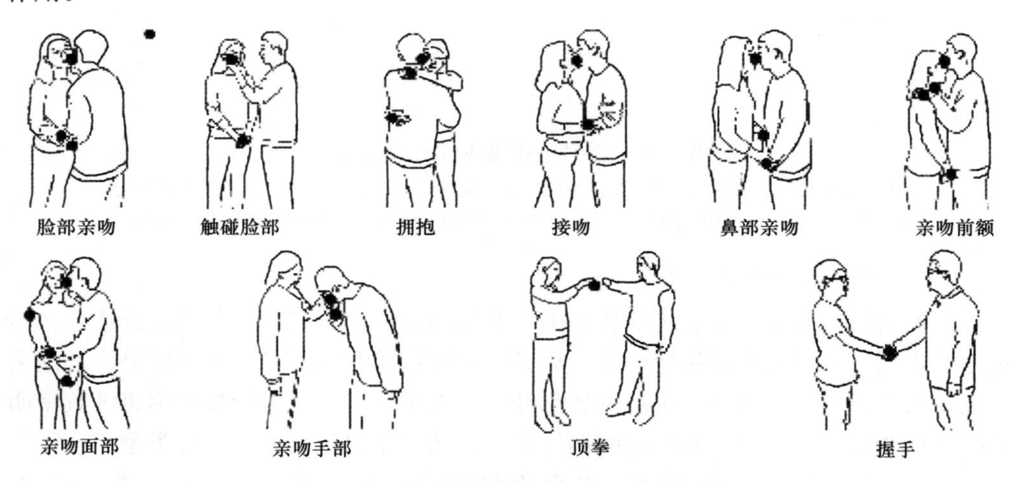

图7-11 各种直接的身体接触场景示意图

假设有两个相同的表面，经过足够的接触后，两个表面上的粒子数量将达到平衡。这意味着微生物从皮肤到皮肤的转移只能达到50%的效率。随着年龄的增长，他们的手会变得粗糙[75]，粗糙的手可能更容易从光滑的手获得微生物。

在拥抱的情况下，确定传播途径将变得复杂。直接的皮肤接触、近距离空气传播、直接的身体表面（例如，拥抱孩子时母亲的衣服被污染）甚至飞沫途径都可能涉及。近距离空气传播途径也可以在亲吻过程中进行。虽然嘴巴亲吻会导致呼吸道分泌物的直接交换，但脸颊和手的亲吻、脸颊与手的接触也可能导致间接的皮肤表面传播。研究表明，平均每10s的张嘴亲吻会转移大约8000万个细菌[76]。

7.3.4 近距离接触行为中的影响因素及数据采集需求

(1) 近距离接触行为的影响因素

1）两人的相对位置和头部朝向

近距离接触中的相对位置几何参数如图 7-12 所示，其中 p_1 和 p_2 为嘴的位置。

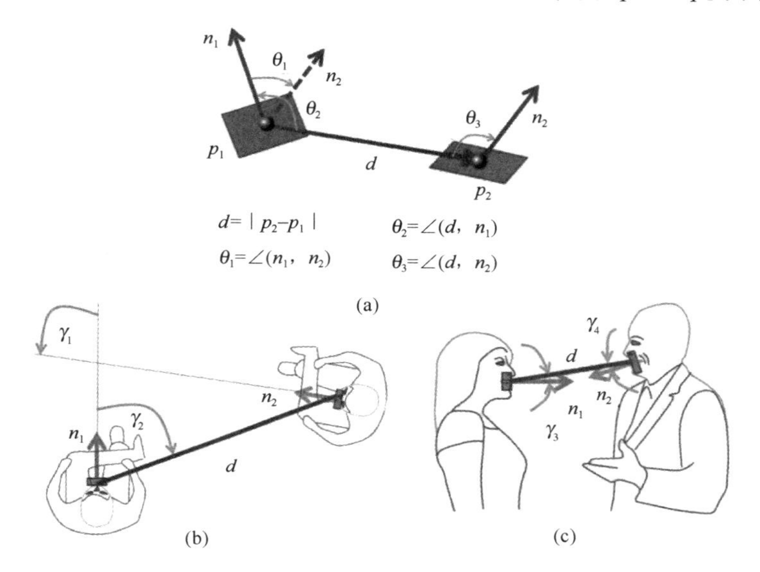

图 7-12 近距离接触中的相对位置几何参数定义

（a）三个独立的相对位置角，由两个平面表示，嘴的位置为 p_1 和 p_2，人际距离为 d；

（b）和（c）是四个人际角度的定义；注意 γ_1 和 γ_2 是 θ_1 和 θ_2 到水平面上的投影

分别用口部位置 $p_1(x_1, y_1, z_1)$ 和 $p_2(x_2, y_2, z_2)$，及面部区域的单位法线 n_1 和 n_2 来表示近距离接触的两个人的相对位置，并使用计算机图形学中点对特征的概念进行姿态估计[77]，对于任意两点 $p_1(x_1, y_1, z_1)$ 和 $p_2(x_2, y_2, z_2)$，定义向量 $d = p_2 - p_1$。

$$F(p_1, p_2) = [\, \| d \|_2, Ð(n_1, n_2), Ð(n_1, d), Ð(d, n_2)] \tag{7-1}$$

式中，$Ð(a, b) \in [0, \pi]$ 表示两个向量 a 和 b 之间的夹角；$\| d \|_2$ 表示人际距离。

两个人的相对位置可以用上式列举的四个参数进行描述：人际距离和三个独立的角度。表征身体运动的四个独立角度的定义并不唯一，其他可能定义如图 7-13 所示。请注意，完整的面对面交互仅发生在两个人的口部恰好处于相同高度且 $\theta_1 = 180°$ 时。

现有研究表明[78]人与人之间的面对面距离（以下称为“距离”）会影响感染风险。

首选的人际距离因年龄、性别、文化、种族、关系、个人习惯和周围环境而异。在年龄层面，研究发现年轻人和老年人之间的人际距离比中年人小[79]。其中，老年人主要受视力、听力和行动能力的影响。Willis[80]发现儿童之间的平均距离为 0.60m，青少年为 0.69m，成人为 0.75m。

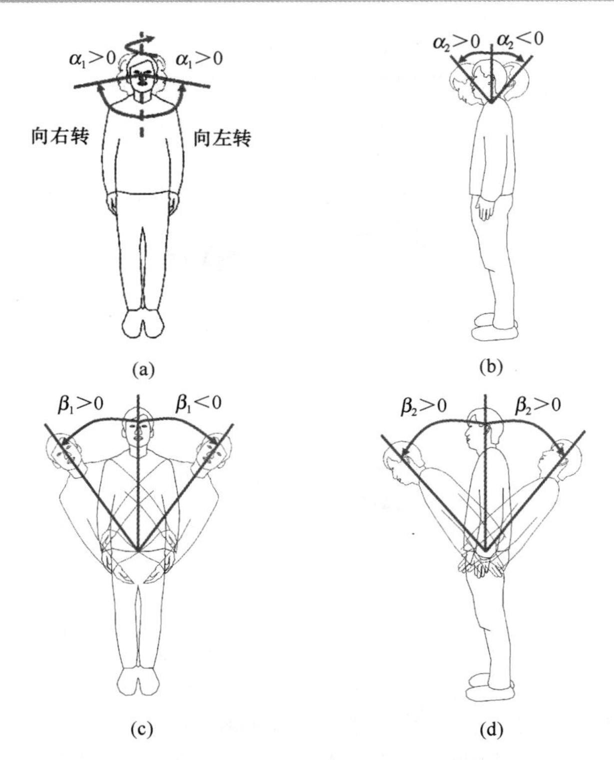

图 7-13　近距离接触中人体姿势与相对位置相关的几何参数

(a) 头部的水平旋转角度 α_1；(b) 头部屈伸角度 α_2；

(c) 上半身的侧向角 β_1；(d) 上半身的屈伸角 β_2

与男性相比，女性的互动距离往往更小。平均互动距离按从大到小顺序分别是男性—男性（0.90m），女性—女性（0.84m），男性—女性（0.82m）。在考虑人际社会关系的情况下，陌生人群体中，男性和女性之间的距离最大（0.51m），其次是女性—女性（0.45m），然后是男性—男性（0.36m）；而在熟人群体中，男性和男性之间的距离最大（0.40m），其次是男性—女性（0.32m），然后是女性—女性（0.28m）[81]。

种族也会影响距离。Beaulieu[82]表明，盎格鲁-撒克逊人的距离最大（0.81m），其次是亚洲人（0.70m），然后是白种人（0.66m），而地中海人和拉丁美洲人的距离最短（0.60m）。针对42个国家国人社交距离的研究发现，阿根廷的陌生人际间距离和熟人间距离最短，分别为0.78m和0.6m，罗马尼亚和匈牙利人间距离最长，分别为1.35m和1.08m[83]。

个人习惯同样会影响近距离接触时的相对位置，改变呼出射流的方向。例如，当两个人互相交谈时，拉丁裔人会采用直接面对面的姿势，白种人更倾向与对方错位站立，而盎格鲁-撒克逊人和亚洲人则会稍微偏向一侧，相对面向角平均值分别为19.3°和15.2°[82]。但现有的人际接触研究只考虑了相同身高人的面对面近距离接触情形，这显然不能反映大多数的现实情况。

2）头部/手部动作及身体姿势

站立、坐姿和卧姿（即仰卧）都会产生不同的身体热羽流，其中，站立的身体热羽流最强，因此对呼气流量的影响最大。人体是一个复杂的生物力学系统，具有运动学冗余。在各种手势中，涉及手、腿、眉毛和其他小规模面部表情的小动作可能不会显著影响身体热羽流或呼出气流。但较大的身体和头部运动会显著影响呼出气流的方向，并干扰身体的热羽流。手部动作也属于身体运动，已被证明会影响处于坐姿的人体头部上方热羽流[84]。为简化系统，通常只考虑颈部和腰部两个自由度，每条手臂、每只手/手指、每条腿和每只脚都没有自由度。目前近距离接触期间身体/头部运动的详细数据有限。在未来，具备人体形态的机器人可以作为热人体模型，从而实现更多自由度偏转。

3）近距离接触的频率和持续时间

接触持续时间的概率分布在对数-对数尺度上呈线性关系（图 7-14），即事件发生概率随着单次近距离接触时间呈对数增长而呈对数下降。但是用于记录这些情况的射频识别设备（RFID）通常只有 20s 的时间分辨率。为了提高时间分辨率，Zhang 等[85]使用摄像机收集视觉数据，并提取人体接触数据进行分析，可将时间分辨率提高到 1s。

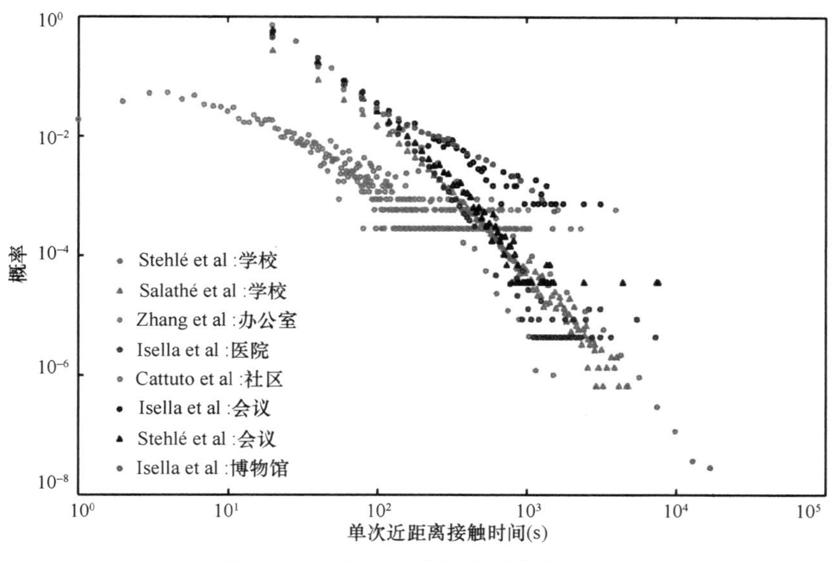

图 7-14 每次接触持续时间的分布 *

4）呼吸、说话方式和强度

说话过程至少存在两种影响“吸入-呼气”呼吸周期的方式。首先，在呼气时，通常通过舌头的运动（形成单词）和声门开合进行说话，为发声提供呼出气流。

Hoit 和 Lohmeier[86]给出了一些说话时呼吸流速估计值。健康成年人在短暂的谈话间隙可通过鼻子和嘴巴同时吸气。随着吸入流量的增加，整体气道阻力会暂时降低，因为吸入的流量有助于打开并扩张气道，从而使空气进入[87]。McFarland[88]研究结果指出说话会延长呼气时间。谈话期间呼气时间更长，谈话中断期间吸气更深，导致谈话期间呼吸频率低于休息时安静呼吸状态下的呼吸频率[89]。在休息时，超过 90%的健康成年人采用鼻潮式呼吸方式。在谈话过程中，吸气气流的峰值速度至少是休息时的两倍，休息时的平均吸气气流速度是潮式呼吸时的四倍[87]。

其次，对话过程中的呼吸周期模式更为复杂，即伴随有转向和对话节奏。McFarland[88]表明说话者可能会同步对话者的呼吸周期。听者和说话者之间的同步呼吸模式表明，呼气-吸入循环和两人之间的相互作用是一个本能的、实时的、动态的过程。两人自然对话中，每个人轮流说话和听的状态，与许多其他简单情况不同，如执行一个简单的口头阅读任务[90]。

男性的平均初始谈话气流速度（4.1m/s）通常高于女性（2.3m/s）[40]。谈话气流速度随着人的身高和体表面积的增加而增加[40, 45]。更快的说话和咳嗽速度的呼出射流会携带更高浓度的飞沫，传播到更远的距离[91]。Gupta 等[45]和 Kwon 等[40]研究发现用口呼吸（呼气）时的病毒浓度是用鼻子呼吸时的 2～3 倍[30, 32]。

5）时间和场合

此外，近距离接触行为随着时间和场合的不同而发生变化。随着人口、城市化和交通的不断增加，个人空间更难维持，近距离接触行为随之增加。但是相对地，社交媒体的兴起可能会减少密切的社交联系[92]。正常工作和假期期间的近距离接触模式不同[93]。个人往往在工作日进行的联系比周末更多[94]。

人们打招呼的行为因国家/地区而异。例如，在意大利和许多拉丁美洲国家，通常通过简单的握手或亲吻脸颊和/或拥抱来完成问候和告别。相比之下，传统的泰式问候和告别方式则是将双手放在下巴处进行祈祷，然后微微鞠躬。近距离接触行为也因室内环境而异，家庭、大学和其他公共场所（如商场）会发生不同亲密程度的近距离接触。与学校相比，学生在家中的近距离接触时间更长[95]。特殊的公共场合如游轮[96]、火车[97]和飞机[70]的长途旅行中也会在拥挤的环境内发生不同程度的近距离接触。

（2）对高分辨率数据的需求

平均近距离接触持续时间约为 50s，中位数为 17s[98, 99]，表明了对高时间分辨率数据的需求。在研究身体热羽流对吸气/呼气流量的影响时，必须注意的是，一个典型的安静呼吸周期持续时间为 4s，因此需要 1s 的分辨率。与此同时，这些呼吸周期中可能会存在许多频繁和短期的接触行为[100, 101]。

由于现有方法的局限性，大多数现有数据并没有达到 1s 的时间分辨率。在特定环境或一般人群中个人之间的接触数据常从日记、调查、时间标记的记录、问卷、访谈和回顾性审查中获得[102]。这些方法只能产生关于近期近距离接触者的定性和半定量数据，时间尺度通常以天为单位[31, 103]。大多数人没有回忆、观察和记住这些细节的自然倾向，除非他们接受过针对性的训练。

研究人员通常会使用RFID、无线传感器、移动电话或移动传感器来获取有关人员的社会接触信息。基于使用Wi-Fi、蓝牙或RFID的可穿戴传感器的技术能够测量面对面的距离，记录持续时间通常为数天至数月，参与人数从几十人到数万人不等。但是这些设备可以评估的最小接触时间间隔仅为20s[104-108]，即可能无法检测或记录持续时间较短的接触。然而，这种可穿戴近距离传感器的优点是记录的数据量很大，对隐私的侵犯较小。但是，上述监测方法只能大致记录此类近距离接触的频率和持续时间。除此之外的详细信息，如两人之间的距离、角度和姿势通常被忽略。

一般来说，准确地记录和分析面对面的互动比较困难。摄像机可用于监测人类的近距离接触行为，并获得高分辨率数据[85]。但缺点在于存在某种程度的隐私侵犯。此外，必须使用专门的软件进行详细的视频图像处理，这些软件可以捕捉和量化个人的动作，包括手势和姿势、接触的特征、面部位置和所涉及的呼吸气流的性质（例如呼吸、说话、大笑、咳嗽、打喷嚏）等。分析视频记录的新技术最近被用于自动识别主导运动和多人跟踪[109]。在未来，可能会开发用于分析近距离接触数据的特定软件。

7.4 小结

本章节主要对新冠病毒的室内传播规律进行叙述，包括新冠病毒室内传播的特点、途径以及相关的研究进展。将感染者呼出飞沫造成易感者感染的途径分为两大类，即近距离接触传播和远距离传播。其中，近距离接触传播可分为飞沫传播、近距离空气传播和瞬时近距离体表传播；远距离传播可分为远距离空气传播和远距离表面传播。飞沫途径通常被认为是一些呼吸道传染病的主要传播途径。文中介绍了呼出飞沫的产生机制、不同呼吸活动的飞沫/飞沫核粒径分布和数量分布。文中叙述了飞沫的阈值粒径和阈值距离，飞沫的阈值粒径用于区分飞沫传播和空气传播，大于阈值粒径的飞沫在未完成蒸发前沉降造成飞沫传播，小于阈值粒径的飞沫蒸发后形成飞沫核造成空气传播。之前将5 μm或10 μm作为飞沫阈值粒径具有误导性，文中认为飞沫的阈值粒径应为100 μm。

空气传播可分为近距离空气传播与远距离空气传播。近距离空气传播主要是指易感者从感染者呼出的气流中直接吸入细小飞沫或飞沫核，近距离空气传播受多种因素影响，如身体热羽流、室内送风速度、室内气流组织以及室内热分层等；飞沫蒸发后形成的飞沫核在空气中长时间悬浮并随室内气流运动到很远的距离，被易感者吸入形成远距离空气传播，此类传播通常发生在通风不良的场所。

瞬时近距离体表传播直接接触体表，并且与感染源的距离很近，其传播途径主要包括三种类型：瞬时人体（生命）表面、瞬时人体非生命表面以及瞬时环境非生命表面。直接的身体接触传播典型特征是直接的皮肤与皮肤接触和污染，导致黏膜直接暴露，例如握手、拥抱以及亲吻等。

此外，文中介绍了近距离接触行为中的影响因素，主要叙述了两人的相对位置和头部朝向、头部/手部运动及身体姿势、近距离接触的频率、持续时间以及呼吸、说话方式和强度、时间和场合 5 种影响因素。

本章参考文献

[1] Luo D T. Evaluation of COVID-19 control strategies in different countries and periods based on an adaptive PSO-SEIR model[J]. Chinese Science Bulletin-Chinese, 2021, 66(4-5): 453-464.

[2] Qian H. Indoor transmission of SARS-CoV-2[J]. Indoor Air, 2021, 31(3): 639-654 .

[3] Madewell Z J, Yang Y, Longini I M, et al. Household transmission of SARS-CoV-2: A systematic review and meta-analysis[J]. Jama Network Open, 2020, 3(12): e2031756-e2031756.

[4] National COVID T. COVID-19 outbreaks in a transmission control scenario: Challenges posed by social and leisure activities, and for workers in vulnerable conditions, Spain, early summer 2020[J]. Eurosurveillance, 2020, 25(35): 2-7.

[5] Borges V, Isidro J, Macedo F, et al. Nosocomial outbreak of SARS-CoV-2 in a "non-COVID-19" hospital ward: Virus genome sequencing as a key tool to understand cryptic transmission[J]. Viruses, 2021, 13(4): 604.

[6] Grant J J, Wilmore S M S, Mccann N S, et al. Seroprevalence of SARS-CoV-2 antibodies in healthcare workers at a London NHS Trust[J]. Infection Control and Hospital Epidemiology, 2020, 42(2): 1-12.

[7] Gubensek, J, Vajdic Trampuz B, Persic V, et al. The possibility of SARS-CoV-2 transmission in a haemodialysis unit -report from a large in-hospital centre[J]. Epidemiology and Infection, 2021, 148: 226.

[8] Wu Z, McGoogan J M. Characteristics of and important lessons from the coronavirus disease 2019 (COVID-19) outbreak in China summary of a report of 72 314 cases from the Chinese Center for Disease Control and Prevention[J]. Jama-Journal of the American Medical Association, 2020, 323(13): 1239-1242.

[9] Bulfone T C, Malekinejad M, Rutherford G W, et al. Outdoor transmission of SARS-CoV-2 and other respiratory viruses: A systematic review[J]. Journal of Infectious Diseases, 2020.

[10] Jimenez J, M L, Randall K, et al. Echoes through time: The historical origins of the droplet dogma and its role in the misidentification of airborne respiratory infection transmission[J]. Available at SSRN, 2021.

[11] Liu L, Li Y, Nielsen, et al. Short-range airborne transmission of expiratory droplets be-

tween two people[J]. Indoor Air, 2016, 27(2): 452-462.

[12] Morawska L, Milton D K. It is time to address airborne transmission of coronavirus disease 2019 (COVID-19)[J]. Clinical Infectious Diseases, 2020, 71(9): 2311-2313.

[13] WHO. Coronavirus disease (COVID-19): How is it transmitted? . 2021-12-23 [2022-01-06]. https: //www. who. int/news-room/questions-and-answers/item/coronavirus-disease-covid-19-how-is-it-transmitted.

[14] CDC. Scientific Brief: SARS-CoV-2 Transmission. 2021-05-07 [2022-01-06]. https: //www. cdc. gov/coronavirus/2019-ncov/science/science-briefs/sars-cov-2-transmission. html.

[15] Xie X, Li Y, Chwang A T Y, et al. How far droplets canmove in indoor environments - revisiting the Wells evaporation-falling curve[J]. Indoor Air, 2007, 17(3): 211-225.

[16] Wei J, Li Y. Human cough as a two-stage jet and its role in particle transport[J]. Plos One, 2017, 12(1).

[17] Zhang N, Li Y, Huang H. Surface touch and its network growth in a graduate student office[J]. Indoor Air, 2018, 28(6): 963-972.

[18] Lei H, Li Y, Xiao S, et al. Logistic growth of asurface contamination network and its role in disease spread[J]. Scientific Reports, 2017, 7(1): 1-10.

[19] Hatagishi E, Okamoto M, Ohmiya S, et al. Establishment and clinical applications of a portable system for capturing influenza viruses released through coughing[J]. Plos One, 2014, 9(8).

[20] Yang S H, Chen C M, Wu C C, et al. The size and concentration of droplets generated by coughing in human subjects[J]. Journal of Aerosol Medicine-Deposition Clearance and Effects in the Lung, 2007, 20(4): 484-494.

[21] Fennelly K P. Particle sizes of infectious aerosols: Implications for infection control[J]. Lancet Respiratory Medicine, 2020, 8(9): 914-924.

[22] Yan J, Grantham M, Pantelic J, et al. Infectious virus in exhaled breath of symptomatic seasonal influenza cases from a college community[J]. Proceedings of the National Academy of Sciences, 2018, 115(5): 1081-1086.

[23] Bake B, Larsson P, Ljungkvist G, et al. Exhaled particles and small airways[J]. Respiratory Research, 2019, 20(1): 1-14.

[24] Liu Y, Ning Z, Chen Y, et al. Aerodynamic analysis of SARS-CoV-2 in two Wuhan hospitals[J]. Nature, 2020, 582(7813): 557-560.

[25] Chia P Y, Coleman K K, Tan Y K, et al. Detection of air and surface contamination by SARS-CoV-2 in hospital rooms of infected patients[J]. Nature Communications, 2020, 11 (1): 1-7.

[26] Alsved M, Matamis A, Bohlin R, et al. Exhaled respiratory particles during singing and talking[J]. Aerosol Science and Technology, 2020, 54(11): 1245-1248.

[27] Doremalen N V, Bushmaker T, Morris D H, et al. Aerosol and surface stability of SARS-CoV-2 as compared with SARS-CoV-1[J]. New England Journal of Medicine, 2020, 382

(16): 1564-1567.

[28] J D. The numbers and the sites of origin of the droplets expelled during expiratory activities [J]. Edinburgh Medical Journal, 1945, 52(11): 385.

[29] Loudon R G, Roberts R M. Droplet expulsion from the respiratory tract[J]. American Review of Respiratory Disease, 1967, 95(3): 435-442.

[30] Papineni R S, Rosenthal F S. The size distribution of droplets in the exhaled breath of healthy human subjects[J]. Journal of Aerosol Medicine-Deposition Clearance and Effects in the Lung, 1996, 10(2): 105-116.

[31] Chao C, Man P W, Morawska L, et al. Characterization of expiration air jets and droplet-size distributions immediately at the mouth opening[J]. Journal of Aerosol Science, 2009, 40(2): 122-133.

[32] Morawska L, Johnson G R, Ristovski Z D, et al. Size distribution and sites of origin of droplets expelled from the human respiratory tract during expiratory activities[J]. Journal of Aerosol Science, 2009, 40(3): 256-269.

[33] Asadi S, Wexler A S, Cappa C D, et al. Aerosol emission and superemission during human speech increase with voice loudness[J]. Scientific Reports, 2019, 9(1): 1-10.

[34] Asadi S, Bouvier N, Wexler A S, et al. The coronavirus pandemic and aerosols: Does COVID-19 transmit via expiratory particles? [J]. Aerosol Science and Technology, 2020, 54(6): 635-638.

[35] Hartmann A, Lange J, Rotheudt H, et al. Emission rate and particl esize of bioaerosols during breathing, speaking and coughing[J]. 2020.

[36] Li L, Niu M, Zhu Y. Assessing the effectiveness of using various face coverings to mitigate the transport of airborne particles produced by coughing indoors[J]. Aerosol Science and Technology, 2020, 55(3): 332-339.

[37] Murbe D, Kriegel M, Lange J, et al. Aerosol emission of adolescents voices during speaking, singing and shouting[J]. Plos One, 2021, 16(2): e0246819.

[38] Hamilton F W, Gregson F, Arnold D T, et al. Aerosol emission from the respiratory tract: An analysis of relative risks from oxygen deliverysy stems[J]. Thorax, 2021, 69: 606-610.

[39] Gregson F K A, Watson N A, Orton C M, et al. Comparing aerosol concentrations and particle size distributions generated by singing, speaking and breathing[J]. Aerosol Science and Technology, 2021, 55(6): 681-691.

[40] Kwon S B, Park J , Jang J, et al. Study on the initial velocity distribution of exhaled air from coughing and speaking[J]. Chemosphere, 2012, 87(11): 1260-1264.

[41] Ross B B, Gramiak R, Rahn H. Physical dynamics of the cough mechanism[J]. Journal of Applied Physiology, 1955, 8(3): 264-268.

[42] Chen C, Zhao B. Some questions on dispersion of human exhaled droplets in ventilation room: Answers from numerical investigation[J]. Indoor Air, 2010, 20(2): 95-111.

[43] Tang J L, Nicolle A D, Klettner C A, et al. Airflow dynamics of human jets: sneezing and breathing-Potential sources of infectious aerosols[J]. Plos One, 2013, 8(4).

[44] Gupta J K, Lin C H, Chen Q. Flow dynamics and characterization of a cough[J]. Indoor Air, 2009, 19(6): 517-525.

[45] Gupta J K, Lin C H, Chen Q. Characterizing exhaled airflow from breathing and talking [J]. Indoor Air, 2010, 20(1): 31-39.

[46] Etheridge D W, Sandberg M. Building Ventilation: Theory and Measurement[M]. Chichester, UK: John Wiley & Sons, 1996.

[47] Liu L, Li Y, Nielsen P V, et al. Short-range airborne transmission of expiratory droplets between two people[J]. Indoor Air, 2017, 27(2): 452-462.

[48] Brankston G, Gitterman L, Hirji Z, et al. Transmission of influenza A in human beings [J]. Lancet Infectious Diseases, 2007, 7(4): 257-265.

[49] Christian M D, Loutfy M, McDonald L C, et al. Possible SARS coronavirus transmission during cardiopulmonary resuscitation[J]. Emerging Infectious Diseases, 2004, 10(2): 287-293.

[50] Mackay I M, Arden K E. MERS coronavirus: Diagnostics, epidemiology and transmission [J]. Virology Journal, 2015, 12(1): 1-21.

[51] Dai H, Zhao B. Movement and transmission of human exhaled droplets/droplet nuclei[J]. Chin Sci Bull, 2020, 66(4-5).

[52] Prather K A, Marr L C, Schooley R T, et al. Airborne transmission of SARS-CoV-2[J]. Science, 2020, 370(6514): 303-304.

[53] Wells W F. On air-borne infection: Study Ⅱ droplets and droplet nuclei[J]. American Journal of Hygiene, 1934, 20(3): 611-618.

[54] Siegel J D, Rhinehart E, Jackson M, et al. 2007 Guideline for isolation precautions: Preventing transmission of infectious agents in health care settings[J]. American Journal of Infection Control, 2007, 35(10): S65-S164.

[55] Liu L, Wei J, Li Y, et al. Evaporation and dispersion of respiratory droplets from coughing[J]. Indoor Air, 2017, 27(1): 179-190.

[56] Wei J, Li Y. Enhanced spread of expiratory droplets by turbulence in a cough jet[J]. Building and Environment, 2015, 93: 86-96.

[57] Milton D K, Fabian M P, Cowling B J, et al. Influenza virus aerosols in human exhaled breath: Particle size, culturability, and effect of surgical masks[J]. Plos Pathogens, 2013, 9(3).

[58] Zhou J, Wei J, Choy K T, et al. Defining the sizes of airborne particles that mediate influenza transmission in ferrets[J]. Proceedings of the National Academy of Sciences. 2018, 115(10): E2386-E2392.

[59] Atkinson M P, Wein L M. Quantifying the routes of transmission for pandemic influenza [J]. Bulletin of Mathematical Biology, 2008, 70(3): 820-867.

[60] Nicas M, Jones R M. Relative contributions of four exposure pathways to influenza infection risk[J]. Risk Analysis, 2009, 29(9): 1292-1303.

[61] Murakami S, Kato S, Zeng J. Combined simulation of airflow, radiation and moisture transport for heat release from a human body[J]. Building and Environment, 2000, 35(6): 489-500.

[62] Zhou Q, Qian H, Ren H, et al. The lock-up phenomenon of exhaled flow in a stable thermally-stratified indoor environment[J]. Building and Environment, 2017, 116: 246-256.

[63] Nielsen P V. Control of airborne infectious diseases in ventilated spaces[J]. Journal of the Royal Society Interface, 2009, 6: S747-S755.

[64] Pantelic J, Sze-To G N, Tham K W, et al. Personalized ventilation as a control measure for airborne transmissible diseasespread[J]. Journal of the Royal Society Interface, 2009, 6: S715-S726.

[65] Qian H, Li Y, Nielsen P V, et al. Dispersion of exhaled droplet nuclei in a two-bed hospital ward with three different ventilation systems[J]. Indoor Air, 2006, 16(3): 256-256.

[66] Bjorn E, Nielsen P V. Dispersal of exhaled air and personal exposure in displacement ventilated rooms[J]. Indoor Air, 2002, 12(3): 147-164.

[67] Liu F, Qian H, Luo Z W, et al. The impact of indoor thermal stratification on the dispersion of human speech droplets[J]. Indoor Air, 2021, 31(2): 369-382.

[68] Liu F, Qian H, Luo Z W, et al. Revisiting physical distancing threshold in indoor environment using infection-risk-based modeling[J]. Environment International, 2021.

[69] Li Y G, Qian H, Hang J, et al. Probable airborne transmission of SARS-CoV-2 in a poorly ventilated restaurant[J]. Building and Environment, 2021.

[70] Mollers M, Jonges M, Pas S D, et al. Follow-up of contacts of middle east respiratory syndrome coronavirus-infected returning travelers, the Netherlands, 2014[J]. Emerging Infectious Diseases, 2015, 21(9): 1667-1669.

[71] Hall E T. A system for the notation of proxemic behavior[J]. American Anthropologist, 1963, 65(5): 1003-1026.

[72] Edmunds W J, Kafatos G, Wallinga J, et al. Mixing patterns and the spread of close-contact infectious diseases[J]. Emerging themes in epidemiology, 2006, 3(1): 1-8.

[73] Nicas M, Best D. A study quantifying the hand-to-face contact rate and its potential application to predicting respiratory tract infection[J]. Journal of Occupational and Environmental Hygiene, 2008, 5(6): 347-352.

[74] Carvalho A M, Goncalves S. Epidemics scenarios in the "Romantic Network"[J]. Plos One, 2012, 7(11).

[75] Manuskiatti W, Schwindt D A, Maibach H I. Influence of age, anatomic site and race on skin roughness and scaliness[J]. Dermatology, 1998, 196(4): 401-407.

[76] Kort R. Shaping the oral microbiota through intimate kissing[J]. Microbiome, 2014, 2.

[77] Drost B, Model G. Match locally: Efficient and robust 3D object recognition[J]. 2010 IEEE

Conference on Computer Vision and Pattern Recognition (Cvpr), 2010.
[78] Wong T W. Cluster of SARS among medical students exposed to single patient, Hong Kong[J]. Emerging Infectious Diseases, 2004, 10(2): 269-276.
[79] Webb J D, Weber M J. Influence of sensory abilities on the interpersonal distance of the elderly[J]. Environment and Behavior, 2003, 35(5): 695-711.
[80] Willis A. Human movement behaviour in urban spaces: Implications for the design and modelling of effective pedestrian environments[J]. Environment and Planning B-Planning & Design, 2004, 31(6): 805-828.
[81] Heshka S, Nelson Y. Interpersonal speaking distance as a function of age, sex, and relationship[J]. Sociometry, 1972, 35(4): 491-498.
[82] Beaulieu C. Intercultural study of personal space: A case study[J]. Journal of applied social psychology, 2004, 34(4): 794-805.
[83] Sorokowska A. Preferred interpersonal distances: A global comparison[J]. Journal of Cross-Cultural Psychology, 2017, 48(4): 577-592.
[84] Rim D, Novoselac A. Transport of particulate and gaseous pollutants in the vicinity of a human body[J]. Building and Environment, 2009, 44(9): 1840-1849.
[85] Zhang N, Tang J W, Li Y G. Human behavior during close contact in a graduate student office[J]. Indoor Air, 2019, 29(4): 577-590.
[86] Hoit J D, Lohmeier H L. Influence of continuous speaking on ventilation[J]. Journal of Speech Language and Hearing Research, 2000, 43(5): 1240-1251.
[87] Lester R A, Hoit J D. Nasal and oral inspiration during natural speech breathing[J]. Journal of Speech Language and Hearing Research, 2014, 57(3): 734-742.
[88] McFarland D H. Respiratory markers of conversational interaction[J]. Journal of Speech Language and Hearing Research, 2001, 44(1): 128-143.
[89] Bunn J C, Mead J. Control of ventilation during speech[J]. Journal of Applied Physiology, 1972, 31(6): 870-872.
[90] Warner R M, Waggener T B, Kronauer R E. Synchronized cycles in ventilation and vocal activity during spontaneous conversational speech[J]. Journal of Applied Physiology, 1983, 54(5): 1324-1334.
[91] Zhao B, Zhang Z, Li X T. Numerical study of the transport of droplets or particles generated by respiratory system indoors[J]. Building and Environment, 2005, 40(8): 1032-1039.
[92] Joinson A N. Self-esteem, interpersonal risk, and preference for e-mail to face-to-face communication[J]. Cyberpsychology & Behavior, 2004, 7(4): 472-478.
[93] Hens N. Estimating the impact of school closure on social mixing behaviour and the transmission of close contact infections in eight European countries[J]. Bmc Infectious Diseases, 2009, 9.
[94] Edmunds W J, OCallaghan C J, Nokes D J. Who mixes with whom? Amethod to determine

the contact patterns of adults that may lead to the spread of airborne infections[J]. Proceedings of the Royal Society B-Biological Sciences, 1997, 264(1384): 949-957.

[95] Glass L M, Glass R J. Social contact networks for the spread of pandemic influenza in children and teenagers[J]. Bmc Public Health, 2008, 8.

[96] Zhang N. Contact infection of infectious disease onboard a cruise ship[J]. Scientific Reports, 2016, 6.

[97] Cui F Q. Transmission of pandemic influenza a (H1N1) virus in a train in China[J]. Journal of Epidemiology, 2011, 21(4): 271-277.

[98] Zhang N, Li Y G. Transmission of influenza A in a student office based on realistic person-to-person contact and surface touch behaviour[J]. International Journal of Environmental Research and Public Health, 2018, 15(8).

[99] Vanhems P. Estimating potential infection transmission routes in hospital wards using wearable proximity sensors[J]. Plos One, 2013, 8(9).

[100] King M F. Relationship between healthcare worker surface contacts, care type and hand hygiene: An observational study in a single-bed hospital ward[J]. Journal of Hospital Infection, 2016. 94(1): 48-51.

[101] King M F, Noakes C J, Sleigh P A. Modeling environmental contamination in hospital single-and four-bed rooms[J]. Indoor Air, 2015, 25(6): 694-707.

[102] Mikolajczyk R T. Social contacts of school children and the transmission of respiratory-spread pathogens[J]. Epidemiology and Infection, 2008, 136(6): 813-822.

[103] Fanoy E B. Transmission of mumps virus from mumps-vaccinated individuals to close contacts[J]. Vaccine, 2011, 29(51): 9551-9556.

[104] Cattuto C. Dynamics of person-to-person interactions from distributed RFID sensor networks[J]. Plos One, 2010, 5(7).

[105] Zagheni E. Using time-use data to parameterize models for the spread of close-contact infectious diseases[J]. American Journal of Epidemiology, 2008, 168(9): 1082-1090.

[106] Isella L. Close encounters in a pediatric ward: Measuring face-to-face proximity and mixing patterns with wearable sensors[J]. Plos One, 2011, 6(2).

[107] Isella L. What's in a crowd? Analysis of face-to-face behavioral networks[J]. Journal of Theoretical Biology, 2011, 271(1): 166-180.

[108] Stehle J. High-resolution measurements of face-to-face contact patterns in a primary school [J]. Plos One, 2011, 6(8).

[109] Cheriyadat A M, Radke R J. Detecting dominant motions in dense crowds[J]. IEEE Journal of Selected Topics in Signal Processing, 2008, 2(4): 568-581.

第 8 章　新型冠状病毒室内传播的案例研究

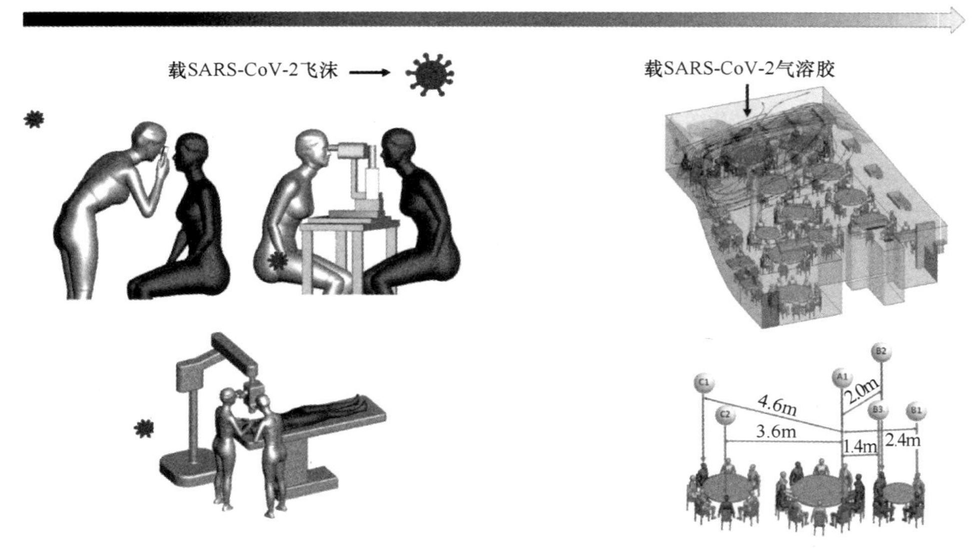

新型冠状病毒的室内近距离与远距离传播

新型冠状病毒存在大量室内传播的案例，密闭空间以及人员聚集场所应重点关注，如医院、餐馆、大巴等。通过实验测量、数值模拟等手段研究新冠病毒室内传播的案例，有助于进一步理解新冠病毒在室内传播的机制，进而采取相应的手段加以干预。本章节介绍新冠病毒室内传播过程及其影响因素。第一部分为人际间近距离暴露案例研究，包括了医院眼科案例数值模拟以及考虑人体微环境和通风气流的实验测量，这两个案例均使用指标量化了人员暴露风险，数据证明佩戴口罩以及保持人际距离等措施对减少人际间近距离暴露起着关键作用。第二部分通过对餐馆以及大巴车两起远距离人际暴露事件进行研究，显示了室内通风的重要性，即为室内提供足够的通风量可以降低远距离空气传播事件发生的概率。第三部分主要叙述了关于室内环境因素监测与控制的实地研究。

8.1 人际间近距离暴露案例研究

8.1.1 以医院眼科为案例的数值模拟

在眼科诊室内进行常规的眼科检查和治疗时，医生处于飞沫和气溶胶传播范围内。特别是在直接检眼镜、裂隙灯显微镜检查及类似诊疗过程中，眼科医生与患者面对面地近距离接触，直接暴露于患者呼出的飞沫中，因此眼科具有较高的SARS-CoV-2传播风险[1]。

目前，眼科医生在检查和治疗过程中呼吸道飞沫暴露情况的数据非常有限，难以量化地估计眼科医务工作者面临的感染风险。为了解决这一研究空白，本节采用计算流体力学（CFD）的方法对典型的眼科诊疗场景进行模拟研究，统计分析了眼科医生在短时间检查和治疗过程中的飞沫暴露情况，分析了患者呼出飞沫的方式、环境相对湿度和初始飞沫粒径等因素对暴露程度的潜在影响。该结果为明确眼科医生在日常工作中面临的暴露风险提供了科学数据，也为指导眼科医务工作者采取防护措施提供了合理的依据。鉴于SARS-CoV-2的新型变异株通过气溶胶传播得更加迅速，眼科的医务工作者需要在未来保持常规化的防护以预防科室内的医患交叉感染。

近期有研究利用人体数值模型和计算流体力学的方法来研究公共环境中呼出病原体在人群中的传播[2, 3]。该方法的优点是计算速度快、准确度好、成本低，而且显示方式直观。但其局限性在于湍流模型和边界条件均经过了一定程度的简化，因此在数值模拟计算中存在一定的误差。

医院眼科诊室的建筑尺寸、结构、布局、通风方式不尽相同，且常见的眼科诊疗过程中医患之间距离短（眼科医生与患者面部之间距离小于0.8m）。本书重点关注眼科医生和患者在问诊治疗过程中局部微环境流场及飞沫传播暴露风险，而弱化通风和房间几何参数对局部流场的影响。本书所选用的房间尺寸为10m(L)×10m(W)×5m(H)，其体积尺寸大于一般的眼科诊室，采用顶棚送风、地板排风的混合通风形式，换气次数为3次/h，送风气流速度为0.0042m/s，约为人体热羽流最大值的1/100，因此，室内气流不会对医患局部的微环境流场产生显著的影响。

为了准确地研究患者呼出的飞沫对眼科医生暴露的几率，利用可调节身体姿态的呼吸暖体假人的精确数值模型，以模拟眼科医生和患者在典型眼科检查或治疗场景中的姿势和相对位置。该人体模型有细节丰富的面部和手部特征，因此可以模拟患者呼出的飞沫对眼科医生的吸入暴露、黏膜暴露和间接接触暴露。人体模型身高1.68m，皮肤总表面积1.45m^2，嘴巴面积1.6cm^2，鼻孔横截面积0.52cm^2，眼睛面积1.75cm^2。利用Siemens NX 10.0建立了检眼镜、裂隙灯显微镜、手术显微镜和病床的三维模型，然后调整人体模型与医疗设备模型的相对位置，生成三种典型的眼科检查和治疗场景：直接检眼镜检查、裂隙灯显微镜检查和眼科手术，如图 8-1所示。在眼科手术场景中，眼科医生（浅色假人）与患者（深色假人）呼吸区之间的距离是由显微镜的位置和病床决定的，因此眼科医生的姿势对患者呼出飞沫造成的暴露几乎没有影响。此外，由于呼出的飞沫粒径小，且不具有刺激性，因此，呼出的气溶胶被认为是惰性的，不会在暴露期间触发眨眼或流泪等应激反应。

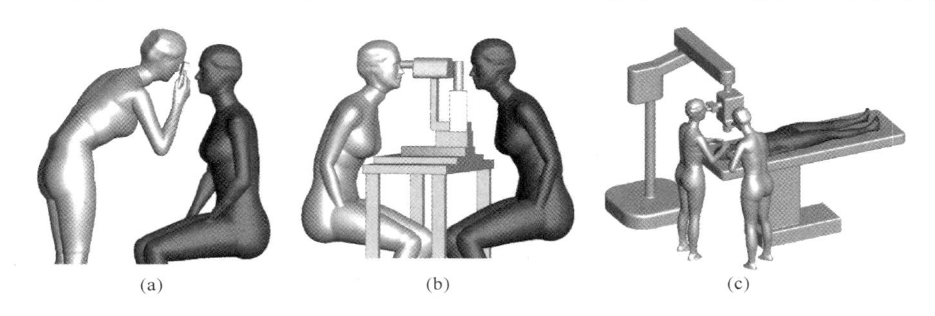

图 8-1 典型眼科诊疗场景的数值模型
（a）直接检眼镜检查；（b）裂隙灯显微镜检查；（c）眼科手术

（1）典型眼科诊疗场景暴露的比较

图 8-2 显示了三种眼科诊疗场景在 16s 时的中心截面（$y=0$）上局部微环境流场和飞沫的分布。通过对各种诊疗场景下的瞬态流场和飞沫运动的模拟结果进行分析，从而量化眼科医生在这些场景下的暴露风险。

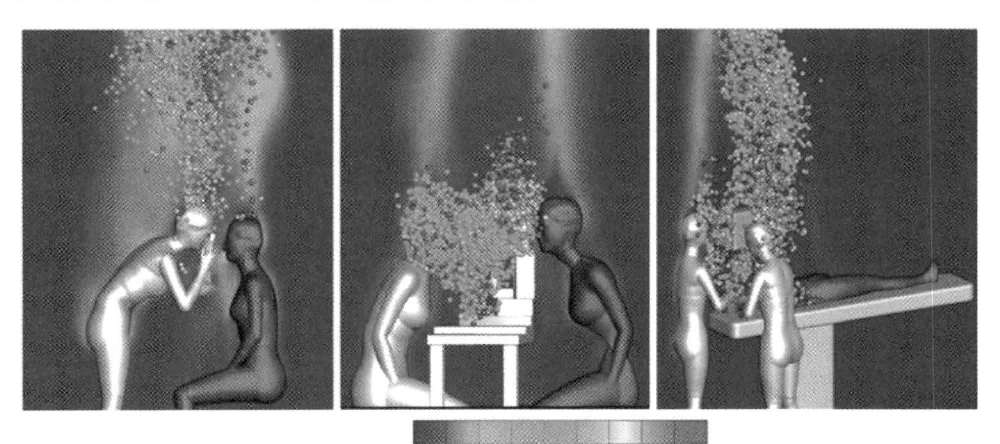

图 8-2 三种眼科诊疗场景中心截面（$y=0$）在 16s 时的流场及飞沫分布图 *

将眼科医生的吸入暴露与前人研究的人际间吸入暴露进行了对比，如图 8-3 所示，之前的研究可分为 CFD 数值模拟[4-9]研究和实验研究，实验研究使用示踪气体[10-20]和气溶胶颗粒物[21]来模拟飞沫或飞沫核。此外，Ueki[22]采用 SARS-CoV-2 活病毒比较了不佩戴口罩、佩戴外科口罩和佩戴 N95 口罩时易感者的吸入暴露几率。吸入暴露指数表示为 C_{inh}/C，其中 C_{inh} 为易感者吸入的污染物浓度，C 为污染源释放的污染物浓度。

将人与人之间飞沫传播的研究划分为三个仿生水平，即微观介质仿生水平（即能够比较准确地模拟飞沫核和病毒）、人类微环境仿生水平（即能够模拟人体热羽流和呼吸气流）和室内气流组织仿生水平。

图 8-3 中亦体现了先前研究在仿生学水平方面的比较。由于不同的研究中人际间的相互作用、通风方式、环境条件、呼出飞沫粒径和示踪方式都有所不同，因此已有研究中的数据存在不同程度的差异。但通过对数据进行统计分析对比，总体趋势表明其吸入暴露量随人际距离的增加而减小。当两个人距离较近（距离＜1m）时，总体方差较大，此时人体微环境之间的相互作用是影响易感者吸入暴露的主导因素。而当两个人距离大于 1m 时，吸入暴露的总体方差较小，此时室内气流组织形式是影响吸入暴露的主导因素。

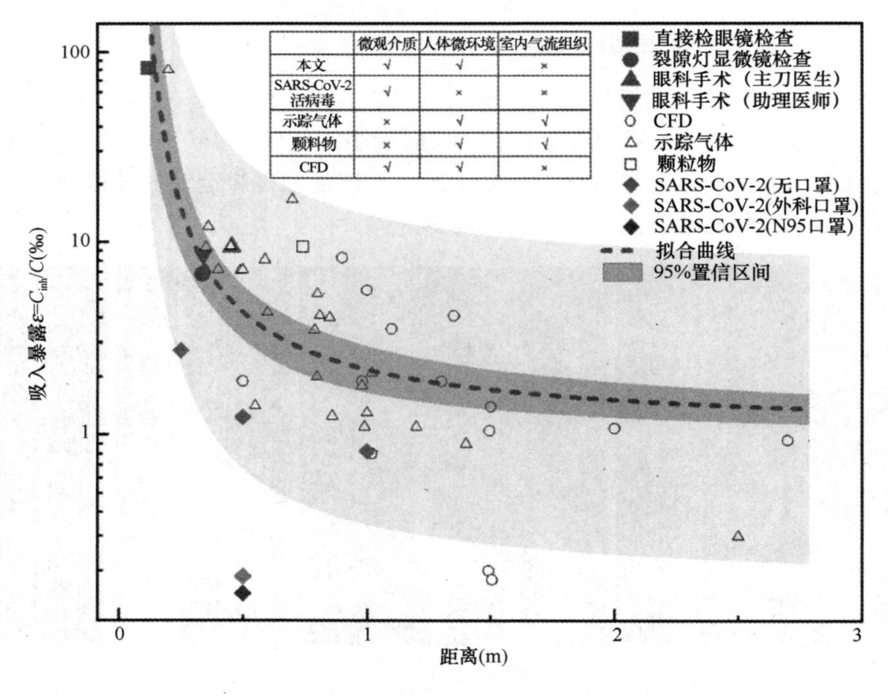

	微观介质	人体微环境	室内气流组织
本文	√	√	×
SARS-CoV-2 活病毒	√	×	×
示踪气体	×	√	√
颗料物	×	√	√
CFD	√	√	×

图 8-3　眼科诊疗过程吸入暴露与已有研究对比 *

结果表明，直接检眼镜检查时，眼科医生与患者嘴部的距离仅为 0.12m，而正常人际间交互距离为 1.0m，因此眼科医生的吸入暴露约为正常人际间交互时吸入暴露的 95 倍之多，比以往研究中（距离＞0.2m）的吸入暴露都要大。裂隙灯显微镜检查时，医患之间的距离也较近（约为0.34m），由于裂隙灯显微镜的阻挡作用，眼科医生的吸入暴露大致与先前研究中人际交互距离（约为0.6m）时相当[15,23]。在眼科手术场景中，眼科医生与患者的距离约为0.35～0.45m，眼科医生的吸入暴露量略高于裂隙灯显微镜检查场景。如前所述，在进行眼科手术时，手术显微镜的目镜与患者眼睛之间的距离是恒定的，因此眼科医生和患者之间的微环境不受医生的姿势（即坐姿或站姿）的影响。

将各个眼科诊疗场景患者释放的飞沫总量记为10000个，用眼科医生吸入或沉降在皮肤及物品表面的飞沫或飞沫核数量来量化各个途径的暴露风险，三个诊疗场景中眼科医生在不同途径的暴露量如图8-4所示。结果显示，眼科医生在执行直接检眼镜检查时吸入暴露风险最大，医生吸入的飞沫核数量分别是裂隙灯显微镜检查时眼科医生吸入的飞沫核数量的12.1倍，眼部手术时主刀医生吸入暴露风险的8.8倍，眼部手术时助理医师吸入暴露风险的9.7倍。眼科诊疗过程中黏膜暴露风险同样是直接检眼镜检查时最大，为裂隙灯检查时医生黏膜沉积暴露量的5.5倍，眼科手术时助理医生黏膜沉积暴露量的6.3倍（眼部手术时主刀医生没有发生黏膜暴露）。

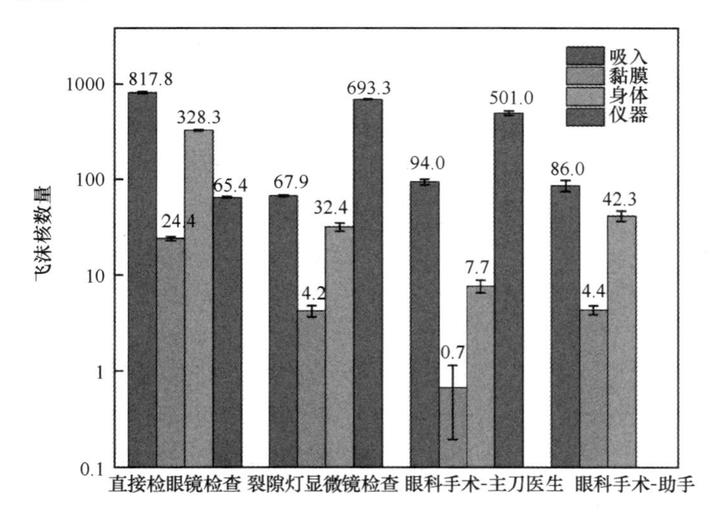

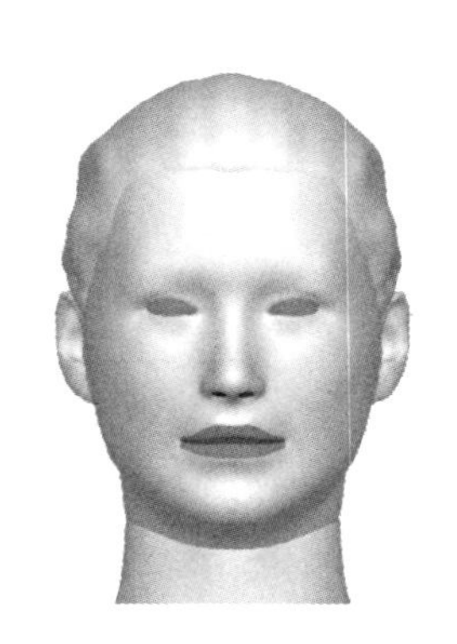

图8-4 典型诊疗场景下眼科医生的暴露量

通过上面数据分析，可以得出结论：在进行直接检眼镜检查过程中，眼科医生的吸入暴露和黏膜暴露较其他两个诊疗过程大得多，主要原因在于在该项目的检查过程中由于检眼镜的操作要求，医生和患者的面部距离较近，仅为0.12m。由于手持式检眼镜体积较小，约为0.15m×0.05m，故沉降在检眼镜上的飞沫或飞沫核数量相对较少。裂隙灯显微镜检查时医生的吸入暴露量和接触暴露量略高于眼科手术医护人员的吸入暴露量和接触暴露量，但裂隙灯显微镜上沉降的飞沫数量却是三种眼科诊疗过程中最大的，并且患者皮肤需要和仪器密切接触，会使得沉降在仪器的飞沫或飞沫核导致的间接暴露风险大大增加。

（2）患者呼吸和咳嗽时的暴露比较

由于裂隙灯显微镜检查是眼科诊室最常见的检查项目，故以该场景为例，来比较患者分别在呼吸和咳嗽释放的飞沫对眼科医生的暴露风险。患者单次咳嗽持续0.6s，随后进行相位差为π的正常呼吸。咳嗽呼出飞沫的初始粒径为50μm，呼吸呼出飞沫的初始粒径为10μm。图8-5显示了在患者呼吸和咳嗽时的单个周期内，眼科医生与患者间的局部微环境流场的差异，图8-6显示了这两种呼吸活动在不同途径下暴露量的对比。

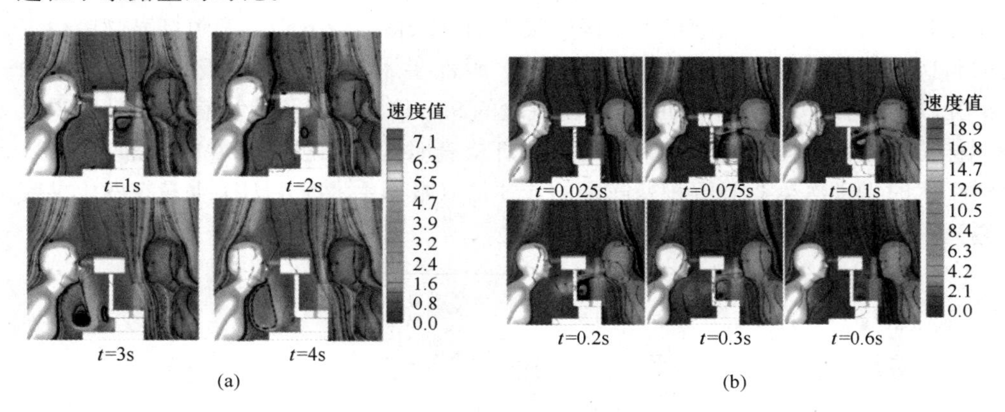

图8-5 单个呼吸和咳嗽周期微环境流场随时间的变化*

（a）单次呼吸；（b）单次咳嗽

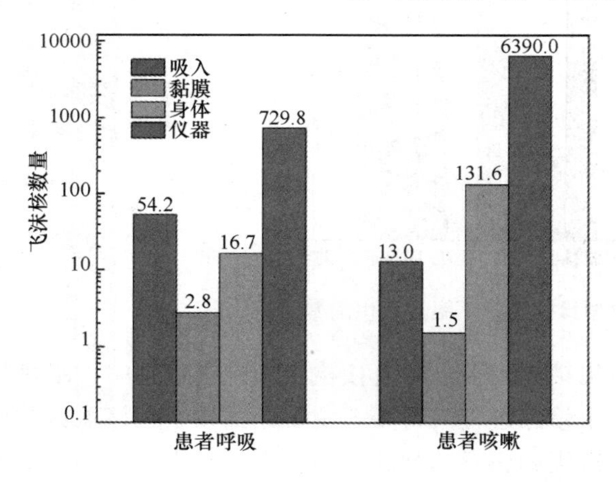

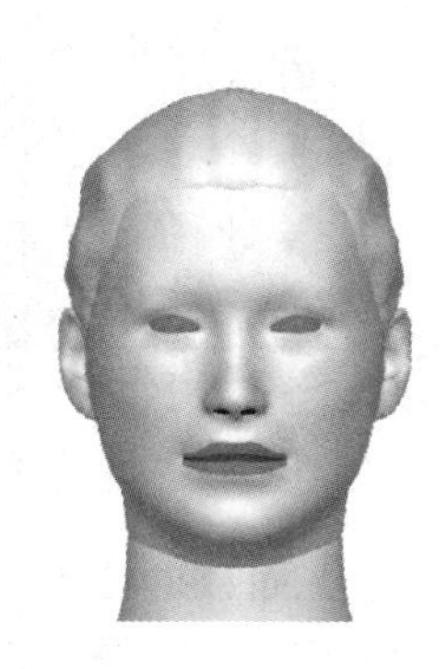

图8-6 患者呼吸与咳嗽时暴露量对比*

咳嗽时，从嘴部呼出气流的最高速度可达20m/s。计算结果表明，在患者通过呼吸和咳嗽均呼出10000个飞沫时，眼科医生吸入飞沫的个数分别是54.2和13。

但是，咳嗽时释放的飞沫数量是呼吸时的 30 倍，所以当面对患者咳嗽时眼科医生的吸入暴露量约为呼吸时吸入暴露的 7.6 倍。由于咳嗽呼出的飞沫粒径比呼吸过程大得多，导致咳嗽飞沫的斯托克斯数较大，动量大且受重力影响较大，因此，咳嗽呼出的飞沫的随流性较差。此外，裂隙灯显微镜在眼科医生和病人之间起到了遮挡的作用，因此大部分高动量大粒径的飞沫沉降在裂隙灯显微镜的表面。

（3）相对湿度对暴露的影响

许多研究表明，室内环境的相对湿度的高低对飞沫的蒸发时间有显著影响[16, 24]。比如，在较高的相对湿度的环境中，咳嗽呼出的初始粒径较大的飞沫（≥30μm），蒸发过程显著延迟，原因是飞沫表面液体传质主要是靠水蒸气的分压力驱动，而潮湿的空气吸收水蒸气的潜力较低。利用裂隙灯显微镜检查场景来研究患者咳嗽呼出的 50μm 飞沫的蒸发和分布，以及对眼科医生暴露情况的影响。患者在咳嗽呼出飞沫后，进行与医生呼吸相位差为 π 的呼吸活动。

不同相对湿度水平下呼出飞沫在不同时刻的大小及空间分布如图 8-7 所示，不同相对湿度水平下咳嗽呼出 50μm 的飞沫蒸发速率对比如图 8-8 所示。结果表明，随着相对湿度的增大，飞沫蒸发时间显著延迟。当相对湿度分别为 40％和 70％时，飞沫可以在 10.2s 内蒸发成飞沫核，而当相对湿度为 95 ％时，咳嗽飞沫在释放后 32s 仍未完全蒸发。

统计分析了不同相对湿度下眼科医生的在各种途径下的暴露风险，其结果如

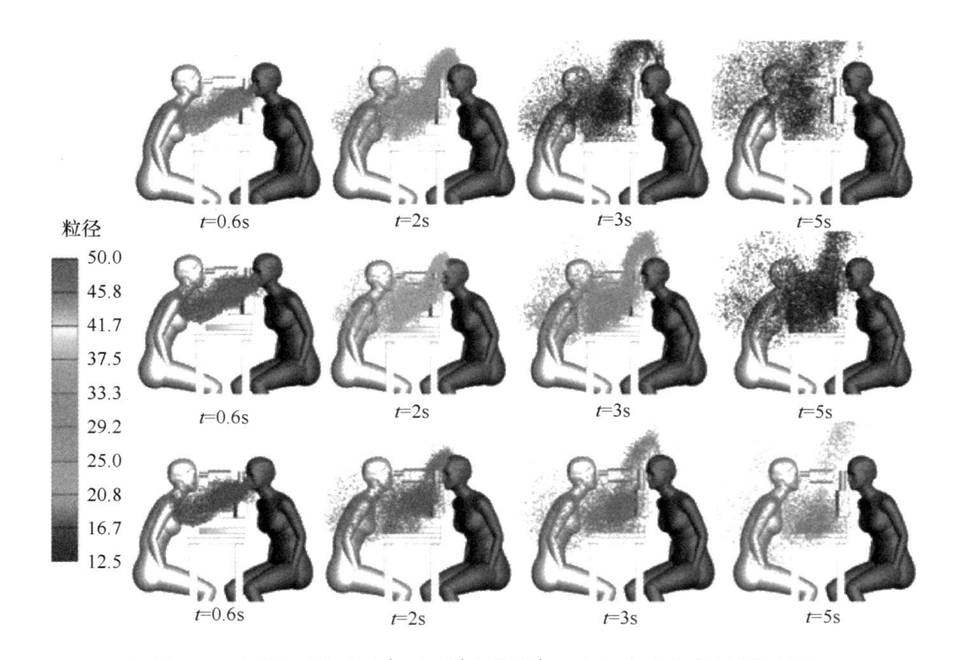

图 8-7 相对湿度为 40％、70％和 95％时飞沫粒径分布云图对比 *

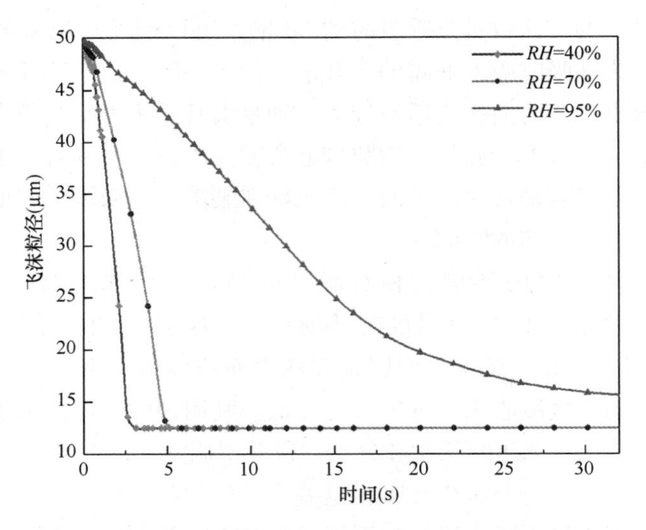

图 8-8 相对湿度为 40%、70%和 95%时飞沫蒸发速率对比

图 8-9所示。随着相对湿度的增加，眼科医生的吸入暴露量减少，而检查仪器上沉降的飞沫数量增加。这表明，当相对湿度较高时，裂隙灯显微镜必须定期消毒。当相对湿度为 70%时，眼科医生的黏膜沉降和间接暴露最低。总之，在较高相对湿度的环境中，直接暴露风险较小，而间接暴露风险较大。

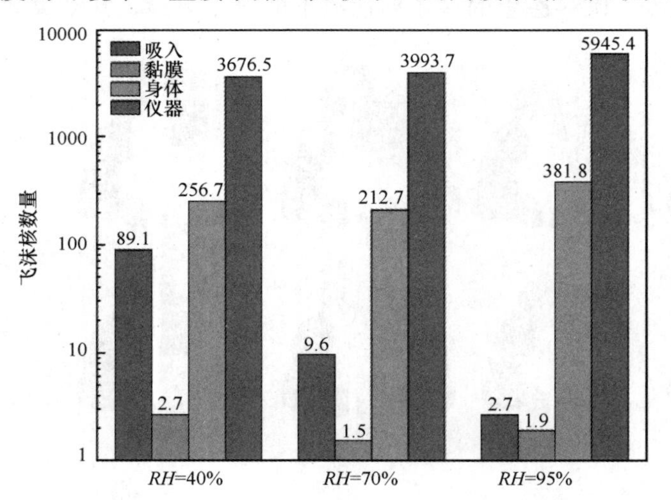

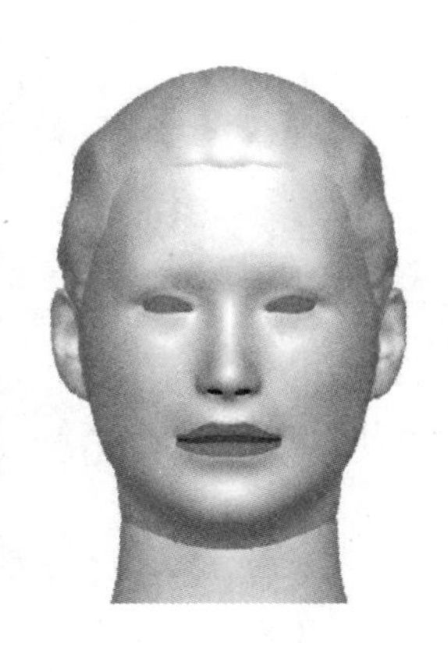

图 8-9 相对湿度为 40%、70%和 95%时医生暴露风险对比 *

（4）飞沫初始粒径对暴露的影响

众多研究表明，重力在飞沫扩散运动过程中起着关键作用[23, 25-28]。在裂隙灯显微镜检查的条件下，研究了患者咳嗽呼出的初始粒径分别为 50μm、70μm 和

100 μm 的飞沫运动扩散对眼科医生暴露风险的影响。对计算结果进行统计分析，得到在不同时刻不同粒径飞沫的分布云图如图 8-10 所示，而对眼科医生不同途径的暴露量统计如图 8-11 所示。

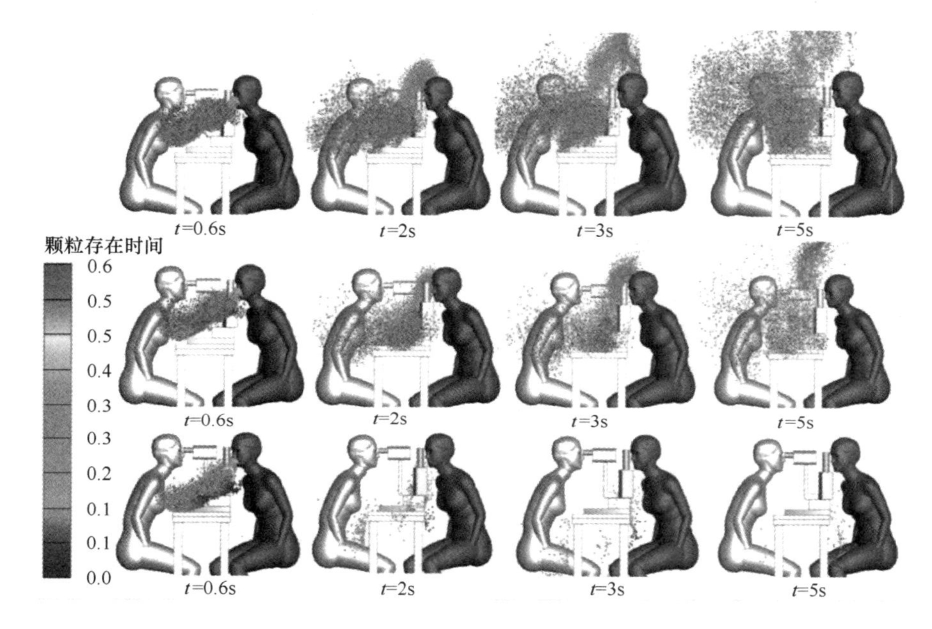

图 8-10 初始粒径为 50 μm、70 μm 和 100 μm 在不同时刻飞沫分布云图对比 *

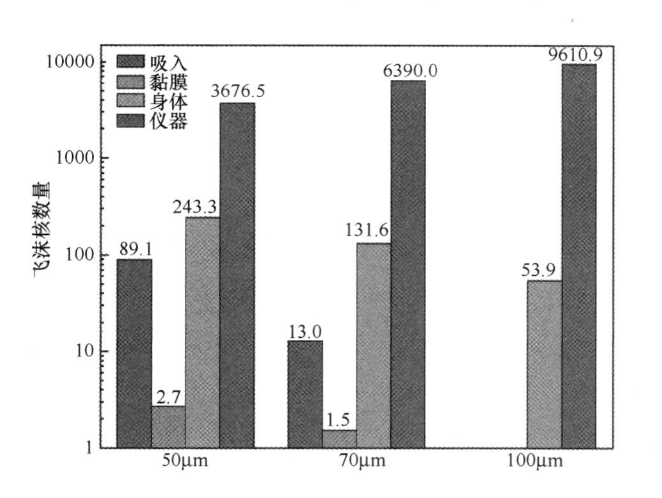

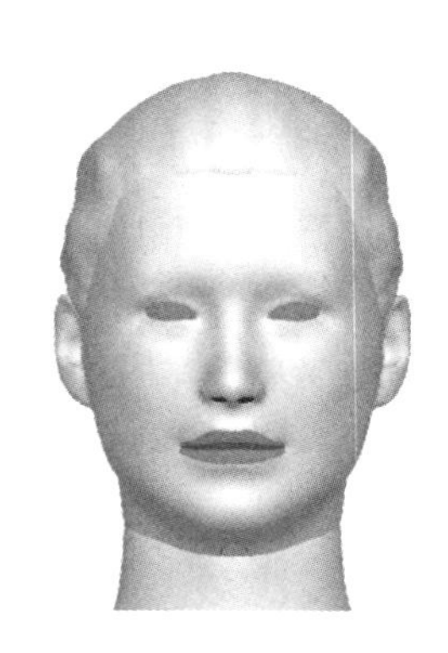

图 8-11 初始粒径为 50 μm、70 μm 和 100 μm 时暴露风险对比 *

结果显示，随着咳嗽呼出飞沫初始粒径的增大，眼科医生的吸入暴露、黏膜暴露及沉降在身体上的飞沫数量减少。然而，飞沫粒径的增大会导致沉降在裂隙灯显微镜及桌面上的飞沫数量大幅增加，这表明这些仪器必须定期消毒。例如 100 μm

的大飞沫被呼出后在重力的作用下迅速沉降，使得眼科医生没有吸入飞沫或飞沫核，但却会大量沉降在裂隙灯显微镜或桌面上。总之，随着飞沫初始粒径的增大，眼科医生的直接暴露减小而间接暴露风险增大。

（5）讨论

最新的研究表明，那些无症状或轻微症状的感染者与症状严重甚至需要住院治疗的患者具有相同的传播能力，此外，超过 1/3 的高病毒载量的感染者表现出无症状或症状很轻微[29]。病毒传播途径除飞沫的短时间吸入暴露、黏膜沉降和间接接触[30]外，其他传播途径也有大量证据支持，如粪口传播[31]、结膜传播[32]、血液传播[33]和性传播[34]等。所以，新型冠状病毒传播途径很多，常见的可通过呼吸道、结膜、鼻黏膜等黏膜表面组织进入宿主体内。另外，目前诸多研究还找到了新型冠状病毒通过眼部途径传播的直接和间接证据，如 SARS-CoV-2 感染者的泪液或结膜分泌物中可检测到病毒的 RNA[32, 33, 35-37]。此外，实验表明佩戴护目镜可以有效预防 SARS-CoV-2 感染，特别是在高传播风险的情况下[38]。一些研究表明，新冠肺炎患者停留过的眼科检查室的环境表面检测出了 SARS-CoV-2 病毒[39]。其他研究也已证实，该病毒可以在干燥的表面存活数日[40, 41]。然而，实时聚合酶链式反应只能检测病毒物质，不能检测这些病毒样本所具备的传染性。与其他科室的医务工作者相比，眼科医生感染新冠肺炎的风险相对较高。中国眼科医学会和美国眼科学会等专业组织强调，在疫情期间，眼科医生在对患者进行检查治疗时必须佩戴护目镜[19, 42]，同时临床实践过程中需要使用有效的防护设备和遵循防疫程序[43]。综上所述，眼科医生必须在工作时保护自己免受 SARS-CoV-2 感染，量化眼科医生在实践过程中面临 SARS-CoV-2 的暴露风险，将有助于眼科医生进行精准、适度的个人防护。

计算结果显示，在三种典型的眼科检查和治疗过程中，眼科医生存在不同程度的吸入暴露、黏膜暴露以及由于沉降在其身体和检查仪器表面的飞沫而导致的间接暴露。这些途径的暴露可能导致眼科医生感染新冠病毒，甚至导致眼科诊室内的医患的交叉感染，从而加快疫情传播的速度。因此，眼科的医务工作者在进行直接检眼镜检查、裂隙灯显微检查或眼科手术时，必须采取有效的个人防护措施，防止感染病毒。然而，由于眼科医务工作者常常需进行长时间的工作[44]、防护设备的缺乏以及缺少对工作中所面临暴露风险的认知[45]，对于疫情防控的标准措施的服从意愿也会降低[42, 46]。

SARS-CoV-2 的主要传播途径是致病飞沫侵入人体呼吸系统，而佩戴外科口罩或 N95 口罩可显著降低吸入飞沫的几率从而减少感染新冠病毒的风险[29, 47, 48]。此外，美国眼科学会推荐使用裂隙灯显微镜屏障或呼吸防护屏作为裂隙灯显微镜检查时的额外防护措施。然而，使用这些防护屏障并不能完全阻挡飞沫进入眼科医生的接触范围[49]。因此，还必须穿戴防护服，佩戴一次性手套[47]、护目镜或面罩[50]以及防护帽，以防止沉降在人体皮肤或衣服表面的病原体造成的间接暴露。

如果眼科医生在眼科检查和治疗期间采取充分的预防措施，如佩戴口罩、防护帽、手套及穿防护服等，可有效降低吸入暴露和间接接触暴露风险。但计算结果表明，在眼科手术过程中，助理医师裸露的眼部和面部皮肤也存在黏膜沉降造成的暴露风险，所以在手术过程中也应当佩戴护目镜或防护面罩，从而防止病菌侵入眼部黏膜造成感染。此外，在各项眼科诊疗过程中，所使用的检查治疗仪器表面沉降了数量较多的含有病菌的飞沫或飞沫核，所以在使用前后应当对仪器表面进行及时而充分的消毒措施，以确保不会发生间接传播。

除了上述建议外，眼科诊室内还可通过增设空气净化装置、增大换气次数和采用负压的设计[47, 48]来减少空气中悬浮的飞沫核造成的暴露。此外，眼科医生在许多眼科检查或治疗时，双眼需紧贴光学显微镜的目镜，在这种情况下若佩戴常规的护目镜或防护面罩等个人防护用品，则可能会造成对患者的诊断准确性的降低，在眼部手术过程中甚至可能发生医疗事故。所以应当呼吁医疗器械研究机构为眼科医务工作者研发新型的眼部及面部防护用品，确保眼科医生在保护自身不被感染的前提下能够为患者提供准确优质的诊疗服务。但任何新的防护产品都必须经过充分验证，以确保其能够有效减少眼科医生的暴露风险。此外，眼科医生正常的社会交往，如乘坐公共交通工具中和家庭中的人员接触，也可能对医务人员造成新型冠状病毒感染的风险[51, 52]，因此眼科医生在公共场所或家中在必要时应当使用个人防护装备。

8.1.2 考虑人体微环境和通风气流的实验测量

室内环境中易感者吸入呼出的飞沫核受到各种气流复杂相互作用的影响，包括呼吸气流、人体热羽流和通风气流[19, 20, 53-55]。基于气溶胶动力学（实验测量和CFD）[56]的早期研究考虑了通风系统类型、距离、通过鼻子和嘴巴的呼吸模式[19]。此外人体呼吸气流会对置换通风中流场、污染物分布和个人暴露产生影响，身体运动也会产生影响。人际距离决定了主导气流。对于近距离相互作用，包括呼吸气流和人体热羽流在内的人类微环境在确定吸入风险方面起着关键作用。

本节探索了面对面的站立感染者和易感者之间呼出的飞沫核的动力学特性以及粒径分布的影响。病毒传播整个过程受呼吸气流、人体热羽流和通风气流的复杂相互作用控制，进而提高了呼吸区气流的扰动和人际接触的动态过程对易感者的暴露风险。研究采用了置换通风的方式，在地板上引入低动量的冷空气流，以置换受污染的空气，从而产生稳定的分层，不破坏呼吸气流、人体热羽流和通风气流相互作用的动态过程。实验在带有置换通风系统的洁净测试室中进行，气溶胶生成和测量装置与呼吸暖体假人（BTM）相结合，使实验能够监测飞沫核的近距离空气传播。结果表明，飞沫核大小在呼吸道病毒的近距离空气传播中起着重要作用。

实验在西安建筑科技大学西部绿色建筑国家重点实验室的全尺寸通风房间进行，尺寸为5.0m(L)×3.5m(W)×2.5m(H)。该房间洁净度等级符合ISO 14644-1 Class 5标准，置换/混合通风以0.5～20次/h的换气次数进行。送风口和排风口尺寸：0.48m×0.48m，每侧配备高效过滤器（过滤效率>99.95%）。置换通风方式（$Ar=45.01\times10^3$）通过智能控制确保送风温度为（18±0.5)℃，风量在100.5m³/h，换气次数为2.3次/h。工作区域的气流速度<0.2m/s，满足热舒适性要求。

呼吸暖体假人（参数见表8-1）被分为感染者和易感者，如图8-12所示。呼吸暖体假人是根据欧洲女性的平均体型设计的，其身高为1.70m，体表面积（BSA）为1.44m²。为了精确模拟人的热羽流，以反映人体几何形状的影响和室内空气污染物的扩散，使用了真人大小的人体模型。内腔被铝制外壳包围，铝制外壳具有均匀分布的加热丝，该加热丝连接至功率调节器，从而可以调节体温。呼吸暖体假人的嘴部面积约为120mm²的半椭圆形开口，鼻孔由直径为12mm的两个圆柱形铜管组成。两个呼吸暖体假人在实验前以功率78.4W加热12h。在大多数情况下，面对面站立会导致最高的感染风险。因此，本研究场景确定为将两个呼吸暖体假人面对面放置，测得鼻间距为0.5m。

考虑到感染者呼出的气流可以很容易地循环到易感者的呼吸区域，使用振动孔式气溶胶发生器（VOAG3450）以10 L/min的流量产生1.0μm、1.5μm、2.5μm、5.0μm的单分散的NaCl颗粒，以模拟由感染者呼出的飞沫核。感染者呼出的空气加热到（32±1)℃。这项研究使用人工肺来模拟女性的周期性呼吸周期，正常呼吸流量设置为8.36L/min，对应的速度探头测得的呼气流速为2.14m/s，频率为15min^{-1}。空气动力学颗粒径谱仪（APS 3321，粒径范围：0.5～20μm，采样流量为5L/min流量）连接到易感者的鼻子，采样间隔为1s。使用TSI 4143型质量流量计检测通过感染者和易感者的空气流量。设备布局和仪器如图8-12和表8-2所示。

假人参数 **表8-1**

参数	感染者	易感者
加热功率（W）	78.4	78.4
呼吸方式	嘴呼气	鼻呼吸
呼吸频率（min^{-1}）	—	15
呼吸气流流量（L/min）	10	8.36
新陈代谢率（MET）	1.2	1.2

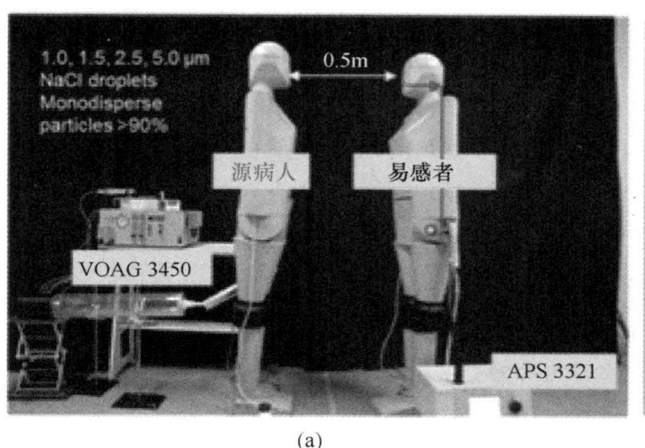

(a)

(b)

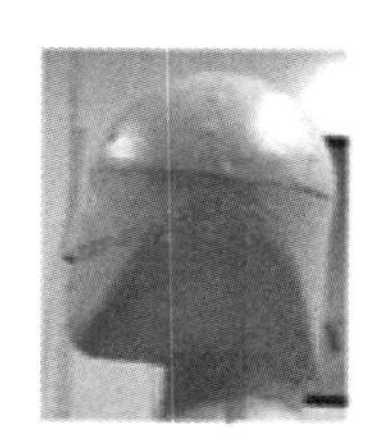

(c)

图 8-12 呼吸暖体假人

(a) 实验仪器的布局图；(b) 在假人体内鼻管道布置；(c) 假人头部的呼吸管道布置

仪器和规格清单表 **表 8-2**

仪器	型号	范围	误差
振动式气溶胶发生器	TSI 3450	产生 1～200μm 单分散颗粒物	GSD1<1.2
空气动力学粒径谱仪	TSI 3321	0.5～20μm，32 通道，1000pt/cm³	10%
流量计	TSI 4143	0.01～20L/min	± 2%
数据采集系统	KEYSIGHT 34970A	—	—
热电偶	Type K	温度范围：0～50℃	±0.1℃
ComfortSense 主机	Dantec 54N90	—	—
速度探头	Dantec 54T33	0.05～5m/s	0～1m/s：±2% 1～5m/s：±5%

VOAG 3450 产生直径为 1.0μm、1.5μm、2.5μm 和 5.0μm 的单分散颗粒。该仪器产生 43μm NaCl 液滴，并通过稀释空气蒸发溶剂。流量为 8.3cm³/h，稀释空气流量为 10L/min。

通过四个步骤以确定吸入数量：

（1）确定通风房间中颗粒的背景浓度。

（2）测量易感者内部颗粒的背景浓度。

（3）在实验开始时，VOAG 3450 自感染者口中稳定释放单分散颗粒，测量感染者释放的颗粒物数量浓度。

（4）测量易感者吸入管中的单分散颗粒浓度。

研究使用的吸入比（*IF*）是基于飞沫核的数量浓度，可反映易感者的暴露水平并考虑飞沫核粒径分布的特征，这与摄入分数不同。*IF* 定义为可通过吸入进入易感呼吸道的飞沫核的比率，如公式（8-1）所示：

$$IF = \frac{C_{\text{susceptible}}}{C_{\text{source}}} \tag{8-1}$$

式中，C_{source}是感染者释放的数量浓度，而$C_{susceptible}$是易感者吸入的数量浓度。

在颗粒物扩散过程的一些 CFD 模拟中，使用拉格朗日模型的研究认为，当结果与颗粒物数量的增加无关时，可以获得统计可靠性。例如 Pascal 和 Oesterle[57]，他们比较了在简单剪切流中释放 1×10^4、2×10^4和 4×10^4数量的颗粒物对结果的影响，得出当颗粒物数量超过 2×10^4时，结果与颗粒物数量无关，也就意味着释放颗粒物数量超过 2×10^4 就足够了。本实验中 1h 内释放的 1.0μm、1.5μm、2.5μm、5.0μm 颗粒总数分别为 1.27×10^5、2.46×10^5、5.47×10^5、3.0×10^5，远大于 2×10^4。因此，*IF* 结果与颗粒物数量的增加无关。

由于释放的模型来源不同，我们在感染者释放和易感者吸入数量浓度之间进行了无量纲的比较，以便比较相对感染风险，即吸入比（*IF*）。

（1）不同粒径分布的吸入比

生物气溶胶实验间接评估了 *IF*。Xu 用大肠杆菌评估了不同人际间距下咳嗽飞沫的近距离空气传播吸入[58]。感染者释放大肠杆菌 0.225×10^6 cfu（菌落形成单位），而易感者则吸入 54cfu（0.5m）、25cfu（0.8m）和 26cfu（1.2m）。使用公式（8-1）可以将相应的 *IF* 计算为 0.024%（0.5m）、0.011%（0.8m）和 0.024%（1.2m）。

Ueki[22]研究了 SARS-CoV-2 飞沫/气溶胶在面对面放置的感染者和易感者之间的空气传播。Ueki 的生物气溶胶实验开发了一种空气传播模拟器，模拟人类呼吸和咳嗽产生的含有传染性 SARS-CoV-2 的飞沫/气溶胶，并评估了传染性飞沫/气溶胶的传播能力。在 BSL 3 生物实验室中建造了一个用于空气传播实验的测试室，两个人体模型头部面对面放置。一个人体模型的头部连接到一个定制的发生器，并通过它的嘴呼出携带病毒的飞沫，以模仿感染者。另一个人体模型的头部通过病毒颗粒收集装置连接到人工呼吸机。空气传播模拟器类似于本研究中的振动孔式气溶胶发生器（VOAG 3450）。VOAG 产生单分散的 NaCl 颗粒来模拟飞沫核传播。Ueki 将两个人体模型头面对面放置，该研究采用了两个与人工肺相连的面对面站立的呼吸暖体假人。呼出飞沫尺寸为(5.5 ± 0.2)μm。感染者释放 5×10^5 pfu（空斑形成单位），而所述易感者在人际间距为 0.25m、0.5m、1.0m 分别吸入 1.072×10^3、0.316×10^3 和 0.199×10^3pfu，所述 *IF* 分别计算为 0.187%、0.063%和 0.040%。这两种生物气溶胶实验的结果进行比较，计算出的 *IF* 结果在同一个数量级。虽然 Ueki 的 *IF* 小于 Xu 的，这可能是由于测试空间大小的差异，因为吸入比和暴露风险会随着房间尺寸的减小而增加。

1.0～5.0μm 之间的颗粒物可以代表携带流感或 SARS-CoV-2 病毒的呼出飞沫核，携带颗粒物的射流也类似于呼吸气流。在该研究的每个粒径实验中，颗粒物以相同的流速从模拟感染者的呼吸暖体假人嘴中释放出来。它们具有相同的气流速度和初始流动状态。进入室内环境后，随着呼吸气流向模拟易感者的呼吸暖体假人移动。实验舱中存在不均匀的浓度分布，易感者吸入的飞沫核数量也会瞬时发生变化。在传播过程中，由于颗粒大小不同，运动轨迹逐渐变化，穿透易感者的人体热羽流到达呼吸区的颗粒量也不同，导致吸入比不同。在易感者呼吸区附近，呼出气流速度衰减到房间背景空气速度，粒径是影响易感者附近颗粒物传播的重要因素。

到目前为止，主要关注点为飞沫/飞沫核的粒径分布如何影响近距离空气传播。在此过程中，吸入一定数量的空气传播的病原体会引起感染。在实验中，感染者释放颗粒，而易感者吸入了 1h。图 8-13 是基于感染者呼出飞沫的数量浓度来计算。感染者与易感者人际间距为 0.5m 时 1.0μm、1.5μm、2.5μm 和 5.0μm 计算的 *IF* 范围分别是为 3.34%±1.48%、2.06%±0.60%、1.62%±0.27%、1.85%±1.07%。1.0μm 和 5.0μm 的结果范围较大，2.5μm 结果比较集中。当按 *IF* 排序时，就感染潜力而言，1.0μm>1.5μm>5.0μm>2.5μm。所以 *IF* 在 2.5μm 的结果是接近 5.0μm，而 1.0μm 的 *IF* 结果是 2.5μm 的两倍。较大的颗粒在传播过程中比小颗粒更容易从呼吸气流中脱离，这意味着它们不太可能被易感者吸入。此外，较大的颗粒更容易沉积在易感者的呼吸管中，导致吸入数量减少，对于较小的颗粒，情况正好相反。因此，小颗粒导致高的吸入比。感染者与易感者之间的距离

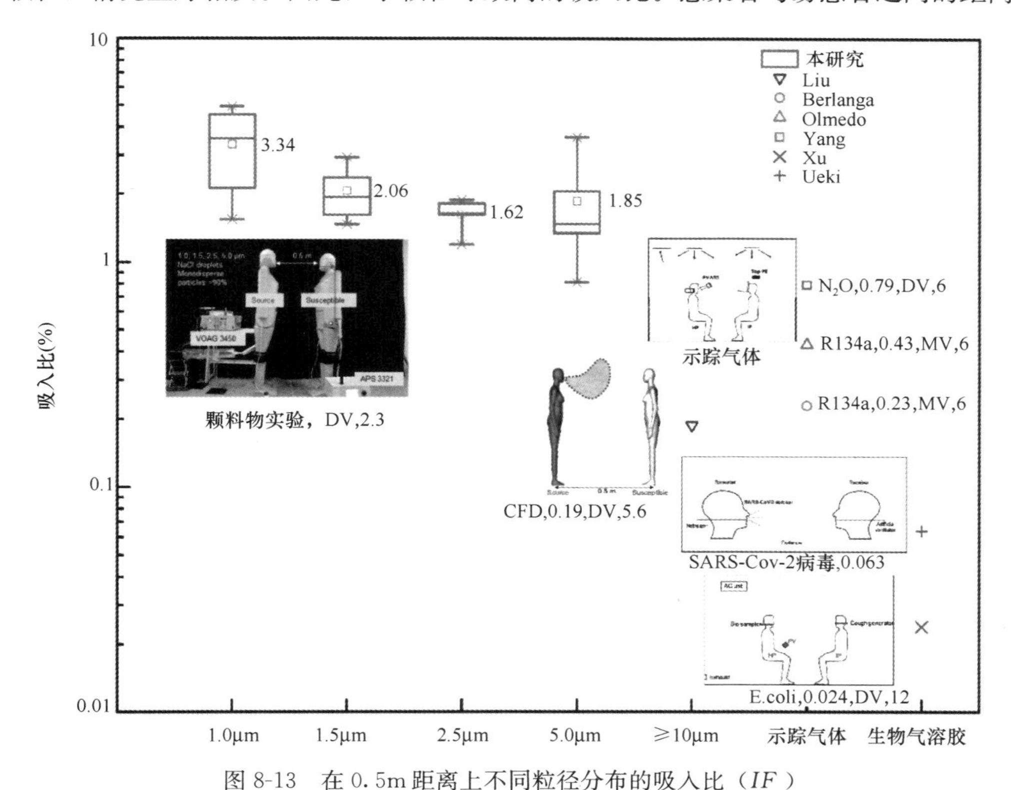

图 8-13 在 0.5m 距离上不同粒径分布的吸入比（*IF*）

1. 研究的 CFD 模拟[16]、示踪气体[21, 59, 60]、颗粒[61]、生物气溶胶实验[22, 58]与笔者的实验结果比较；
2. 图中列出了每种方法的示意图、*IF* 结果、通风策略和换气次数。

为0.5m，属于近距离空气传播或直接接触途径。这些发现符合公认的规律，即粒径越小，吸入越容易，因此暴露的风险越大。

从图8-13可以得到，示踪气体（N_2O、R314a）换气次数为6次/h时，*IF*结果在0.23%～0.79%之间变化，CFD为5.6次/h时，*IF*为0.19%，它们具有相同的量级。然而，当大肠杆菌实验的换气率为12次/h时，*IF*结果为0.024%，接近示踪气体和CFD结果的3%～12.8%。置换通风颗粒物实验的*IF*结果为2.3次/h时为1.62%～3.34%，3.5次/h时为1.74%～4.93%。所有结果表明，在置换通风下，随着换气次数的增加，*IF*减小。

示踪气体（例如，CO_2[62]，N_2O[59]，SF_6和R314a[21, 60]）已广泛用于模拟呼出的飞沫\飞沫核的扩散。但是，大多数示踪气体测量仪器（包括广泛使用的声光气体监测仪）的采样时间为10～60s，比平均吸气或呼气时间（1s）长得多。示踪气体测量仪器的采样时间不适合捕捉个体呼吸活动中飞沫核释放和吸入过程的详细演变。吸入暴露是动态的、周期性的、短暂的和瞬时的，这可能导致结果不准确，因为低分辨率的采样会妨碍对颗粒浓度快速变化的灵敏检测。释放到室内环境中飞沫核的数量分布不均匀，易感者吸入的飞沫核数量也在瞬间发生变化。因此，为了获得这些瞬时变化，采样间隔需要更小，以反映呼吸活动的变化。本书使用了气溶胶发生装置，并使用测量仪器和呼吸暖体假人来量化在洁净的实验舱中呼吸气流和人体热羽流之间的相互作用对暴露风险的影响。可产生周期性呼吸活动的呼吸暖体假人、飞沫核测量仪器的采样间隔可设置为1s，可以获得飞沫核吸入的瞬时变化。当飞沫核的大小分布不同时，它们的形态、所受的物理力也不同，飞沫核携带的病毒载量也不同。为了更好地模拟这一过程，与使用示踪气体相比，颗粒物实验可以获得更准确的结果。

对于颗粒和生物气溶胶实验，已经开发出可以更精确地呼出飞沫核的气溶胶发生和测量仪器。但是，这些仪器通常单独使用，而不是与呼吸暖体假人一起使用。生物气溶胶实验必须在高生物安全水平的设施中进行。通常情况下，在实验室中很难使用SARS-CoV-2。如果使用其他细菌，则必须考虑其异质性，结果可能不如颗粒物实验。

（2）不同人际间距的吸入比

易感者吸入的飞沫核数量和*IF*与感染者与易感者之间的距离成反比。结果表明，对于近距离空气传播，人际距离的增加会降低暴露的风险。当呼气射流扩散角较窄时，被动示踪气体衰减遵循$1/d$规则，其中d是人际距离。但是，当射流扩散角较宽时，将改用$1/d^2$规则[63]。

图8-14描述了表8-3中所述研究的*IF*结果，列举了近距离空气传播过程中CFD模拟、示踪气体、颗粒和生物气溶胶实验的边界条件和结果。如图8-14所示，*IF*随着人际间距的增加而减小，如虚线所示，并且*IF*遵循$1/d$规则衰减。该图

可大致分为四个区域：在全尺寸房间中使用计算机人体模型（CTM）进行CFD模拟、在全尺寸房间中使用假人进行示踪气体实验、在洁净室中使用假人进行颗粒物实验、在BSL 3设施中进行生物气溶胶实验。He[6]和Li[62]使用CFD模拟研究人际间距为2m时的*IF*，其结果基本一致，得到人际距离为2m的IF低于距离为0.5m或1.0m时所对应的*IF*。Berlnaga[13]、Olmedo[21]和Yang[59]使用了示踪气体，他们计算出相同数量级的*IF*。Xu[58]和Ueki[22]使用了生物气溶胶得出相应的*IF*的下降，*IF*结果在0.011%～0.187%的平均范围内变化。

不同文献吸入比结果对比 **表8-3**

文献	IF(%)		距离(m)	采样/模拟时间	呼吸活动	姿势	实验舱尺寸(m)	通风	ACH	方法
He (2011)[6]	示踪气体	0.0081	>2	—	嘴呼吸	坐姿面-背	4.8×5.4×2.6	DV	4.3	CFD
	0.8μm	0.0045								
	5.0μm	0.0101								
	16μm	0.0041								
Li (2013)[62]	CO_2	0.0085	2	—	鼻呼吸	坐姿	4.0×2.4×3.0	DV	7.6	CFD
	1.0μm	0.0085								
	5.0μm	0.0096								
	10μm	0.032								
Yang (2015)[59]	N_2O	0.79	0.6	30min	鼻呼吸	坐姿	6.6×4.2×2.7	DV	6	实验
Liu (2014)[61]	0.77μm	4.93	1.1	—	咳嗽	站姿	2.4×2.4×1.5	DV	3.5	实验
	2.5μm	3.68								
	7.0μm	1.74								
Liu (2017)[16]	100μm	0.1875	0.5	200s	正常呼吸	站姿	4.2×3.2×2.7	DV	5.6	CFD
Berlanga (2018)[60]	R134a	0.23	<0.5	360min	鼻呼吸	站姿	4.5×3.3×2.8	DV	6	实验
Olmedo (2019)[21]	R134a	0.43	<0.5	120min	鼻呼吸	站姿	4.5×3.3×2.8	MV	6	实验
Xu (2021)[58]	Escherichia coli	0.024	0.5	100s	咳嗽	坐姿	4.0×2.6×2.3	DV	12	实验
		0.011	0.8							
		0.012	1.2							
Ueki (2021)[22]	SARS-CoV-2	0.187	0.25	20min	咳嗽	站姿	1.2×0.4×0.5	—	—	实验
		0.063	0.5							
		0.040	1.0							

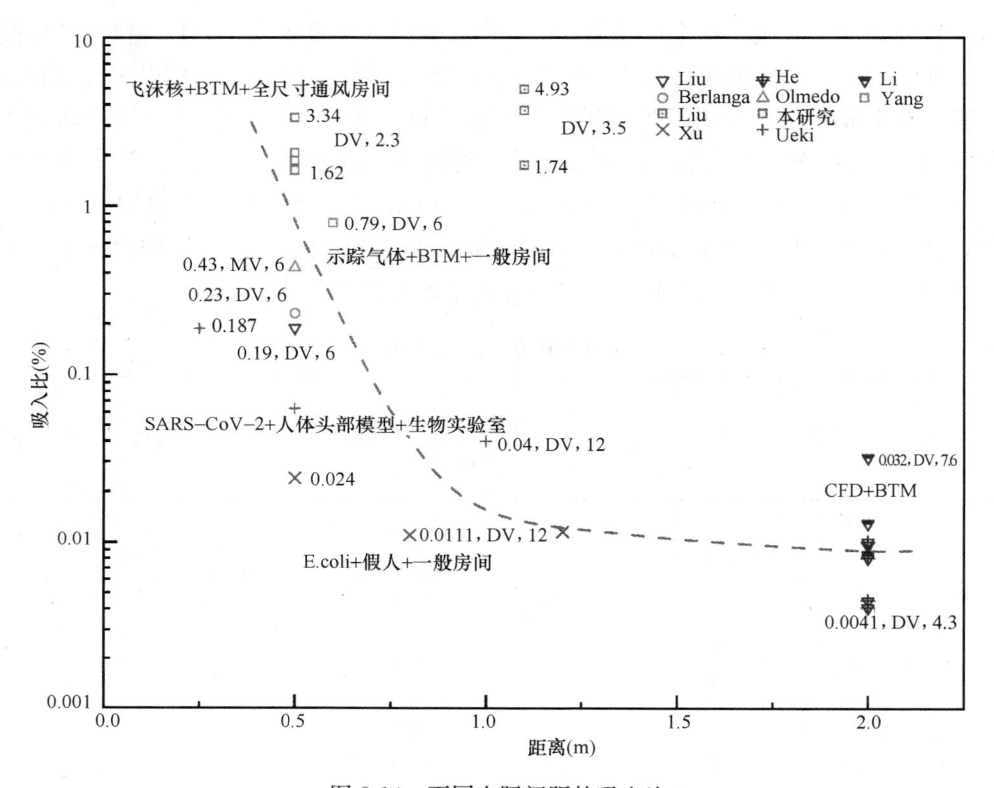

图 8-14 不同人际间距的吸入比

Liu[61]使用 Latex 球形单分散颗粒物来检查粒径对咳嗽时的飞沫核传播影响。Liu 也使用了假人，其人体模型为长方体形状，因此没有反映出人体的真实形状。由于咳嗽时的强度大，其计算的 *IF* 在（0.77μm 和 2.5μm）超过本研究中正常呼吸的结果，其中 *IF* 随着粒径的增加而降低。

比较表 8-3 和图 8-14 中结果发现，基于颗粒物的实验 *IF* 值大于其他三种实验类型。此外，CFD 结果类似于生物气溶胶的结果，*IF* 值较低的。

8.2 人际间远距离暴露案例研究

8.2.1 广州某餐厅传播事件

从 2020 年 1 月 26 日至 2 月 10 日，2019 年新型冠状病毒肺炎（COVID-19）的发生影响了 1 月 24 日在中国广州同一家餐厅用餐的 3 个家庭（家庭 A-C）中的 10 位成员[64]。据流行病学调查，1 月 23 日，来自武汉武昌的家庭 A（$n=10$）乘火车抵达广州。家庭 B（$n=4$）和 C（$n=7$）均为广州当地居民，并且没有湖北旅居史或遇到来自湖北的居民。但是在2月4日或6日，家庭B中的3名成员和家庭C中的2名成员确认感染了SARS-CoV-2，而当时在广州这座近1300万居民的城市中，只有322例确诊病例（98例本地病例和224例输入性病例）。

1月24日中午，家庭A、家庭B与家庭C在X餐厅用餐。当天，A家庭中的一人报告出现COVID-19症状。餐厅的视频记录显示，家庭A、B和C坐在靠近外窗的桌子旁，家庭A的桌子位于中间。该餐厅的服务员和分布在其他15张桌子上的其余68名顾客都没有感染SARS-CoV-2。家庭A、B和C以前没有见过面，除了其中一些人是背靠背坐着外，在午餐期间并没有密切接触。

东南大学钱华等[3]通过流行病学信息、影像记录、现场实验以及计算流体力学（CFD）模拟分析的方式对于疫情的传播进行了回溯性研究，现场情况如图8-15所示。

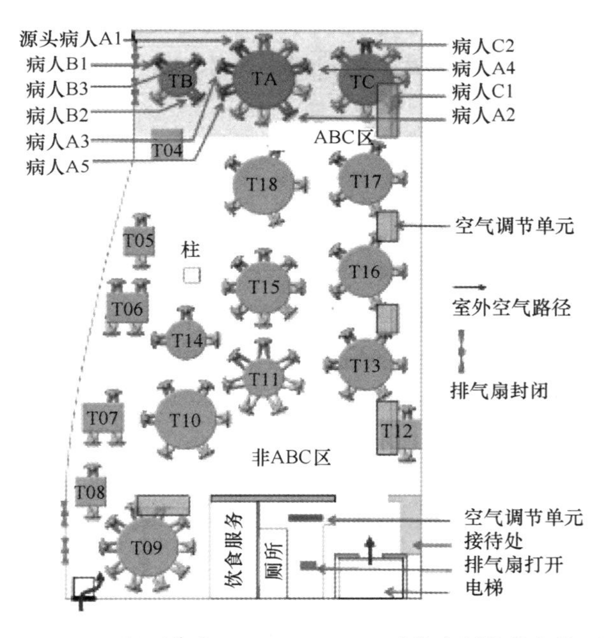

图8-15 X餐厅餐桌上SARS-CoV-2感染病例的分布情况

注：可能的空气流动区域用深灰色和浅灰色表示。89名顾客在18张桌子上，其中一张桌子是空的（T04）。桌子TA、TB和TC是家庭A、B和C的位置，其中一些家庭成员感染。TA的A1病人是疑似指示病例，他在返回家庭A所住的酒店后不久出现症状。患者A2-A5、B1-B3和C1-C2是感染的个体。其他桌子编号为T04-T18。五个空调机组（风机盘管机组）中的每一个都对一个特定的区域进行调节。顾客和服务员通过电梯和楼梯间进入餐厅，电梯和楼梯间由防火门连接。

（1）实验示踪气体测量和计算流体动力学模拟

示踪气体测量和计算流体动力学（CFD）模拟用于预测感染者所呼出的飞沫的

扩散和餐厅内的详细气流模式。CFD模拟模型与以前在香港研究的两个严重急性呼吸综合征冠状病毒（SARS-CoV）发生流行的模型相同[65-67]。

示踪气体测量时的天气、室内环境控制、室内布局与人员设计、餐饮条件均与疫情发生当天相似。采用示踪气体分别测量空间各测点的浓度分布以及室内环境的通风速率，测量分为两个阶段。此外，研究采用了Fluent（Ansys Fluent，USA）的RNG k-ε 湍流模型来模拟湍流对气流和污染物扩散的影响。使用non-a表中每个人的健康状况（疾病与健康）作为依赖变量，并应用一个二元逻辑回归模型来研究示踪气体的预测浓度与预测飞沫核暴露和感染概率之间的关系。

文献[68]中已描述了对这次疫情和所有相关患者详细的流行病学、临床、实验室和基因组研究结果，并确定B和C两个家庭至少有一名成员是在餐厅接触了SARS-CoV-2，并排除了接触传播的可能性。所有用餐的顾客到达和离开的时间都列在了表8-4中。

到达、离开与重合的时间表　　**表8-4**

桌子	到达时间（用餐的第一位客人）	离开	午餐时间（min）	开始接触	与A桌的重叠时间（min）	总暴露时间（min）	A桌离开后的暴露时间（min）
TA	12：01	13：23	82	12：01	82	82	0
TB	11：37	12：54	77	12：01	53	53	0
TC	12：03	13：18	75	13：00	75	77	0
T05	11：32	12：53	81	12：01	52	52	0
T06	11：36	13：23	107	12：01	82	82	0
T07	11：29	13：10	101	12：01	69	69	0
T08	12：28	13：37	69	12：28	55	69	14
T09	11：47	13：16	89	12：01	75	75	0
T10	11：07	13：28	141	12：01	82	82	5
T11	11：32	13：11	99	12：01	70	70	0
T12	12：13	13：17	64	12：13	64	64	0
T13	11：53	12：51	58	12：01	50	50	0

续表

桌子	到达时间（用餐的第一位客人）	离开	午餐时间（min）	开始接触	与A桌的重叠时间（min）	总暴露时间（min）	A桌离开后的暴露时间（min）
T14	11：23	13：02	99	12：01	61	61	0
T15	11：55	13：30	95	12：01	82	89	7
T16	11：24	12：49	85	12：01	48	48	0
T17	13：00	14：19	79	13：00	23	79	56
T18	11：34	13：18	104	12：01	77	77	0

（2）感染病例空间分布分析

首先根据与桌TA的距离对桌子和顾客进行分类，分为直接相邻（TB、TC和T18）或远程相邻（桌T4～T17）。随后不久被确诊COVID-19的10名患者坐在靠窗的三张桌子之一。家庭B的4名成员中有3人感染，家庭C的7名成员中有2人感染。家庭A也有包括指示病例在内的5名成员感染。坐在离桌TA最近的两个桌TC上的顾客没有感染，离桌TA较远的桌子上的顾客也没有感染，但是TA邻桌上的顾客感染概率高于离桌TA较远的桌子上的顾客（$\chi^2=16.08$，$P<0.001$，带连续性校正的卡方检验，如表8-5所示）。ABC区餐桌上的顾客感染风险高于非ABC区顾客的感染风险（$\chi^2=25.78$，$P<0.001$）。在非ABC区坐的顾客没有一个被感染。

X餐厅不同区域非A桌的病例数及易感顾客数（其他17桌共79位顾客） 表8-5

类别区域	区域	顾客数量	感染病例数	感染率（%）	RD^*（95% CI）	χ^2	P
A桌隔壁	隔壁桌	16	5	31.25	31.25（8.54，53.96）	16.08#	<0.001#
	较远邻桌	63	0	0			
空调	ABC区域	11	5	45.45	45.45（16.03，74.88）	25.78#	<0.001#
	非ABC区域	68	0	0			

注：RD^*：率的差异；

#：连续性校正卡方检验。

（3）通风与呼出飞沫核的扩散

两次示踪气体衰减实验的结果表明，在16：00至17：00期间，每小时的换气次数(ACH)为0.77，18：00至19：30期间的ACH为0.56。对于431m^3的体积内的89名顾客来说，这相当于室外空气供应量分别为1.04L/(s·p)和0.75L/(s·p)，测量的平均通风量为0.9L/(s·p)。

ABC 区预测的污染物云图如图 8-16 所示。模拟了从指示病例 A1 呼出的飞沫核的扩散，由于分区空调的布置，这些飞沫核最初被限制在云包（ABC 气泡）内。飞沫核通过空气交换扩散到另一个区域，最终通过厕所排气扇排除。在热羽流和空调空气射流相互作用后，从指示病例呼出的气流在家庭 A、B 和 C 所在的区域内上升（图 8-17）。高动量空调射流将污染空气携带到天花板高度。到达对面的玻璃窗时，射流向下弯曲并以较低的高度返回。在每一张桌子上，热食物和人体的上升热羽流携带污染的空气向上流动，剩下的空气返回到空调机组，形成了一个再循环区，这里称为 ABC 区。同样，其他空调机组也会产生云包，尽管这些云包不像 ABC 区那样明显，这是 T09 以上的空调机组的射流混合造成的。所有区域间都发生了空气交换，因为各区域间没有物理屏障的阻挡。

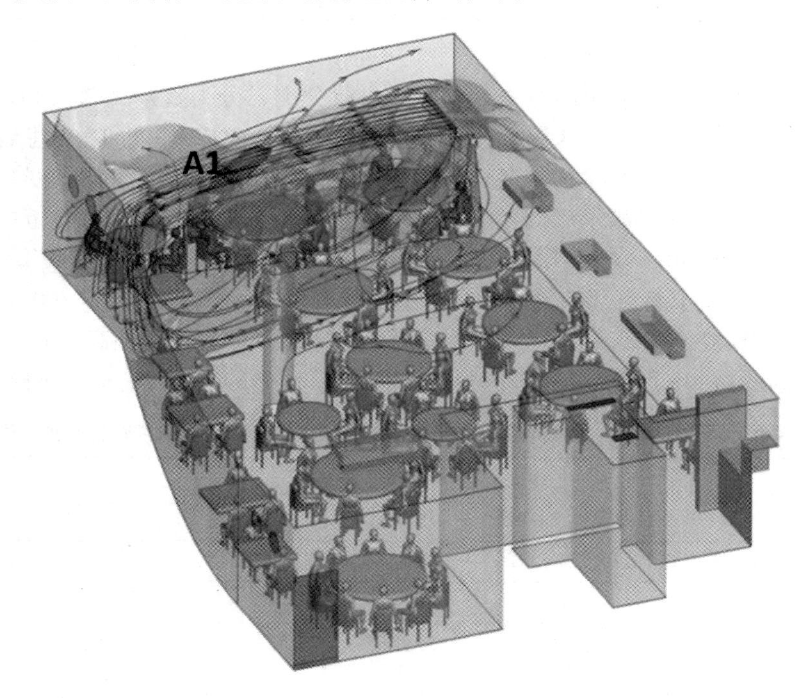

图 8-16 ABC 区预测的污染物云图 *

注：图中绘制了 ABC 空调机组的流线，以显示 ABC 气泡的形成。ABC 区明显比非 ABC区的飞沫核浓度高。其他感染的病人用深色表示，未感染的顾客用浅色表示

测量的乙烷浓度数据和预测的飞沫核浓度数据都显示，在 ABC 区形成了一个相对孤立的污染云包。在 66.67min 时，桌 TA、桌 TB 和桌 TC 的平均测量乙烷浓度最高（表 8-6），分别为 1.00、0.87 和 0.98（根据桌 TA 的浓度进行归一化），在桌 T17 和桌 T18 的浓度分别为 0.86 和 0.73，而其他距离较远的桌子的浓度在 0.55～0.70 之间。正如预期的那样，尽管在 ABC 区域保持了稳定的较高浓度，不

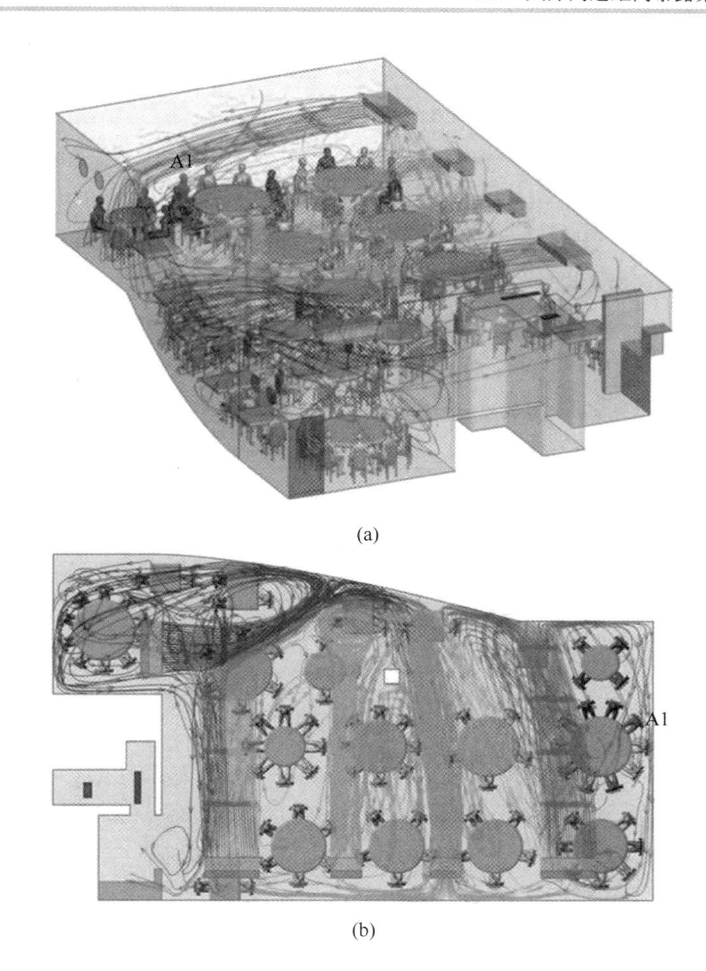

图 8-17 ABC 区污染物混合轨迹线图 *
（a）使用 CFD 模拟的空气流线 3D 视图；（b）使用 CFD 模拟的空气流线俯视图

同空调区域之间仍明显发生了一些混合（图 8-17）。模拟预测的归一化乙烷浓度与实测值吻合较好（图 8-18）。

使用餐馆中感染病毒飞沫核（5μm）的预测浓度（图 8-19），和表 8-4 中的暴露持续时间数据计算了人体暴露量。在考虑飞沫核的沉积、过滤和病毒失活时，在桌 TA 存在的整个期间，预测的含病毒飞沫核（5μm）归一化时间平均浓度显示了额外的 ABC 气泡效应，即其他桌子的浓度低于 TA-TC（图 8-20）。需注意的是，如果不考虑飞沫核的沉积、过滤和失活，T17 桌的顾客也会因为他们在餐厅停留的时间相对较长而暴露在风险中。

表 8-6 还列出了所有餐桌对呼出的传染性病毒飞沫核的预期归一化暴露水平。根据 logistic 回归模型的结果，检测到的示踪气体浓度越高，感染 COVID-19 的风

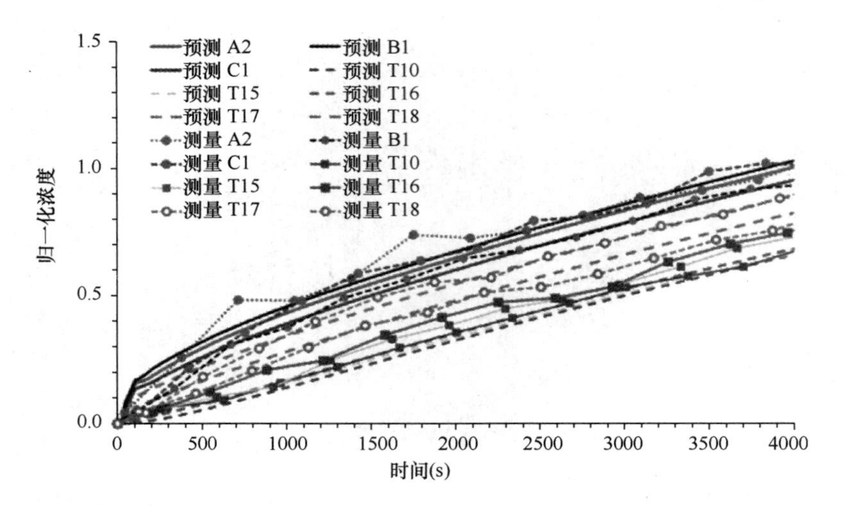

图 8-18 示踪气体扩散试验中测点测量和 CFD 模拟预测浓度的比较 *
（在 4000s 时用值 A2 进行归一化）

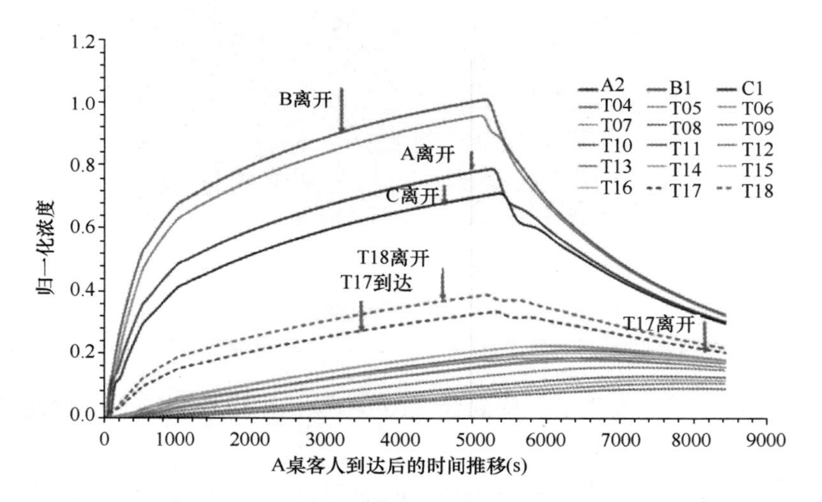

图 8-19 所有餐桌感染病毒飞沫核随时间变化的归一化浓度预测 *

注：预测的浓度在 4920s 处以 B1 归一化，对于一些坐在桌 A、B 和 C 的顾客，以及在 A 桌之后其他桌的顾客，他们在时间 0（下午 12：01）到达。A 桌的顾客在时间 4920（1：22）离开餐厅。由于气流作用，一些顾客的暴露浓度在 4920s 后继续上升。使用表 8-6 中的暴露持续时间数据计算暴露结果。预测浓度分布清晰地显示出，靠近室外送风处有一个分离的 ABC 区（即气泡，包括 T04，没有保护人）、T17/T18 区、T11 和 T13-16 区、T07-T10 和 T12 区。

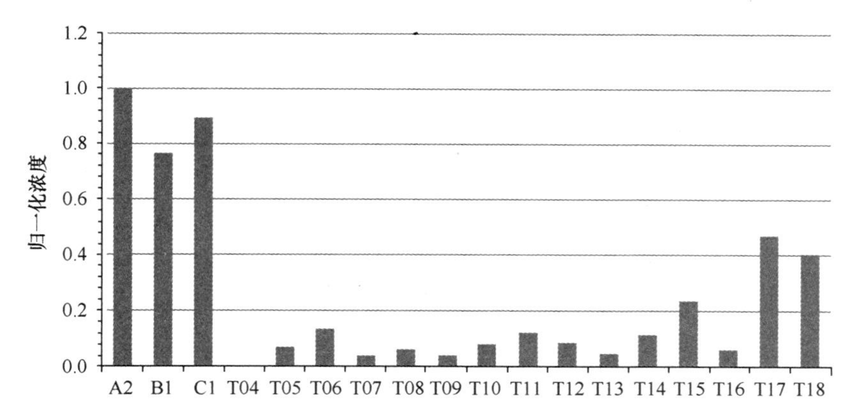

图 8-20 在整个午餐期间，所有餐桌上的携带病毒的飞沫核以 A1 为标准的预测归一化浓度

注：由于 T04 桌没有顾客，所以没有暴露量。

险越高（与 1%浓度增加相关的比值比：1.115；95%的置信区间：1.009～1.232；P=0.033）（表 8-1）。同样，示踪气体预测浓度越高，含传染性病毒飞沫核（5 μm）预测暴露越高，感染 COVID-19 的风险也越高（示踪气体浓度增加 1%的比值比：1.268，95% 的置信区间：1.029～1.563，P = 0.026；与飞沫核暴露增加 1%相关的比值比：1.079，95% 置信区间：1.020～1.142，P = 0.008）。

2020 年 1 月 24 日午餐期间 X 餐厅 18 张不同桌子上的病例数和易感顾客数（n = 89） **表 8-6**

桌子	顾客数量	感染病例数	感染率（%）	标准化测量的示踪气体浓度	归一化预测示踪气体浓度	归一化后飞沫核的暴露量
TA	10	5	50.00	1.00	1.00	1.00
TB	4	3	75.00	0.87	1.04	0.76
TC	7	2	28.57	0.98	0.93	0.89
T04	0	0	N/A	—	1.00	0.00
T05	2	0	0.00	—	0.62	0.07
T06	4	0	0.00	—	0.47	0.13
T07	3	0	0.00	—	0.42	0.04
T08	2	0	0.00	—	0.42	0.06
T09	10	0	0.00	—	0.32	0.04
T10	6	0	0.00	0.55	0.52	0.08
T11	7	0	0.00	—	0.57	0.12

续表

桌子	顾客数量	感染病例数	感染率（%）	标准化测量的示踪气体浓度	归一化预测示踪气体浓度	归一化后飞沫核的暴露量
T12	2	0	0.00	—	0.50	0.09
T13	6	0	0.00	—	0.55	0.05
T14	3	0	0.00	—	0.63	0.11
T15	8	0	0.00	0.58	0.54	0.23
T16	5	0	0.00	0.70	0.56	0.06
T17	5	0	0.00	0.86	0.75	0.47
T18	5	0	0.00	0.73	0.85	0.40
总计	89	10	11.24			

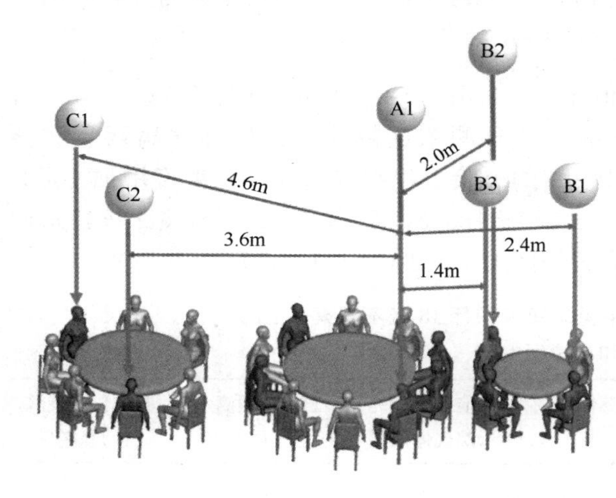

图8-21　指示病例A1与家庭B、家庭C中5名感染者（B1、B2、B3及C1、C2）之间的距离

（4）通风不良和气流组织不畅导致了疫情发生

文献［68］认为，飞沫传播最有可能是这次疫情发生的主要原因，但也同时指出，不能仅用飞沫传播来解释疫情的发生，因为指示病例（A1）与其他桌子上的顾客之间的距离都大于1m。我们估计这些距离可能高达4.6m（图8-21）。视频记录还显示，指示病例在午餐期间从未把头转向TB桌。文献[68]还提出“来自空调的强气流可能使飞沫从桌C传播到桌A，然后传播到桌B，然后返回到桌C”，但由于缺乏环境数据，未能准确指出空气传播的作用。中国国家卫生健康委员会[69]在COVID-19疫情早期首次假设了空气传播的作用。

CFD模拟预测显示，ABC区处产生了一个污染的再循环气泡（图8-16），它维持了从指示病例呼出的较高的飞沫核浓度。该个体循环区的形成是由于餐厅的空间布局和五台空调机组的高动量气流的相互作用（图8-17）。在ABC气泡中，含有传染性病毒的飞沫核可能会沉积、过滤和失活。我们通过计算机对20%过滤效率下5μm飞沫核进行了模拟，并证实了以上这一点。模拟表明，顾客A2、B1和C2暴露在平均浓度为0.8的环境中，而桌T17和T19的顾客暴露在平均浓度为0.3的环境中。家庭A和家庭B在餐厅的重合时间为53min（12：01至12：54之间)，家庭 A 和家庭 C 在 12：03 至 13：18 之间的重合时间为 75min，这使得家庭 B、C 有足够的时间接触到呼出的飞沫。患者 C1 晚于 12：32 分到达，与家庭 A 有 46min 的重合事件。餐厅内没有一个服务员感染，这是因为他们对于指示病例的呼出飞沫的暴露时间较短。由于靠近 ABC 再循环气泡，在 T17 和 T18 桌处也测出了相对高浓度的示踪气体。桌 T17 的顾客与桌 TA 只有 23min 的重合，但在 A 家庭离开餐厅后，他们仍然暴露在剩余的悬浮飞沫核中。然而，因为病毒不仅在气溶胶中失活，而且当这些含病毒的飞沫核在 ABC 再循环气泡中循环时，通过沉降和空调机组的过滤，病毒也被去除了，因此预计感染含病毒飞沫核的暴露程度较低。这张桌子上没有一个顾客（$n=5$）感染。值得注意的是，虽然有很多顾客或餐厅员工在 X 餐厅接触了新冠病毒，但他们都没有出现症状，但当时并没有关注无症状感染。

然而，ABC 区污染循环气泡的形成并不能单独解释这次疫情。进一步的证据是由于低通风量：通过高浓度模拟污染观察到，缺乏室外空气供应也是原因之一。在 1 月 24 日午餐时，墙上的排气扇被关闭和密封，这意味着由于洗手间的排气扇产生的负压，除了渗入和消防门罕见而短暂打开外，没有新风供应。这些室外空气主要分布在非 ABC 区，从而加剧了 ABC 区通风不足。在本研究中，通风定义为室外空气进入餐厅的供气，以及室外空气在餐厅的分布。尽管风机盘管的送风气流与人体流动相互作用，支配着餐厅的气流模式，但是其通风不同于空调。

餐厅每位顾客的实测平均通风量为 0.90L/s，远低于大多数权威机构或专业协会（如 ASHRAE 62.1-2019）要求的每人 8～10L/s。餐厅为了在除夕夜接待更多的顾客，额外增加了桌子，导致餐厅空间很拥挤。因此，每位顾客的占用面积仅为 1.55m^2（包括桌子占用的面积）。因此，SARS-CoV-2 的传播发生在一个拥挤和通风不良的空间，这导致了 COVID-19 的发生。

文献[70]记录了 2000 多起 COVID-19 超级传播事件或发生；世界卫生组织还得出结论，“数据库中几乎所有的超级传播事件都发生在室内。”[71]在中国非湖北省的 120 个地级市中，确诊了 318 起疫情，每起疫情至少有 3 例确诊患者，共 1245 例确诊病例，并发现没有一起发生在户外。在合唱团排练期间[72, 73]、无家可归者收容所[74-76]、夜总会[77]、健身中心[78, 79]和肉类加工厂[80]也出现了 COVID-19 的高发病率。尽管研究人员怀疑在许多疫情中病毒通过空气传播，但还未在感染场所测量过通风量。

（5）感染量子产生率的估计

由于气流没有完全混合，因此估计这次疫情中的量子产生率具有挑战性。然而，根据完全混合条件提供估计值可能仍然有用。餐厅的空气量为 431m^3。两次测量期间的平均换气率为 0.67 次/h。采用 0.3 次/h 的气溶胶沉积速率，病毒失活率为 0.63 次/h[72]。餐厅设置的通风量为 1.65m^3/h。因为有效换气率仅为 1.60 次/h，因此需要使用瞬态 Wells-Riley 方程，估计的量子产生率为 79.3quanta/h，而合唱团排练案例发生时的 970 ± 390quanta/h[72]，Buonanno 在说话条件下的轻度运动时约为 5.0quanta/h[81]，使用基于再生繁殖数的拟合方法得到的 14～48quanta/h[82]。根据参考文献[83]，“典型的 SARS-CoV-2 患者的传染性在症状出现前达到峰值”，这也得到了其他研究的支持（如参考文献[84-86]）。我们估计的指示病例症状前相对较大的量子产生率也与症状出现前峰值传染性理论一致，因为指示病例仅在午餐后出现症状，她似乎没有在其他地方感染到其他人。

为确保餐厅内感染人数少于一人，使用估计的量子产生率计算得到的最低通风量为 38.6L/(s・p)。该估计的最小通风量远大于 ASHRAE 62.1-2019 等国际通风标准要求的餐厅中每人 5.1L/s 的最小通风量。

（6）足够低的人群密度和其他干预措施的重要性

众所周知，尽管有些呼吸道疾病通常不被认为是通过气溶胶传播的，但是缺乏足够的通风和过度拥挤与呼吸道感染有关。这场 SARS-CoV-2 疫情和阿拉斯加飞机流感疫情[87]类似。在这场飞机疫情中，一架拥有 56 个座位的客舱的飞机因发动机故障而延误，并且在等待的 4.5 h 期间没有提供机械通风。指示病例是一名在登机后 15min 内患上流感的乘客。每个座位约有 $3m^3$ 的舱室空间，只有在 4.5h 的等待期间和乘客进出飞机的过程中，打开了飞机门一段时间后才提供了室外空气。根据参考文献[88]，每位乘客只有 0.08～0.40L/s 的空气循环量，略低于 X 餐厅的测量范围，这导致飞机上的 54 名乘客中有 72%的人感染了流感。

世界卫生组织（WHO）的一项系统性审查也发现了拥挤程度与感染之间存在关联的证据[89]。在 2009 年 H1N1 流感大流行期间，在拥挤的学校的疫情中，基本繁殖数 R_0 高达 3.0～3.6，而在不太拥挤的环境中，R_0 为 1.3～1.7[90, 91]。SARS-CoV-2 病毒可在空气中存活至少 3h[41]，并且已检测到空气传播的流感病毒基因组和活流感病毒颗粒[92-95]。

研究结果表明 SARS-CoV-2 的远距离空气传播可能发生在拥挤和通风不良的空间。Gao 等[96]的研究表明，气溶胶对呼吸道感染的相对贡献是通风流速的函数。足够高的通风流速会将空气传播病毒的概率降低到非常低的水平，而较低的通风量会导致气溶胶对病毒传播的贡献相对较高。对于空气传播导致的呼吸道传染，如 COVID-19，传染病毒是由气溶胶携带的，这些气溶胶不仅可以通过通风去除，还可以通过沉积和过滤、灭活去除，例如通过紫外线杀菌辐射（UVGI）。因此，除了通风外，还应探索其他气溶胶去除和病毒灭活方法的有效性。

8.2.2　湖南某大巴车传播事件

封闭拥挤的机舱、地铁列车或公共汽车客舱增加了人与人之间的接触频率，加剧了呼吸道病毒和其他通过密切接触传播的传染病的传播。中山大学欧翠云[97]等人调查了 2020 年 1 月湖南省 COVID-19 发生时的通风需求，探讨了可能的空气传播，研究包括两辆公交车，巴士 B1 和巴士 B2，以及 10 名非相关感染乘客。研究收集了相关的流行病学数据、公交路线、乘客座位分布、通风系统和公交车的运行细节，并对原司机在原路线上的两辆公交车进行了详细的通风测量和各参数不同位置的测量。

通过流行病学信息、影像记录、现场实验以及计算流体力学（CFD）模拟分析的方式对于疫情的传播进行了回溯性研究，现场情况如图 8-22 所示。

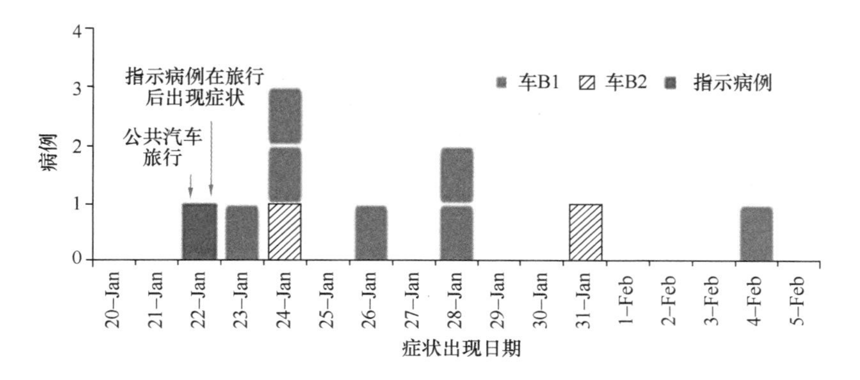

图 8-22 巴士 B1 和 B2 上乘客发病时间图

注：长沙至 D 市 B1 巴士上的 6 名有症状乘客，从 D 到长沙 B1 巴士上的 1 名有症状乘客，B2 巴士上 2 名有症状的乘客。B1 巴士上额外的无症状病例未在此处显示。

两辆公交车的感染座位及座位数如图 8-23 所示。疑似指示病例坐在车 B1 的 12D 座和车 B2 的 4C 座。车 B1 组和车 B2 组的时间平均通风量分别为 1.72L/s 和 3.22L/s。公共汽车的通风量取决于行驶速度[98, 99]和开窗程度。表 8-7 总结了测量到的通风量。对于这两种公交车，相对较大的每小时换气次数（表 8-7）表明稳态假设是有效的[100]。图 8-24（a）和图 8-24（b）显示了从指示病例口中呼出的示踪气体的测量和预测扩散结果。在两辆巴士上，由于气流模式，呼出的示踪气体分布相当均匀。B1 上的平均气流模式由每个人上方的热羽流及其与巴士尾部的室外送风气流的相互作用决定的。室外空气的供应形成了一股冷气流，这股冷气流落到客舱地板上，然后以一股冷“重力流”扩散到整个客舱，然后随着每位乘客的人体热羽流上升，最终在巴士的前部排气口排出。由此看出，客舱内的厕所堵塞了地面重力流，这解释了为什么受污染的空气向驾驶员一侧的扩散略多于向另一侧的扩散。车 B2 的平均气流型与车 B1 的不同之处在于，通过打开的后窗进入的风被向上推，沿着天花板循环到前面。这能够解释 B1 座的乘客是如何被感染的。两辆巴士从后到前的气流模式是由风压分布造成的。

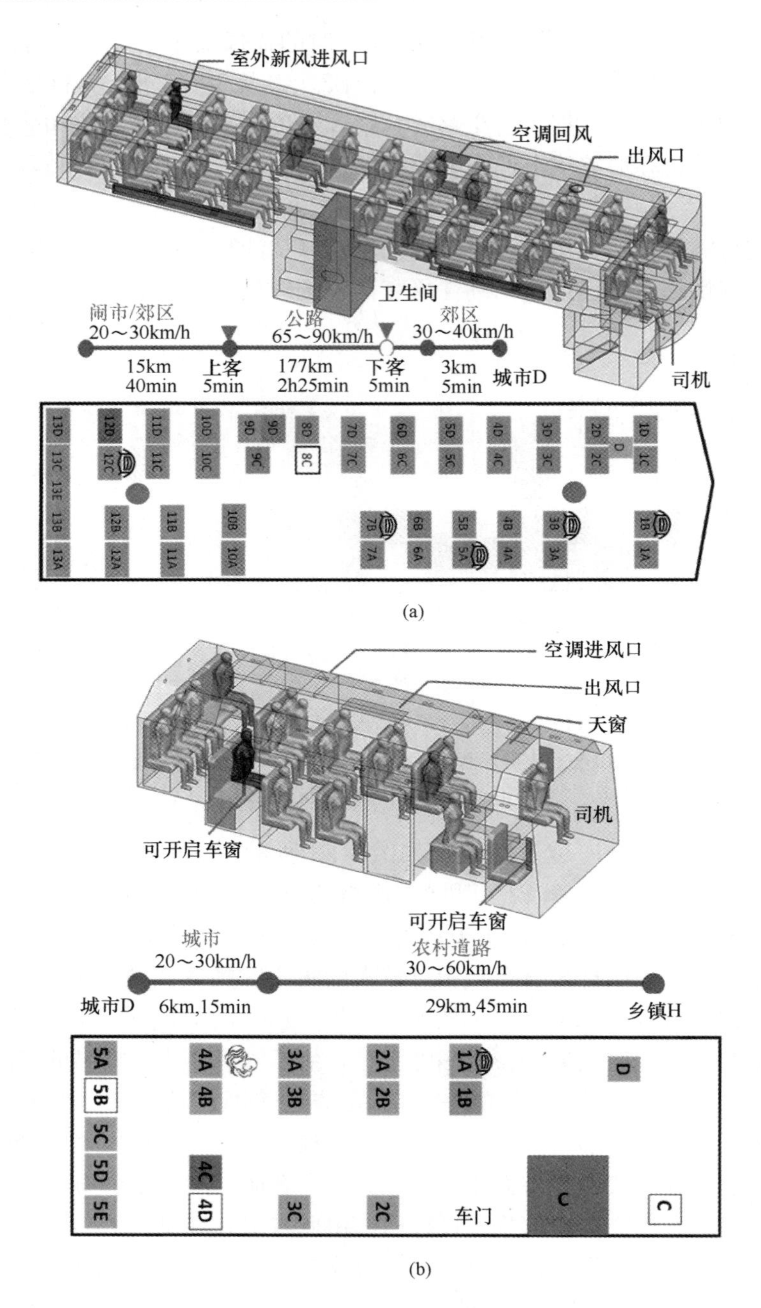

(a)

(b)

图 8-23 B1 巴士与 B2 巴士感染座位及座位数示意图 *

(a) B1 巴士，座位表、行程以及新冠肺炎确诊病例按座位号的分布；

(b) B2 巴士，座位表、行程以及新冠肺炎确诊病例按座位号的分布

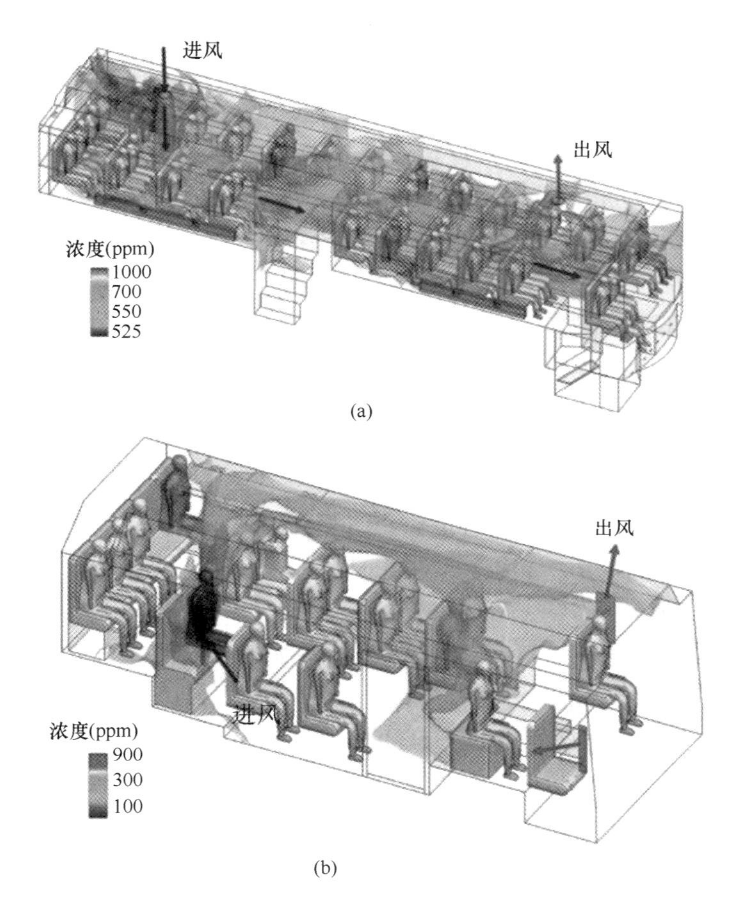

图 8-24 指示病例呼出的示踪气体预测扩散结果图 *
(a) B1 车对呼出的示踪气体的传播预测；(b) B2 车对呼出的示踪气体的传播预测

在两辆公共汽车中观察到的感染量、通风量和暴露时间 **表 8-7**

参数	长沙到D市的B1巴士 (中午 12：10 至下午 15：30)	B2 巴士 (下午 15：43 至下午 16：43)
人数（其他乘客＋司机（售票员））	46	17
除指标病例外的感染病例数	7	2
感染概率（%）	7/46，15.2%	2/17，11.8%
通风量(L/(s·p))	1.72	3.22
暴露时间（min）	200	60

此次疫情最显著的特点是，在 1 月 22 日下午，由于出现了同一疑似指示病例，随后的两辆公交车出现了感染，而两次行程之间的间隔只有 10min。尽管存在相同

的感染情况，传染率在车 B1 上略高于在车 B2 上。两辆巴士的通风都很差，在车 B1 和车 B2 上测量的时间平均通风量分别为每人 1.72L/s 和 3.22L/s。根据大多数权威机构和专业协会的建议，这两种通风量都远低于通常建议的每人 8～10L/s。车 B2 的通风条件比车 B1 好，尽管室外空气寒冷（6～9℃）有小雨，但司机和乘客仍会在某段时间内打开其中一些窗户。

众所周知，公共汽车是一个密闭拥挤的环境。车 B1 和车 B2 的人均面积分别为 0.60m^2和 0.72m^2。在 B2 车上的暴露时间也比 B1 车上短。指示病例在乘坐两辆公共汽车之前就已经感到累了，但他在两次旅行中都没有感染的症状。在车 B1，他坐在靠窗的位置，靠近进风气流，进风气流将他呼出的飞沫或飞沫核带到地面，飞沫以重力流的形式扩散到巴士的前部。据预测，马桶堵塞了重力流，防止一些飞沫扩散到客舱的非驾驶员一侧，而在驾驶员一侧可以看到浓度略高的飞沫（图 8-24a），这就解释了驾驶员一侧高感染率。同样，在车 B2，有些窗户有问题，所以一直处于打开状态。这些打开的窗户给整辆巴士提供了一个通风通道，将感染者呼出的飞沫扩散到整个车厢里。通风不良会导致感染，而空气流动确实会传播传染性病毒飞沫。在美国疾控中心和世界卫生组织[101]于 2020 年 10 月正式承认新冠病毒的空气传播之前，人们就新冠病毒的空气传播存在与否进行了辩论[102,103]。Sia 等[104]证明新冠病毒可以通过气溶胶在仓鼠之间有效传播，甚至有相关学者在医院病房和其他地方发现了新冠病毒阳性空气样本[105]有数据证明新型冠状病毒可以在气溶胶中存活数小时，中位数半衰期约为 1h[106]。然而，是否能空气传播还取决于房间的通风状况。为了最大限度地减少空气传播，需要向室内空间提供最低通风量，而这种最低通风要求可能是感染量子生成率、感染者数量、易感者暴露时间以及其他物理和生物参数的函数。研究主要为在人均通风量为 3.2L/s 及以下的情况下，新冠病毒可能在两辆公交车上通过空气传播提供了依据。

8.3 室内环境因素监测与控制的实地研究

一项武汉早期研究显示，138 名患者中有 41.3%被推定为在医院感染，包括 40 名医护人员（40/138；29.0%）和 17 名患者（17/138；12.3%）[107-117]。截至 2020 年 2 月 11 日，我国共有 3019 名医护人员感染，其中 1716 名为确诊病例[118]。医院新冠肺炎院感事件已经发生，其规模不容忽视。

新冠肺炎疫情发生初期，与季节性流感时间段重合，由于感染新冠病毒和流感病毒后都会出现乏力、发热和干咳等症状，新冠肺炎患者和有疑似症状的未感染者均前往医院就诊，造成医院内尤其是发热门诊人流持续过度密集，人流密度可达 1～2 人/m^2，超出了医院环境设计承载量，难保持人际间距大于 1.5m[16,119]。感染患者与未感染患者长时间排队、近距离共处，存在院内交叉感染风险。新冠肺炎疫情下发热门诊就诊人群中新冠肺炎潜在患者的存在几率高于其他科室，同时间其他就诊患者免疫能力可能低于健康人群，因而可能更加易感染[120]。医护人员在诊疗及看护过程中需要近距离长时间接触患者，时刻面临感染的风险。医院新冠诊疗环境的安全十分重要，迫切需要更加量化的评估方式和更加有效的控制手段以降低新冠肺炎等新发再发传染病的传播风险。

近期研究表明，早期新冠肺炎患者通过呼吸排放大量新冠病毒，每小时排放高达几百万个[121,122]。注意手部卫生和戴口罩能阻止大部分病毒的传播[22,119,123-125]。空气中残留的病毒是否会引起感染取决于临界感染剂量、易感者吸入量和免疫能力[126,127]。室内通风不良会导致病毒吸入增多，发生感染[68,71,105,106,128]。临界感染剂量、易感者吸入量和免疫反应未知，且可能取决于个人，这使得识别由通风不良导致的感染风险具有挑战性。

新冠肺炎确诊需要强有力的证据，包括计算机断层扫描成像特征、流行病学史、临床表现和病原体血清检查，耗时长，且不能反映医患人员面临的院感风险[129]。

目前，聚合酶链式反应（PCR）、微滴式数字 PCR（ddPCR）和等温扩增等方法可用于定量分析新冠病毒造成的环境污染，量化可能面临的风险，同时检测时间少于 1h[130-136]。荧光光谱仪可以测量活微生物[137]，但微生物数量与病原体数量无关。新冠病毒和许多其他病原体的实时环境监测技术尚待开发。与上述直接检测方法不同，二氧化碳浓度能实时显示人员呼出气情况。如果没有室外二氧化碳释放源，例如燃烧，且室内人员数量固定的话，室内外二氧化碳浓度差可以表示通风稀释情况[88]。因此，与其他方法相比，二氧化碳浓度可以表征通风不良带来的潜在感染风险。各检测方法对比如表 8-8 所示。如果通风系统为机械通风，送风量固定，二氧化碳浓度表征室内人员聚集程度，如果在室人数固定，则表示通风稀释情况。

院感风险定量评估方法 **表 8-8**

类型	目的	方法	灵敏度	相关程度	采样分析时间	经济成本
直接测量	检测空气中或表面上的病毒 RNA (ORF1ab，Nand E)	定量逆转录聚合酶链反应	0.2copies/μL (圣湘生物)[138]	强：直接检测病原体	1.0～2.0h	SARS-CoV-2 检测试剂盒 20 元，实时 PCR 系统 32 万元
		微滴式数字 PCR	0.109 copies/μL (ORF1ab)，0.42copies/μL((N) 伯乐 Bio-Rad)[139]		1.5～4.0h	130 万元（伯乐 Bio-Rad 微滴式数字 PCR 系统 QX200）

续表

类型	目的	方法	灵敏度	相关程度	采样分析时间	经济成本
间接测量	监测环境中的微生物	细胞培养和菌落计数	—	弱：可培养微生物与病原体之间相关性差	＞24.0h	320 元
		ATP 荧光检测	1×10-16 mol/ATP（Hygiena En SUREATP 荧光检测仪）		1s	3 万元（Hygiena EnSURE ATP 荧光检测仪）
	监测二氧化碳浓度	红外线二氧化碳传感器	±50ppm（iBEEM）	中等：表征呼出气	5min	3000 元（iBEEM）

清华大学刘荔等[140]于 2020 年 1 月 30 日起在清华大学附属北京清华长庚医院（简称长庚医院）开始进行院感防控方案制定并进行了验证性研究。

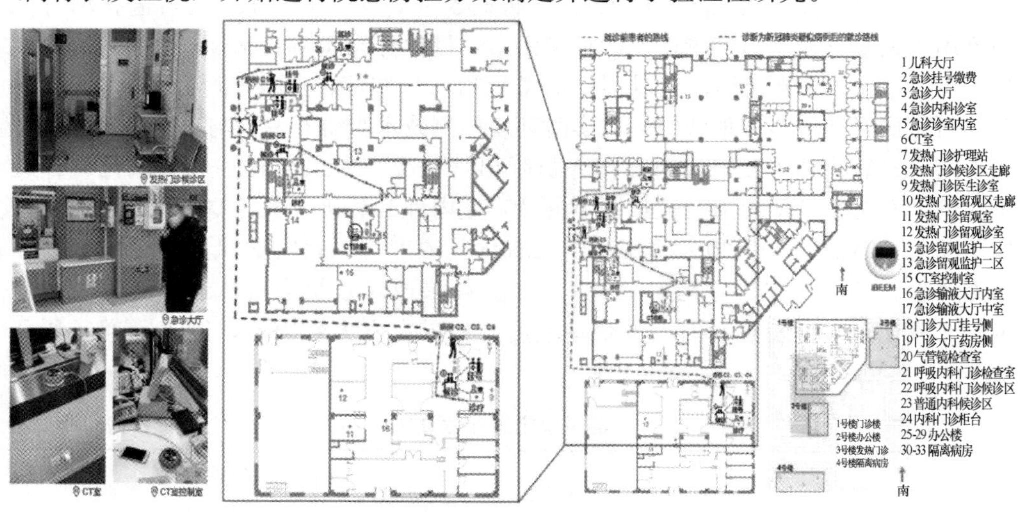

图 8-25　长庚医院二氧化碳浓度测点位置及新冠肺炎确诊患者就诊路线 *

注：2020 年 2 月，长庚医院共接诊 5 名新冠肺炎确诊患者，按挂号时间顺序将患者编号为 C1 至 C5。基于病历，确诊患者的就诊流程为门诊、CT 室和隔离病房。病例 C1 就诊流程为儿科、急诊、CT 室和隔离病房；病例 C2、C3、C4 就诊流程为发热门诊、急诊、CT 室和隔离病房；病例 C5 就诊流程为急诊、急诊内科诊室、CT 室和病房。

长庚医院采取了佩戴口罩、保持社交距离等措施来控制院感风险。新冠肺炎疫情期间，长庚医院院感防控策略到位，无医患被感染。基于患者病历，新冠肺炎确诊患者去过儿科急诊、急诊、发热门诊和 CT 室，如图 8-25 所示。穿着防护用品的医护人员在CT室和发热门诊护理站与确诊患者近距离接触时间小于5min，在发热门诊医生诊室和急诊内科诊室与确诊患者近距离接触时间小于10min。在儿科急诊大厅、急诊大厅和发热门诊候诊区，易感人群与确诊患者可能发生无意识近距离接触，接触时间大于5min。长时间或近距离接触感染风险更高。发生长时间或近距离接触的区域通风性能对于稀释确诊患者呼出气至关重要，因此重点关注新冠肺炎确诊患者停留区域的通风性能。

（1）二氧化碳浓度分析

充足的通风能稀释医院里确诊患者的呼出气，减少呼出气停留时间和其他病人接触新冠病毒的可能性。二氧化碳浓度一直用作估计通风量和表征通风情况的指标。如果通风充分，室内人数固定，呼出的二氧化碳能很快被稀释，并达到稳态。根据稀释方程，即可计算出二氧化碳浓度（C_u）的理论上限，如式（8-2）所示：

$$C_u = C_o + 10^6 \frac{G_m}{Q} \tag{8-2}$$

式中 C_u——二氧化碳浓度的理论上限，ppm；

C_o——室外二氧化碳浓度，ppm；

G_m——室内人数达到最大时室内人员的总二氧化碳产生率，m^3/h；

Q——室外空气流量，m^3/h。

医院内各环境测点的二氧化碳浓度理论上限值C_u不同（表8-9），因此计算出二氧化碳稀释指数（I_d）和风险比（R_r）来简单比较和评估各测点的新风通风效果。

长庚医院环境测点信息表 **表8-9**

<table>
<tr><th colspan="3" rowspan="3">测点</th><th rowspan="3">用途</th><th rowspan="2">面积</th><th rowspan="2">容纳人数上限</th><th colspan="2" rowspan="2">总二氧化碳产生率</th><th colspan="4">新风参数</th><th rowspan="2">二氧化碳浓度理论上限值</th></tr>
<tr><th colspan="2">设计新风量</th><th>设计换气次数</th><th>需要换气次数</th></tr>
<tr><th>A (m^2)</th><th>N (人)①</th><th colspan="2">G_m (m^3/h)</th><th colspan="2">Q (m^3/h)</th><th>n_d (h^{-1})</th><th>n_r (次/h)②</th><th>C_u (ppm)③</th></tr>
<tr><td rowspan="5">门诊楼</td><td colspan="2">CT室</td><td>问诊</td><td>22.7</td><td>1.5</td><td colspan="2">0.030</td><td colspan="2">350</td><td>5</td><td rowspan="5">2</td><td>505</td></tr>
<tr><td colspan="2">儿科大厅</td><td>候诊</td><td>139.2</td><td>61.0</td><td colspan="2">0.952</td><td colspan="2">1750</td><td>4</td><td>963</td></tr>
<tr><td colspan="2">急诊大厅</td><td>候诊</td><td>151.7</td><td>67.0</td><td>1.045</td><td rowspan="3">1.179④</td><td>2100</td><td rowspan="3">3150④</td><td>5</td><td rowspan="3">793</td></tr>
<tr><td rowspan="2">急诊内科</td><td>候诊区</td><td>候诊</td><td>12.6</td><td>5.0</td><td>0.078</td><td>350</td><td>9</td></tr>
<tr><td>诊室</td><td>问诊</td><td>19.2</td><td>3.0</td><td>0.056</td><td>700</td><td>12</td></tr>
</table>

续表

测点		用途	面积	容纳人数上限	总二氧化碳产生率	新风参数			二氧化碳浓度理论上限值
						设计新风量	设计换气次数	需要换气次数	
			A (m^2)	N (人)①	G_m (m^3/h)	Q (m^3/h)	n_d (h^{-1})	n_r (次/h)②	C_u (ppm)③
发热门诊	候诊区	候诊	25.1	11.0	0.211	自然通风	自然通风	6	867
	护士站	问诊	9.2	4.0	0.077				864
	医生诊室	问诊	8.6	4.0	0.077				902

注：① 对于候诊空间，$N=\text{int}[A/d^2]$，式中：int [] 是向下取整；d 是推荐人际间距，即1.5m。问诊空间中 N 的取值取决于空间的使用功能。对于CT室，CT扫描前1名医生进行准备工作，完成后离开，准备过程和扫描过程分别会持续2min左右，所以CT室可容纳人数的上限是1.5人；急诊内科诊室，通常有1名医生和1名患者及1名患者家属。发热门诊护士站和医生诊室，通常有2名医生和1名患者及1名患者家属。

② 所需最小新风换气次数的取值依据是《综合医院建筑设计规范》GB 51039—2014、《民用建筑供暖通风与空气调节设计规范》GB 50736—2012、《医疗机构通风标准》ANSI/ASHRAE/ASHE standard 170—2017 和《传染病医院建筑设计规范》GB 50894—2014。

③ $C_u=C_o+10^6G_m/Q$，式中：C_o为新风二氧化碳浓度，门诊楼室外二氧化碳浓度取值为419ppm（$1ppm=10^{-6}mol/mol$），发热门诊室外二氧化碳浓度为400ppm。门诊楼内各空间采用机械通风系统，其设计新风量和换气次数如表8-9所示。因为发热门诊为自然通风，其设计新风量基于所需最小换气次数估计，即 $Q=n_rAh$，式中，h 为房间层高，本研究中取值3m。

④ 根据Pearson相关性分析发现，在急诊大厅、急诊内科诊室和急诊诊室监测到的二氧化碳浓度显著相关［$r=0.596=0.841$，$p<0.01$（双尾）］，即急诊大厅内空气混合均匀。因此，将相连的急诊大厅、急诊内科诊室、急诊诊室看作同一个空间，该空间二氧化碳产生率是分别计算再相加得到。此外，设计新风量也是相加后，计算二氧化碳浓度的理论上限值。

二氧化碳稀释指数 I_d 比较了发热门诊的自然通风和门诊楼的机械通风空间通风效果的差异，计算方法如式（8-3）所示：

$$I_d=\frac{C-C_o}{C_u-C_o} \tag{8-3}$$

式中，C 为测量的二氧化碳实时浓度，ppm；$I_d>1$ 表示通风情况不能满足设计或实际需求，因此院感风险上升。

风险比 R_r 表示二氧化碳稀释指数 I_d 大于1的情况在环境监测期间出现的时间比例，所以风险比 R_r 定量描述了测点通风稀释情况不佳的频率。如果一个环境测点的 R_r 长期超过50%，即该区域在很长一段时间内，有一半以上时间二氧化碳浓度超过了阈值，则认为其新风供应量不足以稀释室内人员的呼出气。

2月份的 I_d 和 R_r（分别为 $I_{d,f}$ 和 $R_{r,f}$）展示了冬季末的综合稀释情况，而新冠肺炎确诊患者在室期间和他们离开后一小时内的 I_d 和 R_r（分别为 $I_{d,p}$ 和 $R_{r,p}$）表征新冠病毒经空气传播的风险。

此外，根据美国材料与实验协会的国际标准D6245-18[141]，基于以下假设：①目标区域的二氧化碳浓度均匀；②室外二氧化碳浓度恒定；③新风通风量恒定，可以用平衡分析法计算出室内人均新风量（Q_c），如式（8-4）所示：

$$Q_c = 10^6 g/[3.6(C_e - C_o)] \tag{8-4}$$

式中 g——人均二氧化碳产生率，m^3/(h·人)，由于缺乏就诊患者的详细信息，根据实验数据[142]来估计；

C_e——新冠肺炎确诊患者在时实测的 CO_2 平衡浓度，ppm。

公式（8-4）的实现还应该满足以下要求：①目标区域没有与其他具有不同 CO_2 浓度的室内区域进行空气交换；②每个人的平均 CO_2 产生率恒定且已知；③目标区域 CO_2 浓度处于平衡状态。

在环境监测期间，共有 5 名 COVID-19 患者在 2020 年 2 月前往长庚医院接受治疗。从 COVID-19 患者在的环境监测空间中获取 CO_2 浓度数据点约 500000 个，其中，从患者到达环境监测空间到其离开后 1h 内的数据点共 510 个。根据环境监测数据，我们计算了机械通风空间（CT 室、急诊内科、急诊大厅）和自然通风空间（发热门诊）的 I_d 和 R_r，以比较不同空间中的通风稀释情况，如图 8-26 所示。

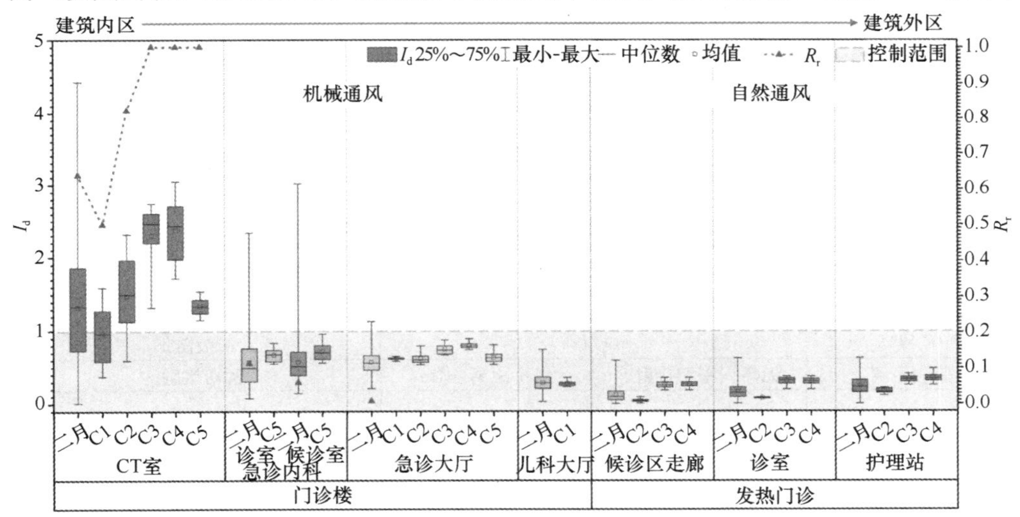

图 8-26 各测点二氧化碳稀释指数（I_d）和风险比（R_r）分布

注：1. “二月”对应 2020 年 2 月各测点的整体分布，“C1～C5”对应各测点中相应确诊病例在时及其离开后 1h 内的分布。

2. CO_2 稀释指数［I_d=（$C-C_o$）/（C_u-C_o）］旨在通过无量纲化 CO_2 浓度来比较所有测点的通风状况，其中 C 为 8 个测点测量的实时 CO_2 浓度（ppm）；C_o 为室外 CO_2 浓度，在门诊楼中采用机械通风的测点为 419ppm，在发热门诊中采用自然通风的测点为 400ppm；C_u 为 CO_2 浓度的理论上限，对于 CT 室、儿科大厅和门诊楼的三个测点分别为 505ppm、963ppm 和 793ppm，而发热门诊的候诊区走廊、诊室和护理站分别为 867ppm、902ppm 和 864ppm。稀释指数 $I_d>1$ 表示通风情况与设计/规范要求相比较差，因此院内感染风险增加。I_d 一般应介于 0 和 1 之间，故将风险比 R_r 定义为 $I_d>1$ 的比例。计算 I_d 时需排除低于给定室外浓度的室内实时浓度数据点。

3. 顶部箭头表示测点与室外连通程度的高低。CT 室、急诊内科诊室、急诊内科候诊室均无外窗或外门，但是，后两个房间通过常开的内门直接与急诊大厅相连。急诊大厅、儿科大厅和发热门诊候诊区走廊都有频繁开启的外门。发热门诊诊室有一扇常开的外窗，护理站有两扇。

4. 灰色矩形代表安全区域，数据点落在该区域中示室内通风情况良好。

CT 室、急诊内科诊室、急诊内科候诊室均无外窗或外门，但是，后两个空间通过常开的内门直接与急诊大厅相连。根据急诊患者病历，每天大约有 90 名患者挂号，因此，急诊大厅外门会频繁开启，预计每日可达数百次。由于冬天室内外温差较大，开启外门时的冷风侵入会显著增加急诊大厅的新风通风量。

总体来说，采用机械通风的建筑内区空间中 I_d 和 R_r 较高，且 $I_{d,p}$ 通常高于相应 $I_{d,f}$ 的平均值。换言之，在北京冬季采用自然通风比机械通风更能稀释空气中的污染物。

急诊内科诊室、急诊内科候诊室和急诊大厅中 $R_{r,p}$ 为 0，但 $R_{r,f}$ 分别为 11%、6%和 1%，这说明在 2 月期间这些空间偶尔会出现通风稀释不足，因此如果无法控制室内人数，则应保持急诊大厅外门常开。

基于美国材料与试验协会国际标准 D6245-18 中给出的平衡分析算法（equilibrium analysis method）及实际监测的实时 CO_2 浓度，估算了确诊患者处于各环境测点时的室内人均新风量 Q_c。医护人员和一般患者在接触 COVID-19 患者时的接触时长、接触距离、个人防护装备（Personal Protective Equipment，PPE）类型不同，这也就意味着医护人员和一般患者的感染风险不同。因此，根据 COVID-19 患者所接触人员的类型及个人防护装备类型、接触距离和接触时长，将接触情况分为 4 类（表 8-10）。各接触场景中人均新风量估算值由室内人数和新风量共同决定，故有所不同。考虑到长庚医院没有发生院内感染，每种接触场景下的人均新风量推荐值均以最小值确定。

新型冠状病毒肺炎（COVID-19）患者在时人均新风量估算值　　表 8-10

具体适用场景：COVID-19 患者就诊并可能短暂取下口罩（<30s）的区域				
接触对象	一般患者		医护人员	
PPE 种类①	口罩③		二级防护	
接触距离	无意识密切接触④	保持距离>1m	密切接触⑤	
接触时长	>5min	<5min	>5min（就诊/采咽拭子）⑥	<5min
Q_c [L/(s·人)]②	18～42	15～20	17～30/21～38	15～58

注：① PPE：个人防护装备。

② Q_c 为根据美国材料与实验协会的国际标准 D6245-18 中提出的平衡分析算法所估算的 COVID-19 患者在场时的实际人均新风量 [L/(s·person)]。$Q_c=10^6 g/[3.6(C_e-C_o)]$，其中 g 为二氧化碳（CO_2）人均产生速率 [m^3/(h·person)]，因为缺乏室内人员体重数据，所以根据实验直接测量值确定[41]；C_e 为 COVID-19 确诊患者在时实测的 CO_2 平衡浓度（ppm）；C_o 为室外 CO_2 浓度，对于门诊楼取 419ppm，对于发热门诊取 400ppm。

③ 长庚医院要求患者佩戴口罩。患者及其亲属前往就诊时一般会佩戴一次性口罩、医用外科口罩、N95 及 KN95 口罩。

④ 前往长庚医院的患者在诊断为 COVID-19 疑似病例之前，均存在于发热门诊候诊区或急诊大厅等候就诊的行为，在这个过程中，可能与其他患者发生无意识的密切接触。无意识的密切接触是指 COVID-19 患者与其他等候就诊的一般患者之间的距离小于 1.0m。由于一般患者并不知道他们是否正与 COVID-19 患者共处一室，可能会放松警惕，因此一般患者为院内感染的易感人群。

⑤ 发热门诊及急诊内科的医护人员均采用二级防护。在诊疗过程中，医护人员与 COVID-19 患者有确定的密切接触（人际间距小于 1.0m）。

⑥ 在患者诊断为 COVID-19 疑似病例后，会立即对其进行咽拭子采样，从问诊到采样是一个连续的暴露过程。问诊过程一般会持续 5min 以上，将咽拭子采样过程归入同一类，但单独列出。

正如预期的那样，在院内感染风险较高的情况下，如果长时间接触和密切接触，人均新风量估算值 Q_c 较高。在长庚医院中，与 COVID-19 患者短暂接触（<5min)时，人均新风量满足 15L/(s·人)即可，但应注意保持社交距离或提高个人防护装备等级。采用二级防护时，17L/(s·人)的人均新风量足以降低较长时间（>5min)密切接触的院内感染风险。仅佩戴口罩(包括一次性口罩、医用外科口罩、N95 口罩及其他类型的口罩)作为个人防护装备时，在保证人均新风量为 18L/(s·人)的情况下可与 COVID-19 患者密切接触。然而，需要注意的是，以上人均新风量推荐值是在空间中有且只有一名 COVID-19 患者，并且每个人都佩戴口罩的情况下测得的。

COVI-D19 患者在咽拭子采样时会摘下口罩，此时携带病毒的气溶胶及飞沫的产生率应该更高。在二级防护下，21L/(s·人) 的人均新风量足以防止长庚医院中发生 SARS-CoV-2 医院获得性感染。

需要另外说明的是，长庚医院中也出现了两名 COVID-19 患者（C3 和 C4）同时前往发热门诊就诊的情况。在这种情况下，36L/（s·人）的人均新风量足以保障人员在二级防护下与 COVID-19 患者短暂密切接触，而 42L/(s·人）的人均新风量足以保障人员在仅佩戴口罩时与 COVID-19 患者长时间处于同一空间中的无意识密切接触。当同一室内空间中存在两名 COVID-19 患者时，人均新风量推荐值为室内仅有一名 COVID-19 患者时推荐值的两倍多，这说明，防止院感所需的人均新风量可能会随空间中 COVID-19 患者数量线性增加。

（2）讨论

这是新冠肺炎疫情期间第一项基于在非定点医院设置的 CO_2 监测系统，定量给出预防 SARS-CoV-2 院感所需人均新风量的研究。然而，研究结果仍然存在一些局限性。

首先，由于涉及患者个人隐私，未能获取监控视频。因此，很多背景信息是未知的，如各测点内的实际人员分布情况、患者所佩戴的口罩类型和佩戴方式、患者实际保持的社交距离以及 COVID-19 患者的排毒模式（包括咳嗽和打喷嚏的频率）等。我国官方调研数据显示，大约 98%的北京市民在 COVID-19 疫情期间前往医院时会佩戴口罩，其中 98%的人佩戴的是一次性口罩、医用外科口罩或 N95 或 KN95 口罩[143]。因此，这里假设监测期间前往长庚医院的所有患者以及陪同其就诊的亲属都佩戴了口罩。

第二，并未开展室外实时环境监测，故使用环境测点中无人时段的数据估算了室外 CO_2 浓度。考虑到室外 CO_2 浓度会随时间波动，取特定值可能会导致高估某些天的 Q_c 值而低估其他天的 Q_c 值。

第三，测点没有与其他具有不同 CO_2 浓度的测点隔离，这是使用 CO_2 浓度平衡分析算法所必需的，考虑到环境监测期间医院仍需正常运行，这是无法做到的。此外，医院正常运行期间相邻空间之间的气流组织、环境测点相邻空间的CO_2浓度以及大多数环境测点内的CO_2浓度分布均未测定，这些都会给人均新风量的估算带来不确定性。由于急诊大厅面积较大，在其中放置了两套监测设备。数据显示，这两个测点2月份的实时CO_2浓度中，99%以上的浓度在平均值差的10%以内。因此，假设在其他面积较小的空间中，室内空气也能混合均匀。对于机械（自然）通风空间使用平衡分析算法计算人均新风量时，我们还确保每个CO_2浓度时段的波动在平均值差的10%（15%）以内。

第四，室内人员的CO_2产生速率是根据健康人员的直接测量值来估算的[144]，但在新冠肺炎疫情期间，长庚医院中超过50%的室内人员为病人。目前，由于缺乏对于不同类型患者CO_2产生速率系统全面的研究，难以确定每个环境测点中人均CO_2产生速率的实际情况。

最后，考虑到仍缺乏实时SARS-CoV-2病毒排放的相关知识和测量方法，而CO_2是人类呼气中气溶胶污染物的天然示踪物，因此潜在的SARS-CoV-2院内感染风险仅能通过CO_2的稀释情况来表征，而非更理想的感染风险或暴露风险，但目前尚无确凿证据表明COVID-19患者会恒定呼出携带病毒的气溶胶。

由于不完全满足使用平衡分析算法的要求，根据人均新风量计算公式（8-3），室内人员构成及其活动水平、室外CO_2浓度波动和室内CO_2浓度分布等均有可能导致Q_c估算值不准确。根据就诊记录可以估算挂号患者的日平均年龄-性别分布，以及医院的实地观测，确定各环境测点中室内人员的活动水平。然而，并未获取患者陪护家属的年龄-性别分布，健康人员和患者之间CO_2产生速率的差异也未知，且由于未能获取监控视频，各环境测点内人员的实时年龄-性别分布以及活动水平未知，这些因素均会增加计算人均二氧化碳产生速率时的不确定性。同时，测量室内CO_2浓度分布也特别困难，因为很难在正常运行的医院的每个目标空间中设置多个传感器并保证其供电，尤其在新冠肺炎疫情期间。但是，如前所述，设置在宽敞的急诊大厅中的两个传感器测得的时序数据基本一致，由此可以假设其他监测空间中CO_2浓度也是均匀的，无需进行分布式测量。由此，在每个环境测点（除急诊大厅外）中设置了一个传感器，每5min采集一次目标空间CO_2浓度，这是在现有条件下最合适的测量方案。此外，室外CO_2浓度的小幅波动也给计算带来了不确定性。总之，上述因素都给估算Q_c带来了不确定性，但很难确定每个因素是如何以及在多大程度上影响了计算结果。

值得注意的是，I_d的最高值出现在CT室，且其$R_{r,f}$高达64%，这表明CT室的通风稀释情况未达到设计要求，院感风险增加，且迫切需要对其机械通风系统进行维护。显然，CT室的新风量无法满足其日常运行需求。由于存在放射危害，CT室的室内人数受到严格控制，但在CT室外的走廊中通常会有少量病人排队。考虑到CT室门会频繁开启，人群在门外的小范围聚集可能会在一定程度上导致CT室

内 CO_2 浓度过高。此外，CT 室内外的空气交换可能导致携带病毒的空气相互扩散。因此，应避免人群在 CT 室外聚集，且需同时加强 CT 室内外的通风。

新冠肺炎疫情期间，CT 室在筛查疑似病例方面起着重要作用，但院感预防措施并不足以防止 CT 室和 CT 机的各类表面污染[145,146]。为防止接触传播及气溶胶传播，长庚医院针对 CT 室制定了专门的消毒流程。各医院都应严格遵守 CT 室消毒流程，否则可能会发生如在青岛市胸科医院中发生的聚集性院感事件[140]。

作为 COVID-19 临床诊断的辅助手段之一，需要拍摄 CT 的患者数量急剧增加，其中许多患者可能是无症状且具有传染性的。研究发现，CT 室内 CO_2 稀释不足。尽管这忽略了 CT 机的循环冷却气流（可高达 4000m^3/h）通过入口滤网时对于病毒气溶胶的拦截作用，但 CT 室仍然存在较高的污染风险。最近一项研究在 CT 机内部检出了 SARS-CoV-2 病毒，这是因为 CT 机需要吸入室内空气以加快散热[145]。由于存在放射性，CT 室很少位于医疗建筑的外区，但是必须保证其有足够的新风和彻底的清洁。在长庚医院，每一名 COVID-19 患者完成 CT 扫描后，都需要对整个 CT 室进行系统性的清洁，包括清洁各类表面、紫外线灭菌、开门通风等措施，以便将患者间交叉感染的风险降至最低。

室内 CO_2 浓度反映了室内人数和新风量的综合影响。也就是说，通风足够大时，就可以使拥挤的室内也保持相对较低的 CO_2 浓度，这对于能够通过密切接触传播的疾病（例如 COVID-19）来说是很重要的。因此，为防止院内感染，尤其是在疫情期间，医院应首先控制室内人数和社交距离。在此基础上，应以室内实时 CO_2 浓度为指标，通过与理论上限对比检查各空间通风稀释情况。若室内 CO_2 浓度超过上限，则应提高新风量。对于机械通风的空间，可以调整通风系统送风量，如果有外窗或外门，则可以引入自然通风。对于自然通风的空间，应保持外窗、外门敞开或补充机械通风措施。但是，如果难以增加新风量，则可以引入空气净化器[147]。此外，应将气溶胶传播疾病患者可能出现的诊疗及候诊空间设置于医疗建筑的外区，以便在疫情发生时快速便捷地引入自然通风。

通过设置 CO_2 传感器来表征医院内 SARS-CoV-2 感染风险是经济实惠且有效的。室内 CO_2 浓度和相关指标可以帮助医护人员了解拥挤的医院环境中的通风稀释情况。为了防止 SARS-CoV-2 院内感染，估算了 COVID-19 患者在时各空间的实际人均新风量并按照接触情况分为四类，以供新建（建成）医院的通风系统设计（改造）参考。结论如下：

（1）使用实时 CO_2 浓度作为指标可以简便地评估室内通风状况。我们建议医院安装 CO_2 浓度监测系统，以及时预警因通风不良导致的院内感染风险。

（2）以长庚医院为例，当室内只有一名 COVID-19 患者时，15～18L/(s・人)的人均新风量足以预防院内感染，不同接触情况下略有差异；21L/(s・人）的人均新风量可满足咽拭子取样时的院感防控需求；对于 COVID-19 患者可能就诊和会暂时（<30s）摘下口罩的空间，预防院内感染所需的人均新风量可能会随着室内COVID-19患者的数量线性增加。

最后，建议未来开展医院环境CO_2监测研究时，应收集更多相关信息，包括室外实时CO_2浓度、建筑物外部围护结构状态（如外门、外窗开启频率）、机械通风系统运行情况及患者的行为等。

8.4　小　结

本章节对新型冠状病毒室内传播的案例进行研究，包括医院眼科数值模拟、人体微环境与通风气流的实验测量、广州某餐厅传播事件、湖南某大巴车传播事件以及室内环境因素监测与控制的实地研究。

医院眼科诊室容易出现人际间近距离暴露，研究采用计算流体力学的方法对典型的眼科诊疗场景进行飞沫扩散模拟，统计分析了眼科医生对患者在短时间进行检查和治疗过程中的飞沫暴露情况，分析了患者呼出飞沫的方式、环境相对湿度和初始飞沫粒径等因素对暴露程度的潜在影响，结果表明眼科医生有着较高的病原体气溶胶暴露风险。

考虑人体微环境与通风气流的影响，实验研究了感染者和易感者面对面站立呼出的飞沫核的动力学特性以及粒径分布的影响。实验在装有置换通风系统的洁净测试室中进行，气溶胶生成和测量装置与呼吸暖体假人相结合，进而使实验能够监测飞沫核的近距离空气传播。实验结果表明，飞沫核大小在呼吸道病毒的近距离空气传播中起着重要作用。

广州餐馆传播事件为人际间远距离暴露案例，此次传播造成来自三个家庭共10名人员感染。通过流行病学信息、影像记录、现场实验以及计算流体力学模拟分析的方式进行回溯性研究，研究结果认为，不良的通风和气流组织导致了此次疫情的发生，新冠病毒的远距离空气传播可能发生在人员拥挤和通风不良的空间。文中估计了感染量子产生率为79.3quanta/h，并用此估计值计算了为确保餐厅内感染人数少于1人，最低通风量为38.6L/(s·人)。

拥挤且封闭的长途汽车中，乘客往往面临着高感染风险，湖南某大巴车传播事件的显著特点为，由于出现了同一疑似指示病例，随后的两辆公交车均出现感染，而两次行程之间的间隔只有10min。通过流行病学信息、影像记录、现场实验以及计算流体力学模拟分析的方式进行回溯性研究，研究结果表明当人均通风量为3.2L/s及以下的情形时，新冠病毒可能在两辆公交车上通过空气传播。

新冠肺炎疫情期间，在清华大学附属北京清华长庚医院设置CO_2监测系统，定量给出预防新冠病毒院感所需人均新风量。研究建议医院安装CO_2浓度监测系统，以及时预警因通风不良导致的院内感染风险。研究表明，当室内只有一名新冠患者时，15～18L/(s·人）的人均新风量足以预防院内感染，不同接触情况下略有差异；21L/(s·人）的人均新风量可满足咽拭子取样时的院感防控需求，预防院内感染所需的人均新风量可能会随着室内新冠患者的数量线性增加。

本章参考文献

[1] Wang L，Liu X，Tang X，et al. The challenge and management of nosocomial infection control during the "post-outbreak" period of SARS-CoV-2 [J]. Chinese Science Bulletin-Chinese，2021，66(4-5)：439-452.

[2] Yang X，Ou C Y，Yang H Y，et al. Transmission of pathogen-laden expiratory droplets in a coach bus [J]. Journal of Hazardous Materials，2020，397.

[3] Li Y，Qian H，Hang J，et al. Probable airborne transmission of SARS-CoV-2 in a poorly ventilated restaurant [J]. Building and Environment，2021，196.

[4] Al Assaad D，Ghali K，Ghaddar N，et al. Evaluation of different personalized ventilation air terminal devices：Inhalation vs. clothing-mediated exposures [J]. Building and Environment，2021，192.

[5] Cheng Z，Aganovic A，Cao G，et al. Experimental and simulated evaluations of airborne contaminant exposure in a room with a modified localized laminar airflow system [J]. Environmental Science and Pollution Research，2021，28(24).

[6] He Q，Niu J，Gao N，et al. CFD study of exhaled droplet transmission between occupants under different ventilation strategies in a typical office room [J]. Building and Environment，2011，46(2)：397-408.

[7] Katramiz E，Ghaddar N，Ghali K，et al. Effect of individually controlled personalized ventilation on cross-contamination due to respiratory activities [J]. Building and Environment，2021，194.

[8] Li X，Niu J，Gao N. Spatial distribution of human respiratory droplet residuals and exposure risk for the co-occupant under different ventilation methods [J]. HVAC &R Research，2011，17(4)：432-445.

[9] Zhou Y，Ji S. Experimental and numerical study on the transport of droplet aerosols generated by occupants in a fever clinic [J]. Building and Environment，2021，187.

[10] Aganovic A，Cao G. Evaluation of airborne contaminant exposure in a single-bed isolation ward equipped with a protected occupied zone ventilation system [J]. Indoor and Built Environment，2019，28(8)：1092-1103.

[11] Ai Z T，Huang T，Melikov A K. Airborne transmission of exhaled droplet nuclei between occupants in a room with horizontal air distribution [J]. Building and Environment，2019，163.

[12] Xu C，Wei X，Liu L，et al. Effects of personalized ventilation interventions on airborne infection risk and transmission between occupants [J]. Building and Environment，2020，180.

[13] Berlanga F A, Olmedo I, Ruiz De Adana M, et al. Experimental assessment of different mixing air ventilation systems on ventilation performance and exposure to exhaled contaminants in hospital rooms[J]. Energy and Buildings, 2018, 177: 207-219.

[14] Chen C, You R. Differentiating between direct and indirect exposure to exhaled particles in indoor environments with mechanical ventilation systems[J]. E3S Web of Conferences. EDP Sciences, 2019, 111.

[15] Lai A C K, Wong S L. Experimental investigation of exhaled aerosol transport under two ventilation systems[J]. Aerosol Science and Technology, 2010, 44(6): 444-452.

[16] Liu L, Li Y, Nielsen P V, et al. Short-range airborne transmission of expiratory droplets between two people[J]. Indoor Air, 2017, 27(2): 452-462.

[17] Lu Y, Oladokun M, Lin Z. Reducing the exposure risk in hospital wards by applying stratum ventilation system[J]. Building and Environment, 2020, 183.

[18] Melikov A K, Ai Z T, Markov D G. Intermittent occupancy combined with ventilation: An efficient strategy for the reduction of airborne transmission indoors[J]. Science of the Total Environment, 2020, 744.

[19] Nielsen P V, Buus M, Winther F V, et al. Contaminant flow in the microenvironment between people under different ventilation conditions[J]. Ashrae Transactions, 2008, 114.

[20] Olmedo I, Nielsen P V, De Adana M R, et al. Distribution of exhaled contaminants and personal exposure in a room using three different air distribution strategies[J]. Indoor Air, 2012, 22(1): 64-76.

[21] Olmedo I, Berlanga F A, Villafruela J M, et al. Experimental variation of the personal exposure in a hospital room influenced by wall heat gains[J]. Building and Environment, 2019, 154: 252-262.

[22] Ueki H, Furusawa Y, Iwatsuki-Horimoto K, et al. Effectiveness of face masks in preventing airborne transmission of SARS-CoV-2[J]. Msphere, 2020, 5(5).

[23] Ji Y, Qian H, Ye J, et al. The impact of ambient humidity on the evaporation and dispersion of exhaled breathing droplets: A numerical investigation[J]. Journal of Aerosol Science, 2018, 115: 164-172.

[24] Wei J, Li Y. Enhanced spread of expiratory droplets by turbulence in a cough jet[J]. Building and Environment, 2015, 93: 86-96.

[25] Han Z, To G N S, Fu S C, et al. Effect of human movement on airborne disease transmission in an airplane cabin: Study using numerical modeling and quantitative risk analysis[J]. Bmc Infectious Diseases, 2014, 14(1).

[26] Mcgrath J A, O'sullivan A, Bennett G, et al. Investigation of the quantity of exhaled aerosols released into the environment during nebulisation[J]. Pharmaceutics, 2019, 11(2): 75.

[27] Qian H, Li Y. Removal of exhaled particles by ventilation and deposition in a multibed airborne infection isolation room[J]. Indoor Air, 2010, 20(4): 284-297.

[28] Xie X, Li Y, Chwang A T Y, et al. How far droplets can move in indoor environments - revisiting the Wells evaporation-falling curve[J]. Indoor Air, 2007, 17(3): 211-225.

[29] Jones T C, Biele G, Muhlemann B, et al. Estimating infectiousness throughout SARS-CoV-2 infection course[J]. Science, 2021, 373(6551).

[30] CDC. How COVID-19 Spreads[M]. Centers Dis Control Prev, 2021.

[31] Yeo C, Kaushal S, Yeo D. Enteric involvement of coronaviruses: Is faecal-oral transmission of SARS-CoV-2 possible? [J]. Lancet Gastroenterology & Hepatology, 2020, 5(4): 335-337.

[32] Zhang B N, Wang Q, Liu T, et al. A special on epidemic prevention and control: Analysis on expression of 2019-nCoV related ACE2 and TMPRSS2 in eye tissues[J]. Chinese Journal of Ophthalmology, 2020, 56(6): 438-446.

[33] Wu P, Duan F, Luo C, et al. Characteristics of ocular findings of patients with coronavirus disease 2019 (COVID-19) in Hubei province, China[J]. Jama Ophthalmology, 2020, 138(5): 575-578.

[34] Li D, Jin M, Bao P, et al. Clinical characteristics and results of semen tests among men with coronavirus disease 2019[J]. JAMA Network Open, 2020, 3(5).

[35] Hong N, Yu W, Xia J, et al. Evaluation of ocular symptoms and tropism of SARS-CoV-2 in patients confirmed with COVID-19 [J]. Acta Ophthalmologica, 2020, 98 (5): E649-E655.

[36] Kumar K, Prakash A A, Gangasagara S B, et al. Presence of viral RNA of SARS-CoV-2 in conjunctival swab specimens of COVID-19 patients[J]. Indian Journal of Ophthalmology, 2020, 68(6): 1015-1017.

[37] Xia J, Tong J, Liu M, et al. Evaluation of coronavirus in tears and conjunctival secretions of patients with SARS-CoV-2 infection[J]. Journal of Medical Virology, 2020, 92(6): 589-594.

[38] Zeng W, Wang X, Li J, et al. Association of daily wear of eyeglasses with susceptibility to coronavirus disease 2019 infection[J]. Jama Ophthalmology, 2020, 138(11): 1196-1199.

[39] Aytogan H, Ayintap E, Ozkalay Yilmaz N. Detection of coronavirus disease 2019 viral material on environmental surfaces of an ophthalmology examination room[J]. Jama Ophthalmology, 2020, 138(9): 990-993.

[40] Moriarty L F, Plucinski M M, Marston B J, et al. Public health responses to COVID-19 outbreaks on cruise ships-worldwide, February-March 2020[J]. Mmwr-Morbidity and Mortality Weekly Report, 2020, 69(12): 347-352.

[41] Van Doremalen N, Bushmaker T, Morris D H, et al. Aerosol and surface stability of SARS-CoV-2 as compared with SARS-CoV-1[J]. New England Journal of Medicine, 2020, 382(16): 1564-1567.

[42] Society B O. Suggestions from ophthalmic experts on eye protection during the novel coronavirus pneumonia epidemic[J]. Chinese Journal of Ophthalmology, 2020, 56: E002.

[43] Wang L X, Deng Y P, Wang Y J, et al. Coronavirus and the risk of ocular transmission [J]. Chinese Journal of Ophthalmology, 2021, 57(4): 305-310.

[44] Gershon R R M, Vlahov D, Felknor S A, et al. Compliance with universal precautions among health-care workers at 3 regional hospitals[J]. American Journal of Infection Control, 1995, 23(4): 225-236.

[45] Berhe M, Edmond M B, Bearman G M L. Practices and an assessment of health care workers' perceptions of compliance with infection control knowledge of nosocomial infections[J]. American Journal of Infection Control, 2005, 33(1): 55-57.

[46] Parmeggiani C, Abbate R, Marinelli P, et al. Healthcare workers and health care-associated infections: Knowledge, attitudes, and behavior in emergency departments in Italy[J]. Bmc Infectious Diseases, 2010, 10(1): 35.

[47] Cheung S S L, Wong C Y K, Chan J C K, et al. Ophthalmology in the time of COVID-19: Experience from Hong Kong eye hospital[J]. International Journal of Ophthalmology, 2020, 13(6): 851-859.

[48] Klompas M, Baker M, Rhee C. What is an aerosol-generating procedure? [J]. Jama Surgery, 2021, 156(2): 113-114.

[49] Felfeli T, Mandelcorn E D. Assessment of simulated respiratory droplet spread during an ophthalmologic slitlamp examination [J]. Jama Ophthalmology, 2020, 138 (10): 1099-1101.

[50] Maragakis L L. Eye protection and the risk of coronavirus disease 2019 does wearing eye protection mitigate risk in public, non-health care settings? [J]. Jama Ophthalmology, 2020, 138(11): 1199-1200.

[51] Baker J M, Nelson K N, Overton E, et al. Quantification of occupational and community risk factors for SARS-CoV-2 seropositivity among healthcare workers in a large U.S. healthcare system[J]. medRxiv: the preprint server for health sciences, 2020, 174(5): 649-654.

[52] Bressler N M. Ophthalmology and COVID-19[J]. Jama-Journal of the American Medical Association, 2020, 324(12): 1143-1144.

[53] Xu C, Liu L. Personalized ventilation: One possible solution for airborne infection control in highly occupied space? [J]. Indoor and Built Environment, 2018, 27(7): 873-876.

[54] Ai Z, Hashimoto K, Melikov A K. Airborne transmission between room occupants during short-term events: Measurement and evaluation[J]. Indoor Air, 2019, 29(4): 563-576.

[55] Olmedo I, Nielsen P V, Ruiz De Adana M, et al. The risk of airborne cross-infection in a room with vertical low-velocity ventilation[J]. Indoor Air, 2013, 23(1): 62-73.

[56] Bjorn E, Nielsen P V. Dispersal of exhaled air and personal exposure in displacement ventilated rooms[J]. Indoor Air, 2002, 12(3): 147-164.

[57] Pascal P, Oesterle B. On the dispersion of discrete particles moving in a turbulent shear flow[J]. International Journal of Multiphase Flow, 2000, 26(2): 293-325.

[58] Xu J C, Wang C T, Fu S C, et al. Short-range bioaerosol deposition and inhalation of cough droplets and performance of personalized ventilation[J]. Aerosol Science and Technology, 2021, 55(4): 474-485.

[59] Yang J, Sekhar S C, Cheong K W D, et al. Performance evaluation of a novel personalized ventilation-personalized exhaust system for airborne infection control[J]. Indoor Air, 2015, 25(2): 176-187.

[60] Berlanga F A, Ruiz De Adana M, Olmedo I, et al. Experimental evaluation of thermal comfort, ventilation performance indices and exposure to airborne contaminant in an airborne infection isolation room equipped with a displacement air distribution system[J]. Energy and Buildings, 2018, 158: 209-221.

[61] Liu S, Novoselac A. Transport of airborne particles from an unobstructed cough jet[J]. Aerosol Science and Technology, 2014, 48(11): 1183-1194.

[62] Li X, Niu J, Gao N. Co-occupant's exposure to exhaled pollutants with two types of personalized ventilation strategies under mixing and displacement ventilation systems[J]. Indoor Air, 2013, 23(2): 162-171.

[63] Li Y. The respiratory infection inhalation route continuum[J]. Indoor Air, 2021, 31(2): 279-281.

[64] Morawska L, Cao J. Airborne transmission of SARS-CoV-2: The world should face the reality[J]. Environment International, 2020, 139.

[65] Li Y, Huang X, Yu I T S, et al. Role of air distribution in SARS transmission during the largest nosocomial outbreak in Hong Kong[J]. Indoor Air, 2005, 15(2): 83-95.

[66] Wong T W, Lee C K, Tam W, et al. Cluster of SARS among medical students exposed to single patient, Hong Kong[J]. Emerging Infectious Diseases, 2004, 10(2): 269-276.

[67] Yu I T S, Li Y, Wong T W, et al. Evidence of airborne transmission of the severe acute respiratory syndrome virus[J]. New England Journal of Medicine, 2004, 350(17): 1731-1739.

[68] Rule A M. COVID-19 outbreak associated with air conditioning in restaurant, Guangzhou, China, 2020[J]. Emerging Infectious Diseases, 2020, 26(11).

[69] 国家卫生健康委员会疾病预防控制局，中国疾病预防控制中心. 新型冠状病毒感染的肺炎公众防护指南[J]. 昆明理工大学学报(自然科学版)，2020，45(3).

[70] Swinkels K. SARS-CoV-2 Superspreading Events around the World[M]. 2020.

[71] Qian H, Miao T, Liu L, et al. Indoor transmission of SARS-CoV-2[J]. Indoor Air, 2021, 31(3): 639-645.

[72] Miller S L, Nazaroff W W, Jimenez J L, et al. Transmission of SARS-CoV-2 by inhalation of respiratory aerosol in the Skagit Valley Chorale superspreading event[J]. Indoor Air, 2021, 31(2): 314-323.

[73] Charlotte N. High rate of SARS-CoV-2 transmission due to choir practice in France at the beginning of the COVID-19 pandemic[J]. Journal of Voice : Official Journal of the Voice

Foundation，2020.

[74] Hartmann A，Lange J，Rotheudt H，et al. Emission rate and particle size of bioaerosols during breathing，speaking and coughing[J]. 2020.

[75] Ralli M，Morrone A，Arcangeli A，et al. Asymptomatic patients as a source of transmission of COVID-19 in homeless shelters[J]. International Journal of Infectious Diseases，2021，103：243-245.

[76] Tobolowsky F A，Gonzales E，Self J L，et al. COVID-19 outbreak among three affiliated homeless service sites - King County，Washington，2020[J]. Mmwr-Morbidity and Mortality Weekly Report，2020，69(17)：523-526.

[77] Kang C R，Lee J Y，Park Y，et al. Coronavirus disease exposure and spread from Nightclubs，Korea[J]. Emerging Infectious Diseases，2020，26(10)：2499-2501.

[78] Bae S，Kim H，Jung T Y，et al. Epidemiological characteristics of COVID-19 outbreak at fitness centers in Cheonan，Korea[J]. Journal of Korean Medical Science，2020，35(31).

[79] Jang S，Han S H，Rhee J Y. Cluster of coronavirus disease associated with fitness dance classes，Korea[J]. Emerging Infectious Diseases，2020，26(8)：1917-1920.

[80] Guenther T，Czech-Sioli M，Indenbirken D，et al. SARS-CoV-2 outbreak investigation in a German meat processing plant[J]. Fleischwirtschaft，2020，100(12)：88-97.

[81] Buonanno G，Stabile L，Morawska L. Estimation of airborne viral emission：Quanta emission rate of SARS-CoV-2 for infection risk assessment[J]. Environment International，2020，141.

[82] Dai H，Zhao B. Association of the infection probability of COVID-19 with ventilation rates in confined spaces[J]. Building Simulation，2020，13(6)：1321-1327.

[83] Sun K，Wang W，Gao L. Transmission heterogeneities，kinetics，and controllability of SARS-CoV-2[J]. Science，2021，43(1)：77.

[84] Cevik M，Tate M，Lloyd O，et al. SARS-CoV-2，SARS-CoV，and MERS-CoV viral load dynamics，duration of viral shedding，and infectiousness：A systematic review and meta-analysis[J]. Lancet Microbe，2021，2(1)：e13-e22.

[85] He X，Lau E，Wu P，et al. Temporal dynamics in viral shedding and transmissibility of COVID-19[J]. Nature Medicine，2020，26(5)：672-675.

[86] Wei W E，Li Z，Chiew C J，et al. Presymptomatic transmission of SARS-CoV-2-Singapore，January 23-March 16，2020[J]. Mmwr-Morbidity and Mortality Weekly Report，2020，69(44)：411-415.

[87] Moser M R，Bender T R，Margolis H S，et al. An outbreak of influenza aboard a commercial airline[J]. American Journal of Epidemiology，1979，110(1)：1-6.

[88] Rudnick S N，Milton D K. Risk of indoor airborne infection transmission estimated from carbon dioxide concentration[J]. Indoor Air，2003，13(3)：237-245.

[89] Singh A. WHO Housing and Health Guidelines[M]. Switzerland：World Health Organiization，2018.

[90] Lessler J, Reich N G, Cummings D A T, et al. Outbreak of 2009 pandemic influenza A (H1N1) at a New York city school[J]. New England Journal of Medicine, 2009, 361(27): 2628-2637.

[91] Bautista E, Chorpitayasunondh T, Gao Z, et al. Medical progress: Clinical aspects of pandemic 2009 influenza A (H1N1) virus infection[J]. New England Journal of Medicine, 2010, 362(18): 1708-1719.

[92] Lindsley W G, Pearce T A, Hudnall J B, et al. Quantity and size distribution of cough-generated aerosol particles produced by influenza patients during and after illness[J]. Journal of Occupational and Environmental Hygiene, 2012, 9(7): 443-449.

[93] Lindsley W G, Blachere F M, Beezhold D H, et al. Viable influenza A virus in airborne particles expelled during coughs versus exhalations[J]. Influenza and Other Respiratory Viruses, 2016, 10(5): 404-413.

[94] Xie C, Lau E H Y, Yoshida T, et al. Detection of influenza and other respiratory viruses in air sampled from a university campus: A longitudinal study[J]. Clinical Infectious Diseases, 2020, 70(5): 850-858.

[95] Yan J, Grantham M, Pantelic J, et al. Infectious virus in exhaled breath of symptomatic seasonal influenza cases from a college community[J]. Proceedings of the National Academy of Sciences of the United States of America, 2018, 115(5): 1081-1086.

[96] Gao X, Wei J, Lei H, et al. Building ventilation as an effective disease intervention strategy in a dense indoor contact network in an ldeal city[J]. Plos One, 2016, 11(9).

[97] Ou C, Hu S, Luo K, et al. Insufficient ventilation led to a probable long-range airborne transmission of SARS-CoV-2 on two buses[J]. Building and Environment, 2022, 207.

[98] Zhu S, Demokritou P, Spengler J. Experimental and numerical investigation of micro-environmental conditions in public transportation buses[J]. Building and Environment, 2010, 45(10): 2077-2088.

[99] Zhang Q, Fischer H J, Weiss R E, et al. Ultrafine particle concentrations in and around idling school buses [J]. Atmospheric Environment, 2013, 69: 65-75.

[100] Hammond J D. Theory and measurement [J]. Cambridge Books, 2005,

[101] Organization W H. Coronavirus Disease (COVID-19): How Is it Transmitted? [M]. 2020.

[102] Lewis D. Is the coronavirus airborne? Experts can't agree[J]. Nature, 2020, 580(7802): 175.

[103] Morawska L, Cao J. Airborne transmission of SARS-CoV-2: The world should face the reality[J]. Environment International, 2020, 139.

[104] Sia S F, Yan L M, Chin A W, et al. Pathogenesis and transmission of SARS-CoV-2 in golden hamsters[J]. Nature, 2020, 583(7818): 834-838.

[105] Guo Z D, Wang Z Y, Zhang S F, et al. Aerosol and surface distribution of severe acute respiratory syndrome coronavirus 2 in hospital wards, Wuhan, China, 2020[J]. Emer-

ging Infectious Diseases，2020，26(7)：1586-1591.

[106] Van Doremalen N，Bushmaker T，Morris D H，et al. Aerosol and surface stability of SARS-CoV-2 as compared with SARS-CoV-1 [J]. New England Journal of Medicine，2020，382(16)：1564-1567.

[107] Meredith L W，Hamilton W L，Warne B，et al. Rapid implementation of SARS-CoV-2 sequencing to investigate cases of health-care associated COVID-19：A prospective genomic surveillance study[J]. The Lancet Infectious Diseases，2020，20(11)：1263-1272.

[108] Khan K S，Reed-Embleton H，Lewis J，et al. Does nosocomial COVID-19 result in increased 30-day mortality? A multi-centre observational study to identify risk factors for worse outcomes in patients with COVID-19[J]. Journal of Hospital Infection，2021，107：91-94.

[109] Nguyen L H，Drew D A，Graham M S，et al. Risk of COVID-19 among front-line healthcare workers and the general community：A prospective cohort study[J]. Lancet Public Health，2020，5(9)：e475-e483.

[110] Richterman A，Meyerowitz E A，Cevik M. Hospital-acquired SARS-CoV-2 infection lessons for public health[J]. Jama-Journal of the American Medical Association，2020，324(21)：2155-2156.

[111] Suarez-Garcia I，De Aramayona Lopez M J M，Saez Vicente A，et al. SARS-CoV-2 infection among healthcare workers in a hospital in Madrid，Spain [J]. Journal of Hospital Infection，2020，106(2)：357-363.

[112] Heinzerling A，Stuckey M J，Scheuer T，et al. Transmission of COVID-19 to health care personnel during exposures to a hospitalized patient -solano county，California，February 2020[J]. Mmwr-Morbidity and Mortality Weekly Report，2020，69(15)：472-476.

[113] Mcmichael T M，Currie D W，Clark S，et al. Epidemiology of COVID-19 in a long-term care facility in King County，Washington[J]. New England Journal of Medicine，2020，382(21)：2005-2011.

[114] Arons M M，Hatfield K M，Reddy S C，et al. Presymptomatic SARS-CoV-2 infections and transmission in a skilled nursing facility[J]. New England Journal of Medicine，2020，382(22)：2081-2090.

[115] Zhan M，Qin Y，Xue X，et al. Death from COVID-19 of 23 health care workers in China [J]. New England Journal of Medicine，2020，382(23)：2267-2268.

[116] Erdem H，Lucey D R. Healthcare worker infections and deaths due to COVID-19：A survey from 37 nations and a call for WHO to post national data on their website [J]. International Journal of Infectious Diseases，2021，102：239-241.

[117] Wang D，Hu B，Hu C，et al. Clinical characteristics of 138 hospitalized patients with 2019 novel coronavirus-infected pneumonia in Wuhan，China[J]. Jama-Journal of the American Medical Association，2020，323(11)：1061-1069.

[118] 中国疾病预防控制中心新型冠状病毒肺炎应急响应机制流行病学组. 新型冠状病毒肺炎

流行病学特征分析[J]. 中华流行病学杂志，2020，41(2)：145-151.
[119] Chu D K，Akl E A，Duda S，et al. Physical distancing，face masks，and eye protection to prevent person-to-person transmission of SARS-CoV-2 and COVID-19：A systematic review and meta-analysis[J]. Lancet，2020，395(10242)：1973-1987.
[120] Zhang J J，Dong X，Cao Y Y，et al. Clinical characteristics of 140 patients infected with SARS-CoV-2 in Wuhan，China[J]. Allergy，2020，75(7)：1730-1741.
[121] Ma J，Qi X，Chen H，et al. Coronavirus disease 2019 patients in earlier stages exhaled millions of severe acute respiratory syndrome coronavirus 2 per hour[J]. Clinical Infectious Diseases，2021，72(10)：e652-e654.
[122] Baric R S. Emergence of a highly fit SARS-CoV-2 variant[J]. New England Journal of Medicine，2020，383(27)：2684-2686.
[123] Leung N H L，Chu D K W，Shiu E Y C，et al. Respiratory virus shedding in exhaled breath and efficacy of face masks[J]. Nature Medicine，2020，26(5)：676-680.
[124] Lotfinejad N，Peters A，Pittet D. Hand hygiene and the novel coronavirus pandemic：The role of healthcare workers[J]. Journal of Hospital Infection，2020，105(4)：776-777.
[125] Worby C J，Chang H H. Face mask use in the general population and optimal resource allocation during the COVID-19 pandemic[J]. Nature Communications，2020，11(1).
[126] Adams J G，Walls R M. Supporting the health care workforce during the COVID-19 global epidemic[J]. Jama-Journal of the American Medical Association，2020，323(15)：1439-1440.
[127] Liu Y，Ning Z，Chen Y，et al. Aerodynamic analysis of SARS-CoV-2 in two Wuhan hospitals[J]. Nature，2020，582(7813)：557-560.
[128] Tang J W，Li Y，Eames I，et al. Factors involved in the aerosol transmission of infection and control of ventilation in healthcare premises[J]. Journal of Hospital Infection，2006，64(2)：100-104.
[129] Wake R M，Morgan M，Choi J，et al. Reducing nosocomial transmission of COVID-19：Implementation of a COVID-19 triage system[J]. Clinical Medicine，2020，20(5)：E141-E145.
[130] Allen J G，Marr L C. Recognizing and controlling airborne transmission of SARS-CoV-2 in indoor environments[J]. Indoor Air，2020，30(4)：557-558.
[131] Bhagat R K，Davies Wykes M S，Dalziel S B，et al. Effects of ventilation on the indoor spread of COVID-19[J]. Journal of Fluid Mechanics，2020，903.
[132] Esbin M N，Whitney O N，Chong S，et al. Overcoming the bottleneck to widespread testing：A rapid review of nucleic acid testing approaches for COVID-19 detection[J]. RNA，2020，26(7)：771-783.
[133] Zhou J，Otter J A，Price J R，et al. Investigating severe acute respiratory syndrome coronavirus 2 (SARS-CoV-2) surface and air contamination in an acute healthcare setting during the peak of the coronavirus disease 2019 (COVID-19) pandemic in London[J]. Clinical In-

fectious Diseases，2021，73(7)：e1870-e1877.

[134] Ahn J Y，An S，Sohn Y，et al. Environmental contamination in the isolation rooms of COVID-19 patients with severe pneumonia requiring mechanical ventilation or high-flow oxygen therapy[J]. Journal of Hospital Infection，2020，106(3)：570-576.

[135] Chia P Y，Coleman K K，Tan Y K，et al. Detection of air and surface contamination by SARS-CoV-2 in hospital rooms of infected patients[J]. Nature Communications，2020，11(1).

[136] Ong S W X，Tan Y K，Chia P Y，et al. Air，surface environmental，and personal protective equipment contamination by severe acute respiratory syndrome coronavirus 2 (SARS-CoV-2) from a symptomatic patient[J]. Jama-Journal of the American Medical Association，2020，323(16)：1610-1612.

[137] Ghosh B，Lal H，Srivastava A. Review of bioaerosols in indoor environment with special reference to sampling，analysis and control mechanisms[J]. Environment International，2015，85：254-272.

[138] Guo Z D，Wang Z Y，Zhang S F，et al. Aerosol and surface distribution of severe acute respiratory syndrome coronavirus 2 in hospital wards，Wuhan，China，2020[J]. Emerging Infectious Diseases，2020，26(7).

[139] Y Liu，Ning Z，Chen Y，et al. Aerodynamic analysis of SARS-CoV-2 in two Wuhan hospitals[J]. Nature.

[140] 陆依然，李伊凡，林明贵，等. 新型冠状病毒肺炎疫情下综合医院发热门诊环境监测与感染控制[J]. 科学通报，2021，66(4)：475-485.

[141] ASTM D6245-18，Standard Guide for Using Indoor Carbon Dioxide Concentrations to Evaluate Indoor Air Quality and Ventilation[S].

[142] Xing Y，Wong G W K，Ni W，et al. Rapid response to an outbreak in Qingdao，China[J]. New England Journal of Medicine，2020，383(23).

[143] Sun C X，He B，Mu D，et al. Public awareness and mask usage during the COVID-19 epidemic：A survey by China CDC new media[J]. Biomedical and Environmental Sciences，2020，33(8)：639-645.

[144] Yang L，Wang X，Li M，et al. Carbon dioxide generation rates of different age and gender under various activity levels[J]. Building and Environment，2020，186.

[145] Matos J，Paparo F，Mori M，et al. Contamination inside CT gantry in the SARS-CoV-2 era[J]. European Radiology Experimental，2020，4(1).

[146] Ye G，Lin H，Chen S，et al. Environmental contamination of SARS-CoV-2 in healthcare premises[J]. Journal of Infection，2020，81(2)：e1-e5.

[147] Zhao B，Liu Y，Chen C. Air purifiers：A supplementary measure to remove airborne SARS-CoV-2[J]. Building and Environment，2020，177.

第9章　新型冠状病毒室内传播的检测与控制

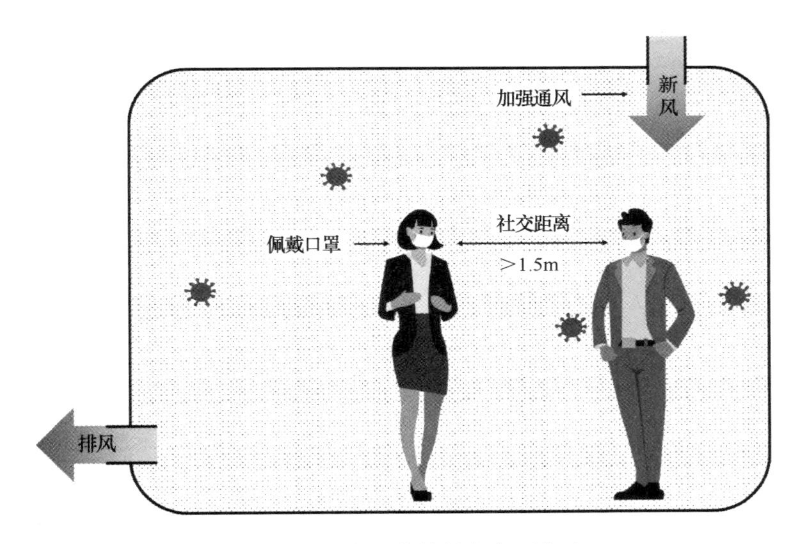

控制新冠病毒室内传播的主要方式

新型冠状病毒（SARS-CoV-2，简称新冠病毒）室内传播过程难以直接观测，并且病毒气溶胶在空气中的浓度较低。在实际对新冠病毒的室内测量过程中，通常使用各种方法与仪器对其进行检测，进而合理推断出可能的传播途径并加以预防。本章节围绕新冠病毒室内传播的检测与控制，介绍目前这一领域所使用的方法与仪器，并对新冠病毒不同的传播方式提出合理的控制措施。第一部分叙述了对新冠病毒进行检测的方法与仪器，对于环境中病毒的检测，介绍了五种方法；对于空气中病毒的测量，介绍了六种仪器。第二部分使用上述方法对医院环境中新冠病毒进行检测并提出能够减少院感的相关措施。第三部分介绍了关于新冠病毒不同传播方式的控制，包括近距离接触传播干预方法、远距离空气传播干预方法以及新冠病毒在医院等特殊环境传播的干预方法，同时介绍了关于新型冠状病毒传播的未来研究方向。

9.1 室内环境新型冠状病毒的测量方法与预测

9.1.1 室内环境 SARS-CoV-2 采样与检测研究

SARS-CoV-2 确切的传播途径仍处于争议之中，特别是物媒传播及粪口传播。由于室内环境病毒传播过程难以直接观测，在实际的室内环境新冠病毒测量中，经常采集呼出空气样本（Exhaled Breath，EB）、呼出气冷凝液（Exhaled Breath Condensate，EBC）以及表面样本，依据不同样本间的阳性检出率可以合理推断可能出现的传播途径。

（1）EB 采样

空气采样器选用 NIOSH，将 NIOSH 采样器与面罩相连，并加入 35L 容器、采样泵、排气泵的组件构成呼出气溶胶的收集系统（图 9-1）。患者通过面罩正常呼吸 30min，在此期间强制咳嗽 10 次。此面罩不会中断患者的氧气吸入。采样速率 3.5L/min，采样时间 30min。

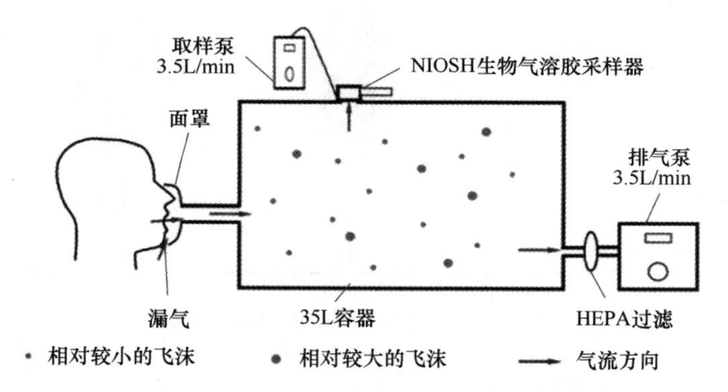

图 9-1　呼出气体收集系统的示意图

容器中的负压由 3.5L/min 的采样泵和 10L/min 的排气泵产生，吸气时允许面罩漏气以平衡空气流速

（2）EBC 采样

EBC 样本由实验室搭建的无菌 EBC 收集系统采集，该系统由一个底部被剪开的 15mL 离心管和一个 50mL 的离心管组成（图 9-2）。要求患者向 15mL 离心管内吹气 10min。每个患者大约收集 200～500μL 的 EBC 用于进一步分析。

（3）室内空气及频繁接触表面采样

为采集隔离病房空气，NIOSH 采样器被放置在一个高 1.2m，离患者头部一侧病床 0.2m 远的三脚架上。采样时长 30min，共采集 10^5 L 的室内空气。隔离病房内频繁接触的公共和私人物品表面可以使用拭子进行采样，采样后，拭子立即放

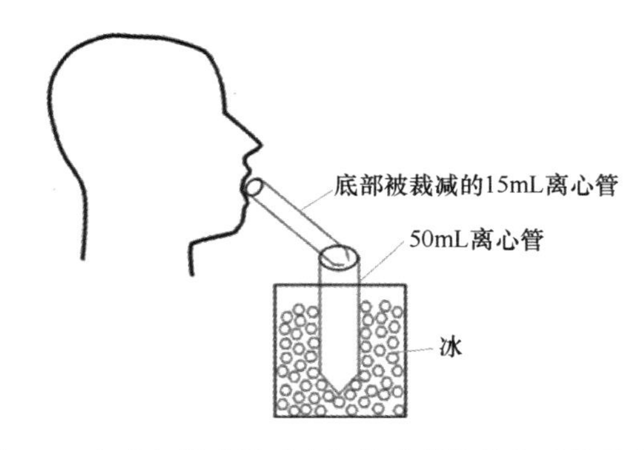

图 9-2 实验室搭建的呼出气体冷凝物收集系统示意图

入 1.5mL 的病毒运输介质中。

（4）排水相关采样

冲厕过程，排污管中可能产生病毒气溶胶，造成可能的 SARS-CoV-2 粪口传播。为了对洗手间生物气溶胶进行采样，NIOSH 采样器被放置在高 1.2m、距隔离病房洗手间马桶 0.5m 位置的三脚架上，从患者排便开始采样，采样时长 30min。患者离开洗手间后，对马桶和地漏进行拭子采样。此外，从隔离 COVID-19 患者的大楼主污水管和废水管也采集了水样本（图 9-3），装入 15mL 离心管中。

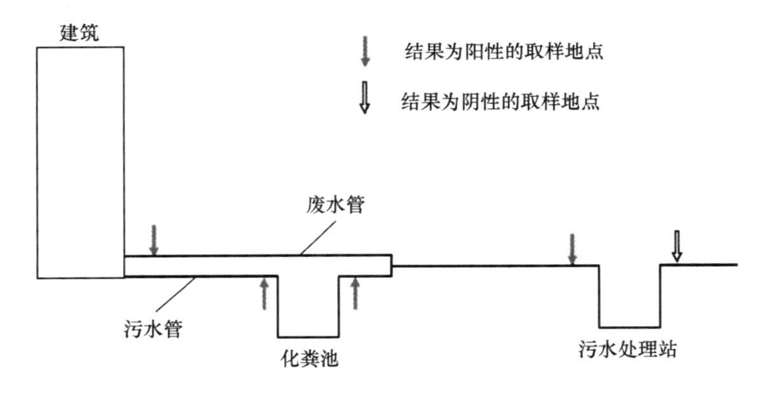

图 9-3 建筑物外的排水系统中的采样点示意图

（5）RT-qPCR

用 MagNA Pure LC 2.0 从收集的所有临床或环境样本中提取病毒 RNA。根据制造商协议，用经我国食品药品监督管理局批准的 SARS-CoV-2 专用商业试剂盒进行 RT-qPCR 检测，认为定量周期值（C_q）不超过 40 的样本为 SARS-CoV-2RNA 阳性。对 C_q 值高于 40 的样本再次进行检测，C_q 值依然高于 40 或无法检出的样本被认为呈 SARS-CoV-2RNA 阴性。标准曲线由阳性对照连续稀释 10 倍产生，C_q 值和测试介质中病毒浓度 C（copies/mL）的拟合关系如下：

$$\mathrm{Log}(C) = (46.126 - C_q)/3.331 \tag{9-1}$$

9.1.2 空气中SARS-CoV-2采样方法

由于空气中含病毒气溶胶的浓度较低，给检测和量化环境中SARS-CoV-2气溶胶的浓度带来困难。空气中SARS-CoV-2的检测还没有形成统一的标准，目前这一领域广泛使用的空气采样器包括Sartorius MD8、SKC、NIOSH、Coriolis以及SASS 2300等。各空气采样器的工作原理和采集效率有所不同，本章对它们的性能及相关研究进行简要介绍。

（1）Sartorius MD8空气采样器

Sartorius MD8是一种带有明胶（gelatin）膜过滤器的空气采样器，是目前检测SARS-CoV-2研究最为广泛使用的空气采样器。其中，明胶过滤器具有收集小颗粒物理效率高的优势，对于粒径为0.9μm、0.35μm以及小于0.08μm的颗粒物，物理收集效率超过96%[1]。此外，相比于其他常用过滤器式采样器，明胶膜过滤器可以溶解到液体中用于后续细胞培养的分子或病毒计数，而不会明显影响病毒活性，而且可以防止病毒因脱水而失活[2]。但是由于过滤器式空气采样器特有的病毒提取程序，其病毒回收率不及其他形式的空气采样器：Fabian等[3]使用明胶膜过滤器回收了总的有活性IAV中的23%，而在台式病毒尖峰回收实验中，BioSampler则可以回收100%；Hatagishi等使用Sartorius MD8收集流感病毒，其病毒回收率仅为10%左右[4]。因此，过滤器式采样器收集的病毒通常更适合于分子分析而不是感染性评估[2]。此外，环境条件对于明胶膜过滤器非常重要，低相对湿度（30%以下）会导致病毒的脱水，而高相对湿度（70%以上）会导致明胶溶解[5]。

有许多研究采用了Sartorius MD8对环境空气中的SARS-CoV-2进行了检测。如Razzini等[6]使用Sartorius MD8在COVID-19患者病房内采集了空气样本，采样空气流速50L/min，采样总体积2m^3，其中污染区（ICU和走廊）的样本呈阳性；Ben-Shmuel等[7]用Sartorius MD8在COVID-19患者隔离病房和隔离酒店内进行了空气采样，采样速率50L/min，采样时长20min，8份空气样本中共计3个样本呈阳性。

（2）SKC空气采样器

SKC采样器主要用于空气病毒检测，其结构包括基于琼脂撞击器（Agarimpactor）的Biosampler和全玻璃收集系统（AGI），可以直接将生物气溶胶收集到液体介质中，采样器中的液体介质有助于保持病毒活性，并且通常可以直接进行后续分析而无需从表面或过滤器中提取病毒[8]。SKC采样器的工作原理主要是在气流方向改变时依靠颗粒物的惯性沉积到收集介质中，因此，颗粒物收集的最小截止尺寸，大约为300nm[9]。根据Zhao等的研究，SKC采样器对于大于1μm的颗粒物的收集效率为100%，对于0.2～0.5μm的颗粒物则降为90%，而对于小于

0.2μm的颗粒物，收集效率只有50%[10]。SKC的Biosampler以及AGI-30和AGI-40已经被视为行业标准。Kenarkoohi等[11]用SKCBiosampler对收治COVID-19患者的医院的不同病房进行空气采样，采样流速12L/min；在14份空气样本中，2份呈阳性。而Santarpia等[12]使用SartoriusMD8和SKC采样器对COVID-19患者病房空气和呼出气进行采样，在19份空气样本中有12份呈阳性。

（3）NIOSH空气采样器

NIOSH空气采样器是美国国家职业安全与健康研究所（NIOSH）研制的一种两级旋风分离器[13]，利用离心力使颗粒物偏离气流并撞击到收集壁上，操作流量为3.5L/min。NIOSH可以将颗粒物分为三级，第一级是粒径为4μm以上的气溶胶颗粒物，收集于15mL的管中，第二级是粒径为1～4μm间的气溶胶颗粒，收集于1.5mL毫升管中，第三级是粒径为1μm以下微小气溶胶，捕获于35mm四氟乙烯（PTFE）过滤器中。Cao等[14]曾用NIOSH采样器收集甲型H1N1流感病毒气溶胶，发现其对病毒RNA的收集效率与SKCBiosampler采样15min所获效率相同，但由于干燥和撞击过程的物理损害，NIOSH采样器收集到的病毒仅有约34%还保持着传染性。

Binder等[15]用NIOSH采样器在COVID-19病房中进行空气采样，采样时间4h，在所得的20份空气样本中，有3份呈阳性。而Ge等[16]用NIOSH采样器在三家不同防护级别的医院中进行空气采样，采样时长30min，所得33份空气样本中有28份为阳性。

（4）Coriolis空气采样器

Coriolis空气采样器是一种基于Coriolis技术的旋风式采样器，空气以旋转运动被吸入锥形瓶中，颗粒被离心力甩向被液体浸湿的壁面，随后被收集到20mL的液体收集介质中，该介质与后续的PCR分析、标准培养等兼容，同时可以保持病毒活性。Coriolis空气采样器的气溶胶采样范围大约为0.5～10μm，对10μm颗粒物收集效率约为92%，而对0.5μm颗粒物收集效率仅为50%[17]。

Zhou等[18]用Coriolis采样器对COVID-19患者临床区域和医院公共区域进行了空气采样，在所有的31份空气样本中，14份呈阳性。Moore等[19]用Sartorius MD8和Coriolis空气采样器对无呼吸道症状的COVID-19患者周围空气进行了采样，其中Coriolis空气采样器运行流量为300L/min。在Coriolis空气采样器采集到的55份空气样本中，4份样本呈阳性。

（5）SASS-2300空气采样器

SASS-2300空气采样器也是一种湿壁旋风式采样器，将颗粒物采集至液体介质中供后续检测和分析使用。SASS-2300的特别之处在于可以进行长达几天的采样，并且在整个采集期间样品液量保持恒定，不受环境空气温度或相对湿度的影响。

Guo 等[20]使用 SASS-2300 空气采样器对 COVID-19 病房进行空气采样，采样空气流速为 300L/min，采样时间 30min，在采集到的 56 份空气样本中 16 份呈阳性。

（6）Andersen 级联撞击器（ACI）

Andersen 六级采样器[21]是一种多级撞击器，又称 Andersen 级联撞击器（ACI）。目前尽管尚没有用此采样器进行空气中 SARS-CoV-2 检测的研究，但之前的研究已表明 ACI 不会显著地灭活病毒，可以用于空气传播病毒的采样[10]。ACI 的优势在于可以对不同粒径的含病毒颗粒进行区分，根据空气动力学直径将颗粒分为八个粒径区间：0.4～0.7μm、0.7～1.1μm、1.1～2.1μm、2.1～3.3μm、3.3～4.7μm、4.7～5.8μm、5.8～9.0μm 以及 9.0μm 以上。当颗粒直径超过 1μm 时，ACI 或类似的装置是用于选择性粒度采样的主要选择[22,23]。但 ACI 的壁损失（沉积在内壁表面上，而不是指定收集介质）对采样效果影响较大[2]。

空气采样器种类及特点如表 9-1 所示。

空气采样器种类及特点汇总表 **表 9-1**

名称	采样器种类	粒径范围（μm）	能否进行粒度区分	病毒活性	典型空气流速（L/min）
Sartorius MD8	明胶膜过滤器	＞3	否	较低	50
SKC	液体撞击器	＞0.2	否	高	12
NIOSH	旋风分离器	＜1、1～4、＞4	能	较低	3.5
Coriolis	旋风分离器	0.5～10	否	较低	300
SASS-2300	旋风分离器	0.5～10	否	较高	300
ACI	撞击器	＞1	能	较高	28.3

9.2 医院环境的新冠病毒测量案例及建议

魏健健等[24]招募了出现症状后 12～47 天的 COVID-19 患者，采集他们的呼出空气样本（Exhaled Breath，EB）、呼出气冷凝液（Exhaled Breath Condensate，EBC）以及表面样本，并系统地研究了空气、公共表面、私人物品以及排水系统的环境污染，采样点如图 9-4 所示。检出 SARS-CoV-2RNA 的情况为：9 个呼气样本中的 0 个，8 个呼气冷凝物样本中的 2 个，12 个床边空气样本中的 1 个，132 个私人物品表面样本中的 4 个，70 个隔离室频繁接触表面样本中的 0 个以及 23 个粪便相关空气/表面/水样本中的 7 个。病毒 RNA 最高浓度为：空气中 1857copies/m^3，采样表面上 38copies/cm^2，污水/废水样本中 3092copies/mL。结果表明，SARS-CoV-2 的院内传播可能通过多种途径进行。然而，呼出气和环境标本的低检出率以及有限的病毒 RNA 量可能与症状出现后期 COVID-19 病人病毒载量下降有关。这些发现表明 SARS-CoV-2 和 SARS-CoV 在医疗设施中传播动态有所不同。

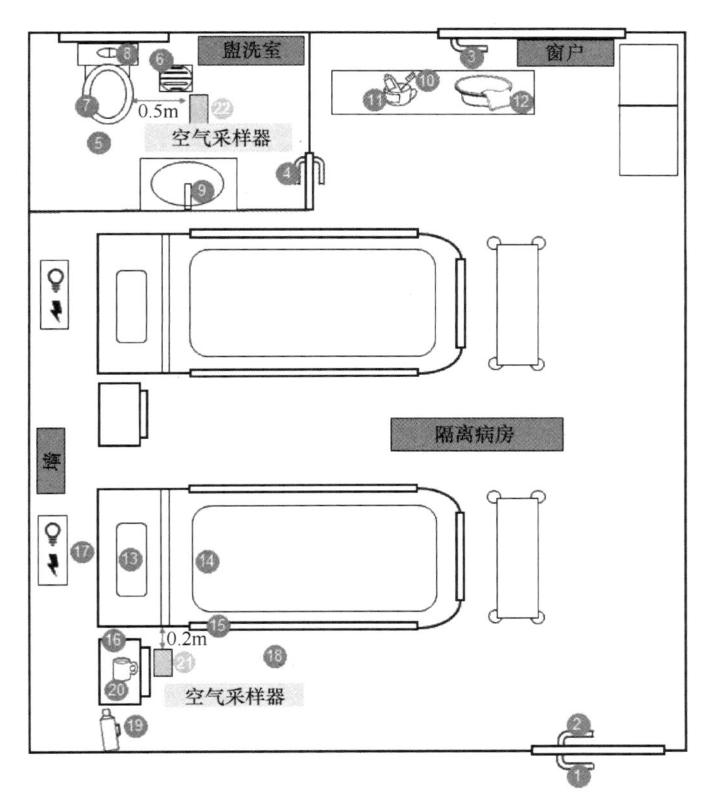

图 9-4 隔离病房内采样点的图示

注：隔离病房的公共表面包括：①门把手（外面）、②门把手（里面）、③窗户把手、④厕所门把手、⑤厕所地板、⑥厕所地漏、⑦马桶座、⑧马桶冲水按钮以及⑨水龙头。隔离室的私密表面包括：⑩牙刷、⑪漱口杯、⑫毛巾、⑬枕头、⑭床单、⑮床栏杆、⑯床头桌、⑰病人头部以上的床头墙、⑱床头地板、⑲水壶把手和⑳杯子。图中还说明了用于㉑床边空气采样和㉒盥洗室空气采样的 NIOSH 采样器。

(1) 各种类型样本中 SARS-CoV-2RNA 的检测

共招募 21 名从中度到重症的 COVID-19 患者（年龄 13～72 岁，中位年龄 61 岁）。取样时间为症状开始（DAO）后 12～47 天（中位数为 29 天）。根据计算机断层扫描结果，所有被招募的患者都处于恢复期，体温正常，肺部感染情况有所改善。痰液样本中病毒载量从阴性到 1.2×10^{10} copies/mL 不等（中位数 1.3×10^{5} copies/mL），粪便样本为从阴性到 1.9×10^{9} copies/mL（中位数 7.1×10^{3} copies/mL）。

在所有 254 个样本中（9 个 EB 样本，8 个 EBC 样本，12 个床边空气样本，202 个隔离病房内公共/私人物品表面样本和 23 个粪便相关空气/表面/水样本），14 个呈阳性的检测结果如表 9-2 所示，表明 SARS-CoV-2 有可能通过多种途径在医院内传播。唯一阳性的空气样本中，＜1μm 和＞4μm 的气溶胶尺寸段病毒 RNA 浓度分别为 1112copies/m^3 和 745copies/m^3。在 COVID-19 患者私人物品表面样本（不包括牙刷）中最大病毒浓度为 38copies/cm^2，污水/废水样本中最大病毒浓度为 3092copies/mL。这些发现为有效的环境消毒措施以减少病毒传播划定优先区域，同时支持严格遵守个人卫生的必要。然而，样本的阳性检出率以及这些阳性样本中的病毒含量相对较低。

抽样结果摘要表　　表 9-2

<table>
<tr><th>抽样类型</th><th>样品采集时间
(DAO)</th><th>唾液/病毒载量
(log10/copies/mL)</th><th>正利率</th><th>阳性样品中病毒 RNA 浓度</th></tr>
<tr><td>呼气</td><td>13～20
（中位数，20）</td><td>3.5～10.1/
5.0～9.3</td><td>0/9</td><td>—</td></tr>
<tr><td>呼出的呼气
冷凝物</td><td>27～43
（中位数，30）</td><td>Neg～6.3/
Neg～5.5</td><td>2/8</td><td rowspan="3">216copies/mL，
9 号病人；
222copies/mL，
17 号病人；
1112copies/m^3
（＜1μm）和 745copies/m^3
（＞4μm），
9 号病人
9copies/cm^2
毛巾，5 号病人；
来自 15 号病人中总的
牙刷的 1405copies
35copies/cm^2
毛巾，16 号病人
35copies/cm^2
床边墙壁，10 号病人</td></tr>
<tr><td>病人床边的
室内空气</td><td></td><td></td><td>1/12</td></tr>
<tr><td>隔离房间的
私人空间</td><td>23～43
（中位数，31）</td><td>Neg～5.7/
Neg～4.6</td><td>4/132</td></tr>
<tr><td>隔离房间的
公共空间</td><td></td><td></td><td>0/70</td><td>—</td></tr>
</table>

续表

抽样类型	样品采集时间	唾液/病毒载量（log10/copies/mL）	正利率	阳性样品中病毒 RNA 浓度
排水系统（厕所空气，抽水马桶，地漏）	12～20（中位数，21.5）	6.1～10.1/5.3～6.7	0/6，2/6，1/6	4copies/cm²，抽水马桶，8 号病人 2copies/cm² 抽水马桶，10 号病人 2copies/cm² 地漏 10 号病人 509copies/ml 化粪池入口 3092copies/ml 化粪池出口 1660copies/ml，废水管道入口 363copies/ml，污水处理站
排水系统（污水，废水）	—	—	4/5	

（2）呼吸道生物气溶胶传播新冠病毒的潜力

呼吸道飞沫或生物气溶胶，是病原体的载体，也是造成呼吸道传染病传播的原因。它们是在咳嗽、打喷嚏、说话以及正常呼吸等呼气活动的过程中产生的。为了检测呼吸道气溶胶在传播 SARS-CoV-2 方面的潜力，魏健健等人从 15 个处于 13～43DAO 之间的患者身上采集了 9 个 EB 以及 8 个 EBC 样本。气溶胶收集系统在患者的 EB 被室内空气高度稀释之前进行采样，但是尽管采样过程中病人强制咳嗽了 10 次，3 个尺寸段的所有病毒 RNA 检测均为阴性（痰液样本为阳性，见表 9-2）。8 个 EBC 样本中的两个病毒检测呈阳性（9 号和 17 号患者），病毒浓度分别为 216.0copies/mL 和 222.0 copies/mL。这种检出率可能归功于微小气溶胶和较大气溶胶的收集效率都较高，而被空气或病毒运输介质稀释的可能性很低。此外，12 份患者床边空气样本（24～43DAO）中的一个（9 号患者）检测结果为阳性（痰液病毒载量在阴性至 4.5×10^5 copies/mL 之间），病毒 RNA 在该空气样本的两个尺寸段中被检出，＜1μm 尺寸段病毒浓度为 1111.9copies/m³，＞4μm 尺寸段为 744.6copies/m³。两个阳性 EBC 样本之一以及该阳性床边空气样本来自 9 号患者，他的痰液病毒载量在采样时分别为 6.3×10^5 copies/mL 和 3.2×10^5 copies/mL。低检出率与之前的研究一致[25]。

尽管采样结果中一些在感染后期被评估的COVID-19患者的痰液样本中病毒载量相对较高，但病毒颗粒从呼吸道脱落进入环境的情况却是有限的，这与之前的研究结果一致，即在感染早期，鼻腔或咽喉样本中病毒载量很高，而在9DAO左右下降到低水平[26,27]。来源于深肺部的带病毒飞沫倾向于沉积并聚集在呼吸道黏膜中，但很难随着呼吸气流进入室内环境。SARS-CoV-2与SARS的传播特点不同，这是因为感染了SARS的患者呼吸道样本的病毒载量在10DAO才达到峰值[28]。这一发现强调了对COVID-19患者采取早期控制措施的重要性，并建议减轻医护人员在隔离室以及重症监护室照看处于恢复期（感染末期）的患者的负担。

（3）个人物品可能成为新冠病毒传播的载体

物媒传播是接触传播的一个重要方式。物品表面可能由于带病毒的飞沫沉积或患者手的接触而被污染，从而导致SARS-CoV-2的物媒传播。来自7个隔离病房的202个物品表面样本中的4个检测为阳性。这些阳性样本来自COVID-19患者的个人物品表面，即5号患者（9copies/cm^2）和16号患者（35copies/cm^2）的毛巾，15号患者的牙刷（共1045病毒RNA拷贝），以及18号患者床边墙（38copies/cm^2）。这些阳性检测可以归因于呼吸道分泌物的污染。值得注意的是，尽管16号和18号患者的痰液样本都呈阴性，仍然可以从他们的毛巾或房间（床边墙）检测到病毒RNA，可能是几天前脱落的。病毒可能在表面存活数小时至数天，并可能感染易感者[29]。这些结果表明个人物品可以成为病毒传播的媒介。因此，正确使用个人物品，包括避免与他人共用，经常用消毒剂及使用后手部清洁或许可以限制病毒传播。

许多研究表明在5DAO以内的COVID-19患者附近的公共表面样本阳性率非常高[30,31]。然而在常规消毒后的7h以内，从隔离病房内频繁接触的公共表面采集的样本中没有检测到病毒RNA，这进一步表明在采样期间发生物媒传播的可能性有限。

（4）粪—口和粪—气溶胶途径传播新冠病毒的可能性

COVID-19患者的粪便样本有很长的病毒脱落过程，在确诊的患者粪便相关样本中检测出了病毒RNA，甚至有活性的病毒颗粒。厕所是污染最严重的环境，在厕所中检测到比其他地方更多的阳性表面样本表明，这些样本可能来自粪便，此前已有研究发现能够在患者粪便中检测到病毒[4,32-35]。此外，之前的研究已经证明粪便样本中的病毒载量在症状开始后较晚达到峰值，并且可能相比于呼吸道样本持续时间更长[36]。因此，粪—口以及粪—气溶胶传播被怀疑是SARS-CoV-2的潜在传播途径。

6个排便和冲厕后的马桶样本中的2个病毒RNA检测呈阳性，分别为4copies/cm^2和2copies/cm^2（阳性粪便样本中病毒载量为$2.1\times10^5\sim5.0\times10^6$copies/mL）。此外，6个地漏样本中的1个检测结果为阳性，病毒浓度为2copies/cm^2，表明带病毒的气溶胶通过排水系统的传播是可能的。6 个洗手间气溶胶样本检测均为阴性，尽管病人的粪便样本检测出高病毒载量，在采样活动中厕所并没有产生可检测到的带病毒气溶胶量。此外，来自排水系统的 5 个水样中有 4 个检测呈阳性。污水中病毒 RNA 浓度高达 3092copies/mL，但是污水处理站工作良好，将其降低到检测限以下（图 9-3）。

本研究在马桶和污水样本中检测出 SARS-CoV-2 的结果与发现患者粪便相关样本中病毒量的结果一致。值得注意的是，来自地漏的一个样本呈阳性，可能是由来自排水系统产生的携带病毒的生物气溶胶污染了。冲厕所的过程可以在污水管中产生大量的生物气溶胶，这些生物气溶胶可能通过地漏重新进入同一建筑物中垂直排列的洗手间。东南大学的钱华等[37]在对隔离病房内部空间进一步采样后也得出相似结论，研究人员在病房内厕所排风口、盥洗池把手、马桶坐垫、马桶盖以及隔离病房门把手表面均检测出阳性样本，如图 9-5 所示。厕所顶棚排气格栅上检测到一个阳性表面样本，可能是由于空气中低浓度颗粒的长期沉积或高浓度颗粒的快速沉积造成的。浴室中存在三种可能的细小空气传播气溶胶来源：使用卫生间时患者呼出的气溶胶，冲洗厕所时粪便和尿液产生的气溶胶以及从长时间有患者停留的隔

① 阴性表面
① 阳性表面
① 阴性空气样本

1.床边桌子
2.床栏杆
3.病房门把手（病房侧）
4.床桌
5.床桌（空气）
6.抽水马桶
7.马桶座圈
8.马桶盖（下表面）
9.抽水按钮
10.脸盆水槽
11.脸盆法兰
12.脸盆龙头杆
13.浴室门把手
14.浴室顶棚排气百叶口
15.风机盘管送风百叶口
16.风机盘管回风过滤器
17.床边桌子（空气）
18.窗户附近（空气）
19.浴室（空气）

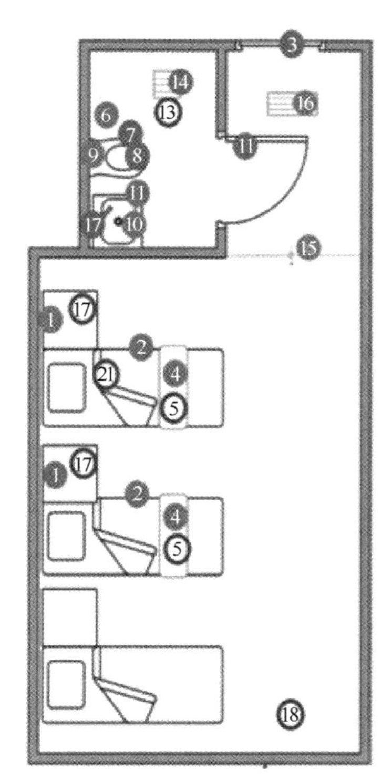

图 9-5　典型隔离病房内采样点位置

注：空气中未采到阳性。

间中输入空气传播的颗粒。新加坡一家医院的马桶和水槽表面样本也检测出SARS-CoV-2阳性[31]。除了冲马桶产生的气溶胶外，在2003年桃园疫情期间，患者冲洗马桶后，排水烟囱中还产生了SARS-CoV生物气溶胶[38]。厕所通常为患者共享的小空间，患者的个人空间在厕所区域重叠可能会产生加重污染效应。与其他采样表面相比，马桶内的表面材料或表面处理可以在拭子采样期间进行更好的转移，从光滑到粗糙的表面通常有更高的表面积接触转移率，并且大多数厕所表面都是光滑的。医院中，SARS-CoV-2的空气传播浓度似乎非常低[39]，但厕所可能是高风险区域。

测量结果发现为控制院感和个人防护提供了重要的建议：①确保每个隔离病房有良好的通风，以减少通过气溶胶传播的潜在风险；②除了常规的消毒措施外，对不容易清洁的地方进行频繁和彻底的环境清洁和消毒；③上完厕所后进行通风和消毒，以减少病毒的气溶胶化和对周围表面的污染，并保持下水道水封密封，以防止生物气溶胶从管道重新进入；④不要共用个人用品，并定期消毒和更换。

9.3 新冠病毒不同传播方式的控制

感染控制的一般策略包括：疫苗接种[40,41]；监测和接触者追踪[42]；保持社交距离[42]和隔离/检疫[42]。其中，除接种疫苗外，均与近距离接触有关。对于保持社交距离，学校停课[42,43]和旅行限制[44]是两种常用的方法。例如，学校停课大大减少了通过近距离接触的新型传染病的传播[45]。此外，隔离也是最有效的方法之一[42]。

9.3.1 近距离接触传播干预方法

近距离接触传播至少有一个共同点——它们都依赖于呼出的间歇性喷射的存在，所以避免或控制近距离接触、避免或控制呼出的喷射、清除呼出的飞沫以及环境（空气、皮肤和无生命的表面）清洁被认为是有效的近距离接触传播的干预方式。通常情况下，将基于机械的干预方法称为个人或工程方法，它们因近距离接触传播子途径不同而异。

佩戴外科口罩是CDC和WHO定义的传统飞沫预防措施（图9-6a）。外科口罩可以过滤掉大多数飞沫或颗粒（直径＞20μm），以及一些更细小的飞沫核（尽管渗透率很高）[46-48]，使吸入细颗粒（≤5μm）的病毒拷贝数减少了2.8倍，吸入的粗颗粒（＞5μm）减少了25倍，呼出呼吸中的病毒拷贝减少了3.4倍[49]。理论上，如果飞沫是近距离接触传播的主要问题，呼吸面罩（图9-6c）也应该有效，但没有研究对此进行调查。

预防近距离空气传播的干预措施是最具挑战性的。一般来说，对于近距离传播，佩戴口罩的效果优于通风效果，易感人群需要佩戴 N95 口罩（图 9-6b），但由于压力阻力大导致的呼吸困难及水分增加导致的不适等问题，使得 N95 口罩并未得到广泛使用。为了提高呼吸的舒适度，经常会在口罩上增加单向阀，或者加装主动微型风扇可以有效减少面罩腔内的水分。N95 口罩的阻隔效果主要取决于其密封性；如果密封好，它可以阻止 94.8％的传染性病毒颗粒进入；但如果密封不太好，阻隔效果则会大幅下降。呼吸器比 N95 口罩更有效，如果密封严密，可阻挡 99.6％的传染性病毒颗粒[50]。最有效的干预措施是让感染者佩戴口罩来阻挡自己的呼出气流，从而减少喷射出的传染性气溶胶。虽然使用外科口罩时呼出的空气仍有可能泄漏，但阻塞作用导致呼气射流的动量非常弱，以至于被身体热羽流捕获，被带入人体热羽流空间的上层，最终成为室内空气的一部分。虽然这种方式可能会增加污染性气溶胶远距离空气传播的风险，但危险性远弱于近距离空气传播途径。

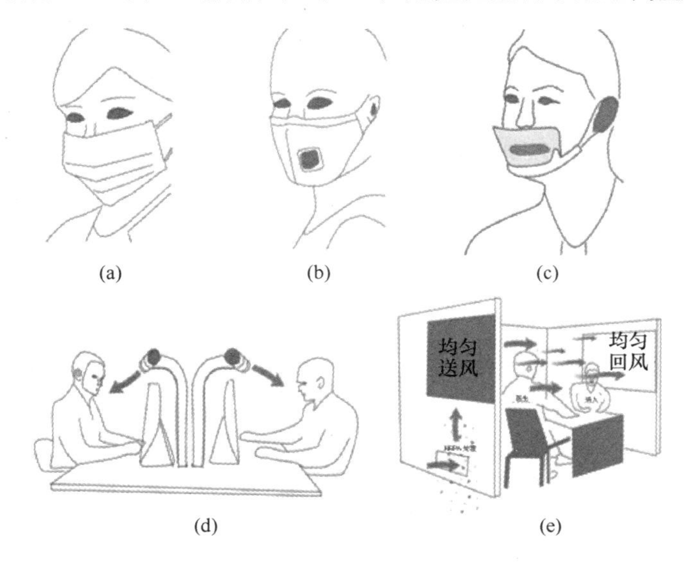

图 9-6 可能的干预方法示例

（a）阻挡飞沫的口罩；（b）带阀门或迷你电风扇的 N95 口罩；（c）呼吸面罩；
（d）针对近距离空气传播的个性化通风系统；（e）针对医生和患者的单向流动系统

对于医生等高危的人群，所谓的个性化通风（图 9-6d）也可以直接向易感人群的呼吸区提供过滤后的安全空气[51-53]，如图所示的一种单项系统（图 9-6e），可供医生看病时使用。

CDC 和 WHO 将预防瞬时近距离表面传播定义为接触预防措施的一部分。保持手部卫生可有效减少流感感染[54]，因此洗手[55]和表面消毒是降低污染物感染风险的有效方法，可以降低 16％的呼吸道感染风险[56]。瞬时近距离表面是指与感染者近距离接触期间可能经常被污染的表面，此时接触瞬时近距离表面的频率也很离。洗手去除污染物的效率主要取决于洗手的方法和病毒的特性。对于诺如病毒，用99.5%乙醇作为洗涤溶剂，log10病毒减少因子为1.00～1.30[57]。然而，Aiello等[58]认为手部卫生与口罩相结合对流感有效，而单独的手卫生则无效。由于口罩的外表面可能会被过滤和直接沉积的传染性颗粒污染，因此戴上口罩后手不要接触，或者接触后立即进行手部卫生，也可以有效降低感染风险。在中国，鞠躬和传统的紧握双手是常见的社交方式。推广替代握手的交流方式，例如手波式将手掌放在心脏上方、鞠躬、合十礼[59]、采用拳头碰撞作为问候语[60,61]等，也可以有效预防近距离表面传播。

此外，控制社交距离也是重要的干预手段。室内通风的有效性可以通过“有效近距离”[62]的概念来定义。如图9-7所示，当通风量较低时，远距离暴露量可能与近距离暴露量相同，此时，使得远距离暴露量与近距离暴露量相同的距离称为远距离暴露的“有效近距离”。“有效近距离”可以将远距离暴露的时间和近距离暴露的距离联系起来，此概念可用来确定为预防远距离空气传播所需要的通风量。图9-7所示，只要给出了一个近距离接触阈值，就可以知道所需的通风量。例如，如果以1.5m作为社交安全距离，那么通风量为每人20L/s的房间可大约满足人员交谈40min或者病人咳嗽100min。

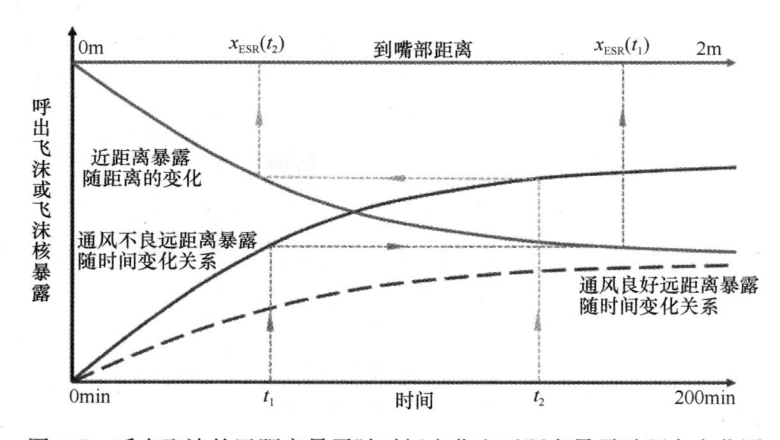

图9-7　呼出飞沫的远距离暴露随时间变化和近距离暴露随距离变化图

9.3.2　远距离空气传播干预方法

在通风充分的条件下，流感或COVID-19通常为非远距离空气传播疾病，但在通风不良时会发生远距离空气传播。无论是降低人均通风率或人均房间容积，还是增加人数，都将减少安全距离阈值。在正常呼吸情况，给定的房间容积为每人12m^{3}情况下，如果房间中有五分之一的人被感染，那么为了保证1.5m的有效近距离，每人需要10L/s的通风量才能保证2h的安全。因此，适当的预防策略需要在增加通风量的同时保持社交距离。

增加人均房间容积来控制传播是有效的干预方法，如图 9-8 所示。人均房间容积的降低显著增加了有效近距离。当假设室内人员都为感染源时，以 1.5m 为阈值，在人均房间容积为 0.75m³ 的相当拥挤的空间内，交谈时只能保证 10min 的安全；而在人均房间容积为 36m³ 的房间，至少可以保证 50min 的安全。

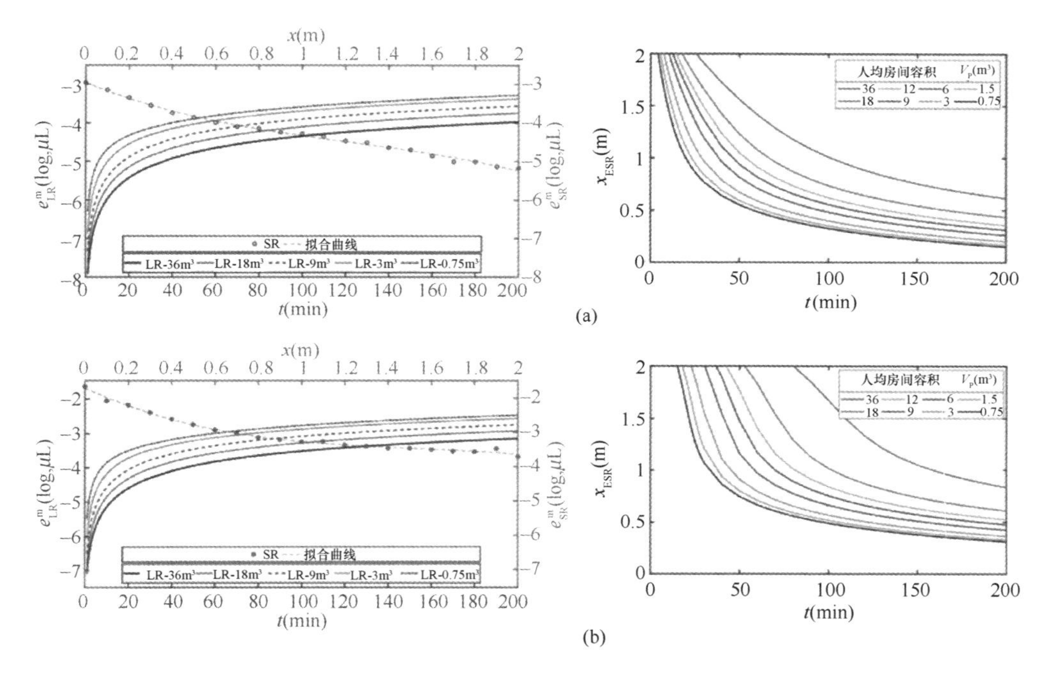

图 9-8 人均房间容积对空气传播暴露量和有效近距离的影响 *

（a）说话时；（b）咳嗽时

此外，如图 9-9 所示，在通风量和人均房间容积一定的情况下，感染人数的百分比（20%、40%、60%、80%、100%）显著影响有效近距离。受感染人群的比例越大，整体上产生的飞沫越多，感染的风险也就越大。减少传染源数量的效果明显优于增加通风量或人均房间容积的效果，然而这在实践中并不可行。

平均室内飞沫核浓度接近感染者释放飞沫浓度的 1/7，而且这些室内飞沫核的年龄也有显著差异。从口腔或鼻子释放后不到 0.5s，人体就会吸入细小飞沫或飞沫核。房间内飞沫核的平均年龄是房间通风量和空气流动模式的函数[63]。因此，在典型的每小时换气次数为 2～5 的情况下，房间通风排气口的空气平均年龄等于标称时间常数，即 10～30min。提高室内的新风量是目前普遍公认的疫情防控有效方法，同时国内一些关于建筑通风系统问题的调查结果显示，目前我国的建筑物空调通风系统对空气疾病传播主要存在以下影响：

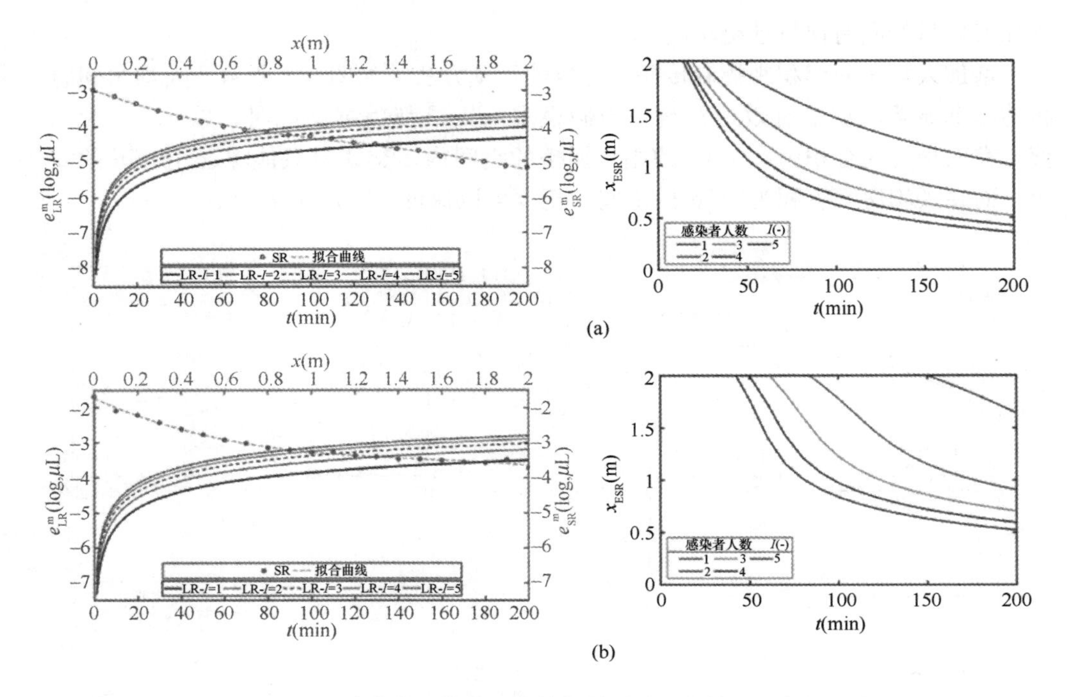

图 9-9　* 感染者人数对空气传播暴露量和有效近距离的影响

（a）说话时；（b）咳嗽时

（1）建筑的空调系统创造的舒适环境为各种致病微生物提供了良好的生存、繁殖条件，同时我国集中空调系统普遍存在缺乏清洗的问题，空调系统管道内积存的尘埃成为病毒、细菌生存的载体，因此病原体将通过空调系统传播，随着空气的流动在室内扩散，引起呼吸道疾病的流行。另一方面，建筑室内设定温度普遍夏季偏低、冬季偏高，室内外环境的较大温差会影响人体生物节律，使人体免疫力下降而更易受病毒的攻击和感染。而且，许多研究证明，较低的温度会降低人体对某些室内污染的敏感性和预警功能。

（2）高层办公楼普遍采用上送上回的空调气流组织方式，送回风口布置受装修格局制约，导致室内气流分布不均。尤其在开敞式办公空间中，采用围挡隔开的工作站布置方式，导致工作站内没有气流通道，形成气流组织的死区。低风速、不合理的气流组织无法排出室内的污染物，使室内空气质量水平无法满足人们的健康需求。

（3）大多公共建筑空调系统设计都会采用回风循环，利用回风实现冷热能源再利用，降低能耗。但是致病微生物会附着于载体并随空气从回风口进入，通过回风管道送至空调机组内与其他的新、回风集中混合，这样就造成部分含有病原体的空气无法排出，滞留室内。目前大部分一次回风全空气系统的空气处理器（AHU）

内只设粗效过滤器，大部分风机盘管（FCU）系统的新风 AHU 及 FCU 内只设滤网，所以现有空调系统完全不能有效地过滤空气中的病原微生物。正是这个缺陷使传染病房的设计多采用全新风系统，王荣（2006）曾根据国内外有代表性的传染病房相关标准提出在隔离病房可以采用部分循环风系统但必须在回风口安装高效过滤器，且必须采用无泄漏排（回）风口装置，否则将有相当大的不安全性[52]。

（4）利用自然通风可以经济节能地稀释排出室内污染物，然而自然通风受建筑结构、风压、热压、室内外空气的热湿状况以及污染情况等因素的影响较大。目前大量建筑尤其是采用玻璃幕墙的高层建筑的外窗无法开启，自然通风几乎不存在，室内通风完全依赖机械通风。由于建筑不允许在立面上设置孔洞和新风进风口，多数高层建筑只能从多楼层共用的新风井中抽取新风。难以满足室内人员的最小新风需求量，更无法实现全新风运行，当然也无法保证新风的空气龄。自然通风必须加以重视并合理利用，否则也会成为传染疾病发生的诱因，例如在香港淘大花园 SARS 疫情事件中，根据香港特别行政区卫生署和当地专家的调查及实验显示，除了下水道 U 形弯头失效、天井内排污管道破裂引起的污水泄漏、电梯和楼梯等公共设施内的污染等原因外，造成这次灾难的主要罪魁祸首便是无组织的自然通风[64]。

空调通风系统在实际建筑中存在诸多问题，这些问题都可能成为突发传染病暴发流行的潜在隐患。如何选择合理的通风系统来控制室内空气质量，以最有效控制的理念建设传染性隔离病房成为人类研究的重大课题之一。

9.3.3 医院等特殊环境传播的干预方法

近年来的呼吸道传染病疫情多发生在公共建筑，尤其是医疗建筑中。医院中各种感染源与易感人群同时存在，极易发生院内感染，其中经空气传播导致的院内感染容易被忽视。在“非典”疫情初期，医院等卫生设施内通风系统的不合理造成了大量的交叉感染。随后人们发现空调通风系统是传染性隔离病房的核心之一，合理的空调通风系统可以有效防止传染性隔离病房内的交叉感染。分散于空气中的气溶胶与微生物以及运动的微粒是重要的感染传播媒介，而建筑物内集中式空调的通风系统是室内空气环境中微粒最主要的来源，图 9-10 表示了飞沫在通风房间内的各种运动过程[65]，合理的建筑通风可以抑制空气中含有病原体的飞沫传播，不合理的通风方式不仅不能除去室内空气中的污染物，反而可能加剧污染源的扩散。

2003 年“非典”期间卫生部发布的《关于做好建筑空调通风系统预防非典型肺炎工作的紧急通知》（简称《紧急通知》）中指出：“必须全面贯彻预防为主的指导思想，所有建筑物要最大限度地利用自然通风”“非典疫情发生期间，集中式全空气系统必须按最大新风量运行，建筑物空调通风系统新排风装置存在设置不合

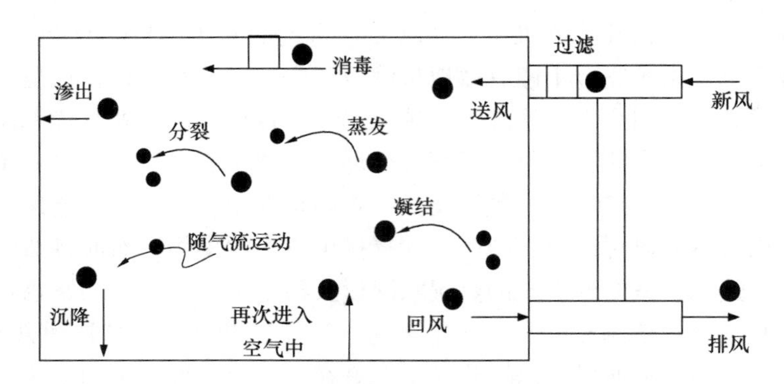

图 9-10 飞沫在通风房间内的各种运动过程示意图

理、新风量达不到卫生要求、没有空气过滤装置、室内空调通风气流组织存在死区等问题，在非典疫情期间，不得使用空调通风系统”。但是，反观国内各城市大楼空调系统，有多少能够满足《紧急通知》中的要求，可以在疫情发生时正常使用?

在医院环境中，通常考虑三种通风系统：混合通风、向下通风和置换通风。医院病房普遍采用混合通风。例如，香港威尔斯亲王医院 8A 病房即采用混合型通风系统[66]。

另外有一些指南建议在隔离病房中使用向下通风[65,67]。其基本理念是从顶棚散流器以较低的速度提供密度较大的洁净冷空气。冷送风被反向热浮力加速，将空气中的颗粒向下推，并最终在地板上被排出。其希望可以通过下行通风系统，利用“层流”空气将隔离病房的交叉感染风险降至最低。这一概念从工业洁净室发展而来，后应用于医院的外科手术室。对于用于治疗低风险患者的保护性隔离病房而言，通常认为使用层流气流是可行的。这可能是在隔离病房（包括感染病房）推广下行通风的最初设想。对于外科手术室气流组织的控制而言，或者说对于低风险病患本身，其研究重点在于直接向病人的身体（伤口）或呼吸区供应新鲜空气，并防止周围污染空气感染病人的伤口。此外，在某些情况下，还可以使用头盔吸引器系统来吸附患者在外科手术室内呼出的颗粒物。在感染性隔离病房或普通病房中，主要传染源可能是呼吸活动，这些特征表明了有效去除或减少呼出物的重要性。

相比于传统的混合通风，置换通风已被证明在各种室内环境（如办公室）中能够提供更好的室内空气质量。置换通风可能能够有效去除飞沫核，并保持呼吸区域清洁，可用于新建的特殊房间通风（即隔离病房和手术室）。同时他认识到当时尚无已发表的试验证明置换通风在控制空气传播感染中的功效。然而，Friberg 等人[68]观察到通过置换通风去除手术室大粒径颗粒的效果很差。这表明采用置换通风可能会因为存在大粒径飞沫而导致交叉感染风险的增加。

隔离医院内感染病人较多，因此隔离医院诊疗空间内的空气样本和表面样本是相对理想的研究对象。吉林大学第一医院[69]采集了 84 个表面样本和 27 个空气样本，发现隔离病房护士站表面样本（1/5）以及隔离病房内空气样本均有阳性检出（1/20）。上述研究表明，空气传播与表面传播均可能发生，且室内环境中厕所空间内检出的阳性样本较多，应当引起重视。隔离是为了尽量减少被感染患者与易感人群的接触，以减少感染者或易感者的数量。在 2003 年对 SARS 的控制中，隔离起到了十分重要的作用[70-73]。隔离病房分为保护性隔离病房和传染性隔离病房。保护性隔离病房通过不断送入洁净空气，使病房内的空气始终保持在良好的状态，防止抵抗力弱的患者被感染。传染性隔离病房是为了清除病人呼出的飞沫或飞沫核，并送入新鲜空气对室内空气进行稀释，以降低飞沫核的浓度，避免交叉感染。两种隔离病房使用目的的差异决定了通过围护结构的气流方向的差异。

区域间空气的定向流动是通过压差实现的。正压隔离病房利用正压差，防止周围被污染的空气进入病房，感染免疫力低下的患者；负压隔离病房利用负压差，防止患者产生的飞沫核扩散到其他区域。此处仅讨论负压隔离病房，图 9-11 为不同设计指南中一种典型的负压隔离病房。一些指南（表 9-3）建议设立接待室以分隔病房和走廊，气流依次经过走廊、接待室、病房和厕所。压差可以通过风量差确定，表 9-3 为各设计指南或手册对压差或风量差的要求，其值大都根据经验确定。在不同区域间设置足够大的压差，以避免温差和风压导致空气发生双向流动（图 9-12）。为实现单向流动所需的最小压差值：当温度为 10℃、房门高度为 2.2m 时，若仅存在温度差，所需压差为 0.36Pa；而温差和风压同时存在时，所需压差则为 9.12Pa。

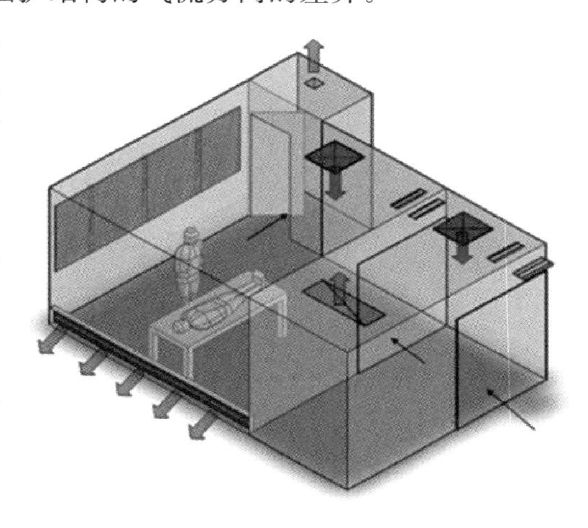

图 9-11　负压隔离病房示意图 *

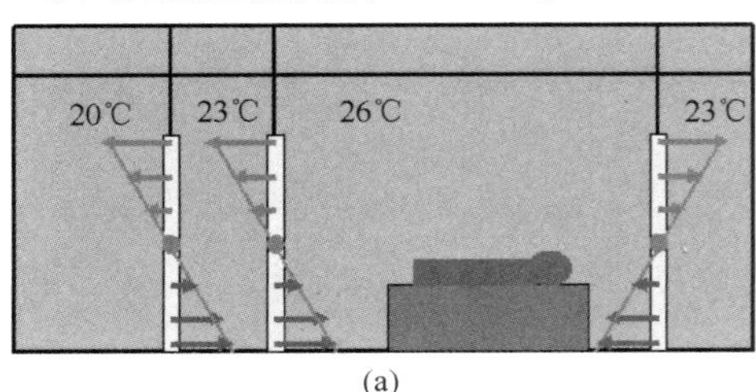

(a)

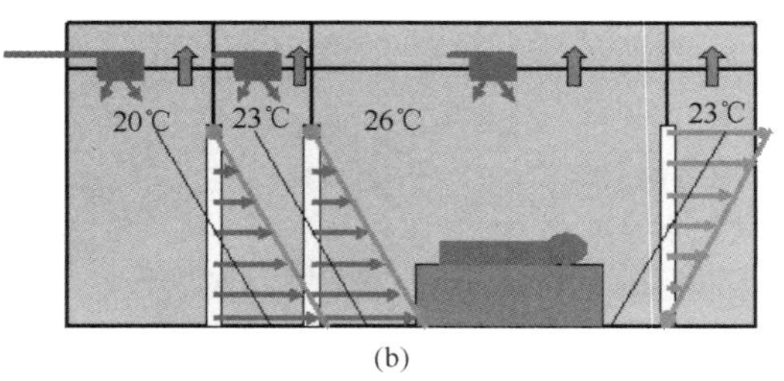

(b)

图 9-12　房间之间存在温差时负压隔离病房的气流方向示意图 *

（a）双向流；（b）单向流

现有设计指南的通风参数汇总表 **表 9-3**

指南	压差（Pa）	流量差（L/s）	最小室外空气通风量（ACH）	最小总通风量（ACH）	是否需要前厅	是否允许在房间内HEPA再循环	HEPA过滤至其他区域
ASHRAE，2019	2.5	—	2	12	建议	否	否
ASHRAE，2003	2.5	35	2	12	建议	否	除非不可行时
WHO，2003	—	—	—	6（2001年前建造）12（2001年后建造）	—	—	最好
CDC，2005	2.5		2	12	是	是	除非不可避免时
CDC，2003	2.5	59	—	6（现有房间）12（装修过的房间）	是，如果天花患者可以使用	—	除非不可行时
AIA，1996—1997	—	23	2	12	否	是	是
AIA，2001	—	—	2	12	是	是	否
Cal/OSHA，1997 *	—	—	—	12	否	是	是
SCICDHS，1999	15		12	12	是	否	否
TSHRAE，2003	8	23或者送风量的10%，取小值	12	12	建议	否	否
PHAC，1996	—	—	6（现存）9（新的）	—	否	是	否

续表

指南	压差（Pa）	流量差（L/s）	最小室外空气通风量（ACH）	最小总通风量（ACH）	是否需要前厅	是否允许在房间内HEPA再循环	HEPA过滤至其他区域
新型冠状病毒肺炎应急救治设施设计导则（试行）2020	5	—	23	23	是	否	—
GB/T 35428—2017	5	—	清洁区 6～10 污染区 10～15	清洁区 6～10 污染区 10～15	是	是	—
GB 51039—2014	5	—	空气传染的特殊呼吸道患者的病房应采用全新风系统	10～12	—	—	—
GB 50849—2014	5	$150m^3/h$	12	12	—	否	否

9.3.4 未来研究方向

远距离空气传播[74]和污染物传播途径的许多研究目前尚不完善，呼吸过程中飞沫产生的认识、飞沫中的病毒浓度、剂量反应关系、宿主免疫力、飞沫或是小飞沫核在呼吸道的沉积位置与感染的关系、人体呼出病原体载体的空气散布特性均有待被更深入地了解。此外，未来研究同样也需要关注那些与近距离接触传播特别相关的挑战。

首先，需要量化三种近距离传播子途径在不同情景下呼吸道感染近距离接触传播中的相对重要性，因为不同的途径病原体传播特性不同。例如，病原体在手和表面上的存活方式不同，因此，不同的病原体，直接体表途径造成的相对贡献可能会有所不同。据已有文献调研可知，暂时没有任何关于通过直接体表子途径感染风险的研究，它未包含在现有的近期感染模拟中[75]。总体而言，三个子途径的相对重要性受到近距离接触的物理参数的影响——人际距离、头部/身体运动、呼气/吸气同步，以及其他数据缺乏的参数。

其次，文献缺乏关于影响传染性病原体传播的物理特征的高分辨率数据。现有的近距离接触数据仅限于频率和持续时间。Ai 和 Melikov[76] 回顾了最近关于人际间接触呼出物质的研究，结果表明大多数现有的研究涉及静息或静坐条件，很少考虑过动态手势、姿势和呼吸模式的影响。

第三，感染者呼出的呼吸/咳嗽射流迅速到达易感者的呼吸区，易感者从该射流中直接吸入所需的时间小于 1s。因此，即使在近距离接触的子途径之间，时间尺度也存在显著差异。了解病毒如何在其释放 1s 内的存活特性将揭示三个子途径的相对重要性。例如，若如预期结果，由于蒸发和脱水，呼气后病毒颗粒会迅速衰减[77]，那么飞沫途径的相对贡献可能与其他两个子途径的相对贡献相当。

目前没有病毒在面部皮肤上存活的研究，尽管这可能会受到化妆、洗脸频率、晒太阳和其他因素的显著影响。在近距离接触的情况下，病原体的快速交换意味着开发一种有效的干预方法也是困难的。目前最好的解决方案是直接阻断感染者呼气气流，即感染者佩戴 N95 口罩，但目前对于普通大众来说，这是一个不切实际的解决方案。因此，开发低成本、舒适的 N95 口罩应该是当务之急。

9.4 小　　结

本章节围绕新冠病毒室内传播的检测与控制，介绍目前这一领域所使用的方法与仪器，并对新冠病毒不同的传播方式提出合理的控制措施。对于环境中 SARS-CoV-2 的检测，主要介绍了 5 种方法，分别为：EB 采样、EBC 采样、室内空气及频繁接触表面采样、排水相关采样和 RT-qPCR。对于空气中病毒的测量，介绍了 6 种仪器，分别为：Sartorius MD8 空气采样器、SKC 空气采样器、NIOSH 空气采样器、Coriolis 空气采样器、SASS-2300 空气采样器以及 Andersen 级联撞击器（ACI）。文中叙述了使用上述方法对医院环境中新冠病毒进行检测并提出能够减少院感的相关措施。文中介绍了关于新冠病毒不同传播方式的干预方法，近距离接触传播的干预方法因其子途径不同而异，佩戴口罩可以预防飞沫传播，外科口罩可以过滤掉大多数飞沫或颗粒，以及一些更细小的飞沫核。近距离空气传播发生时，由于易感人群吸入的是粒径较小的飞沫/飞沫核，所以人们可佩戴 N95 口罩进行预防，最有效的干预措施是感染者佩戴口罩用以阻挡自己所呼出的气流，从而减少喷射出的传染性气溶胶，对于医生等高危人群，可采用个性化通风直接向易感人群的呼吸区提供过滤后的新鲜空气。洗手和表面消毒可降低瞬时近距离表面传播的风险，要减少接触，推广替代握手的交流方式，例如将手掌放在心脏上方、鞠躬、合十礼、采用拳头碰撞作为问候语等。此外，控制社交距离也是重要的干预手段。室内通风不良会发生远距离空气传播，在实际生活中，可通过增加人均房间容积和增加人均通风量进行控制。对于医院等特殊环境传播的干预方法，对传染性隔离病房的空调系统合理设计，可以有效防止传染性隔离病房内的交叉感染，可使用负压隔离病房，防止患者产生的飞沫核扩散到其他区域。目前，许多研究尚不完善，未来要继续深入研究不同传播方式的特点。

本章参考文献

[1] Wu Y, Shen F X, Yao M S. Use of gelatin filter and BioSampler in detecting airborne H5N1 nucleotides, bacteria and allergens[J]. Journal of Aerosol Science, 2010, 41(9): 869-879.

[2] Pan M, Lednicky J A, Wu C Y. Collection, particle sizing and detection of airborne viruses [J]. Journal of Applied Microbiology, 2019, 127(6): 1596-1611.

[3] Fabian P, Mcdevitt J J, Houseman E A, et al. Airborne influenza virus detection with four aerosol samplers using molecular and infectivity assays: Considerations for a new infectious virus aerosol sampler[J]. Indoor Air, 2009, 19(5): 433-441.

[4] Hatagishi E, Michiko O, Suguru O, et al. Establishment and clinical applications of a portable system for capturing influenza viruses released through coughing[J]. Plos One, 2014, 9 (8).

[5] Verreault D, Moineau S, Duchaine C. Methods for sampling of airborne viruses[J]. Microbiology and Molecular Biology Reviews, 2008, 72(3): 413-444.

[6] Razzini K, Castrica M, Menchetti L, et al. SARS-CoV-2 RNA detection in the air and on surfaces in the COVID-19 ward of a hospital in Milan, Italy[J]. Science of the Total Environment, 2020, 742.

[7] Ben-Shmuel A, Brosh-Nissimov T, Glinert I, et al. Detection and infectivity potential of severe acute respiratory syndrome coronavirus 2 (SARS-CoV-2) environmental contamination in isolation units and quarantine facilities[J]. Clinical Microbiology and Infection, 2020, 26 (12): 1658-1662.

[8] Xu Z Q, Wu Y, Shen F X, et al. Bioaerosol science, technology, and engineering: Past, present, and future[J]. Aerosol Science and Technology, 2011, 45(11): 1337-1349.

[9] Lin X J, Reponen T, Willeke K, et al. Survival of airborne microorganisms during swirling aerosol collection[J]. Aerosol Science and Technology, 2000, 32(3): 184-196.

[10] Zhao Y, Andre J A, Wei W, et al. Airborne virus sampling - Efficiencies of samplers and their detection limits for infectious bursal disease virus (IBDV)[J]. Annals of Agricultural and Environmental Medicine, 2014, 21(3): 464-471.

[11] Kenarkoohi A, Noorimotlagh Z, Falahi S, et al. Hospital indoor air quality monitoring for the detection of SARS-CoV-2 (COVID-19) virus[J]. Science of the Total Environment, 2020, 748.

[12] Santarpia J L, Rivera D N, Herrera V L, et al. Aerosol and surface contamination of SARS-CoV-2 observed in quarantine and isolation care[J]. Scientific Reports, 2020, 10 (1).

[13] Lindsley W G, Schmechel D, Chen B T. A two-stage cyclone using microcentrifuge tubes for personal bioaerosol sampling[J]. Journal of Environmental Monitoring, 2006, 8(11):

1136-1142.

[14] Cao G，Noti J D，Blachere F M，et al. Development of an improved methodology to detect infectious airborne influenza virus using the NIOSH bioaerosol sampler[J]. Journal of Environmental Monitoring，2011，13(12)：3321-3328.

[15] Binder R A，Alarja N A，Robie E R，et al. Environmental and aerosolized severe acute respiratory syndrome coronavirus 2 among hospitalized coronavirus disease 2019 patients[J]. Journal of Infectious Diseases，2020，222(11)：1798-1806.

[16] Ge X Y，Pu Y，Liao C H，et al. Evaluation of the exposure risk of SARS-CoV-2 in different hospital environment[J]. Sustainable Cities and Society，2020，61.

[17] Carvalho E，Sindt C，Verdier A，et al. Performance of the Coriolis air sampler，a high-volume aerosol-collection system for quantification of airborne spores and pollen grains[J]. Aerobiologia，2008，24(4)：191-201.

[18] Zhou J，Otter J A，Price J R，et al. Investigating severe acute respiratory syndrome coronavirus 2 (SARS-CoV-2) surface and air contamination in an acute healthcare setting during the peak of the coronavirus disease 2019 (COVID-19) pandemic in London[J]. Clinical Infectious Diseases，2021，73(7)：E1870-E1877.

[19] Moore G，Rickard H，Stevenson D，et al. Detection of SARS-CoV-2 within the healthcare environment：A multi-centre study conducted during the first wave of the COVID-19 outbreak in England[J]. Journal of Hospital Infection，2021，108：189-196.

[20] Guo Z D，Wang Z Y，Zhang S F，et al. Aerosol and surface distribution of severe acute respiratory syndrome coronavirus 2 in hospital wards，Wuhan，China，2020[J]. Emerging Infectious Diseases，2020，26(7)：1586-1591.

[21] Andersen A A. New sampler for the collection，sizing，and enumeration of viable airborne particles[J]. Journal of Bacteriology，1958，76(5)：471-484.

[22] Xu Z Q，Yao M S. Monitoring of bioaerosol inhalation risks in different environments using a six-stage Andersen sampler and the PCR-DGGE method[J]. Environmental Monitoring and Assessment，2013，185(5)：3993-4003.

[23] Alonso C，Peter C R，Peter R D，et al. Concentration，size distribution，and infectivity of airborne particles carrying swine viruses[J]. Plos One，2015，10(8).

[24] Feng B H，Xu K，Gu S，et al. Multi-route transmission potential of SARS-CoV-2 in healthcare facilities[J]. Journal of Hazardous Materials，2021，402.

[25] Liu Y，Ning N，Chen Y，et al. Aerodynamic analysis of SARS-CoV-2 in two Wuhan hospitals[J]. Nature，2020，582(7813)：557-560.

[26] Wolfel R，Corman V M，Guggemos W，et al. Virological assessment of hospitalized patients with COVID-2019[J]. Nature，2020，588(7839)：465-469.

[27] Zou L R，Ruan F，Huang M X，et al. SARS-CoV-2 viral load in upper respiratory specimens of infected patients [J]. New England Journal of Medicine，2020，382 (12)：1177-1179.

[28] Peiris J S M, Chu C M, Cheng V, et al. Clinical progression and viral load in a community outbreak of coronavirus-associated SARS pneumonia: A prospective study[J]. Lancet, 2003, 361(9371): 1767-1772.

[29] Doremalen N V, Bushmaker T, Morris D H, et al. Aerosol and surface stability of SARS-CoV-2 as compared with SARS-CoV-1[J]. New England Journal of Medicine, 2020, 382(16): 1564-1567.

[30] Chia P Y, Coleman K K, Tan Y K, et al. Detection of air and surface contamination by SARS-CoV-2 in hospital rooms of infected patients[J]. Nat Commun, 2020, 11(1): 2800.

[31] Ong S W X, Tan Y K, Chia P Y, et al. Air, surface environmental, and personal protective equipment contamination by severe acute respiratory syndrome coronavirus 2 (SARS-CoV-2) from a symptomatic patient[J]. JAMA, 2020, 323(16): 1610-1612.

[32] Hasan M A, Lange C, King M L. Effect of artificial mucus properties on the characteristics of airborne bioaerosol droplets generated during simulated coughing[J]. Journal of Non-Newtonian Fluid Mechanics, 2010, 165(21-22): 1431-1441.

[33] Fabian P, Fabian M P, Cowling B J, et al. Influenza virus aerosols in human exhaled breath: Particle size, culturability, and effect of surgical masks[J]. Epidemiology, 2011, 22(1): S51.

[34] Liu F, Qian H, Luo Z, et al. The impact of indoor thermal stratification on the dispersion of human speech droplets[J]. Indoor Air, 2021, 31(2): 369-382.

[35] Wrapp D, Wang N, Corbett K S, et al. Cryo-EM structure of the 2019-nCoV spike in the prefusion conformation[J]. Science, 2020, 367(6483): 1260-1263.

[36] Guan W J, Ni Z Y, Hu Y, et al. Clinical characteristics of coronavirus disease 2019 in China[J]. New England Journal of Medicine, 2020, 382(18): 1708-1720.

[37] Ding Z, Qian H, Xu B, et al. Toilets dominate environmental detection of severe acute respiratory syndrome coronavirus 2 in a hospital[J]. Science of the Total Environment, 2021, 753.

[38] Yu I, Li Y, Wong T, et al. Evidence of airborne transmission of the severe acute respiratory syndrome virus[J]. New England Journal of Medicine, 2004, 350(17): 1731-1739.

[39] Zhao P C, Chan P T J, Gao Y, et al. Physical factors that affect microbial transfer during surface touch[J]. Building and Environment, 2019, 158: 28-38.

[40] Yokum D, Lauffenburger J C, Ghazinouri R, et al. Letters designed with behavioural science increase influenza vaccination in Medicare beneficiaries[J]. Nature Human Behaviour, 2018, 2(10): 743-749.

[41] Grijalva C G, Zhu Y W, Williams D J, et al. Association between hospitalization with community-acquired laboratory-confirmed influenza pneumonia and prior receipt of influenza vaccination[J]. Jama-Journal of the American Medical Association, 2015, 314(14): 1488-1497.

[42] Gostin L O, Bayer B, Fairchild A L. Ethical and legal challenges posed by severe acute re-

spiratory syndrome - Implications for the control of severe infectious disease threats[J]. Jama-Journal of the American Medical Association, 2003, 290(24): 3229-3237.

[43] Zhang N, Huang H, Su B, et al. A human behavior integrated hierarchical model of airborne disease transmission in a large city[J]. Building and Environment, 2018, 127: 211-220.

[44] Zhang N, Zhao P C, Li Y G. Increased infection severity in downstream cities in infectious disease transmission and tourists surveillance analysis[J]. Journal of Theoretical Biology, 2019, 470: 20-29.

[45] Hens N, Ayele G M, Goeyvaerts N, et al. Estimating the impact of school closure on social mixing behaviour and the transmission of close contact infections in eight European countries[J]. BMC Infectious Diseases, 2009, 9(1): 187.

[46] Grinshpun S A, Haruta H, Eninger R M, et al. Performance of an N95 filtering facepiece particulate respirator and a surgical mask during human breathing: Two pathways for particle penetration[J]. Journal of Occupational and Environmental Hygiene, 2009, 6(10): 593-603.

[47] He X J, Reponen T, Mckay R T, et al. Effect of particle size on the performance of an N95 filtering facepiece respirator and a surgical mask at various breathing conditions[J]. Aerosol Science and Technology, 2013, 47(11): 1180-1187.

[48] Willeke K, Qian Y, Donnelly J, et al. Penetration of airborne microorganisms through a surgical mask and a dust/mist respirator[J]. American Industrial Hygiene Association Journal, 1996, 57(4): 348.

[49] Milton D K, Fabian M P, Cowling B J, et al. Influenza virus aerosols in human exhaled breath: Particle size, culturability, and effect of surgical masks[J]. Plos Pathogens, 2013, 9(3).

[50] Melikov A K. Personalized ventilation[J]. Indoor Air, 2004, 14: 157-167.

[51] Pantelic J, Sze-To G N, Tham K W, et al. Personalized ventilation as a control measure for airborne transmissible disease spread[J]. Journal of the Royal Society Interface, 2009, 6: S715-S726.

[52] Niu J L, Gao N, Ma P, et al. Experimental study on a chair-based personalized ventilation system[J]. Building and Environment, 2007, 42(2): 913-925.

[53] Morimoto S, Saeki T, Tang H, et al. Push-pull airflow to prevent droplet nuclei leakage [J]. Environmental Infections, 2012, 26(2): 74-78.

[54] Cowling B J, Chan K H, Fang V J, et al. Facemasks and hand hygiene to prevent influenza transmission in households: A cluster randomized trial[J]. Annals of Internal Medicine, 2009, 151(7): 437-446.

[55] Zhang N, Li Y G. Transmission of influenza A in a student office based on realistic person-to-person contact and surface touch behaviour[J]. International Journal of Environmental Research and Public Health, 2018, 15(8).

[56] Rabie T, Curtis V. Handwashing and risk of respiratory infections: A quantitative systematic review[J]. Tropical Medicine & International Health, 2006, 11(3): 258-267.

[57] Lages S L S, Ramakrishnan M A, Goyal S M. In-vivo efficacy of hand sanitisers against feline calicivirus: A surrogate for norovirus[J]. Journal of Hospital Infection, 2008, 68(2): 159-163.

[58] Aiello A E, Murray G F, Perez V, et al. Mask use, hand hygiene, and seasonal influenza-Like illness among young adults: A randomized intervention trial[J]. Journal of Infectious Diseases, 2010, 201(4): 491-498.

[59] Sklansky M, Nadkarni N, Ramirez-Avila L. Banning the handshake from the health care setting[J]. Jama-Journal of the American Medical Association, 2014, 311(24): 2477-2478.

[60] Mela S, Whitworth D E. The fist bump: A more hygienic alternative to the handshake[J]. American Journal of Infection Control, 2014, 42(8): 916-917.

[61] Ghareeb P A, Bourlai T, Dutton W, et al. Reducing pathogen transmission in a hospital setting. Handshake verses fist bump: A pilot study[J]. Journal of Hospital Infection, 2013, 85(4): 321-323.

[62] Chen W Z, Hua Q B, Nan Z C, et al. Extended short-range airborne transmission of respiratory infections[J]. Journal of Hazardous Materials, 2022, 422.

[63] Sandberg M. The multi-chamber theory reconsidered from the viewpoint of air quality studies[J]. Building & Environment, 1984, 19(4): 221-233.

[64] Yu I, Li Y, Wong T, et al. Evidence of airborne transmission of the severe acute respiratory syndrome virus[J]. New England Journal of Medicine, 2004, 350(17): 1731-1739.

[65] Sehulster L, Chinn R Y W. Guidelines for environmental infection control in health-care facilities[J]. Mmwr Morbidity & Mortality Weekly Report, 2003.

[66] Li Y, Huang X, Yu I T S, et al. Role of air distribution in SARS transmission during the largest nosocomial outbreak in Hong Kong[J]. Indoor Air, 2005, 15(2): 83-95.

[67] Jensen P A, Lambert L A, Iademarco M F, et al. Guidelines for preventing the transmission of Mycobacterium tuberculosis in health-care facilities, 1994[J]. Mmwr, 1994. 43 (RR-17): 1-141.

[68] Friberg B, Friberg S, Burman L G, et al. Inefficiency of upward displacement operating theatre ventilation[J]. Journal of Hospital Infection, 1996, 33(4): 263-272.

[69] Jiang Y, Wang H, Chen Y, et al. Clinical Data on Hospital Environmental Hygiene Monitoring and Medical Staff Protection during the Coronavirus Disease 2019 Outbreak. 2020.

[70] Gensini G F, Yacoub M H, Conti A A. The concept of quarantine in history: From plague to SARS[J]. Journal of Infection, 2004, 49(4): 257-261.

[71] Svoboda T, Henry B, ShulmanL, et al. Public health measures to control the spread of the severe acute respiratory syndrome during the outbreak in Toronto[J]. New England Journal of Medicine, 2004, 350(23): 2352-2361.

[72] Hsieh Y H, King C C, Chen C W S, et al. Quarantine for SARS, Taiwan[J]. Emerging Infectious Diseases, 2005, 11(2): 278-282.
[73] Ooi P L, Lim S, Chew S K. Use of quarantine in the control of SARS in Singapore[J]. American Journal of Infection Control, 2005, 33(5): 252-257.
[74] Wei J, Li Y. Human cough as a two-stage jet and its role in particle transport[J]. Plos One, 2017, 12(1).
[75] Lei H, Li Y G, Xiao S L, et al. Routes of transmission of influenza A H1N1, SARS CoV, and norovirus in air cabin: Comparative analyses[J]. Indoor Air, 2018, 28(3): 394-403.
[76] Ai Z T, Melikov A K. Airborne spread of expiratory droplet nuclei between the occupants of indoor environments: A review[J]. Indoor Air, 2018, 28(4): 500-524.
[77] Xie X J, Li Y G, Zhang T, et al. Bacterial survival in evaporating deposited droplets on a teflon-coated surface[J]. Applied Microbiology and Biotechnology, 2006, 73(3): 703-712.

附录　中国环境科学学会室内环境与健康分会简介

中国环境科学学会室内环境与健康分会（Indoor Environmentand Health Branch，Chinese Society for Environment Sciences，英文缩写为 IEHB）是中国环境科学学会的分支机构，2008 年正式得到民政部批准成立。由致力或关心室内环境与健康的个人或团体组成的群众性学术团体，主要支持单位是中国科学技术协会、生态环境部及中国环境科学学会。

分会宗旨主要包括：（1）推动室内环境科学及工程的开展、科研、产品研发，促进室内环境与健康多学科的创新性发展，协助制定和宣传有关室内环境的政策和法规，重视对政府机构和会员的咨询和信息交流；（2）推广室内环境控制科技成果的应用，开展室内环境治理及控制技术的学术交流和培训，普及并宣传室内环境污染控制知识；（3）加强与国际组织的合作，促进国际与地区性室内环境学术组织的联系和交往。

机构成员主要来自高校、研究机构、管理部门、相关企业等单位，是我国室内环境与健康领域各方面人才最广泛的交流平台。分会建立以来逐年扩大，会员中现有顾问院士 8 名，特聘专家 6 名，委员 83 名。为充分发挥青年工作者在我国室内环境与健康领域的重要作用，2012 年分会成立了青年委员会；2017 年设立了“何兴舟青年学术奖”，以奖励为室内环境与健康研究以及分会发展做出突出贡献的青年学者。分会成立以来，积极开展国内外学术交流与研讨，除每年度举办学术沙龙外，每两年举办召开一次综合性学术年会，以推进学科交叉，活跃新思想，加强多方合作。

为了推动我国室内环境与健康事业的发展，分会组织多名专家共同编著《中国室内环境与健康进展报告》的 2012 版、2014—2015 版、2017 版、2018—2019 版和 2020—2022 版。为保持本研究报告的连续性，分会将不定期地相继出版此系列报告以供读者参考。本报告从不同的学科视角，聚焦当代环境与健康领域的实际需求，本着国际视野和本土研究的愿景，促使“室内环境与健康”领域的理论与实践能在更高层面紧密结合，为进一步开展室内环境与健康研究提供有用资料，具有一定的参考价值。

中国环境科学学会室内环境与健康分会敞开大门，面向社会，真诚欢迎企业和各方人士加入到我们的队伍中来，共同为推动中国室内环境与健康事业的发展做出贡献！